# 光 电 子 学

## （第二版）

马养武　王静环
包成芳　鲍　超　编著

浙江大学出版社

# 序

    21世纪将是一个信息时代,作为信息载体的光,其相应的现代光学及光电子学科及产业必将得到飞速的发展。科学的发展,时代的需要,迫使我们必须以崭新的科技知识来迎接新世纪的到来。从传统的"光学仪器工程"学科转变到"光电信息工程"学科,正是意味着我们为适应当今科技发展及变迁所迈出的第一步。作为光电信息工程学科基础教材之一的《光电子学》一书正是在这种时代需求下诞生的。

    由于光子作为信息载体及能量载体有着许多独特的优点,用光子来代替电子实现信息及能量的获得、传输、处理和存储,将是21世纪信息化社会中的又一次重大的科技革命。本书正是遵循这一主线,从光的产生——激光辐射源,到光的传播、光的控制及处理,再到光的接收及显示,作一系统的介绍。对上述各过程中相应的光电子器件及相关理论进行了层次分明的阐述,介绍了光在信息及能量方面的应用实例。

    光子作为信息载体,具有载波频率高、传输速度快、光电子器件响应高、多通道并行处理能力强、防电磁干扰及存储能力强等许多优点。激光的出现,使得光子作为能量载体具有高相干性、发散度小、亮度高,以及传输上的自由性等优点。这两类载体功能形成了光电子学两大类应用及产业,即信息应用类及能量应用类。

    信息应用类主要表现在两方面:最直接的应用是光通讯,包括光纤通讯及各类特殊场合下的自由空间通讯,以及光学信息及图像处理,这就是通常所说的直观的信息传输应用。另一类则表现为更广泛及广义,指对物质世界的各类信息的获取及处理。包括各类光学传感、探测及测量,光与物质的作用及过程、特性探测,在信息获取及处理过程中的控制应用,例如光开关、放大、调制、解调、变频等,对物质强光效应、物质在强光下的能级及结构特性变化的探测及应用,生物及医学科学中的强光过程及超快过程,对诸如光合作用、生命过程的探测及研究以及在环境保护中的应用,在工业监测及检测计量等方面的应用。

    能量应用类最突出地表现在三方面:利用激光能量进行的各类材料的加工,利用激光能量的激光热核聚变及激光能量传输应用,利用激光能量的现代武器装备。

    所有这些应用充分显示了光电子学在现代科技中发挥的重要作用。光电子学正在迅速发展,它必将发展成为21世纪举足轻重的学科及产业。新一代的科技力量,必将能通过对新学科的学习而成为这场科技革命的主力。

陈  军

**2002年10月于求是园**

# 前　言

　　本书是高等院校光电子学专业基础教材。该教材是作者在光电子技术领域多年教学、科研实践的基础上编写而成的。

　　光电子技术的理论基础是量子光学，它是研究光与物质微观过程的科学，是研究光子与束缚电子的相互作用，并将这些规律应用于信息探测和其他技术领域而形成的一门应用科学或者是技术科学——光电子学。随着科学技术的发展，光电子学科领域也随之迅速发展，并且与其他学科不断相互交叉渗透和相互促进。本书较系统和全面地阐述了光电子学的理论基础、基本原理、基本概念以及主要的光电子技术和光电子器件。本书在内容的编排上，注意到重点突出、内容连贯、层次分明以及叙述简洁，在编写过程中注意到尽可能反映当今光电子学领域的发展水平和最新的科研成果，以便于教学和实际应用。

　　全书共分七章：第一章为光放大与振荡原理，重点讨论光与物质的共振相互作用、光放大器的特性、高斯光束与光学谐振腔以及激光振荡器原理；第二章为激光振荡器的工作和输出特性，讨论激光器的输出功率、振荡模式等输出特性，以及脉冲工作方式、调 Q、锁模激光器工作原理；第三章为激光与光电子器件，按气体、固体、液体和半导体工作物质及运转方式，讨论了各类主要激光器的基本结构、工作原理和工作特性，且重点讨论了半导体激光器，介绍了发光二极管等其他光电子器件；第四章为光辐射在光波导中的传播，以射线理论和电磁场理论分析光辐射在介质波导和光纤中的传播行为、传导模式和传输特性；第五章为光辐射的调制，重点讨论光辐射在晶体中的传播、光辐射调制的基本概念与分类以及光辐射的电光调制、声光调制和磁光调制；第六章为非线性光学频率变换，讨论非线性光学基础、光倍频原理与技术以及光参量放大与振荡、频率转换；第七章为光辐射探测，主要讨论常用探测器以及光辐射探测的直接探测系统和光外差探测系统的工作原理和特性参数。

　　本书的教学讲授时数约为 66 学时，其中：第一、二章为 20 学时；第三章为 14 学时；第四章为 8 学时；第五、六章为 16 学时；第七章为 8 学时。

　　本书由马养武、王静环、包成芳、鲍超联合编著。编著者的名次排列以编写字数的多少为序。本书的第一、二章由王静环编写，第三、四章由马养武编写，第五、六章由包成芳编写，第七章由鲍超编写。

　　在本书的编写过程中，得到陈军教授和刘旭教授自始至终的关心、帮助和指导，对促使本书的完成，起着至关重要的作用，在此一并表示感谢。

　　本书可作为光电子技术、光电信息工程、近代光学、激光技术、信息电子、应用物理等相关专业的本科生和研究生教材，也可供从事光电子、激光技术、光通信、光信息处理、生物科学技术、现代电子技术等研究人员和技术人员参考。

　　由于水平所限，缺点错误难免，欢迎批评、指正。

编著者<br>2002 年 10 月

# 目 录

# 第一章

# 光放大与振荡原理

相干光的产生和放大是近代光电子学中最基本、也是最重要的物理问题之一。"激光"在光电子学中几乎就是相干光的代名词。"激光"作为 20 世纪最重要的科学技术成就之一诞生于 1960 年。它的英文名字为"LASER"，是"Light Amplification by Stimulated Emission of Radiation"的缩写，是以激光形成的主要物理过程，即受激辐射光放大来命名的。强相干光——激光的诞生是近代光学、光电子学乃至光子学诞生和发展的里程碑，它标志着人类对光波（光子）的掌握和利用进入了一个崭新的阶段。40 余年的发展历史表明，激光技术不仅已经在国民经济、国防和科学技术乃至人类日常生活各个领域获得了广泛的重要应用，而且它作为光电子学或光子学的重要组成部分极大地推动了这一学科的发展，继而对 21 世纪的新技术和产业革命产生深远的影响。

本章在概述传统激光振荡器的构成、激光自激振荡形成的主要物理过程以及激光特点的基础上，通过对光与物质共振相互作用过程以及开放式光学谐振腔腔模关系的讨论，重点阐述光的受激辐射放大与振荡的基本概念和原理；同时还对最重要的激光束——高斯光束的特点和传输变换规律作了进一步讨论。

## 第一节 光放大与振荡原理概述

### 一、光波模、光子态和光子简并度

光具有波粒二象性，即光场在不同的条件和场合下表现出波动或粒子的属性。在光电子学中，描述光场的性质根据不同的场合和需要通常采用不同的理论方法。一种是所谓的经典电磁场理论，将光辐射场视为光频波段（频率约在 $10^{11} \sim 10^{15}$ Hz 范围）的电磁波场，其运动遵从经典电动力学的普遍规律，即普遍的麦克斯韦(Maxwell)电磁运动方程组及由此导出的波动方程。另一种则是光的量子理论，建立在电磁场量子化的基础上，将光场看作是以光速 $c$ 运动的大量电磁场量子（即光子）的集合，其运动遵从量子电动力学的规律并可用量子统计方法加以描述。

## 1. 光波模和模密度

按光的经典电磁波理论,在均匀的、各向同性的、线性极化非铁磁性电介质中,光波场遵从的波动方程为

$$\nabla^2 E - \frac{1}{c^2}\frac{\partial^2 E}{\partial t^2} - \frac{1}{\varepsilon_0 c^2}\frac{\partial^2 P}{\partial t^2} = 0 \tag{1.1.1}$$

式中,$E$ 为光波的电场强度,$P$ 为介质的电极化强度,$c$ 为真空中光速,$\varepsilon_0$ 为真空中的介电常数。

在无边界的自由空间中(例如在真空中),单色平面波是方程(1.1.1)的一个特解。即

$$E(r,t) = E_0 \exp[i(\omega t - k \cdot r)] \tag{1.1.2}$$

式中,$\omega$ 为平面波的角频率,$k$ 为波矢量,其大小 $|k| = \frac{2\pi}{\lambda}$,$\lambda$ 为波长。

角频率 $\omega$(或频率 $\nu$)、波矢 $k$、电场的偏振方向决定着单色光波的全部光学性质,波矢 $k$ 可以取任意连续值。这些单色光波的线性组合构成了方程(1.1.1)的通解。

在存在边界或约束的有限空间中,光场还必须满足边界条件,方程就只能存在一系列分立的解。波矢量 $k$ 只能取一系列分立值,它们分别代表具有不同分立的频率、不同的空间分布及传播方向和偏振状态的电磁场的一种本征振动状态。这些彼此线性独立的特解线性组合构成了实际存在的光场。

在光电子学中,称满足麦克斯韦电磁运动方程组(或波动方程)及其场所在空间的边界条件的稳定电磁场的本征振动状态或电磁场的分布形式为光波的模式,简称光波模。显然,光波模是按其频率、空间分布、传播方向和偏振方向来相互区分的。按照关于光波场相干性的经典分析很容易理解,如果光场仅仅包含有同一种光波模式,那么该光场就是完全相干的。然而,普通的光场往往是包含着多个,甚至是大量的光波模式,那就只能是部分相干的,甚至可能是不相干的。进一步分析可以证明:均匀的、各向同性介质中的光波场的模密度,即单位体积、频率为 $\nu$ 处的单位频率间隔内所可能含有的光波模数 $n_\nu$ 为

$$n_\nu = \frac{8\pi\nu^2}{v^3} \tag{1.1.3}$$

式中,$v$ 为介质中的光速,$v = c/\eta$,$\eta$ 为介质折射率。对于光频波段 $\nu$ 约为 $10^{14}$Hz,例如在 1cm³ 的空间体积内,频率范围为 $10^{10}$Hz,所估算的光波模数约为 $10^8$ 个。如此大量的模同时存在,极大地限制了普通光源所发出的光波场的相干性。

## 2. 光子状态和光子简并度

按照光的量子理论,光子是组成光辐射场的基本物质单元。组成光辐射场的大量数目的光子分别处于不同的光子统计状态。光子的运动状态简称为光子态。光子态是按光子所具有的不同能量(或动量数值)、光子行进的方向以及偏振方向彼此相互区分的。处于同一光子态内的光子彼此之间是不可区分的,又因为光子是玻色子(其自旋量子数为整数 1),在光子集合中,光子数按其运动状态的分布不受泡里不相容原理的限制。处于同一光子态的平均光子数目称为光场的光子简并度,用 $\delta$ 表示。光子集合中光子数按态的分布服从玻色—爱因斯坦(Bose-Einstein)统计分布规律。在温度为 $T$ 的平衡热辐射场中,处于频率为 $\nu$(或能量为 $h\nu$)的光子态的平均光子数,即光子简并度 $\delta$ 为

$$\delta = \frac{1}{e^{h\nu/KT} - 1} \tag{1.1.4}$$

式中,$T$ 为绝对温度,$h$ 为普朗克常数,$K$ 为玻尔兹曼常数。

对于光频波段,在常温(例如 $T=300K$)下,普通热光源的光子简并度极低,约为 $10^{-20}$ 量级。

按照量子电动力学概念,光波的模式和光子的运动状态其实是等效的概念。显然,处于同一光子态的光子是相干的,就如同属于同一光波模的光波是相干的一样。(1.1.3)式亦给出了光子集合中光子单色态密度的表达式。

## 二、光的自发辐射、受激辐射和受激吸收

按照光辐射和吸收的量子理论,物质发射光或吸收光的过程都是与构成物质的原子(或分子、离子,为简化计通称为原子)在其能级之间的跃迁联系在一起的。激光的产生是光场与物质原子共振相互作用的结果。共振相互作用是指入射光场的频率近似等于物质原子辐射本身某一固有频率(即原子某两能级间辐射跃迁的玻尔频率)的情况。光场与物质原子间共振相互作用有三种基本过程,即光的自发辐射、光的受激辐射和受激吸收。对于一个包含着大量原子的物质体系,这三种过程是同时存在而又不可分开的。发光的物质在不同的情况下,这三个过程所占的比例不同,例如,在普通光源中自发辐射占绝对优势,而在激光放大介质中受激辐射则占绝对优势。

为了简化讨论和理解共振相互作用的基本概念和特点,通常将物质简化为二能级的原子体系,即仅仅讨论在频率为 $\nu$ 的入射光场作用下,原子的两个能级 $E_2$ 和 $E_1$($E_2>E_1$,且 $h\nu=E_2-E_1$)之间所发生的物理过程。这两个能级满足辐射跃迁的选择定则,两能级上的原子集居数密度分别为 $n_2$ 和 $n_1$。图 1-1 为光与物质原子共振相互作用三个过程的示意图。

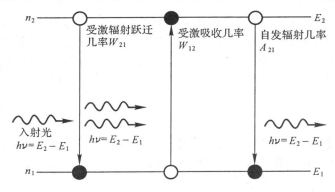

图 1-1　光与物质原子共振相互作用三个过程示意图

### 1. 自发辐射

处于高能级 $E_2$ 的原子是不稳定的,即使没有任何外界光场作用,它也有可能自发地跃迁到低能级 $E_1$,并且发射一个频率为 $\nu$、能量为 $h\nu=E_2-E_1$ 的光子,这种光发射称为自发辐射。每一个处于 $E_2$ 能级的原子在单位时间内向 $E_1$ 能级自发辐射跃迁的平均几率

$$A_{21}=\frac{1}{n_2}\left(\frac{\mathrm{d}n_{21}}{\mathrm{d}t}\right)_{sp} \tag{1.1.5}$$

式中,$\left(\dfrac{\mathrm{d}n_{21}}{\mathrm{d}t}\right)_{sp}$ 表示单位体积介质、单位时间内由于自发辐射跃迁所引起的 $E_2$ 能级到 $E_1$ 能级跃迁的原子数,即自发辐射跃迁速率。

对于物质中处于高能级 $E_2$ 的各个原子而言,它们各自独立地、随机地自发跃迁到低能级 $E_1$ 并发射具有相同能量,从而具有相同频率的光子。但诸光子之间彼此是不相关的,其运动方向、偏振方向都是随机杂乱的,相互之间也没有固定的相位关系,因而不属于同一种光子态或光波模。显然,自发辐射光场是非相干光,自发辐射光场的能量分配于许多光波模中,其单色模密度大小由(1.1.3)式决定。普通光源的发光过程就是处于高能级的大量原子的自发辐射过程。

自发辐射跃迁几率 $A_{21}$ 又叫作自发辐射爱因斯坦系数,其量纲是 $s^{-1}$。容易证明,$A_{21}=1/\tau_{sp}$,其中 $\tau_{sp}$ 为由 $E_2 \rightarrow E_1$ 的自发辐射跃迁所决定的能级 $E_2$ 的平均寿命,是物质原子的固有能级参数。

**2. 受激辐射**

处在高能级 $E_2$ 上的原子,还可能在能量为 $h\nu = E_2 - E_1$ 的外来光子的激励下受激地跃迁到低能级 $E_1$,并发射与外来激励光子完全相同,即属于同一光子态的光子,这种发射称为受激辐射。受激辐射的跃迁几率记为

$$W_{21} = \frac{1}{n_2} \left( \frac{\mathrm{d}n_{21}}{\mathrm{d}t} \right)_{st} \tag{1.1.6}$$

式中,$\left( \dfrac{\mathrm{d}n_{21}}{\mathrm{d}t} \right)_{st}$ 表示单位体积介质中受激辐射跃迁的速率。

$W_{21}$ 不仅与原子本身的固有性质有关,还与激励外光场的单色能量密度 $\rho_\nu$ 成正比,这种关系可以表示为

$$W_{21} = B_{21}\rho_\nu \tag{1.1.7}$$

式中,比例系数 $B_{21}$ 通常称为受激辐射跃迁爱因斯坦系数,它是由原子固有性质所决定的。

在外场的激励下,由于处于高能级 $E_2$ 的诸多原子所发射的受激辐射光子都与激励光子具有相同的光子态,或者说都属于同一光波模式,显然,受激辐射光场是相干的。通过光的受激辐射跃迁可以实现同态光子数的"雪崩式"放大,从而可大大提高入射光场的光子简并度。

**3. 受激吸收**

受激吸收是受激辐射的反过程。处于低能级 $E_1$ 的原子,在能量为 $h\nu = E_2 - E_1$ 的外来光子激励下,吸收一个光子并受激跃迁到高能级 $E_2$。受激吸收的跃迁几率记为 $W_{12}$,它亦与外激励光场的单色能量密度 $\rho_\nu$ 成正比,并可表示为

$$W_{12} = B_{12}\rho_\nu \tag{1.1.8}$$

式中,比例系数 $B_{12}$ 通常称为受激吸收跃迁的爱因斯坦系数,它也是由原子本身固有性质决定的。受激吸收跃迁将入射光场的能量转换为物质原子的内能。入射光场被减弱,光子数减少。

爱因斯坦将他提出的上述光子与物质原子相互作用的惟象理论应用于热平衡状态下的黑体辐射,进而导出了三个爱因斯坦系数之间的关系:

$$\begin{cases} \dfrac{A_{21}}{B_{21}} = \dfrac{8\pi h\nu^3}{v^3} \\[2mm] \dfrac{B_{21}}{B_{12}} = \dfrac{g_1}{g_2} \end{cases} \tag{1.1.9}$$

式中,$g_1$、$g_2$ 分别为 $E_1$、$E_2$ 能级的统计权重,$v$ 为介质中的光速。该式是一个普适关系,也适用于非平衡状态。

## 三、原子集居数反转分布和光放大

由前面分析可知,当光通过介质时,在共振相互作用下,必然同时存在着受激辐射和吸收两个相反的过程,前者使入射光增强,后者使入射光减弱。要使介质对入射光产生放大作用,必须使受激辐射跃迁速率大于受激吸收跃迁速率。由(1.1.7)、(1.1.8)两式可知,这就意味着在介质中必须满足 $n_2W_{21}>n_1W_{12}$,即 $n_2B_{21}\rho_\nu>n_1B_{12}\rho_\nu$。再据(1.1.9)式,可得到实现光放大的必要条件是

$$\Delta n=n_2-\frac{g_2}{g_1}n_1>0 \tag{1.1.10}$$

由热力学统计理论可知,在热平衡状态下,由大量原子所组成的物质系统,其原子集居数密度按能级的分布服从玻尔兹曼分布率,即对于原子的两个能级 $E_2$、$E_1$ 而言,有

$$\frac{n_2}{n_1}=\frac{g_2}{g_1}\exp[-(E_2-E_1)/KT] \tag{1.1.11}$$

式中,$K$ 为玻尔兹曼常数,$T$ 为物质体系的绝对温度。

显然,由于 $E_2>E_1$,$T>0$,在热平衡状态下,由(1.1.11)式可看出 $n_2-(g_2/g_1)n_1<0$,即介质对入射光总归是呈现为衰减。为了实现光放大,就必须向物质提供能量,从而使物质处于非热平衡状态并满足由(1.1.10)式所决定的条件,通常称此条件为原子集居数密度的反转分布。使介质内实现这种反转分布的过程称激励过程或泵浦抽运过程。

## 四、激光的特性和激光振荡器的构成

### 1. 激光的特性

通过光的受激辐射放大所产生的激光具有一系列从根本上区别于普通光的特点,这些特点可以从不同的角度来描述,比较通俗直观的说法是,激光是具有高度方向性、高度单色性、高度相干性和高亮度的光,或者说,激光是强相干光。从光子统计学的观点看,激光具有高光子简并度。激光的这些特点从以下数据可以看出:

典型激光束空间发散角约为 $10^{-6}$sr,它比普通光源在 $4\pi$ 弧度的立体角范围内发光要小百万倍。

一台单模稳频的 He-Ne 激光器所发出的波长 $\lambda$ 为 $0.6328\mu m$ 的激光束,其线宽可窄达 $\Delta\lambda<10^{-11}\mu m$,其单色性远远优于目前单色性最好的 $Kr^{86}$ 灯发出的波长为 $0.6057\mu m$ 的光,后者的线宽 $\Delta\lambda=0.47\times10^{-6}\mu m$。

光波场的时间相干性依赖其单色性。激光束的高单色性使其相干长度可达到 100km 以上。普通光源的空间相干性受到光源线度的限制,由波动光学知道,对于波长为 $\lambda$ 的准单色、线度为 $\Delta x$ 的普通光源,仅在 $\Delta\theta<\lambda/\Delta x$ 的角范围内的光场才是空间相干的。而单模激光束在垂直其传播方向的横截面内任两点都是空间相干的。

由于激光束能量在空间上和时间上的高度集中,从而可具有极高的定向亮度。一束脉宽为纳秒量级的脉冲激光,其亮度就可达 $10^{18}W/cm^2\cdot sr$,它比太阳表面的亮度 $2\times10^3W/cm^2\cdot sr$ 要高 15 个数量级。目前飞秒脉宽的激光脉冲的亮度就更高了。

**2. 激光振荡器的基本构成**

激光束所具有的上述优异特性是由激光振荡器（简称激光器）完全不同于普通光源的发光机制和结构所决定的。一台典型的传统激光器如图 1-2 所示由三个基本部分构成：激光工作物质，光学谐振腔和激励能源。

激光工作物质是构成激光器的核心，是产生光的自发辐射和受激辐射光放大的物质基础。激光工作物质可以是固体（晶体、玻璃等）、气体（原子气体、离子气体或分子气体等）、半导体、液体（有机或无机液体）等材料。为了实现有效的、足够强的受激辐射放大，对激光工作物质的基本要求是，尽可能在其工作原子的某两个特定高、低能级间实现较大程度的集居数反转分布，并且在实现原子集居数反转分布后及产生受激辐射的过程中，要使这种反转分布尽可能被有效地保持下去。

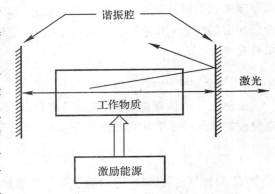

图 1-2　激光器的基本组成

激励能源的作用是根据工作物质的特性和激光器运转的不同条件，通过适当的方式和装置将足够大的能量传送给激光工作物质，使处于低能级的原子被有效地激发到激光跃迁的高能级，并形成高、低能级间足够大的集居数密度反转分布。可见，它是激光器发射激光的能源。目前主要的激励方式有光学激励、电激励、气体放电激励、化学反应激励、热激励等。

光学谐振腔在大多数激光器中对维持激光持续振荡，并保证输出的激光具有优良的单色性和方向性都是十分必要的。激光器是一光子振荡器，光学谐振腔的主要作用是，提供维持光子振荡所必须的光学正反馈，并限制、约束控制振荡光子的频率、运动方向、偏振状态和场的空间分布方式，也就是通常所说的限制振荡模式的作用。由于激光器具有不同的类型，并随着激光器技术的发展，光学谐振腔的构型有多种多样。最简单、也是最基本的光学谐振腔，如图 1-2 所示，是在工作物质两端放置两块对振荡光束波长具有高反射率的反射镜构成。通常称谓法布里—珀罗型（简记为 F-P 型）开放式光学谐振腔。光学谐振腔的输出端反射镜通常有一定的透射率（或输出耦合率）以便于激光束输出。光学谐振腔的结构及腔镜反射率的大小直接影响到腔的光学反馈和限模作用。

实现了反转分布的工作物质亦称为激活介质，它实际上就是一个相干光光放大器。激光振荡器是由光放大器和光学谐振腔两部分组成的。从本质上看，激光器就是一种将激励能源的光能、电能、化学能、热能和核能转变为相干光辐射能的装置。

## 五、光的自激振荡、激光形成的主要物理过程

与电子振荡器的电子放大器中引入正反馈而形成电子振荡类似，在激光放大器中通过光学谐振腔引入正反馈而形成光子振荡，这种光子振荡器就是激光器。通常所说的激光器是指自激激光振荡器，光的受激辐射放大的初始外激励光子来源于激光工作物质中激光跃迁上、下能级间的微弱的自发辐射。

在如图 1-2 所示的典型传统激光器中，光的稳态自激振荡的形成和建立大致可归纳为以

下的主要物理过程:

**1. 泵浦激励过程使工作物质中工作原子的特定激光上、下能级间实现原子集居数密度的反转分布。**

这一过程是实现光放大与振荡的先决条件。

**2. 工作物质原子激光上、下能级间的自发辐射跃迁提供自激振荡受激辐射所必须的初始激励光子。**

**3. 激活介质中的受激辐射光放大是激光形成的最重要物理过程。**

由于自发辐射初始激励光子可属于不同的光子态,因而受激辐射光放大过程也发生在相应不同的多个光子态上。激活介质的放大特性可以用增益系数来表征,增益系数 $G$ 定义为在光传播方向上通过单位距离光强增加的相对百分比,其单位为 $\text{cm}^{-1}$。若光在放大介质中沿 $z$ 方向传播,则介质的增益系数可表示为

$$G(z) = \frac{1}{I(z)} \frac{\mathrm{d}I(z)}{\mathrm{d}z} \tag{1.1.12}$$

**4. 光学谐振腔的光学正反馈和对腔内振荡光波模式的限制与约束。**

侧面敞开的、反射镜具有有限线度并有一定输出耦合率的光学谐振腔内,往返反射的光束在多次通过激活介质获得放大的同时还必然遭受光能的损耗。谐振腔的损耗(例如几何偏折损耗、衍射损耗、输出镜的透射损耗等)直接影响到谐振腔的限模和正反馈能力,因为腔损耗与模式有关。

**5. 自激振荡形成的阈值条件。**

在激光器中,激活介质对振荡光场提供增益,而光学谐振腔又使其能量衰减。为了实现振荡,从能量角度看,平均而言,只有满足往返增益大于等于往返腔损耗的那些光波模才能获得实际振荡,等号表示激光器振荡的阈值条件。如果只有少数的,甚至极限情况下只有一个光波模满足该振荡条件,激光器就实现了单模振荡并可能成为理想的强相干光源。

**6. 激活介质中的增益饱和与稳态振荡的形成。**

在激光器形成振荡之初,若激活介质所提供的增益大于腔损耗,振荡光波模的光强在腔内往返振荡过程中将一直被放大,这显然并不能获得稳态自激振荡。这意味着,激活介质的增益必然存在一种饱和效应,即介质的增益系数应随振荡光束光强的增大而减小。当达到稳态振荡时,增益系数应饱和至满足,平均而言,单程增益等于单程腔损耗。

从以上的分析可以看出,激光振荡器实质上是一种将激励能源的能量转化为工作物质原子的内能,再通过工作物质中原子的自发辐射诱导的受激辐射光放大,并经光学谐振腔对光波模式"筛选"和光学正反馈而变为持续振荡的相干光辐射能的装置。由于受激辐射光的本质特点和光学谐振腔限模作用的共同结果,才使激光振荡器输出光束能量在空间上、频率上,甚至在时间上高度集中,并成为具有优异特点的强相干光。

## 第二节 光与物质的共振相互作用

如前所述,光频电磁波(光子)与激光工作物质中的工作原子间的共振相互作用是形成激光的物理基础。因此对这一问题的进一步讨论对理解激光放大、振荡的原理具有重要意义。

## 一、自发辐射的谱线加宽

理论和实验都证明，物质原子自发辐射光谱中的每一条谱线都不是理想的单频光，而是在以其对应的原子能级间（例如高能级 $E_2$ 至低能级 $E_1$）跃迁的玻尔中心频率 $\nu_0 = (E_2 - E_1)/h$ 为中心呈现出某种频率分布，如图 1-3 所示。自发辐射的这种特性通常称为光谱线加宽。若自发辐射的总功率为 $P_0$，其功率（或光强）的频率分布以函数 $P(\nu)$ 表示，则

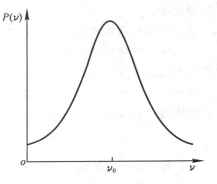

$$P_0 = \int_{-\infty}^{\infty} P(\nu)\mathrm{d}\nu \qquad (1.2.1)$$

一般以线型函数和线宽来定量描述和比较原子自发辐射的这种谱线加宽特性。若中心频率为 $\nu_0$ 的自发辐射光谱线的功率按频率分布函数可以表示成

$$P(\nu) = P_0 g(\nu, \nu_0) \qquad (1.2.2)$$

式中，$g(\nu, \nu_0)$ 给出了该谱线的轮廓或形状，称为光谱线的线型函数。由 (1.2.1) 式可以看出，线型函数满足归一化条件

图 1-3　自发辐射的频率分布

$$\int_{-\infty}^{\infty} g(\nu, \nu_0)\mathrm{d}\nu \equiv 1 \qquad (1.2.3)$$

在中心频率 $\nu_0$ 处，自发辐射功率 $P(\nu_0)$ 及相应的线型函数 $g(\nu, \nu_0)$ 均具有最大值，定义线型函数的半极值点所对应的频率全宽度为光谱线线宽（英文缩写为 FWHM）并记作 $\Delta\nu$，它度量了自发辐射功率的频率分布范围。$\Delta\nu/\nu_0$ 则用来度量自发辐射光场的单色性的优劣。值得注意的是，在光电子学文献中，有时还以波长差或波数差来标记光谱线线宽。它们与以频率差 $\Delta\nu$ 表示的线宽的关系是 $\Delta\lambda = (\lambda^2/c)\Delta\nu$，以及 $\Delta(\frac{1}{\lambda}) = \frac{1}{c}\Delta\nu$，式中 $c$ 和 $\lambda$ 分别为真空中的光速和中心波长。例如，若以波数差表示的线宽为 $1\mathrm{cm}^{-1}$，则对应的频率差线宽为 30GHz，当中心波长为 $1\mu\mathrm{m}$ 时，对应的波长差线宽则为 $10^{-4}\mu\mathrm{m}$。

## 二、共振相互作用的跃迁几率与跃迁截面

当单色能量密度为 $\rho_\nu$ 的光场与物质原子发生共振相互作用时，将同时存在三个彼此密切相关联的过程，即原子的自发辐射、受激辐射和受激吸收跃迁。自发辐射的谱线加宽将对这三个过程的跃迁几率产生重要的影响。

按照线型函数的物理意义和它所满足的归一化条件，可以看出，线型函数 $g(\nu, \nu_0)$ 实质上给出了中心频率为 $\nu_0$ 的自发辐射跃迁几率按发射光子频率的分布函数。若从 $E_2$ 能级至 $E_1$ 能级自发辐射跃迁总几率为 $A_{21}$，则其中分配在频率 $\nu$ 处的单位频率间隔内的跃迁几率应为 $A_{21}g(\nu, \nu_0)$。因为频率同为 $\nu$ 的自发辐射光子可属于不同的光子态，若发光介质体积为 $V$，由 (1.1.3) 式可知，分配至一种光子态（或一个模）的自发辐射跃迁几率

$$p_{sp} = \frac{A_{21}g(\nu, \nu_0)}{n_\nu \cdot V} = \frac{A_{21}g(\nu, \nu_0)}{\left(\frac{8\pi\nu^2}{v^3}\right) \cdot V}$$

$$= \frac{\lambda^2}{8\pi} A_{21} g(\nu, \nu_0) \cdot \frac{v}{V} \tag{1.2.4}$$

若记 $\quad \sigma(\nu) = \frac{\lambda^2}{8\pi} A_{21} g(\nu, \nu_0)$ (1.2.5)

则得 $\quad p_{sp} = \sigma(\nu) \dfrac{v}{V}$ (1.2.6)

该式中的 $\sigma(\nu)$ 为通常所说的跃迁截面。由(1.2.5)式看出,它随频率的变化依赖于自发辐射的线型函数 $g(\nu, \nu_0)$,由于跃迁几率具有 $\mathrm{s}^{-1}$ 量纲,因此 $\sigma(\nu)$ 具有面积量纲。

与自发辐射跃迁几率的频率分布相对应,受激跃迁几率亦存在着由介质谱线加宽线型函数所决定的频率分布。若入射单模光场的能量密度为 $\rho$,则处于高能级 $E_2$ 上的每一个原子受激辐射跃迁到低能级 $E_1$ 的平均跃迁几率应为

$$W_{21} = B_{21} \rho g(\nu, \nu_0) \tag{1.2.7}$$

处于低能级 $E_1$ 的原子受激吸收跃迁到高能级 $E_2$ 的平均跃迁几率为

$$W_{12} = B_{12} \rho g(\nu, \nu_0) \tag{1.2.8}$$

(1.2.7)式亦可改写为

$$W_{21} = B_{21} N h \nu g(\nu, \nu_0)$$

式中,$N$ 为单模光场的光子数密度。

利用(1.1.9)式,上式还可表示为

$$W_{21} = \frac{A_{21} \cdot g(\nu, \nu_0)}{\frac{8\pi\nu^2}{v^3} \cdot V} \cdot (NV) \tag{1.2.9}$$

式中,$(NV)$ 表示介质中总光子数。

若以 $p_{st}$ 表示由单模光场中的一个光子所引起的受激辐射跃迁几率,由(1.2.9)式得

$$p_{st} = \frac{W_{21}}{NV} = \frac{A_{21} g(\nu, \nu_0)}{\left(\frac{8\pi\nu^2}{v^3}\right) \cdot V} = p_{sp} \tag{1.2.10}$$

(1.2.10)式表明,在介质中分配到一个模的平均自发辐射跃迁几率等于该模中的一个光子所引起的受激辐射跃迁几率。由(1.2.6)式得

$$p_{st} = \sigma(\nu) \frac{v}{V} \tag{1.2.11}$$

将(1.2.11)式代入(1.2.9)式,受激辐射的总跃迁几率 $W_{21}$ 可表示为

$$W_{21} = \sigma(\nu) N v \tag{1.2.12}$$

对于均匀平面波光波模,将光强 $I = N \cdot h\nu v$ 代入上式得

$$W_{21} = \frac{\sigma(\nu) I}{h\nu} \tag{1.2.13}$$

(1.2.13)式给出了关于受激辐射跃迁几率与介质中光强及跃迁截面的重要关系。

对于受激吸收跃迁几率,由 $W_{12}/W_{21} = B_{12}/B_{21} = g_2/g_1$,显然有

$$W_{12} = \frac{g_2}{g_1} \sigma(\nu) N v \tag{1.2.14}$$

以及

$$W_{12} = \frac{g_2}{g_1} \frac{\sigma(\nu) I}{h\nu} \tag{1.2.15}$$

由一个光子所引起的 $E_1$ 能级上的每个原子受激吸收跃迁到 $E_2$ 能级的平均几率为

$$p_{ab} = \frac{g_2}{g_1}\sigma(\nu)\frac{v}{V} \tag{1.2.16}$$

当物质原子 $E_2$ 能级与 $E_1$ 能级具有相同的统计权重时,即 $g_1 = g_2$,则 $W_{21} = W_{12}$,且有

$$p_{sp} = p_{st} = p_{ab} = \sigma(\nu)\frac{v}{V}$$

可见,跃迁截面 $\sigma(\nu)$ 是表征光场与物质共振相互作用的一个十分重要的物理量。当 $\nu = \nu_0$ 时,取 $\sigma(\nu_0)$ 为最大值,称为峰值跃迁截面或发射截面。表 1-1 给出了几种常见激光跃迁的发射截面的典型数值,可供参考。

**表 1-1　常见激光跃迁的跃迁截面典型值**

| 激 光 跃 迁 | 跃迁截面($cm^2$/每个原子) |
|---|---|
| 可见及近红外气体激光跃迁 | $10^{-11} \sim 10^{-13}$ |
| 低气压 $CO_2$,$10.6\mu m$ 跃迁 | $3 \times 10^{-18}$ |
| 若丹明—6G $0.593\mu m$ 跃迁 | $(1 \sim 2) \times 10^{-16}$ |
| 红宝石:$Cr^{3+}$:Ruby 0.6943 跃迁 | $2.5 \times 10^{-20}$ |
| $Nd^{3+}$:YAG $1.06\mu m$ 跃迁 | $8.8 \times 10^{-19}$ |
| $Nd^{3+}$:Glass $1.06\mu m$ 跃迁 | $3 \times 10^{-20}$ |
| 掺 $Er^{3+}$ 光纤 $1.53 \sim 1.56\mu m$ 跃迁 | $(5 \sim 8) \times 10^{-21}$ |
| 钛宝石 $Ti^{3+}$:$Al_2O_3$ $0.680 \sim 1.1\mu m$ 跃迁 | $3.5 \times 10^{-19}$ |

## 三、自发辐射谱线加宽机制和类型

对于实际的发光物质,引起自发辐射谱线加宽的物理因素有多种,相应地,其光谱线的线型函数和线宽也不同。物质的谱线加宽按加宽物理机制分成两大类:一类称为均匀加宽,其特点是引起光谱线加宽的物理因素对介质中的每个发光原子都是相同的,因而所有工作原子自发辐射谱线都具有相同的中心频率、线型函数及线宽,且与整个介质的线型一致;另一类称为非均匀加宽,引起光谱线加宽的物理因素对介质中的每个原子而言不一定相同,发光介质中不同的原子自发辐射谱线可具有不同的中心频率、线型函数及线宽,单个原子的线型函数与整个介质不同。以下仅就几种主要的光谱线加宽机制作简要分析说明。

### 1. 寿命加宽与固有加宽

实际上,处于激发态的原子可以自发地跃迁到较低能级,这种自发跃迁可以通过辐射跃迁和无辐射跃迁两种方式进行。前者伴随着光子的发射,后者仅伴随着某种非光能形式的能量转换。原子在能级上的平均总寿命除了与自发跃迁有关外,还由于受到周围环境的影响,例如,晶格的热振动、原子之间的非弹性碰撞、原子与容器壁之间的非弹性碰撞等,致使原子发生能量的转移而引起无辐射跃迁,这些都使原子在能级上的寿命减短。通常称由原子能级的平均总寿命所决定的光谱线加宽为寿命加宽。

寿命加宽是量子力学中的微观粒子能量—时间测不准原理的必然结果。我们可以将原子某个量子能级的平均寿命 $\tau$ 理解为原子所具有该能量的时间不确定值,按原子的能量—时间

测不准关系，原子所具有的能量不确定值 $\Delta E$ 应满足

$$\Delta E \cdot \tau \geqslant \frac{h}{2\pi} \tag{1.2.17}$$

式中，$h$ 为普朗克常数。

　　显然，除了基态能级由于平均寿命 $\tau \to \infty$ 之外，原子激发态能级都有一定的宽度。若能级 $E_2$、$E_1$ 的平均总寿命分别为 $\tau_2$、$\tau_1$，则两个能级的能级宽度按(1.2.17)式分别为 $\Delta E_2 = h/(2\pi\tau_2)$ 和 $\Delta E_1 = h/(2\pi\tau_1)$。与此相应，这两个能级之间的自发辐射跃迁所发射的光子频率应该以频率 $\nu_0 = (E_2 - E_1)/h$ 为中心，并具有一定的线宽。寿命加宽的线宽应为

$$\Delta \nu_L = \frac{\Delta E_2 + \Delta E_1}{h} = \frac{1}{2\pi}\left(\frac{1}{\tau_2} + \frac{1}{\tau_1}\right) \tag{1.2.18}$$

若跃迁下能级 $E_1$ 为基态(即 $\tau_1 \to \infty$)，则 $\Delta\nu_L = 1/(2\pi\tau_2)$。由于激发态能级的平均总寿命 $\tau$ 为其能量总衰减速率 $\gamma$ 的倒数，即 $\tau = \dfrac{1}{\gamma}$，而 $\gamma = \gamma_{sp} + \gamma_{nr} + \gamma_0$，其中 $\gamma_{sp}$、$\gamma_{nr}$ 及 $\gamma_0$ 分别为由自发辐射跃迁、无辐射跃迁及其他可能的能量衰减过程所决定的能级衰减速率。当 $E_1$ 为基态时，$\gamma_{sp} = A_{21} = \dfrac{1}{\tau_{sp}}$，若 $\gamma_{nr}$、$\gamma_0$ 皆为 0，则 $\tau_2 = \tau_{sp}$，即 $E_2$ 能级的平均寿命仅仅由自发辐射跃迁过程所决定，寿命加宽线宽具有最低限度值。通常称仅由自发辐射寿命 $\tau_{sp}$ 所决定的寿命加宽为固有加宽，固有加宽的线宽 $\Delta\nu_N = 1/(2\pi\tau_{sp})$。

　　按照爱因斯坦光与原子共振相互作用的惟象理论，在 $t$ 时刻，若处于 $E_2$ 能级原子集居数密度为 $n_2(t)$，则在单位体积的发光介质中，由能级 $E_2$ 至能级 $E_1$ 的自发辐射跃迁所导致的 $E_2$ 能级上的原子集居数密度的衰减速率为

$$\frac{\mathrm{d}n_2(t)}{\mathrm{d}t} = -n_2(t)A_{21} = -n_2(t)/\tau_{sp}$$

由该式求得 $n_2(t) = n_2(0)\exp(-t/\tau_{sp})$。在 $t$ 时刻，单位体积介质的原子自发辐射功率 $P(t)$ 为

$$P(t) = h\nu_0\left|\frac{\mathrm{d}n_2(t)}{\mathrm{d}t}\right| = h\nu_0 n_2(0)A_{21}\exp(-t/\tau_{sp})$$

即

$$P(t) = P(0)\exp(-t/\tau_{sp}) \tag{1.2.19}$$

式中，$P(0)$ 表示 $t = 0$ 时刻的自发辐射光功率密度。

　　(1.2.19)式表示，由于激发态能级所固有的有限辐射寿命 $\tau_{sp}$，自发辐射的功率将随时间按指数规律衰减，其衰减常数为 $1/\tau_{sp}$。与此对应，自发辐射光场的振幅亦应随时间按指数规律衰减，振幅衰减常数则为 $1/(2\tau_{sp})$。于是，原子自发辐射是场振幅随时间指数衰减的阻尼简谐波，其电场强度可表示为

$$E(t) = E_0\exp(-t/2\tau_{sp})\exp(i2\pi\nu_0 t) \tag{1.2.20}$$

　　对(1.2.20)式进行傅里叶变换，可以求得自发辐射场的频谱分布，进而可得出功率谱分布。按照线型函数的物理意义及所满足的归一化条件，所求得的固有加宽的线型函数为

$$g_N(\nu, \nu_0) = \frac{2}{\pi\Delta\nu_N} \cdot \frac{1}{1 + \left(\dfrac{\nu - \nu_0}{\Delta\nu_N/2}\right)^2} \tag{1.2.21}$$

式中，$\Delta\nu_N = 1/(2\pi\tau_{sp})$ 为固有加宽线宽。这一结果与按原子能量—时间测不准关系所预言的一致。由(1.2.21)式所给出的线型函数是洛仑兹函数(Lorentzian)。固有加宽的线型函数线宽决定于 $E_2 \to E_1$ 能级间的自发辐射平均寿命 $\tau_{sp}$。由于 $\tau_{sp}$ 是处于 $E_2$ 能级上的大量原子的统计平均值，它对于不同的原子都是相同的，显然，固有加宽属于均匀加宽。类似地，寿命加宽亦属于均匀加宽，其线型函数也可以用洛仑兹函数表示，线宽由(1.2.18)式决定。

### 2. 碰撞加宽

在介质中,当两个原子处于足够接近的相对位置时,原子之间的相互作用便足以改变原子原来的运动状态,通常就认为这两个原子间发生了"碰撞"。原子之间的这种随机的无规则"碰撞"是引起自发辐射谱线加宽的一个重要原因。如前所述,非弹性碰撞存在原子间的能量交换,可导致原子能级间的跃迁,使原子在激发态的平均寿命缩短,从而可归类于寿命加宽。弹性碰撞虽然不包括能量交换,但可引起原子中与能级有关的状态波函数的随机相位变化并进而引起辐射光场的随机无规则相位变化和调制,这同样会导致谱线加宽。

虽然"碰撞"的情况比较复杂,但"碰撞"的产生都是随机的。因此,对于由大量原子所构成的介质,只能讨论其统计平均性质。若发光原子与其他原子发生"碰撞"的平均时间间隔为 $\tau_c$,则 $\tau_c$ 可以理解成由"碰撞"所决定的原子能级的平均寿命。平均而言,$\tau_c$ 对介质中的任一发光原子都是相同的。与寿命加宽类似,"碰撞"加宽属于均匀加宽,其线型函数可近似用洛仑兹函数描述,其线宽 $\Delta\nu_c = \dfrac{1}{2\pi\tau_c}$。

对于同时存在着寿命加宽与碰撞加宽的介质,自发辐射均匀加宽的洛仑兹线型函数的线宽可表示为

$$\Delta\nu_H = \frac{1}{2\pi}\left(\frac{1}{\tau_1} + \frac{1}{\tau_2} + \frac{1}{\tau_c}\right) \tag{1.2.22}$$

### 3. 非均匀加宽——多普勒加宽(Doppler broadening)

在一些情况下,介质中不同原子(或原子群)的自发辐射可具有不同的中心频率或线型函数。可以将原子按某一参量,例如 $\xi$ 来区分和分类,整体介质的自发辐射呈现出非均匀加宽的特点。在这种情况下,一般属于同一个参量 $\xi$ 的原子群中的原子都有均匀加宽的特点,并具有相同的线型函数 $g^\xi(\nu)$。整个介质,即各类原子总集合的线型函数 $g(\nu, \nu_0)$,如图1-4所示,由各类不同原子的线型函数 $g^\xi(\nu)$ 的包络线给出。

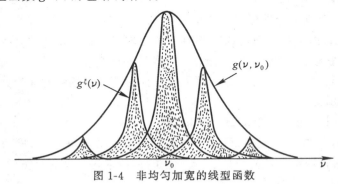

图 1-4 非均匀加宽的线型函数

线型函数的具体形式与介质中原子数按参量 $\xi$ 的几率分布函数 $p(\xi)$ 直接有关。为了计算介质自发发射频率 $\nu \sim \nu + d\nu$ 之间的光子的几率 $g(\nu, \nu_0)d\nu$,需先求出属于 $\xi$ 群中的原子发射该频率间隔内的几率 $g^\xi(\nu)d\nu$,然后对所有的 $\xi$ 群原子求和,即

$$g(\nu, \nu_0)d\nu = \left[\int_{-\infty}^{\infty} p(\xi)g^\xi(\nu)d\xi\right]d\nu \tag{1.2.23}$$

由上式可得出非均匀加宽介质的线型函数为

$$g(\nu, \nu_0) = \int_{-\infty}^{\infty} g^\xi(\nu)p(\xi)d\xi \tag{1.2.24}$$

(1.2.24)式为非均匀加宽线型函数的一般表达式。

多普勒加宽是一种重要的非均匀加宽机制。按光波的多普勒效应,当光源与光接受器之间存在相对运动时,接受器所接受到的光波频率会随相对运动速度的不同而产生大小不等的频移。若相对静止时接受到的光波频率为 $\nu_0$,光源和接受器间在它们的连线方向上的相对速度为 $v_z$,所接受到的光波频率称为表观频率将为

$$\nu = \nu_0(1 + v_z/c) \tag{1.2.25}$$

式中,$c$ 为真空中光速。

当光源向着接受器运动时 $v_z > 0$,则 $\nu > \nu_0$。反之,光源离开接受器运动时,$v_z < 0$,则 $\nu < \nu_0$。对应于相对速度 $v_z$ 的多普勒频移是 $\nu - \nu_0 = (v_z/c)\nu_0$。由于光学多普勒效应,在气体介质中,原子的无规则热运动使具有不同热运动速度分量 $v_z$ 的工作原子在发生自发辐射跃迁时,被探测到的自发辐射光场的中心频率将各异于由能级差所决定的玻尔中心频率 $\nu_0$。由于人们在实验中所记录到的光谱线是气体介质中具有不同热运动速度的大量激发态原子自发辐射所共同贡献的结果,自发辐射功率就必然会具有由不同热运动速度分量的原子自发辐射多普勒频移所决定的频率分布,这就是光谱线的多普勒加宽。显然,这种谱线加宽的线型函数决定于气体介质中发光原子数按热运动速率的几率分布函数。原子热运动速度分量 $v_z$ 起到了(1.2.24)式中的 $\xi$ 参量的角色。若原子热运动速度分量自 $v_z$ 到 $v_z + \mathrm{d}v_z$ 的几率为 $p(v_z)\mathrm{d}v_z$,按该式,多普勒加宽的线型函数应为

$$g_D(\nu, \nu_0) = \int_{-\infty}^{\infty} g\left[\nu - \nu_0\left(1 + \frac{v_z}{c}\right)\right]p(v_z)\mathrm{d}v_z \tag{1.2.26}$$

按气体分子运动的统计力学结果,气体原子沿特定 $z$ 方向的速度分量 $v_z$ 的几率分布函数为

$$p(v_z) = \left(\frac{m}{2\pi KT}\right)^{1/2}\exp\left/\left(-\frac{mv_z^2}{2KT}\right)\right. \tag{1.2.27}$$

式中,$K$ 为玻尔兹曼常数,$T$ 为气体介质的绝对温度,$m$ 为气体原子质量。

将式(1.2.27)代入式(1.2.26),若每个原子具有中心频率为 $\nu_0$,线宽为 $\Delta\nu_H$ 的洛仑兹线型函数,当满足 $\Delta\nu_H \ll \dfrac{\nu_0}{c}\sqrt{\dfrac{KT}{m}}$ 时,可以证明,多普勒加宽的线型函数可近似用一个高斯函数(Gaussian)来表示,即

$$g_D(\nu, \nu_0) \approx \frac{c}{\nu_0}\left(\frac{m}{2\pi KT}\right)^{1/2}\exp\left[-\frac{mc^2}{2KT\nu_0^2}(\nu - \nu_0)^2\right] \tag{1.2.28}$$

由上式所求得的光谱线线宽为

$$\Delta\nu_D = 2\nu_0\left(\frac{2KT}{mc^2}\ln 2\right)^{1/2}$$

$$\approx 7.16 \times 10^{-7}\nu_0\left(\frac{T}{M}\right)^{1/2} \tag{1.2.29}$$

式中,$M$ 为气体介质工作原子(分子)的摩尔原子量。

利用上式亦可将(1.2.28)式表示为

$$g_D(\nu, \nu_0) = (\pi\ln 2)^{1/2}\frac{2}{\pi\Delta\nu_D}\exp\left[-(\ln 2)\left(\frac{\nu - \nu_0}{\frac{\Delta\nu_D}{2}}\right)^2\right] \tag{1.2.30}$$

图 1-5 给出了具有相同线宽 $\Delta\nu$ 的均匀加宽洛仑兹线型函数与非均匀加宽的高斯线型函数的比较。

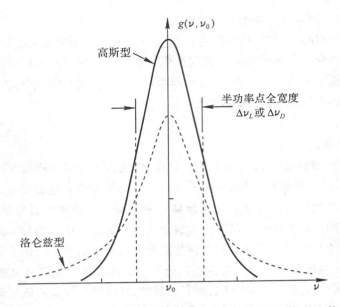

图 1-5　具有相同线宽的洛仑兹线型函数与高斯线型函数的比较

　　值得指出的是,实际发光物质的自发辐射光谱线中,往往同时存在多种引起谱线加宽的因素,随着介质的不同、工作条件的不同或变化,有的介质的谱线呈现出以均匀加宽为主导,有的则呈现为以非均匀加宽为主,亦有的介质则介于两者之间,表现为所谓的综合加宽。气体工作物质的综合加宽线型函数为其多普勒加宽的高斯函数与均匀加宽的洛仑兹函数的卷积,数学上该卷积积分为佛克脱(Voigt)积分,其数值可从有关的函数表查到。

　　应该特别注意的是,由于介质自发辐射光谱线加宽机制的不同,光场与物质原子间的共振相互作用将会呈现出十分不同的特点。当某一频率的准单色光与介质相互作用时,对均匀加宽介质,入射光场与介质中所有的原子发生完全相同的共振相互作用,从而介质中的每个工作原子都具有完全相同的受激跃迁几率。而对非均匀加宽介质,入射光场只能与介质中其跃迁中心频率与该光场频率相应的某类原子发生共振相互作用并引起这类原子的受激跃迁。例如,在多普勒加宽的气体工作物质中,当频率为 $\nu$ 的准单色光与

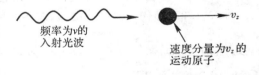

频率为$\nu$的入射光波

速度分量为$v_z$的运动原子

图 1-6　光波与运动原子相互作用示意图

物质原子发生共振相互作用时,如前所述,若不计发光原子本身的热运动,当入射光频率等于原子自发辐射跃迁的固有中心频率,即 $\nu = \nu_0$ 时具有最大的受激跃迁几率。然而,当考虑到原子本身的热运动时,光与原子相互作用的情况就有了变化。我们可将介质中的原子视为运动着的光接受器,而入射的光波是从静止的光源发出的,由于光学多普勒效应的存在,以速度分量 $v_z$ 运动的物质原子所感受到的光波频率变为 $\nu'$,按(1.2.25)式及图 1-6 所示,应有

$$\nu' = \nu(1 - v_z/c)$$

显然,仅当 $\nu' = \nu_0$ 时,即 $\nu(1 - v_z/c) = \nu_0$ 时才有最大的共振相互作用。由此可知,当 $v_z/c \ll 1$ 时应有 $\nu \approx \nu_0(1 + v_z/c)$。该式表明,当光波与运动速度分量为 $v_z$ 的原子发生共振相互作用时,原子所表现出来的中心频率变为 $\nu_0(1 + v_z/c)$。换言之,当频率为 $\nu$ 的沿 $z$ 方向传播的准单色光与多普勒非均匀加宽介质原子相互作用时,它不是与介质中所有的原子都发生强的共振相互作用,而是只与热运动速率分量 $v_z = \dfrac{\nu - \nu_0}{\nu_0} c$ 的那一类原子发生最强的相互作用,并引起该类原子

的受激跃迁。

## 四、介质的极化、光的吸收和色散

按照光与物质相互作用的经典电磁理论,物质原子中的电子与原子核构成了一电偶极子,电子在其平衡位置作阻尼简谐振动,当无外光场作用时,电子振子将自发电偶极辐射,其固有频率为 $\nu_0$。此时,原子内正负电荷中心重合而不呈现出极性。在外光场的作用下,原子的正负电荷中心不再重合而产生感应电偶极矩,即原子被极化。从宏观上看,物质在光场作用下被极化,并可用感应电极化强度及电极化系数来描述极化特性。介质的极化特性与介质本身性质、入射光场的频率和强弱等密切相关。另一方面,被极化了的物质则对入射光场产生反作用,它可以使光场的振幅、频率和相位等发生变化。当入射光场频率 $\nu \approx \nu_0$ 时,即共振相互作用情况下,若入射场不很强并远小于原子内电子所受到的原子核的库仑场时,介质呈现共振线性极化并引起物质的介电常数(因而光波电磁场的传播常数)发生变化,从而导致物质对光场的吸收(增益)和反常色散。下面将简要讨论基于这种考虑所得到的场与物质相互作用的主要结果。

### 1. 共振线性极化和线性电极化系数

若入射光场为沿 $z$ 方向传播的单色平面线偏振光,其频率为 $\nu \approx \nu_0$,沿 $x$ 方向的电场强度可表示成

$$E(z,t)=E(z)\mathrm{e}^{i2\pi\nu t}=E_0\mathrm{e}^{i2\pi\nu\left(t-\frac{z}{v}\right)} \tag{1.2.31}$$

式中,$v$ 为介质中光波的相速度,其大小为 $v=\dfrac{c}{\sqrt{\varepsilon'\mu'}}$,$\varepsilon'$ 和 $\mu'$ 分别为物质的相对介电常数和相对磁导率。对于非铁磁电介质 $\mu' \approx 1$,而 $\varepsilon'$ 则需根据物质在 $E(z,t)$ 作用下的极化过程求得,$c$ 为真空中的光速。

在该光场作用下,物质中的简谐电偶极振子将作受迫振动并产生感应电偶极矩,由此求得物质的感应电极化强度 $P(z,t)$。对于线性极化的介质有关系式 $P(z,t)=\varepsilon_0\chi E(z,t)$,其中 $\varepsilon_0$ 为真空中介电常数,$\chi$ 为物质的线性电极化系数。由此所求得的电极化系数是一个复数,可将其表示为 $\chi=\chi'+i\chi''$。对于均匀加宽的介质,在光场的作用下每个原子都具有相同的感应电偶极矩,结果得到极化系数的实部和虚部分别为

$$\begin{cases} \chi'=-\chi_0\dfrac{\Delta y}{1+(\Delta y)^2} \\[2mm] \chi''=-\chi_0\dfrac{1}{1+(\Delta y)^2} \end{cases} \tag{1.2.32}$$

式中,$\chi_0$ 表示 $\nu=\nu_0$ 时线性电极化系数的大小,其值为 $\chi_0=\dfrac{3n\lambda_0^3}{4\pi^2}$,$n$ 为物质原子数密度,$\lambda_0$ 为电偶极振子的固有振动波长;$\Delta y=(\nu-\nu_0)/\left(\dfrac{\gamma}{4\pi}\right)$,$\gamma$ 为经典辐射阻尼系数。

### 2. 光的吸收(增益)和介质的反常色散

按经典电磁场理论,对于各向同性的线性极化物质,其相对介电常数 $\varepsilon'=1+\chi=1+\chi'+i\chi''$,利用这一关系,考虑到通常 $|\chi| \ll 1$,$\sqrt{\varepsilon'} \approx 1+\dfrac{1}{2}(\chi'+i\chi'')$,可将(1.2.31)式表示为

$$E(z,t)=E_0 e^{\frac{2\pi\nu}{c}\beta z}e^{i2\pi\nu(t-\frac{z}{c/\eta})} \tag{1.2.33}$$

式中
$$\left.\begin{aligned}\beta &=\frac{\chi''}{2}\\ \eta &=1+\frac{\chi'}{2}\end{aligned}\right\} \tag{1.2.34}$$

由(1.2.33)和(1.2.34)两式可以看出,极化系数 $\beta$ 的虚部决定着光场振幅在传播过程中的衰减(或增大),$\eta$ 即为通常定义的介质折射率,它由极化系数的实部所决定。在介质中 $z$ 处光场的光强 $I(z)$ 正比于该处场振幅的平方,因此,$I(z)=I_0 e^{2\cdot\frac{2\pi\nu}{c}\beta z}$,按介质增益系数的定义式(1.1.12),求得增益(或吸收)系数为

$$G=\frac{2\pi\nu}{c}\chi'' \tag{1.2.35}$$

值得指出的是,如果与光场共振相互作用的原子处于折射率为 $\eta^0$ 的介质中,则由于原子极化所致介质的增益系数和色散关系应为

$$\left.\begin{aligned}G &=\frac{2\pi\nu}{c\eta^0}\chi''(\nu)\\ \eta(\nu) &=\eta^0+\frac{\chi'(\nu)}{2\eta^0}\end{aligned}\right\} \tag{1.2.36}$$

介质的吸收和折射率的频率响应特性可由(1.2.36)式和(1.2.32)式确定,图1-7给出了上述理论分析的结果。

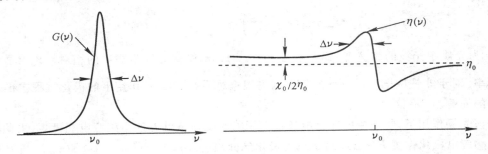

图 1-7　介质增益系数与折射率的频率响应

可见,对均匀加宽的介质,增益系数的频率响应具有洛仑兹线型,而介质折射率则在固有频率 $\nu_0$ 附近呈现出强烈的反常色散。将(1.2.32)式代入(1.2.36)式可得

$$\left.\begin{aligned}G &=-\frac{2\pi\nu}{c\eta_0}\frac{\chi_0}{1+(\Delta y)^2}\\ \eta(\nu) &=\eta_0-\frac{\chi_0}{2\eta_0}\frac{\Delta y}{1+(\Delta y)^2}\end{aligned}\right\} \tag{1.2.37}$$

由(1.2.37)式可以推出

$$\eta(\nu)=\eta_0+\frac{c\Delta y}{4\pi\nu}G \tag{1.2.38}$$

(1.2.38)式给出了共振相互作用的线性极化介质折射率与介质增益系数之间的关系。

# 第三节　激光放大器

相干光放大器是在增大光场振幅的同时保持其相位(或只产生固定相移)的装置。如果仅

增大了光场的光强而不保持其相位就是非相干光放大器。在光电子学的发展和应用中,相干光放大器占有很重要的地位,例如激光振荡器中的放大器,弱光脉冲在长光纤中的放大,强光光学中产生高强度光脉冲等。由于相干光放大是通过光的受激辐射来实现的,因此通常称为激光放大器。按放大器的工作方式又分为连续与脉冲(或称为稳态与瞬态)两大类。本节以稳态方式作为对象来说明相干光放大器的基本原理和特性。

## 一、光放大器的一般特点和特性参数

激光放大器与电子放大器不同,在电子放大器中,注入的电流或施加的电压的小变化导致了载流子(如在半导体场效应三极管或双极三极管中)电流的大的变化,调谐电子放大器则是使用共振电路(LC电路)或金属波导共振腔将放大器的增益限制在所需的频率。而激光放大器中光子数放大则是通过入射光子与放大器介质中的工作原子、分子间的共振相互作用所发生的原子能级间光的受激辐射跃迁来实现的。受激辐射跃迁发射一个与入射光子属于同一模式(或光子态)的光子,这种过程继续下去便形成了相干光放大。激光放大器依靠原子能级差来提供主要的频率选择,同时由于受激辐射发生在光子能量几乎等于原子跃迁能级差的情况,所以放大器的带宽自然受到原子跃迁线宽的限制。光通过热平衡状态的介质被衰减而不能放大,只有通过实现了反转分布的介质才能实现光放大。为实现反转分布就需要将原子激发到高能态的泵浦能源,虽然电子放大器也需要电源,但其工作机理却完全不同。

与相干的电子放大器类似,相干光放大器可以用以下参数来表征其基本特性:

(1)增益和增益系数;

(2)放大器的增益带宽;

(3)放大器的相移;

(4)放大器的泵浦源;

(5)放大器的非线性和增益饱和;

(6)放大器的噪声。

显然,光放大器与电子放大器具有十分不同的工作特性。

## 二、光放大器的增益、带宽和相移

增益、带宽和相移是光放大器的最基本参数。为使讨论简化,如图1-8所示,设频率为 $\nu$ 沿 $z$ 方向行进的单色平面波入射到长度为 $l$ 的激光放大器中。光频电场为 $E(z)e^{i2\pi\nu t}$,相应的光强为 $I(z)$。放大器物质中受激跃迁上、下能级的原子集居数密度

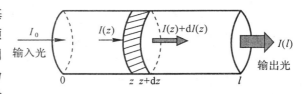

图1-8　光放大过程示意图

分别为 $n_2$ 和 $n_1$,相应的跃迁中心频率为 $\nu_0$,跃迁截面为 $\sigma(\nu)$,线型函数为 $g(\nu,\nu_0)$。

### 1. 放大器的增益和带宽

若放大器的输入及输出信号光强分别为 $I_0$ 与 $I(l)$,通常定义放大器的总增益

$$K = \frac{I(l)}{I_0} \tag{1.3.1}$$

放大介质的增益系数 $G$ 表示沿光传播 $z$ 方向上单位长度光强的相对增加值,即

$$G(\nu, z) = \frac{1}{I(z)} \frac{\mathrm{d}I(z)}{\mathrm{d}z}$$

若 $G$ 不随传播距离 $z$ 而变,或者说是与光强 $I(z)$ 无关的常数,对于一个无其他光能损耗的放大器,光强随 $z$ 就应按指数规律变化,即

$$I(z) = I(0) \exp[G(\nu)z] \tag{1.3.2}$$

由(1.3.2)、(1.3.1)两式得到放大器的总增益

$$K = \exp[G(\nu)l] \tag{1.3.3}$$

正如在第一节中所述,光在放大器中的放大是由于频率为 $\nu$ 的准单色光与形成了能级间原子集居数密度反转分布的放大器工作物质间共振相互作用而受激辐射的结果。按(1.2.12)及(1.2.14)两式,由于受激辐射和受激吸收所决定的放大器工作物质中光子数密度随时间的变化率,即单位时间内光子数密度的增加应为

$$\frac{\mathrm{d}N}{\mathrm{d}t} = n_2 W_{21} - n_1 W_{12} = \Delta n \sigma(\nu) \upsilon N \tag{1.3.4}$$

式中,$\Delta n = n_2 - \frac{g_2}{g_1} n_1$ 表示跃迁上、下能级间的原子反转集居数密度,$N$ 为光子数密度,$N = \rho/h\nu$。

由光强 $I = N \cdot h\nu \cdot v$ 及 $\frac{\mathrm{d}N}{\mathrm{d}t} = \frac{\mathrm{d}N}{\mathrm{d}z} \cdot \frac{\mathrm{d}z}{\mathrm{d}t} = \frac{\mathrm{d}N}{\mathrm{d}z} \cdot v$,代入(1.3.4)式,得

$$\frac{1}{N} \frac{\mathrm{d}N}{\mathrm{d}z} = \Delta n \sigma(\nu) \tag{1.3.5}$$

以及

$$\frac{1}{I} \frac{\mathrm{d}I}{\mathrm{d}z} = \Delta n \sigma(\nu) \tag{1.3.6}$$

即得放大器工作物质的增益系数

$$G(\nu) = \Delta n \sigma(\nu) = \Delta n \cdot \frac{\lambda^2}{8\pi} A_{21} g(\nu, \nu_0) \tag{1.3.7}$$

增益系数正比于能级间的反转集居数密度。当 $\Delta n < 0$ 时,$G(\nu)$ 即为吸收系数,表示吸收介质将使沿 $z$ 方向行进的光衰减。吸收系数通常记为 $\alpha(\nu) = -G(\nu) = -\Delta n \sigma(\nu)$。将(1.3.7)式代入(1.3.3)式得到放大器的总增益

$$K(\nu) = \exp[\Delta n \sigma(\nu)l] = \exp\left[\Delta n \frac{\lambda^2}{8\pi} A_{21} g(\nu, \nu_0)l\right] \tag{1.3.8}$$

放大器的增益和工作物质的增益系数显然与入射光的频率有关。它们对频率 $\nu$ 的依赖关系决定于自发辐射的线型函数 $g(\nu, \nu_0)$。由于线型函数是以原子跃迁中心频率 $\nu_0$ 为中心的、具有一定线宽 $\Delta \nu$ 的频率分布函数,因此,激光放大器便是由原子能级间跃迁的线型函数所决定的、具有共振频率 $\nu_0$ 和带宽 $\Delta \nu$ 的一个共振装置,其原因在于受激辐射和吸收都是由原子跃迁所控制的。增益系数对入射光频率的响应与线型函数一致,其带宽即等于光谱线线宽。例如,若线型函数为洛仑兹函数

$$g(\nu,\nu_0) = \frac{2}{\pi \Delta \nu} \cdot \frac{1}{1+\left[\dfrac{\nu-\nu_0}{\dfrac{\Delta \nu}{2}}\right]^2}$$

那么,增益系数亦为洛仑兹函数且线宽相同,即

$$G(\nu) = G(\nu_0) \cdot \frac{1}{1+\left[\dfrac{\nu-\nu_0}{\dfrac{\Delta \nu}{2}}\right]^2} \quad (1.3.9)$$

式中,$G(\nu_0)$表示当入射光频率 $\nu=\nu_0$ 时的最大增益系数

$$G(\nu_0) = \Delta n \cdot \frac{\lambda_0^2 A_{21}}{4\pi^2 \Delta \nu} \quad (1.3.10)$$

图 1-9 给出了洛仑兹线型均匀加宽激光放大器的增益系数频率响应曲线。

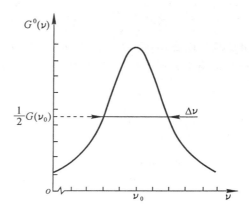

图 1-9 洛仑兹线型放大器的小信号增益系数

### 2. 放大器的相移

实际的相干光放大器可使输出光信号相对于输入信号存在一个依赖于输入光频率的相移。这与理想放大器只是使输出相对于输入信号仅存在一个时间延迟或相移随频率呈线性变化的情况有明显的差异。由放大器所产生的相移,可以通过分析光频电场与放大器工作物质相互作用所导致的电场强度的相位变化来确定。利用第二节四小节中关于介质共振线性极化以及增益和色散特性的讨论结果,能够方便地得到由放大器中工作物质原子极化所产生放大器相移的经典理论结果。

可以将在放大器中沿轴线 $z$ 方向传播、频率为 $\nu$ 的单色平面波电场强度 $E(z,t) = E(z)e^{i2\pi\nu t}$ 的振幅 $E(z)$ 表示为

$$E(z) = E_0 \exp\left[\frac{1}{2}G(\nu)z\right]\exp\left[-i\varphi(\nu)z\right] \quad (1.3.11)$$

式中,$G(\nu)$ 为放大器的增益系数,$\varphi(\nu)$ 为放大器的相移系数,它表示通过单位长度放大介质所产生的相移。

由(1.2.33)式,相移系数

$$\varphi(\nu) = \frac{2\pi\nu}{c}\eta(\nu) \quad (1.3.12)$$

式中,$\eta$ 为放大器工作物质的折射率。

将(1.2.36)式代入(1.3.12)式,得到

$$\varphi(\nu) = \frac{2\pi\nu}{c}\left[\eta^0 + \frac{\chi'(\nu)}{2\eta^0}\right] \quad (1.3.13)$$

特别,若放大器为均匀加宽的工作物质,其增益系数具有洛仑兹线型,将(1.2.38)式代入(1.3.13)式,得

$$\varphi(\nu) = \frac{2\pi\nu}{c}\left[\eta^0 + \frac{c\Delta y}{4\pi\nu}G(\nu)\right] \quad (1.3.14)$$

式中,$\Delta y = \dfrac{\nu-\nu_0}{\left(\dfrac{\gamma}{4\pi}\right)} = \dfrac{\nu-\nu_0}{\dfrac{\Delta \nu}{2}}$;$\Delta \nu$ 为增益曲线线宽,$\Delta \nu = \dfrac{\gamma}{2\pi}$。

可以将(1.3.14)式改写为

$$\varphi(\nu) = \frac{2\pi\nu}{c}\left[\eta^0 + \frac{c}{2\pi\nu}\cdot\frac{\nu-\nu_0}{\Delta\nu}G(\nu)\right]$$

由该式可以看出,与增益系数(或吸收系数)等于零的均匀各向同性的普通介质比较,由于共振相互作用所导致的介质极化,放大器存在与频率有关的原子相移系数为

$$\delta\varphi(\nu) = \frac{\nu-\nu_0}{\Delta\nu}G(\nu) \tag{1.3.15}$$

该式表明,放大器的原子相移与其增益系数直接有关。在共振时,入射光频率等于放大器工作物质原子跃迁的固有中心频率,即 $\nu=\nu_0$,增益系数取最大值而原子相移系数 $\delta\varphi(\nu)=0$,$\nu<\nu_0$ 时 $\delta\varphi(\nu)<0$,$\nu>\nu_0$ 时 $\delta\varphi(\nu)>0$。若 $G(\nu)<0$,即为吸收介质则情况相反。图 1-10 为具有洛仑兹线型函数的均匀加宽放大器的相移系数的频率响应曲线。

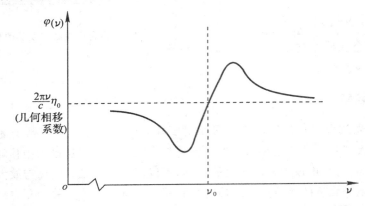

图 1-10    洛仑兹线型均匀加宽放大器的相移系数曲线

## 三、光放大器的泵浦与原子集居数反转分布

就像其他放大器一样,光放大器也需要外来的能源以提供为使输入光信号放大所必须的能量。在相干光放大器中,泵浦通过将工作物质中的原子从低能态激发到高能态,并达到了某一对特定能级间的集居数密度的反转分布,才能通过光的受激辐射实现光的放大。然而,在实际的激光放大器中,泵浦机制常常包含着利用辅助的能级而不仅仅是直接与放大过程有关的两个能级。譬如,通过将原子从能级 1 泵浦到能级 3,然后再从能级 3 经自然衰减过程达到能级 2 可能更容易实现能级 2 与能级 1 之间的反转分布。

泵浦方式有多种,可以通过光学(例如可以用闪光灯或激光)泵浦,电泵浦(如通过气体放电、电子或离子束或半导体光放大器中注入电子或空穴)、化学泵浦(如通过燃烧),对 X 射线光放大器甚至可以通过核反应来实现泵浦等。对于连续运转的光放大器,参与跃迁过程的所有原子能级的激发泵浦和自发衰减速率、受激跃迁速率必须平衡,才能维持特定的能级 2 与能级 1 间的稳态反转分布和稳态放大。通常称由泵浦、辐射及无辐射跃迁所决定的原子能级集居数密度变化率方程为放大器的速率方程。放大器的泵浦和放大特性可通过速率方程来分析讨论。

### 1. 三能级与四能级泵浦系统

对于不同种类和工作方式的激光放大器,实现原子集居数反转分布的方式、方法不同,放大器工作物质的原子能级结构也比较复杂和彼此不同,但大都可以经简化、归纳为两种主要的能级泵浦系统,即所谓的三能级和四能级泵浦系统。参与泵浦、实现反转分布和光放大等主要

物理过程的原子能级数目可分别简化为三个和四个能级。红宝石和掺铒光纤光放大器属于三能级系统，而其余大部分激光放大器都可归属于四能级系统。

图 1-11 给出了这两种泵浦能级系统的示意图。图中示出了各能级间可能发生的跃迁过程。$W_p$ 表示泵浦跃迁几率，$A_{21}$、$W_{21}$、$W_{12}$ 分别为共振能级 $E_2 \sim E_1$ 间的自发辐射、受激辐射和受激吸收跃迁几率，$S_{ij}$ 则代表 $i$ 能级至 $j$ 能级间的无辐射跃迁几率。

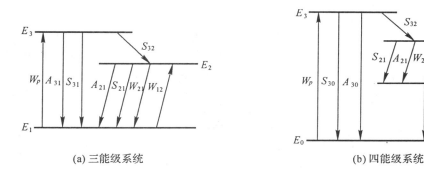

(a) 三能级系统　　　　　　　　　　(b) 四能级系统

图 1-11　泵浦能级系统示意图

在三能级系统中，$E_1$ 为基态，同时也是激光下能级。$E_2$ 和 $E_3$ 虽都是激发态，但 $E_3$ 为短寿命能级，$E_2$ 为激光上能级，是具有较长寿命的亚稳态。从基态被泵浦 $W_p$ 抽运到 $E_3$ 的原子能够迅速通过无辐射跃迁转移到 $E_2$ 能级。$E_1$ 上的原子被向上抽运和 $E_2$ 能级上原子数的积累便形成了这两个能级间的集居数密度反转分布。

与三能级系统不同，四能级系统激光下能级 $E_1$ 是一个距基态 $E_0$ 有足够大能级差的激发态。在热平衡情况下，该能级原子集居数密度很小，近似是一个空的能级，且具有很短的能级寿命。通常跃迁到 $E_1$ 能级的原子能迅速返回基态。具有大的无辐射跃迁几率 $S_{10}$ 或者以大的速率将下能级抽空是四能级系统能否形成足够大的反转集居数密度并且维持这种反转分布的关键之一。下能级是一个空的能级，是四能级系统的泵浦性能优于三能级系统的原因所在，因为实现上能级与一个空能级之间的反转分布毕竟要比与一个相当满的基态能级之间的反转分布来得容易。

激光放大器的增益系数正比于放大器工作物质原子激光跃迁上、下能级间的反转集居数密度。当无被放大光信号输入（或入射光信号为小讯号）时，由外来光子所引起的受激跃迁可以忽略。如果工作物质中由上、下能级间自发辐射所产生的微弱光场所诱导的受激跃迁亦可不计，那么，放大器原子各工作能级上集居数密度的变化率就主要决定于泵浦过程，原子能级本身的自发辐射跃迁及无辐射跃迁等能量弛豫过程或能级的平均寿命等能级参数。放大器的原子反转集居数密度与泵浦和原子能级参数间的关系可以通过求解速率方程得到。对于稳态的连续激光放大器，则只需求速率方程的稳态解。

**2. 速率方程及其稳态解**

(1) 四能级系统

按图 1-11(b)，对四能级泵浦系统，当忽略受激跃迁对能级集居数密度变化的影响时，若各能级上的原子集居数密度以 $n_i$ 表示（$i = 0, 1, 2, 3$），总集居数密度为 $n$，则速率方程组可写为

$$\left.\begin{aligned}
\frac{\mathrm{d}n_3}{\mathrm{d}t} &= n_0 W_p - n_3(S_{32} + A_{30} + S_{30}) \\
\frac{\mathrm{d}n_2}{\mathrm{d}t} &= n_3 S_{32} - n_2(A_{21} + S_{21}) \\
\frac{\mathrm{d}n_0}{\mathrm{d}t} &= n_1 S_{10} - n_0 W_p + n_3(S_{30} + A_{30}) \\
n_0 + n_1 &+ n_2 + n_3 = n
\end{aligned}\right\} \tag{1.3.16}$$

在泵浦过程中,泵浦抽运到 $E_3$ 能级的原子,由于消激发过程 $A_{30}$ 和 $S_{30}$ 的存在,只有一部分通过无辐射跃迁 $(S_{32})$ 达到共振上能级 $E_2$ 以形成集居数密度的反转分布,因此,泵浦的量子效率:$\eta_{pq} = S_{32}/(S_{32} + A_{30} + S_{30})$。达到 $E_2$ 能级的原子中,也只有一部分通过自发辐射跃迁到达 $E_1$ 能级并发射荧光,其余则通过无辐射跃迁到 $E_1$ 能级,$E_2$ 能级至 $E_1$ 能级跃迁的荧光量子效率 $\eta_{fq} = \dfrac{A_{21}}{(A_{21} + S_{21})}$。泵浦系统的总量子效率 $\eta_q = \eta_{pq} \cdot \eta_{fq}$。

考虑到实际的四能级激光放大器,一般都有 $S_{30}, A_{30} \ll S_{32}, S_{21} \ll A_{21}, S_{10} \gg W_p$,而且 $S_{32}$ 及 $S_{10}$ 都很大,故 $n_3 \approx 0, n_1 \approx 0$,方程组(1.3.16)式可简化为

$$\left.\begin{aligned}
n_0 &+ n_2 = n \\
\frac{\mathrm{d}n_3}{\mathrm{d}t} &= n_0 W_p - \frac{n_3 S_{32}}{\eta_{pq}} \\
\frac{\mathrm{d}n_2}{\mathrm{d}t} &= n_3 S_{32} - \frac{n_2 A_{21}}{\eta_{fq}} \\
\frac{\mathrm{d}n_0}{\mathrm{d}t} &= n_1 S_{10} - n_0 W_p
\end{aligned}\right\} \tag{1.3.17}$$

由于 $n_2 \approx \Delta n, n_0 \approx n - \Delta n, \dfrac{\mathrm{d}n_3}{\mathrm{d}t} \approx 0$,由方程组(1.3.17)可近似得到,四能级系统的原子集居数密度反转 $\Delta n = n_2 - \dfrac{g_2}{g_1}n_1$ 的速率方程为

$$\frac{\mathrm{d}\Delta n}{\mathrm{d}t} = (n - \Delta n)W_p \eta_{pq} - \frac{\Delta n A_{21}}{\eta_{fq}} \tag{1.3.18}$$

对于稳态放大器,$\dfrac{\mathrm{d}\Delta n}{\mathrm{d}t} = 0$,由式(1.3.18)直接得到由四能级稳态放大器泵浦和原子能级跃迁固有参数所决定的反转集居数密度为

$$\Delta n = \frac{n W_p \tau_{sp} \eta_q}{1 + W_p \tau_{sp} \eta_q} \tag{1.3.19}$$

式中,$\tau_{sp} = \dfrac{1}{A_{21}}$,为 $E_2$ 能级的自发辐射平均寿命。

(2)三能级系统

对图 1-11(a)所示的三能级泵浦系统,各原子能级的集居数密度的变化率方程组为

$$\left.\begin{aligned}
\frac{\mathrm{d}n_3}{\mathrm{d}t} &= n_1 W_p - \frac{n_3 S_{32}}{\eta_{pq}} \\
\frac{\mathrm{d}n_2}{\mathrm{d}t} &= n_3 S_{32} - \frac{n_2 A_{21}}{\eta_{fq}} \\
n_1 &+ n_2 + n_3 = n
\end{aligned}\right\} \tag{1.3.20}$$

三能级系统,通常满足 $S_{31}, A_{31} \ll S_{32}$,且 $S_{32}$ 很大,故 $n_3 \approx 0$,反转原子集居数密度 $\Delta n = n_2 - \dfrac{g_2}{g_1}n_1, \dfrac{\mathrm{d}n_3}{\mathrm{d}t} \approx 0, \eta_{pq} = \dfrac{S_{32}}{S_{32} + A_{31} + S_{31}}, \eta_{fq} = \dfrac{A_{21}}{A_{21} + S_{21}}$,由速率方程组(1.3.20)可求得反转原子

集居数密度 $\Delta n$ 的变化速率方程（近似）为

$$\frac{\mathrm{d}\Delta n}{\mathrm{d}t}=(n-\Delta n)W_p\eta_{pq}-\left(\frac{g_2}{g_1}n+\Delta n\right)\frac{A_{21}}{\eta_{fq}}\tag{1.3.21}$$

对于稳态放大器，$\dfrac{\mathrm{d}\Delta n}{\mathrm{d}t}=0$，由(1.3.21)式直接求得三能级稳态放大器由泵浦和原子能级间跃迁固有参数所决定的反转原子集居数密度为

$$\Delta n=\frac{n\left(W_p\tau_{sp}\eta_p-\dfrac{g_2}{g_1}\right)}{1+W_p\tau_{sp}\eta_p}\tag{1.3.22}$$

图 1-12 为按(1.3.19)、(1.3.22)两式所得到的，当 $g_2=g_1$ 时理想的四能级和三能级泵浦系统的反转原子集居数密度随稳态泵浦变化的关系曲线。可以看出，由于能级结构的优越，四能级系统较三能级系统更容易实现反转分布。两种情况下 $\Delta n$ 随泵浦的变化都是非线性的，仅当低水平泵浦，即归一化泵浦速率 $W_p\tau_{sp}\eta\ll1$ 时，$\Delta n$ 随 $W_p$ 的变化才呈线性关系，高水平泵浦时逐渐趋于饱和。

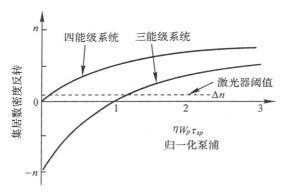

图 1-12　三能级与四能级激光系统的稳态泵浦与原子集居数密度反转的关系（设 $g_1=g_2$）

## 四、放大器的非线性与增益饱和

放大器的增益系数依赖于放大器工作物质原子共振能级间的反转集居数密度 $\Delta n$。当被放大的入射信号很弱时，工作物质内共振能级间所发生的受激辐射和受激吸收跃迁对各能级上原子集居数密度的变化率影响可以忽略，因此，$\Delta n$ 与受激跃迁无关，正如前小节所述，它仅由泵浦和原子固有的能级参数所决定。然而，当输入光场光强足够强时，工作物质原子共振能级间强烈地受激跃迁必然强烈地影响到原子能级上集居数密度的分布和变化率，影响到速率方程，因此，反转集居数密度就依赖于受激辐射和受激吸收跃迁。由(1.2.13)、(1.2.15)两式可知，受激跃迁几率正比于光强 $I$，而在放大器中由于共振能级间的原子集居数密度反转分布，向下的受激辐射跃迁速率大于向上的受激吸收跃迁速率。因此，随着入射光光强的增大或者放大器中光强的不断被放大，反转集居数密度必然减小，相应介质的增益系数也随之降低。放大器的增益系数和增益依赖于介质中的光强，增益系数将随光强的增大而降低，这就是放大器的非线性和增益饱和。

可见，放大器的增益饱和是强光光场与工作物质原子共振相互作用而导致的强烈地受激辐射的直接结果，如第二节三小节所述，这种共振相互作用与工作物质自发辐射谱线加宽的类型密切有关，具有均匀加宽与非均匀加宽机制的工作物质将呈现出十分不同的特点，因此，具

有不同类型谱线加宽的放大器,其增益饱和特性也有很大的不同。以下我们以四能级系统放大器为例分别进行讨论和分析。

### 1. 均匀加宽放大器

(1)增益系数

当频率为 $\nu$ 的强光入射到均匀加宽光放大器工作物质中时,入射场与工作物质中共振能级 $E_2$、$E_1$ 上的每个原子发生完全相同的相互作用,原子发生受激跃迁的几率 $W_{21}$ 和 $W_{12}$ 对每个原子都是相同的。如第三节二小节中已证明的,若工作物质中(例如 $z$ 处)的光强为 $I_\nu$(相应光子数密度为 $N_\nu$),则在该处的增益系数由(1.3.7)式给出,即

$$G(\nu, I_\nu) = \Delta n \sigma(\nu) = \Delta n \frac{\lambda^2}{8\pi} A_{21} g(\nu, \nu_0)$$

式中,反转原子数密度 $\Delta n$ 需根据在强光作用下(即受激跃迁不能忽略的情况下)各工作能级原子集居数密度速率方程组确定。对四能级系统,考虑到受激辐射和受激吸收跃迁对能级 $E_2$、$E_1$ 上原子集居数密度变化率的贡献,又据受激跃迁几率 $W_{21}$ 和 $W_{12}$ 的关系式(1.2.12)及(1.2.14),速率方程组(1.3.17)及(1.3.18)式分别改写为

$$\left.\begin{array}{l} n_0 + n_2 = n \\[1mm] \dfrac{\mathrm{d}n_3}{\mathrm{d}t} = n_0 W_p - \dfrac{n_3 S_{32}}{\eta_{pq}} \\[2mm] \dfrac{\mathrm{d}n_2}{\mathrm{d}t} = n_3 S_{32} - \Delta n \sigma_{21}(\nu) v N_\nu - \dfrac{n_2 A_{21}}{\eta_{fq}} \\[2mm] \dfrac{\mathrm{d}n_0}{\mathrm{d}t} = n_1 S_{10} - n_0 W_p \end{array}\right\} \qquad (1.3.23)$$

以及

$$\frac{\mathrm{d}\Delta n}{\mathrm{d}t} = (n - \Delta n) W_p \eta_{pq} - \Delta n \sigma_{21}(\nu) v N_\nu - \frac{\Delta n A_{21}}{\eta_{fq}} \qquad (1.3.24)$$

对于稳态(连续)放大器,$\dfrac{\mathrm{d}\Delta n}{\mathrm{d}t} = 0$,由(1.3.24)式求得

$$\Delta n = \frac{n W_p \eta \tau_{sp}}{1 + W_p \eta \tau_{sp} + \sigma_{21}(\nu) v N_\nu \eta_{fq} \tau_{sp}} \qquad (1.3.25)$$

写成一般形式,由光强 $I_\nu = N_\nu h\nu$ 得到

$$\Delta n = \frac{\Delta n^0}{1 + \dfrac{I_\nu}{I_s(\nu)}} \qquad (1.3.26)$$

式中,$\Delta n^0$ 为 $N_\nu = 0$(即光强 $I_\nu = 0$)时的反转集居数密度,由(1.3.19)式给出,称为小信号时的反转原子集居数密度。

当低水平泵浦,即 $W_p \eta_q \tau_{sp} \ll 1$ 时,$\Delta n^0 \approx n W_p \eta_q \tau_{sp}$。$I_s(\nu)$ 由下式表示

$$I_s(\nu) \approx \frac{h\nu(1 + W_p \eta \tau_{sp})}{\sigma_{21}(\nu) \tau_{fq}} \qquad (1.3.27)$$

其中

$$\tau_2 = \frac{1}{(A_{21} + S_{21})} = \eta_{fq} \tau_{sp}。$$

$I_s(\nu)$ 具有光强的量纲,称为饱和光强,当弱泵浦时,$I_s(\nu)$ 可近似为

$$I_s(\nu) \approx \frac{h\nu}{\sigma_{21}(\nu) \tau_2} \qquad (1.3.28)$$

饱和光强与跃迁截面成反比,并随频率而变,当共振时 $\nu = \nu_0$,$\sigma_{21}(\nu_0)$ 取最大值,相应 $I_s(\nu_0)$ 取最小值,通常手册上查阅到的多指该值。(1.3.26)式清楚表明,当介质中光强 $I_\nu$ 可与 $I_s(\nu)$ 比拟

时,随着光强的增大,$\Delta n$ 将减小,这就是反转原子集居数密度的饱和效应。

稳态放大器工作物质的增益系数

$$G(\nu, I_\nu) = \frac{G^0(\nu)}{1 + \dfrac{I_\nu}{I_s(\nu)}} \tag{1.3.29}$$

式中,$G^0(\nu) = \Delta n^0 \sigma(\nu)$ 表示小信号增益系数。

增益系数随光强增大而减小,这就是增益饱和效应。饱和光强表示使增益系数降到小信号增益系数一半时的光强。由于 $I_s(\nu)$ 是入射光频率的函数,饱和的强弱也与频率有关,当 $\nu$ 等于共振频率 $\nu_0$ 时有最强的饱和。

(2)增益

在放大器中,当光沿 $z$ 方向传播时由于入射光强在工作物质中不断被放大,信号光强就是传播距离 $z$ 的函数,若光强足够大到可与饱和光强相比拟,增益系数将会出现饱和效应,因此,增益系数也与光场在放大器中传播的距离 $z$ 有关。在这种情况下,描述放大器中光强随 $z$ 变化规律的式(1.3.2)及总增益表达式(1.3.3)就不再成立。下面我们来讨论当考虑到增益饱和效应时放大器的总增益。如图 1-8 所示,$z$ 处的增益系数为 $G(\nu, z)$,由(1.3.29)式得到微分方程

$$\frac{1}{I(z)}\frac{\mathrm{d}I(z)}{\mathrm{d}z} = \frac{G^0(\nu)}{1 + \dfrac{I(z)}{I_s(\nu)}} \tag{1.3.30}$$

亦可将(1.3.30)式改写成

$$\left[ \frac{1}{I(z)} + \frac{1}{I_s(\nu)} \right] \mathrm{d}I(z) = G^0(\nu)\mathrm{d}z$$

将方程式两边在放大器全长 $l$ 范围内积分,得

$$\ln\left( \frac{I(l)}{I(0)} \right) + \frac{I(l) - I(0)}{I_s(\nu)} = G^0(\nu)l \tag{1.3.31}$$

由(1.3.31)式得到的均匀加宽放大器输入光强与输出光强间的关系为

$$\left[ \ln\left( \frac{I(l)}{I_s(\nu)} \right) + \frac{I(l)}{I_s(\nu)} \right] = \left[ \ln\frac{I(0)}{I_s(\nu)} + \frac{I(0)}{I_s(\nu)} \right] + G^0(\nu)l \tag{1.3.32}$$

对上式存在两种极限情况:

① 归一化光强 $I(l)/I_s(\nu)$,$I(0)/I_s(\nu) \ll 1$,即输入、输出光强远小于饱和光强时,式中,$I(l)/I_s(\nu)$ 及 $I(0)/I_s(\nu)$ 与其相对应的对数值项比较可以忽略,于是得

$$\ln\left[ \frac{I(l)}{I_s(\nu)} \right] \approx \ln\left[ \frac{I(0)}{I_s(\nu)} \right] + G^0(\nu)l$$

由此,得 $\quad I(l) \approx I(0)\exp\left[ G^0(\nu)l \right]$ \hfill (1.3.33)

这种情况下,输入光强与输出光强呈线性关系变化,放大器的增益 $K^0 = \dfrac{I(l)}{I(0)} \approx \exp\left[ G^0(\nu)l \right]$。这一结果与(1.3.2)、(1.3.3)式一致。可见,(1.3.2)及(1.3.3)两式是在小信号近似下放大器光强随传播距离变化及增益 $K$ 的关系。

② $I(0)/I_s(\nu) \gg 1$,$I(l)/I_s(\nu) \gg 1$,即输入信号和输出信号光强远大于饱和光强时,(1.3.32)式中 $\ln[I(l)/I_s(\nu)]$ 及 $\ln[I(0)/I_s(\nu)]$ 与 $I(l)/I_s(\nu)$ 及 $I(0)/I_s(\nu)$ 相比,前两者可以忽略,于是得

$$I(l) \approx I(0) + I_s(\nu)G^0(\nu)l \tag{1.3.34}$$

对于四能级均匀加宽放大器,$I_s(\nu) \approx \dfrac{h\nu}{\sigma_{21}(\nu)\tau_2}$,$G^0(\nu) = \Delta n^0 \sigma_{21}(\nu)$,代入(1.3.34)式,得

$$I(l) \approx I(0) + \frac{\Delta n^0 h\nu l}{\tau_2} \tag{1.3.35}$$

该式表明,在强饱和情况下,放大器使输入光强增大了一个恒定不变的常数值$\frac{\Delta n^0 h\nu l}{\tau_2}$。在一般情况下,放大器的输入—输出光强及增益关系应由(1.3.31)、(1.3.30)两式通过数值计算求得。图1-13给出了数值计算的结果。

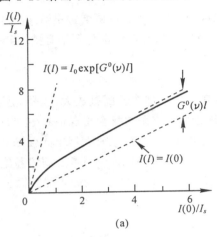
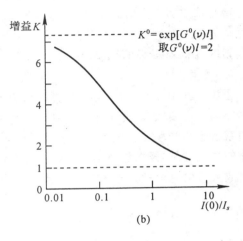

(a)　　　　　　　　　　　　　　　(b)

图1-13　放大器的归一化输入—输出光强及增益关系数值计算结果

由图1-13(b)清楚地看出,在输入光场为小信号时,放大器的增益$K$达到极大值,随着光强增大,增益非线性饱和而减小,当$I(0)/I_s \to \infty$时,$K \to 1$。

### 2. 非均匀加宽放大器

如第二节三小节中所述,对于非均匀加宽的光放大器而言,工作物质的原子可按某一参量(例如,在多普勒非均匀加宽的介质中,该参量表示原子的热运动速度)$\xi$来分类,标记为$\xi$的原子子群具有均匀加宽的线型函数$g^\xi(\nu)$,若介质中原子数密度按参量$\xi$的几率分布函数为$p(\xi)$,则非均匀加宽的线型函数由(1.2.24)式确定。介质中不同的原子子群可表现出不同的共振频率$\nu_0^i$。当频率为$\nu$,光强为$I_\nu$的光场入射到放大器中时,它只能与介质中某类特定的原子子群发生强的共振相互作用并引起该类原子的受激跃迁。换言之,只有这类特定的原子子群对入射光场提供增益。同时,由于介质中不可避免的均匀加宽因素的存在,各类不同的原子子群又不同程度地(因各子群中原子数不等)都对入射场的增益有贡献。就某类原子子群而言,在对入射场提供增益时应遵从均匀加宽情况下的规律。整个介质所提供的增益应将各类原子群的贡献求和。

若工作物质中由泵浦所决定的小信号总反转原子集居数密度为$\Delta n^0$,原子数密度按各子群所表现出的共振频率$\nu_0^i$的几率分布函数为$p(\nu_0^i)$(该函数应与$p(\xi)$具有相同的形式),介质中原子表现出的共振频率(亦称表观中心频率)处在$\nu_0^i \sim \nu_0^i + d\nu_0^i$范围内的小信号反转集居数密度应为$\Delta n^0(\nu_0^i)d\nu_0^i = \Delta n^0 p(\nu_0^i)d\nu_0^i$。这部分反转原子对入射光所提供的增益系数$dG$可按均匀加宽情况计算,由(1.3.29)式得

$$dG = \frac{[\Delta n^0 p(\nu_0^i)d\nu_0^i]\sigma(\nu, \nu_0^i)}{1 + I_\nu/I_s(\nu, \nu_0^i)}$$

整个介质对入射光场所提供的增益系数为

$$G = \int dG = \int_{-\infty}^{\infty} \frac{\Delta n^0 p(\nu_0^{\xi}) \sigma(\nu, \nu_0^{\xi})}{1 + I_{\nu}/I_s(\nu, \nu_0^{\xi})} d\nu_0^{\xi} \tag{1.3.36}$$

该式是计算非均匀加宽放大器工作物质增益系数的一般公式。

（1）多普勒加宽介质

多普勒加宽是一种典型的非均匀加宽机制。(1.3.36)式中的按表观共振频率 $\nu_0^{\xi}$ 的几率分布函数 $p(\nu_0^{\xi})$ 即为由(1.2.30)式给出的多普勒加宽线型函数 $g_D(\nu_0^{\xi}, \nu_0)$，均匀加宽线型函数若为洛仑兹函数，线宽为 $\Delta \nu_H$，多普勒线宽为 $\Delta \nu_D$。代入(1.3.36)式，当 $\Delta \nu_D \gg \Delta \nu_H$，即多普勒加宽占主导地位时，可认为 $p(\nu_0^{\xi}, \nu_0) \approx g_D(\nu, \nu_0)$，并将其从积分号内提出。取 $I_s(\nu_0, \nu_0^{\xi}) \approx I_s(\nu_0)$ $= \frac{4\pi^2 h \nu_0^3}{(v^2 \eta_{fq})} \Delta \nu_H$，则多普勒非均匀加宽放大器的增益系数可近似表示为

$$G_D(\nu, I_{\nu}) \approx \frac{G_D^0(\nu)}{\sqrt{1 + I_{\nu}/I_s(\nu_0)}} \tag{1.3.37}$$

式中，$G_D^0(\nu) = \Delta n^0 \frac{\lambda^2}{8\pi} A_{21} g_D(\nu, \nu_0)$，$G_D^0(\nu)$ 为 $I_{\nu} \ll I_s(\nu_0)$ 时，多普勒加宽介质的小信号稳态增益系数。增益系数随入射光强的增大按平方根规律饱和。与均匀加宽放大器(1.3.29)式比较，其增益系数随归一化输入光强增大而饱和的速度要慢些。

（2）"烧孔"效应

当频率为 $\nu_1$、光强为 $I_{\nu_1}$ 的强光入射到非均匀加宽工作物质中时，仅仅对表观共振频率 $\nu_0^{\xi} = \nu_1$ 的那些原子出现增益饱和，其他的原子可几乎不与入射光子相互作用并维持未饱和状态。此时，当用一可变化频率 $\nu$ 的弱单色光源来探测该饱和介质的增益频率响应特性时，小信号增益系数曲线上便呈现一个以 $\nu_1$ 为中心的局部饱和所形成的"孔"。这一现象称之为增益曲线"烧孔"效应，图 1-14(a)为示意图。由于表观共振频率 $\nu_0^{\xi} = \nu_1$ 的原子子群的增益系数具有均匀加宽的洛仑兹线型，因此烧孔具有一定的宽度，随着饱和光束光强 $I_{\nu_1}$ 的增大，孔的深度和宽度都将变大。

与非均匀加宽放大器完全不同的是，在均匀加宽放大器中，频率为 $\nu_1$ 的强光使工作物质中的所有反转原子饱和，因而当用一可变频率 $\nu$ 的弱单色光来探测被 $I_{\nu_1}$ 饱和了的放大器增益系数频率响应特性时，便出现如图 1-14(b)所示的增益曲线全线下降，即均匀饱和现象。此时，增益带宽 $\Delta \nu_H$ 保持不变。

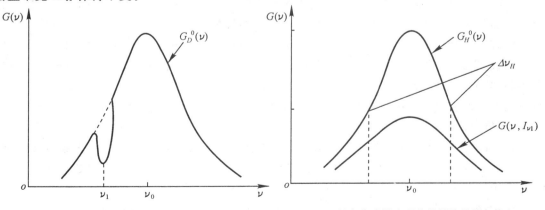

(a) 非均匀加宽放大器的增益曲线"烧孔"　　　　(b) 均匀加宽放大器的增益曲线均匀饱和

图 1-14　"烧孔"与均匀饱和

## 五、光放大器的噪声

在相干光放大器中,在通过受激辐射对入射光提供放大的同时,介质中也不可避免地存在共振能级间的自发辐射跃迁。由自发辐射跃迁所产生的光与入射到放大器的信号无关,它代表了激光放大器的基本噪声源。因为,虽然被放大的输入光信号可以是具有一定频率、一定方向和偏振态的相干光,但被放大的自发辐射噪声却是宽带的、具有不同方向的非偏振光。如果在放大器之后使用一个窄带的光学滤光器,限制光阑和偏振器,就有可能将部分噪声滤去。

由前所述,放大器工作物质共振上能级 $E_2$ 上的一个原子自发辐射频率为 $\nu$ 的一个光子的几率为 $A_{21}g(\nu,\nu_0)$,若 $E_2$ 能级的原子集居数密度为 $n_2$,放大器输出光可被接收的立体角为 $\Delta\Omega$,光接受器的光谱灵敏带宽为 $\delta\nu_r$,则单位时间内,在单位体积的放大介质中、由自发辐射所增加的可被接受到的频率为 $\nu$ 的噪声光子数(密度)应为

$$\frac{\mathrm{d}N_{sp}}{\mathrm{d}t}=n_2 A_{21}g(\nu)\delta\nu_r\frac{\Delta\Omega}{4\pi} \tag{1.3.38}$$

由于自发辐射噪声本身在放大器中被不断放大,在决定由放大器全长所贡献的噪声光子数密度时,不能简单地将单位长度的噪声光子数密度与放大器长度相乘。由(1.3.38)式得到单位长度所产生的自发辐射噪声光子数密度为

$$\frac{\mathrm{d}N_{sp}}{\mathrm{d}z}=\frac{1}{v}n_2 A_{21}g(\nu)\delta\nu_r\frac{\Delta\Omega}{4\pi} \tag{1.3.39}$$

对于单模相干光放大器,单位时间内自发辐射对于入射单模光场所产生的噪声光子数密度,据(1.2.6)式为

$$\frac{\mathrm{d}N_{sp}}{\mathrm{d}t}=n_2 p_{sp}=n_2\sigma(\nu)\frac{v}{V} \tag{1.3.40}$$

式中,$V$ 为放大器介质体积。

## 第四节　光学谐振腔与高斯光束

在光电子学中,光学谐振腔的地位与电子学中的共振电路相当。随着光电子学及其技术的迅速发展,光学谐振腔的构型已从最初的简单地由两块平行平面反射镜,相隔一定距离构成的平行平面腔,或者由两球面反射镜构成的两镜腔发展至今的多镜腔、环形腔、波导腔、光纤腔等多种形式。图1-15给出了典型光学谐振腔示意图。由于光学谐振腔对腔内光场的频率、方向、偏振态及其光场空间分布特性存在约束和限制,因此,可以将它看成一个带有正反馈的光学透射系统。光学谐振腔对腔内可能存在的光波模的这种选择性,在光电子学中可用作光学滤波器或光谱分析仪。然而光学谐振腔的最重要应用如第一节所述,即构成光学振荡器(激光器)。激光振荡器实质是一个腔内包含着激光放大器的光学谐振腔。在光学谐振腔内,光场往返(或循环)反射而不会逸出腔外,光能量仅有小的损耗。这意味着谐振腔具有“储存”光能的能力,因而,利用光学谐振腔亦可能产生脉冲激光。

光学谐振腔是各类激光振荡器的重要组成部分。激光器输出光束的特性(频率、方向、偏振状态及空间分布)主要地决定于谐振腔。激光器的工作特性亦与谐振腔密切有关。因此对光学谐振腔特性的分析讨论是理解激光的特性、进行激光器设计的基础,同时也是进一步研究和掌

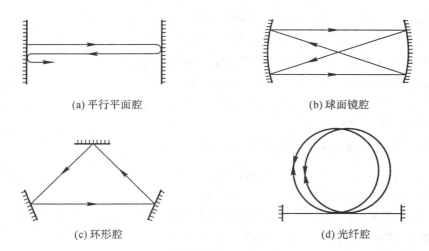

(a) 平行平面腔　　　　　　　　　　　　(b) 球面镜腔

(c) 环形腔　　　　　　　　　　　　　(d) 光纤腔

图 1-15　典型光学谐振腔示意图

握光调制、锁模、相干检测、光纤传输、导波光学等一系列光电子学基本问题的基础。

对于侧面无边界的开放式光学谐振腔(图 1-15(a)、(b)、(c)),根据腔内傍轴光线几何偏折损耗的高低可以分为稳定腔、临界腔和非稳腔三种类型。稳定腔的几何偏折损耗很低,绝大多数中、小功率的激光器都采用稳定腔。由于稳定腔应用较广,特别采用稳定腔构成的激光器所输出的激光,将以高斯光束的形式在空间传播,高斯光束是最重要的激光束。本节将重点讨论光学谐振腔的基本概念,稳定的球面镜两镜腔的腔模关系以及高斯光束的基本特点和传输规律。

## 一、光学谐振腔的基本概念

### 1. 光学谐振腔的振荡模、纵模与横模

不管光学谐振腔的构型如何,腔都对腔内的光频电磁场施以一定的限制和约束。通常,称光学谐振腔内可能存在的光频电磁场的本征振动方式或本征态为谐振腔的振荡模,简称为腔的模式。从光子的观点来看,不同的振荡模式代表腔内可能区分的光子状态。严格地讲,腔内电磁场的本征态应由麦克斯韦方程组及腔的边界条件来决定,不同构型的谐振腔的边界条件各不相同,因此谐振腔的模式特点也不同。一旦给定了谐振腔的具体结构,则该腔的振荡模特性也被确定。腔模的基本特性主要包括:模的谐振频率,每个模的电磁场空间分布,每一个模在腔内往返一次所经受的相对功率损耗,每个模所代表的光束的发散角等。

通常,在开放式光学谐振腔内电磁波模都基本上沿腔轴方向传播,场近似可看作为横波,因此在垂直于腔轴的横截面内给出了腔模的振幅(或光强)分布。对振荡模的电磁场空间分布的讨论可以分解为沿腔轴方向的场的分布模式和垂直于腔轴的横截面内场的分布模式,前者称为腔的纵模,后者则称为腔的横模。显然,不同的横模代表了腔横截面内不同的场振幅分布方式。光学谐振腔的模式一般用符号 $TEM_{mnq}$ 来标记,其中 TEM 表示横向电磁波模的英文缩写,下标 $q$ 为纵模的序数,$m$、$n$ 表示横模的序数(或阶次)。

(1)驻波与纵模

借助于平行平面谐振腔可以方便地说明光学谐振腔对腔模的纵向场分布和频率的限制作

用。为简单起见,如图1-16所示,假设在腔内往返反射
传播的光场为沿腔轴线方向的均匀平面波。腔长为$L$,
设腔内充满折射率为$\eta$的均匀介质。按光的经典电磁
场理论,在稳态情况下,腔内频率为$\nu$的单色光波的标
量电场$u(r,t)=u(r)\exp(\mathrm{i}2\pi\nu t)$的复振幅$u(r)$不仅要
满足赫姆霍茨(Helmholtz)方程$\nabla^2 u+k^2 u=0$(其中$k$
$=\dfrac{2\pi}{\lambda}=\dfrac{2\pi\nu}{v}=\dfrac{2\pi\nu\eta}{c}$,为波矢大小,$\eta$为介质折射率),而
且还要满足由谐振腔的两反射镜所给出的边界条件。
在两平面反射镜处,电场的横向分量应等于0,即$u(0)$
$=u(L)=0$。这意味着在两反镜处,电场要发生相位$\pi$
突变(或者说反射镜导入了$\pi$相移),在腔内正、反方向
传播的波叠加而形成驻波场分布(图1-17)。若驻波场
复振幅为

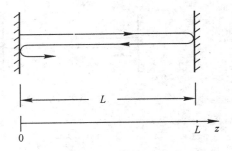

图 1-16　平行平面腔中平面波往返传播

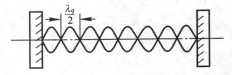

图 1-17　平行平面腔中纵向的驻波场分布

$$u(z)=A\sin kz \tag{1.4.1}$$

式中,$A$为常数,$k$为波矢系数,须满足$kL=q\pi$,$q$为正整数。或者波矢大小必须要满足

$$k_q=\frac{q\pi}{L} \tag{1.4.2}$$

的驻波场才能在腔内形成稳定的分布并成为腔的振荡模。

若以波长表示,(1.4.2)式可变为

$$L=q\cdot\frac{\lambda_q}{2} \tag{1.4.3}$$

式中,$\lambda_q=\lambda_{q0}/\eta$表示腔内介质中的波长。

(1.4.3)式表示只有谐振腔腔长为其半
波长整数倍的那些驻波才可能成为腔内的
振荡模。由光波波长与频率间的关系$\lambda\cdot\nu=$
$c/\eta$及(1.4.2)式或(1.4.3)式可知,平行平面
腔内模的频率必须要满足条件

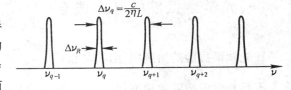

图 1-18　平行平面腔的频谱

$$\nu_q=q\cdot\frac{c}{2\eta L} \tag{1.4.4}$$

式中,$q=1,2,3\cdots$,腔模的频率只能取某些分立值。

如图1-18所示为平行平面腔模频谱,相邻模间($q$相差1)的频率差为

$$\Delta\nu_q=\frac{c}{2\eta L} \tag{1.4.5}$$

平行平面腔模的频谱是等间隔的。

可见,在均匀平面波近似下,平行平面腔内沿腔的轴线方向(纵向)的稳定光场为驻波场,
驻波的波节数由$q$决定。因此,由$q$所表征的不同驻波就代表了谐振腔不同的纵模,$q$称为纵
模的序数,$q$决定着纵模的频率。

其实,我们还可以从另外的角度出发来说明光学谐振腔对腔内往返反射的光场的限制和
约束。易知为了形成稳定的场分布,腔内的振荡模在经过一次完全的往返反射传输之后必须是
自再现的。这表示除了一个表征腔对光场所可能产生的损耗因子(下面讨论)以及由于往返传
播所产生的相位变化之外,腔内场分布的形式不再变化而自再现。相位的变化必须是$2\pi$的整

数倍,这也正是一个正反馈共振系统应满足的谐振条件,即系统输出中被反馈回的信号应与原输入信号同相位。对于均匀平面波模近似下的平行平面腔而言,光波沿谐振腔轴向往返传播一次所产生的几何相移为 $\Delta\varphi=2kL$,谐振腔的谐振条件为

$$\Delta\varphi=k2L=q2\pi \qquad (q=1,2,\cdots) \tag{1.4.6}$$

可见,(1.4.6)式与(1.4.2)式一致。

（2）横模

光学谐振腔的横模如同上述纵模一样也是多样的、不惟一的。然而,由于开放式的光学谐振腔边侧无边界,这种边界条件的不完全就使得通过直接求满足边界条件的赫姆霍茨方程的解来确定共振腔内稳态场的横向场分布(即横模特性)变得相当困难。人们在寻求求解途径并进一步分析开放式光学谐振腔内光波场在两反射镜间往返反射、传播时发现,光波在有限孔径的两反射处(或实际激光谐振腔内可能存在的有效光阑处)所发生的衍射效应对于横模的形成和分布特性起了关键作用:光束在腔内往返反射,只有落在反射镜镜面上的那部分光才能被反射回来。设两圆形反射镜的直径皆为 $2a$,间距为 $L$,这等效于光束连续通过一系列间隔为 $L$、孔径为 $2a$ 的同轴孔阑传输线,如图1-19所示。

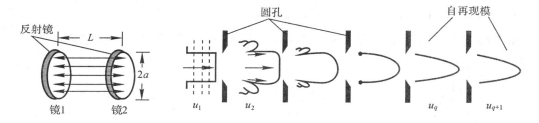

图 1-19　孔阑传输线与横模的形成

光束通过孔阑传输线时,由于孔阑对光波的衍射效应使光场的振幅和相位分布不断被改变,经过足够多的孔阑之后最终达到了一种稳态的自再现的分布,即当再一次通过孔阑时,场的振幅和相位的横向分布不再变化了。显然,并非任何形态的电磁场都能在谐振腔内长期存在,只有那些不受衍射影响的场分布才能最终稳定下来并成为开腔的自再现模。

若光波场的复振幅函数 $u(x,y)$ 代表了某一光学谐振腔的自再现模的横向场分布,即代表了一种横模,则一个腔镜面(如图1-19的镜1)上的场分布函数 $u_1(x,y)$ 与经一次完全往返后的场 $u_2(x,y)$ 之间就应满足自再现条件

$$u_2(x,y)=\gamma u_1(x,y)$$

式中,$\gamma$ 为与坐标 $(x,y)$ 无关的复常数。

经一次往返该自再现模所具有的相对功率损耗,即衍射损耗应为 $(u_1^2-u_2^2)/u_1^2=1-|\gamma|^2$,而 $\gamma$ 的幅角则代表了自再现模的往返相移,并应满足 $\mathrm{Arg}\{\gamma\}=q\cdot 2\pi$。

将熟知的波动光学中著名的菲涅耳—基尔霍夫衍射积分公式应用于开放式光学谐振腔,可以证明,光腔的自再现模的复振幅分布函数 $u(x,y)$ 满足如下的积分方程:

$$\gamma u(x,y)=\iint K(x,y;x',y')u(x',y')\mathrm{d}x'\mathrm{d}y' \tag{1.4.7}$$

式中,$K(x,y;x',y')$ 称为积分方程的核,它对于不同构型的光学谐振腔具有不同的表达式。

对常见的光学谐振腔,数学理论已经证明,积分方程(1.4.7)存在着一系列分立的解 $u_{mn}(x,y)$ 和相应的本征值 $\gamma_{mn}$。然而,对方程(1.4.7)的求解往往不是简单的事情,多数情况下都需借助于计算机进行数值计算求解,只有少数的光学谐振腔,例如对称共焦腔,由曲率半径

相等且等于腔长的两球面反射镜构成的谐振腔,才能近似解析求解。

在傍轴近似下,对于具有轴对称特点(如方形反射镜)的对称共焦腔在直角坐标系下,由积分方程(1.4.7)式所求得的自再现模在镜面上的横向场分布函数,可近似表示为厄米多项式与高斯函数的乘积,即

$$u_{mn}(x,y)=C_{mn}H_m\left(\frac{\sqrt{2}\,x}{w}\right)H_n\left(\frac{\sqrt{2}\,y}{w}\right)\exp\left(-\frac{x^2+y^2}{w^2}\right) \tag{1.4.8}$$

式中,$C_{mn}$ 为归一化常数,$m$、$n$ 为厄米多项式的阶次,取值为 $0,1,2\cdots$,$w$ 为标量常数,其值为

$w=\sqrt{\dfrac{L\lambda}{\pi}}$,$L$ 为共焦腔腔长,$\lambda$ 为振荡模波长。

厄米多项式是

$$\begin{cases} H_0(\xi)=1 \\ H_1(\xi)=2\xi \\ H_2(\xi)=4\xi^2-2 \\ \quad\vdots \\ H_m(\xi)=(-1)^m\exp(\xi^2)\dfrac{\mathrm{d}^m}{\mathrm{d}\xi^m}[\exp(-\xi^2)] \end{cases} \tag{1.4.9}$$

图 1-20 为按(1.4.8)式所得对称共焦腔最低阶的几个横模的振幅分布和光强花样。

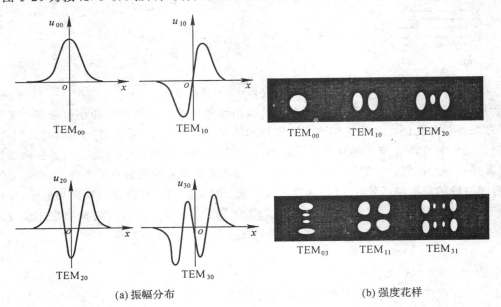

(a) 振幅分布                                    (b) 强度花样

图 1-20   方形镜对称共焦腔模的振幅分布和强度花样

可以看出,$m$,$n$ 的数值正好分别等于光强在 $x$,$y$ 方向上的节线(光强为零的线)数目,也代表了横模的阶次。$m=n=0$ 代表了 $\text{TEM}_{00}$ 模是横模的基模,其横向场振幅(或光强)呈高斯分布。

## 2. 光学谐振腔的损耗及其参数

损耗的大小是评价谐振腔的一个重要指标。当光学谐振用来构成激光振荡器时,腔损耗的大小决定了振荡的阈值并直接影响到激光振荡器的工作特性。当光学谐振腔被用于窄带光滤

波器或光谱分析仪时,腔损耗的大小则直接影响到带宽或分辨率。

(1)光学谐振腔的损耗

开放式光学谐振腔的损耗大致包含如下几方面:

① 几何偏折损耗

按几何光学观点,光线在谐振腔内往返传播有可能从腔的侧面偏折出去,称这种损耗为几何偏折损耗。其大小首先取决于腔的类型和几何尺寸(例如非稳腔具有高的几何损耗),其次还与横模阶次高低有关,通常高阶横模具有大的几何损耗。

② 衍射损耗

由于腔反射镜有限的横向几何尺寸,使光波在腔内往返传播时必然会因腔镜边缘的衍射效应而产生光能的损耗,称之为衍射损耗。如上所述,衍射损耗 $\delta_d$ 可通过求解自再现模满足的衍射积分方程得到的本征值求出,即 $\delta_d = 1 - |\gamma_{mn}|^2$,表示 $\text{TEM}_{mn}$ 模的往返相对衍射损耗。对于对称共焦腔,理论分析表明,单程衍射损耗惟一地决定于腔的菲涅耳数 $N_F = a^2/\lambda L$,$a$ 为反射镜半径。图 1-21 为几个最低阶横模的衍射损耗 $\delta_d$ 随菲涅耳数 $N_F$ 的变化曲线,可以看出菲涅耳数愈大则衍射损耗愈低,高阶模则对应着高的衍射损耗。从图中可知,对于基模,当 $N_F = 0.94$ 时,单程衍射损耗约为 $0.1\%$。对其他类型的谐振腔理论计算结果表明,除了与腔的菲涅耳数及横模阶次有关外,腔模的衍射损耗还与腔的几何结构参数有关,相同 $N_F$ 值下共焦腔具有最低的损耗。

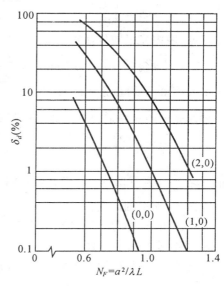

图 1-21　对称共焦腔的衍射损耗随菲涅耳数变化

③ 腔镜不完全反射引起的损耗

这部分损耗包括腔镜中的吸收、散射及透射所致的腔内光能损耗。

④ 腔内介质中的非激活吸收、散射及插入元器件(如布儒斯特窗、光调制器等)所引起的光能损耗。

前两种损耗常称为选择性损耗,它随不同横模而异。后两种损耗称非选择性损耗,它大体上与模式无关。

(2)光学谐振腔的损耗参数

光学谐振腔的损耗可用平均单程损耗因子、光子平均驻腔寿命及光腔的品质因数三种不同的参数来描述。

① 平均单程损耗因子 $\delta$

不论损耗的起因如何,都可以引进平均单程损耗因子 $\delta$ 来定量地描述光腔的能量(功率)损耗。该因子的定义是:如果初始光强为 $I_0$,在光腔内往返一次后光强衰减为 $I_1$,则

$$I_1 = I_0 e^{-2\delta} \tag{1.4.10}$$

由此得

$$\delta = -\frac{1}{2}\ln\frac{I_1}{I_0} \tag{1.4.11}$$

例如,不计其他损耗,仅由于腔镜的有限反射率所引起的损耗因子记为 $\delta_r$,若两腔镜的反射率

分别为 $r_1$、$r_2$，则 $I_1 = I_0 r_1 r_2$，按(1.4.11)式得

$$\delta_r = -\frac{1}{2}\ln(r_1 r_2) \tag{1.4.12}$$

如果腔损耗是由多种因素所致，每一种原因引起的损耗所相应的单程损耗因子为 $\delta_i$，则总平均单程损耗因子 $\delta = \sum_i \delta_i, i = 1, 2, 3\cdots$。

有时还可引进平均分布损耗系数 $\alpha$ 来描述腔损耗，它与 $\delta$ 的关系是 $\delta = \alpha L, L$ 为腔长。其物理意义是单位腔长上的相对光强衰减，即

$$\alpha = -\frac{1}{I}\frac{dI}{dz}$$

由此可见，腔内光强随传播距离 $z$ 的变化规律为

$$I(z) = I_0 e^{-\alpha z} = I_0 \exp\left(-\frac{\delta}{L}z\right) \tag{1.4.13}$$

② 光子的平均驻腔寿命 $\tau_R$

腔内光场的光强随传播距离衰减可等效为随时间衰减，将 $z = vt = \frac{c}{\eta}t$ 代入(1.4.13)式得

$$I(t) = I_0 \exp\left(-\frac{c\delta}{\eta L}t\right) = I_0 \exp(-t/\tau_R) \tag{1.4.14}$$

式中，$\tau_R = \frac{\eta L}{c\delta}$，称为光腔的时间常数，亦称为腔模的衰减寿命。它表示腔模光强（能量）衰减到初始值的 $e^{-1}$ 所需的时间。

容易证明，$\tau_R$ 亦等于腔模光子的平均驻腔寿命，高损耗相应短的寿命。

③ 谐振腔的品质因数 $Q$

与电子共振回路、微波谐振腔一样，亦可用品质因数 $Q$ 来标征光学谐振腔的损耗特性。谐振腔品质因数 $Q$ 的普遍定义是

$$Q = 2\pi\nu\frac{E}{\left|\dfrac{dE}{dt}\right|} \tag{1.4.15}$$

式中，$E$ 为振荡模腔内储能，分母表示单位时间内所损耗的腔模能量，$\nu$ 为腔模的振荡频率。

由于振荡模的腔内储能随时间衰减规律与光强衰减规律相同，即 $E(t) = E_0 \exp(-t/\tau_R)$，代入(1.4.15)式即得到品质因数

$$Q = 2\pi\nu\tau_R = 2\pi\nu\frac{\eta L}{c\delta} \tag{1.4.16}$$

可见，低的腔损耗有相应高的 $Q$ 值。

由于腔损耗，频率为 $\nu$ 的振荡模的光强（或场振幅）将随时间指数衰减，从傅立叶分析来看，振荡模将不再是理想的单频光，它将成为具有一定频宽 $\Delta\nu_R$ 的准单色光。可以证明：$\Delta\nu_R$ 与品质因数 $Q$ 及光子寿命的关系为

$$\Delta\nu_R = \frac{\nu}{Q} = \frac{1}{2\pi\tau_R} = \frac{v\delta}{2\pi L} \tag{1.4.17}$$

通常称 $\Delta\nu_R$ 为谐振腔振荡模的本征线宽，显然高的腔损耗对应着振荡模具有大的线宽 $\Delta\nu_R$。(1.4.17)式给出了与腔模能量损耗 $\delta$ 有关的几个参数之间的关系。

## 二、高斯光束

如上节所述，对称共焦腔的自再现模在傍轴近似下为厄米—高斯光束，其基模为高斯光

束。利用光波的菲涅耳衍射理论,由镜面上场的分布可以进一步讨论在共焦腔内(或腔外)的行波场分布特性,推广至一般的稳定球面镜腔可以得知,对称共焦腔及稳定球面镜腔模的行波场都可表示为厄米—高斯光束,而且这种高斯光束的特性和传输规律可以得到解析描述。这就是基于光波衍射理论的光学谐振腔和高斯光束的讨论方法。在本小节中,将从稳态标量近似下,从均匀各向同性的无损耗介质中光频电磁场复振幅满足的赫姆霍茨方程出发,通过在缓变振幅近似下求波动方程的特解来讨论高斯光束的特点和传输规律。

**1. 基模高斯光束及其基本性质**

按光的经典电磁理论,在稳态标量近似下,频率为 $\nu$ 的单色光波的电场强度可表示为

$$u(r,t)=u(r)\exp(i2\pi\nu t)$$

其中,复振幅 $u(r)$ 在均匀各向同性介质中应满足赫姆霍茨波动方程,即

$$\nabla^2 u+k^2 u=0 \tag{1.4.18}$$

式中, $k=\dfrac{2\pi}{\lambda}$ 为自由空间的波矢大小。对于沿 $z$ 方向传播的光波,复振幅可表示为

$$u=\psi(x,y,z)\exp(-ikz) \tag{1.4.19}$$

式中, $\psi(x,y,z)$ 为振幅函数,一般是一个沿 $z$ 轴缓慢变化的复函数。将(1.4.19)式代入(1.4.18)式并忽略二阶导数项 $\dfrac{\partial^2\psi}{\partial z^2}$ ,得到 $\psi(x,y,z)$ 满足的方程为

$$\frac{\partial^2\psi}{\partial x^2}+\frac{\partial^2\psi}{\partial y^2}-2ik\frac{\partial\psi}{\partial z}=0 \tag{1.4.20}$$

该式属于抛物线型微分方程,解这类方程的典型方法是"试探法",即先假设出解的函数形式,然后使函数及包含的未知数满足该方程。

设 $\psi$ 具有下列形式:

$$\psi=\exp\left\{-i\left[p(z)+\frac{k}{2q(z)}(x^2+y^2)\right]\right\} \tag{1.4.21}$$

与沿 $z$ 方向传播的普通均匀球面波的场复振幅 $u(r)\propto\dfrac{1}{R}\exp\left[-ikz-ik\dfrac{(x^2+y^2)}{2R}\right]$ 比较,其中 $R$ 为球面波的波前曲率半径,可见,(1.4.21)式中的参数 $p(z)$ 代表了与光束传播有关的复相移,而 $q(z)$ 为复光束参数起复曲率半径的作用。将式(1.4.21)代入式(1.4.20)并整理,得

$$\left[\frac{k^2}{q^2(z)}\frac{dq(z)}{dz}-\frac{k^2}{q^2(z)}\right](x^2+y^2)-\left[2i\frac{k}{q(z)}+2k\frac{dp(z)}{dz}\right]=0$$

欲使该式对 $x$ 和 $y$ 的任何值都成立,则要求式中两方括号内系数等于零。于是就得到以下两个简单的常微分方程

$$\frac{dq(z)}{dz}=1 \tag{1.4.22}$$

及

$$\frac{dp(z)}{dz}=-\frac{i}{q(z)} \tag{1.4.23}$$

由(1.4.23)式容易得

$$q(z)=z+q_0 \tag{1.4.24}$$

式中, $q_0$ 为积分常数,表示 $z=0$ 时的值 $q(0)$ 。

将(1.4.24)式代入(1.4.23)式并积分,得

$$p(z)=-i\ln(1+\frac{z}{q_0}) \tag{1.4.25}$$

将(1.4.24)、(1.4.25)两式代入(1.4.21)式,于是振幅函数可表示为

$$\psi = \exp\left\{ -i\left[ -i\ln(1+\frac{z}{q_0}) + \frac{k}{2(z+q_0)}(x^2+y^2) \right] \right\} \tag{1.4.26}$$

考虑到 $q(z)$ 是复数,在(1.4.24)式中可以取 $q_0$ 为一个纯虚数,令 $q_0 = iz_0$,$z_0$ 为与坐标 $z$ 具有相同量纲的实数。由(1.4.26)式可以看出,当 $z=0$ 时,场振幅为

$$\psi(z=0) = \exp\left[ -\frac{k}{2z_0}(x^2+y^2) \right]$$

呈现为高斯分布,当 $r = (x^2+y^2)^{1/2} = \left( \dfrac{2z_0}{k} \right)$ 时,场振幅下降到轴上值($x=y=0$)的 $1/e$,若取此时的 $r$ 值为 $w_0$ 并定义为光斑的半径,则得到 $w_0$ 与 $z_0$ 的关系是 $z_0 = \dfrac{\pi w_0^2}{\lambda}$。因此,参数 $q_0$ 应为

$$q_0 = i\frac{\pi w_0^2}{\lambda} = iz_0 \tag{1.4.27}$$

式中,$\lambda$ 为介质中波长。

将(1.4.27)式代入(1.4.26)式,利用数学关系式 $\ln(a+ib) = \ln\sqrt{a^2+b^2} + i\arctan(\dfrac{b}{a})$,最终得到波动方程(1.4.19)的解,场的复振幅为

$$
\begin{aligned}
u(x,y,z) &= C_0\frac{w_0}{w(z)}\exp\left\{ -i[kz-\varphi(z)] - i\frac{kr^2}{2q(z)} \right\} \\
&= C_0\frac{w_0}{w(z)}\exp\left\{ -i[kz-\varphi(z)] - r^2\left[ \frac{1}{w^2(z)} + \frac{ik}{2R(z)} \right] \right\} \\
&= C_0\frac{w_0}{w(z)}\underbrace{\exp\left[ -\frac{r^2}{w^2(z)} \right]}_{\text{振幅部分}}\underbrace{\exp\left\{ -i\left[ k(z+\frac{r^2}{2R(z)}) - \varphi(z) \right] \right\}}_{\text{相位部分}}
\end{aligned}
\tag{1.4.28}
$$

式中,各参数的定义为

$$
\left.
\begin{aligned}
& w^2(z) = w_0^2\left[ 1+(\frac{z}{z_0})^2 \right] \\
& R(z) = z\left[ 1+(\frac{z_0}{z})^2 \right] \\
& \varphi(z) = \arctan(\frac{z}{z_0}) \\
& z_0 = \frac{\pi w_0^2}{\lambda}
\end{aligned}
\right\}
\tag{1.4.29}
$$

$C_0$ 为常数

(1.4.28)式是波动方程(1.4.18)的一个特解,其场振幅随横向坐标 $r$ 按高斯函数规律变化,通常叫做基模(TEM$_{00}$模)高斯光束。按(1.4.29)式所定义的光束参数 $w(z)$、$R(z)$ 及 $z_0$ 决定了在自由空间中场的分布及传输特性。

对(1.4.28)、(1.4.29)两式的进一步分析可知,高斯光束具有下述基本性质:

(1)基模高斯光束在任一横截面内场振幅分布均按高斯函数 $\exp\left[ -\dfrac{r^2}{w^2(z)} \right]$ 所描述的规律从中心传输轴线向外平滑地减小。参数 $w(z)$ 表示场振幅减至中心值的 $\dfrac{1}{e}$ 的点所定义的光斑半径,光斑半径随坐标 $z$ 按双曲线规律而扩展,在 $z=0$ 处,$w(z)=w_0$,光斑半径达到最小值。$w_0$ 也称为基模高斯光束的束腰半径。$z_0$ 表示当光斑半径 $w(z_0)=\sqrt{2}\,w_0$ 时距束腰的距离,亦称瑞利距离。

（2）基模高斯光束的相移特性由相位因子

$$\varphi_{00}(x,y,z)=k\left[z+\frac{r^2}{2R(z)}\right]-\arctan\left(\frac{z}{z_0}\right) \qquad (1.4.30)$$

决定，它描述了高斯光束在点$(z,y,z)$处相对于束腰所在的坐标原点$(0,0,0)$的相位滞后。式中：$kz$描述了几何相移；$\arctan\left(\frac{z}{z_0}\right)$描述了高斯光束在沿$z$方向行进了距离$z$时相对几何相移的附加相位超前；$kr^2/2R(z)$表示与横向坐标$(x,y)$有关的相移，它表明高斯光束的等相位面是以$R(z)$为半径的球面。

（3）高斯光束球面等相位面的变化规律由（1.4.29）式给出，可以看出：当$z=0$时，$R(z)\to\infty$，表明束腰处的等相位面为平面；当$z\to\pm\infty$时，$R(z)\to\pm\infty$，表明离束腰无限远处的等相位面亦为平面；当$z=\pm z_0$时$R(z)=\pm 2z_0$，此位置处$|R(z)|$达到极小值；在传播过程中，高斯光束等相位面的曲率中心不断改变，当$z\gg z_0$即远场情况下，$R(z)\approx z$，这表示曲率中心近似就在束腰。

（4）基模高斯光束定义在光强减至$\frac{1}{e^2}$点的远场发散角（全角）为

$$\theta_{1/e^2}=\lim_{z\to\infty}\frac{2w(z)}{z}=2\sqrt{\frac{\lambda}{\pi z_0}}=2\frac{\lambda}{\pi w_0} \qquad (1.4.31)$$

可见，大的束腰半径对应着小的远场发散角。

总之，高斯光束在其传播轴线附近可看作是一种波面曲率中心在传输过程中不固定的非均匀球面波，其场振幅和光强在横截面内始终保持高斯分布。图1-22为基模高斯光束及光束参数示意图。

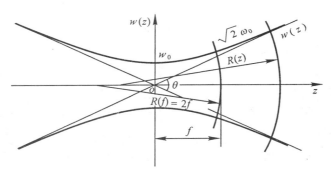

图 1-22　基模高斯光束及其参数

## 2. 高斯光束的复参数 $q(z)$ 及 $ABCD$ 定律

（1）高斯光束的复参数 $q(z)$

在求波动方程的高斯基模解过程中曾引进一个复光束参数$q(z)$，按（1.4.24）、（1.4.27）两式复参数，

$$q(z)=z+i\frac{\pi w_0^2}{\lambda}=z+iz_0 \qquad (1.4.32)$$

可见，复参数的实部决定了高斯光束束腰的位置，虚部则决定着束腰光斑半径$w_0$的大小。

将（1.4.28）式与（1.4.21）式比较，得到复参数$q(z)$与$R(z)$及$w(z)$的关系为

$$\frac{1}{q(z)}=\frac{1}{R(z)}-i\frac{\lambda}{\pi w^2(z)} \qquad (1.4.33)$$

或者有

$$\left.\begin{array}{l} \dfrac{1}{R(z)}=\mathrm{Re}\left\{\dfrac{1}{q(z)}\right\} \\[3mm] \dfrac{1}{w^2(z)}=-\dfrac{\pi}{\lambda}\mathrm{Im}\left\{\dfrac{1}{q(z)}\right\} \end{array}\right\} \tag{1.4.34}$$

利用(1.4.32)式可将基模高斯光束场复振幅分布(1.4.28)式表示为

$$u(x,y,z)=C_0\frac{w_0}{w(z)}\exp\left[-ik\frac{r^2}{2}\cdot\frac{1}{q(z)}\right]\cdot\exp\left\{-i\left[kz-\arctan\left(\frac{z}{z_0}\right)\right]\right\} \tag{1.4.35}$$

又据(1.4.29)、(1.4.27)及(1.4.32)三式,还可将上式化为

$$u(x,y,z)=C\frac{q_0}{q(z)}\exp\left[-ikz-ik\frac{r^2}{2q(z)}\right] \tag{1.4.36}$$

该式与普通均匀球面波的场振幅分布在形式上完全相同。这表明,就像普通球面波以等相位面曲率半径 $R(z)$ 来描述其传输一样,我们也可以用一个复曲率半径(复参数) $q(z)$ 来描述高斯光束的传输特性。事实上,按(1.4.32)式,在传输方向上两个不同位置 $z_1$、$z_2$ 处的高斯光束复参数 $q(z_1)$ 与 $q(z_2)$ 之间应满足

$$q(z_2)=q(z_1)+(z_2-z_1) \tag{1.4.37}$$

这与普通球面波在不同位置处波前曲率半径之间的关系在形式上也是完全一样的,如图1-23所示,对普通球面波有

$$\begin{aligned} R(z_2)&=R(z_1)+(z_2-z_1)\\ &=R(z_1)+L \end{aligned}$$

不仅在自由空间中,而且从以下的讨论还可以看出,当高斯光束通过共轴光学系统传输变换时,复参数 $q(z)$ 的变换规律亦与普通球面波波前曲率半径 $R(z)$ 的变换规律形式上一致。这就使我们可以方便地运用所熟悉的几何光学中球面波的传输变换规律来讨论高斯光束的传输问题。

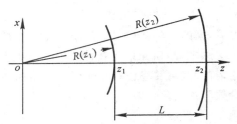

图1-23　普通球面波在自由空间中的传播

(2)线性光学系统及普通球面波变换的 $ABCD$ 定律

根据几何光学中光线传播的基本规律(例如,光在自由空间中

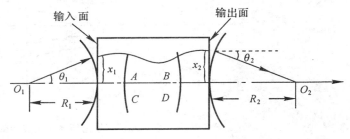

图1-24　傍轴光线通过共轴线性光学系统

的直线传播,光在两种介质界面处的反射定律和 Snell 折射定律等)和矩阵光学知识,普通球面波通过共轴光学系统后变换为另一球面波,可以将球面波按其能流方向视为与光轴成一定夹角行进的几何光线,光线从球面波面的固定曲率中心发出(或会聚于曲率中心)。包含光学系统光轴的子午面内的任一光线,如图1-24所示都可以由两个坐标参量来表征:一个是光线离轴线的距离 $x$,另一个是光线与轴线的夹角 $\theta$。我们规定,光线的出射方向在轴线的上方时 $\theta>0$,反之 $\theta<0$。如图入射光线 $x_1>0$,$\theta_1>0$,出射光线 $x_2>0$,$\theta_2<0$。对于共轴光学系统,在傍轴近似下,光线通过光学系统时,入射光线与出射光线的坐标参量间有如下的线性变换关系:

$$\left.\begin{array}{l} x_2=Ax_1+B\theta_1\\ \theta_2=Cx_1+D\theta_1 \end{array}\right\} \tag{1.4.38}$$

如果用一个列矩阵 $\begin{pmatrix} x \\ \theta \end{pmatrix}$ 描述任一光线的坐标,(1.4.38)式可以表示成下面的矩阵形式

$$\begin{pmatrix} x_2 \\ \theta_2 \end{pmatrix} = \begin{pmatrix} A & B \\ C & D \end{pmatrix} \begin{pmatrix} x_1 \\ \theta_1 \end{pmatrix} \tag{1.4.39}$$

式中,$A$、$B$、$C$、$D$ 为与坐标参量无关的常数,它们决定于光学系统参数、入射面和出射面的位置及光线的传输方向。其中的矩阵 $\begin{pmatrix} A & B \\ C & D \end{pmatrix}$ 称为光学系统对光线的传输矩阵。

　　表 1-2 列出了常见光学系统单元的光线传输矩阵。实际复杂的光学系统的传输矩阵可以表示成组成它的每个单元的传输矩阵按光线行进方向反序相乘。其中最基本的光学系统的传输矩阵如图 1-25 所示。

表 1-2　一些光学系统单元的光线传输矩阵

| 描述 | 图示 | 传输矩阵 |
|---|---|---|
| 在自由空间中行进了 $L$ 距离 | 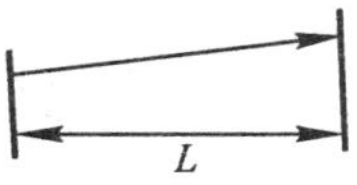 | $\begin{pmatrix} 1 & L \\ 0 & 1 \end{pmatrix}$ |
| 通过折射率分别为 $\eta_1$、$\eta_2$ 的介面折射 | 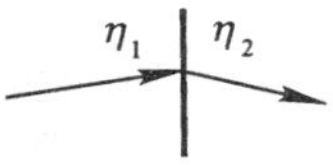 | $\begin{pmatrix} 1 & 0 \\ 0 & \eta_1/\eta_2 \end{pmatrix}$ |
| 通过空气中折射率为 $\eta$、长为 $L$ 的均匀介质 | 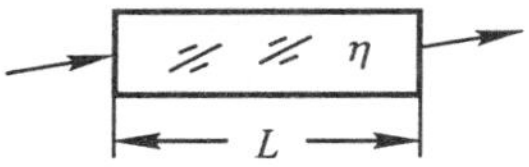 | $\begin{pmatrix} 1 & L/\eta \\ 0 & 1 \end{pmatrix}$ |
| 通过焦距为 $f$ 的薄透镜（会聚透镜 $f>0$） |  | $\begin{pmatrix} 1 & 0 \\ -\dfrac{1}{f} & 1 \end{pmatrix}$ |
| 球面反射镜反射（凹面反射镜 $R>0$） |  | $\begin{pmatrix} 1 & 0 \\ -\dfrac{2}{R} & 1 \end{pmatrix}$ |
| 通过折射率为 $\eta_1$、$\eta_2$ 的球面介面折射（凹折射面 $R>0$） | 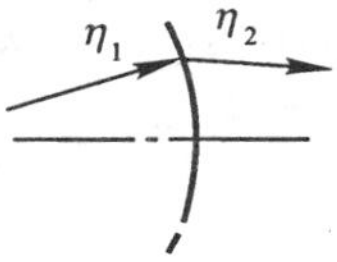 | $\begin{pmatrix} 1 & 0 \\ \dfrac{\eta_2-\eta_1}{\eta_2 R} & \dfrac{\eta_1}{\eta_2} \end{pmatrix}$ |
| 通过空气中焦距为 $f$ 的厚透镜,$h_1$、$h_2$ 表示入、出射面至主平面距离 | 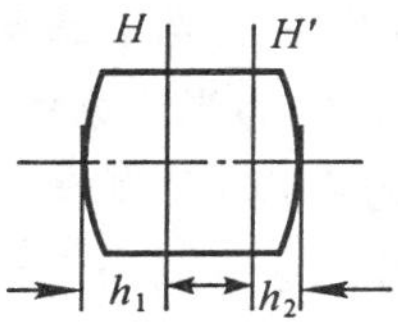 | $\begin{pmatrix} 1-h_2/f & h_1+h_2-\dfrac{h_1 h_2}{f} \\ -\dfrac{1}{f} & 1-\dfrac{h_1}{f} \end{pmatrix}$ |

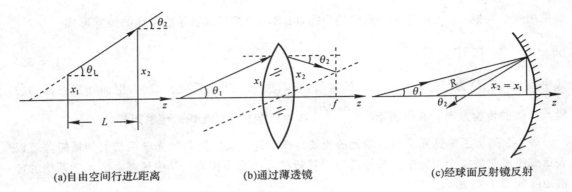

(a)自由空间行进L距离　　　　(b)通过薄透镜　　　　(c)经球面反射镜反射

图 1-25　几个基本的传输单元

① 光线在自由空间中行进了 $L$ 距离(图 1-25(a))的坐标变换是

$$\begin{cases} x_2 = x_1 + L\theta_1 \\ \theta_2 = \theta_1 \end{cases}$$

相应的传输矩阵是 $\begin{pmatrix} 1 & L \\ 0 & 1 \end{pmatrix}$。

② 光线通过焦距为 $f$ 的薄透镜(图 1-25(b))的坐标变换是

$$\begin{cases} x_2 = x_1 \\ \theta_2 = -\dfrac{x_1}{f} + \theta_1 \end{cases}$$

相应的传输矩阵是 $\begin{bmatrix} 1 & 0 \\ -\dfrac{1}{f} & 1 \end{bmatrix}$。

③ 光线经曲率半径为 $R$ 的球面镜反射(图1-25(c))时的坐标变换是

$$\begin{cases} x_2 = x_1 \\ \theta_2 = -\dfrac{2}{R}x_1 + \theta_1 \end{cases} \quad\text{(对凹面反射镜 } R > 0)$$

相应的光线传输矩阵是 $\begin{bmatrix} 1 & 0 \\ -\dfrac{2}{R} & 1 \end{bmatrix}$。

对于普通球面波,在傍轴近似下,球面波前曲率半径 $R$ 与上述光线位置坐标参量$(x,\theta)$的关系可近似地表示为 $R \approx \dfrac{x}{\theta}$。即对入射波 $R_1 \approx x_1/\theta_1$,对出射波 $R_2 \approx x_2/\theta_2$。将(1.4.39)式中的两式相除得

$$R_2 = \frac{Ax_1 + B\theta_1}{Cx_1 + D\theta_1} = \frac{AR_1 + B}{CR_1 + D} \tag{1.4.40}$$

该式为普通球面波波前曲率半径通过线性共轴光学系统变换的基本关系式,通常称为普通球面波变换的 $ABCD$ 定律。式中 $A$、$B$、$C$、$D$ 即为光学系统的光线传输矩阵矩阵元。注意,在运用(1.4.40)式讨论球面波前曲率半径 $R$ 的变换时,规定:迎着光波行进方向看凸的波面 $R > 0$,凹的波面 $R < 0$。如图 1-24 中,光自左沿正 $z$ 方向向右传播,$R_1 > 0$,$R_2 < 0$。

(3)高斯光束 $q$ 参数的 $ABCD$ 定律

高斯光束通过线性共轴光学系统变换时可以证明,当满足 $D/w > 4$ 时,其中 $D$ 为光学系统的横向孔径,$w$ 为入射到光学系统时高斯光束的光斑半径,出射光束仍为高斯光束。若系统

的孔径过小,由于边缘的衍射效应的影响会严重
破坏高斯光束的场分布特性,那就使出射光束不
再为高斯光束了。以下我们的讨论都是在满足这
一前提条件的情况下进行的。

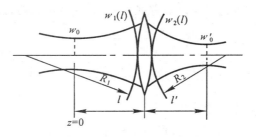

借助 $q$ 参数讨论高斯光束经光学系统的传输
变换是简单和方便的。作为一个最简单的例子,我
们讨论高斯光束经焦距为 $f$ 的薄透镜的变换。如
图 1-26 所示,入射高斯光束达到透镜时光斑半径

图 1-26  薄透镜对高斯光束的变换

为 $w_1$,球面波前曲率半径为 $R_1$,经透镜变换后高斯光束在透镜处光斑半径为 $w_2$,球面等相位
面曲率半径为 $R_2$。由于对薄透镜有 $w_1 = w_2$,而 $R_1$ 与 $R_2$ 之间的关系与普通球面波相同。由
(1.4.40)式得

$$\frac{1}{R_2} = \frac{1}{R_1} - \frac{1}{f} \tag{1.4.41}$$

按复参数的关系式(1.4.33)式,变换后光束在透镜处的复参数 $q_2$ 应为

$$\frac{1}{q_2} = \frac{1}{R_2} - i\frac{\lambda}{\pi w_2^2} = \left(\frac{1}{R_1} - \frac{1}{f}\right) - i\frac{\lambda}{\pi w_1^2}$$

即

$$\frac{1}{q_2} = \frac{1}{q_1} - \frac{1}{f} \tag{1.4.42}$$

可见,不管是对自由空间中的传播,还是通过薄透镜的变换,高斯光束的 $q$ 参数在形式上都起
着与普通球面波等相位面曲率半径 $R$ 一样的作用。复参数通过一薄透镜的光学系统变换亦服
从 $ABCD$ 定律,即

$$q_2 = \frac{Aq_1 + B}{Cq_1 + D} \tag{1.4.43}$$

特别应该指出,尽管(1.4.43)式是借助于高斯光束通过薄透镜的变换导出的,但更严格的方法
可以证明,该式是关于 $q$ 参数变换的普遍关系式,它适用于任何一个共轴线性光学系统。式中
$A$、$B$、$C$、$D$ 是该光学系统对傍轴光线的传输矩阵矩阵元。

作为 $q$ 参数变换 $ABCD$ 定律的应用,以下我们举两个例子:

**例1  薄透镜对高斯光束束腰的变换。**

如图 1-26 中所示,设入射高斯光束束腰半径为 $w_0$,离薄透镜距离为 $l$,变换后高斯光束的
束腰距离透镜为 $l'$,束腰半径为 $w'$。如果我们将传输光学系统的入、出射面分别选在入、出射
高斯光束的束腰处,入射光束的复参数 $q_1 = i\left(\frac{\pi w_0^2}{\lambda}\right)$,出射光束的复参数 $q_2 = i\left(\frac{\pi w_0'^2}{\lambda}\right)$。于是,光
学系统的传输矩阵等于以下三个矩阵相乘:

$$\begin{pmatrix} A & B \\ C & D \end{pmatrix} = \begin{pmatrix} 1 & l' \\ 0 & 1 \end{pmatrix} \begin{pmatrix} 1 & 0 \\ -\dfrac{1}{f} & 1 \end{pmatrix} \begin{pmatrix} 1 & l \\ 0 & 1 \end{pmatrix}$$

求得结果为 $A = 1 - \dfrac{l'}{f}, B = l + l' - \dfrac{ll'}{f}, C = -\dfrac{1}{f}, D = 1 - \dfrac{l}{f}$。

根据 $q$ 参数的 $ABCD$ 定律(1.4.43)式,得

$$i\frac{\pi w_0'^2}{\lambda} = \frac{\left(1 - \dfrac{l'}{f}\right)\left(i\dfrac{\pi w_0^2}{\lambda}\right) + \left(l + l' - \dfrac{ll'}{f}\right)}{\left(-\dfrac{1}{f}\right)\left(i\dfrac{\pi w_0^2}{\lambda}\right) + \left(1 - \dfrac{l}{f}\right)} \tag{1.4.44}$$

该式是一个复数等式,经整理并令等式两边的实部和虚部分别相等便得到下面两个等式:

$$\left.\begin{array}{l} \dfrac{w_0^2}{w_0'^2}=\dfrac{f-l}{f-l'} \\[3mm] \dfrac{\pi^2 w_0^2 w_0'^2}{\lambda^2}=\left(l+l'-\dfrac{ll'}{f}\right)f \end{array}\right\} \tag{1.4.45}$$

由该两式求得

$$w_0'^2=\frac{w_0^2}{\left(1-\dfrac{l}{f}\right)^2+\dfrac{\pi^2 w_0^4}{\lambda^2 f^2}} \tag{1.4.46}$$

$$l'=\left[1+\frac{(l-f)f}{(l-f)^2+\left(\dfrac{\pi w_0^2}{\lambda}\right)^2}\right]f \tag{1.4.47}$$

(1.4.46)及(1.4.47)两式就是高斯光束束腰经薄透镜变换的基本公式。利用这一组公式,已知物方高斯光束的束腰位置、光斑半径($l,w_0$),可以很方便地求出像方高斯光束的相应参数($l',w_0'$)。对该两式的进一步分析可以看出,与熟知的几何光学的成像公式及横向放大率公式比较,仅当满足条件

$$(l-f)^2\gg\left(\frac{\pi w_0^2}{\lambda}\right)^2 \tag{1.4.48}$$

即入射高斯光束束腰远离透镜物方焦平面时,高斯光束的束腰间才近似满足几何光学的成像关系,即

$$\left.\begin{array}{l} \dfrac{1}{l'}+\dfrac{1}{l}=\dfrac{1}{f} \\[3mm] m=\dfrac{w_0'}{w_0}\approx\dfrac{f}{l-f}=\dfrac{l'}{l} \end{array}\right\} \tag{1.4.49}$$

式中,$m$ 为束腰光斑的横向放大率。

当入射束腰靠近透镜物方焦平面时,高斯光束束腰间的变换与几何光学的物像关系有很大的不同,特别当 $l=f$ 时,由(1.4.46)、(1.4.47)两式得

$$\left.\begin{array}{l} m=f/\left(\dfrac{\pi w_0^2}{\lambda}\right) \\[3mm] l'=f \end{array}\right\} \tag{1.4.50}$$

这与几何光学中处在焦点上的物经透镜成像于无穷远处,横向放大率变为∞的概念完全不同。

### 例2　球面反射镜对高斯光束的自再现变换

如图 1-27 所示,束腰复参数为 $q_0=iz_0=i\dfrac{\pi w_0^2}{\lambda}$ 的高斯光束经曲率半径为 $R$ 的球面反射镜反射,反射镜距入射束腰 $l$ 远。若反射高斯光束与入射高斯光束完全重合,表示球面反射镜对入射高斯光束进行了自再现变换。此时,入、反射高斯光束的束腰半径相等,位置重合,复参数 $q_0=q_0'$。在反射镜处入射高斯光束的复参数为 $q(l)=l+q_0=l+iz_0$,反射高斯光束的复参数为 $q'(-l)=-l+q_0'=-l+iz_0$。按复参数经球面反射镜变换的 $ABCD$ 定律,应有

$$q'(-l)=\frac{q(l)}{-\dfrac{2}{R}q(l)+1}$$

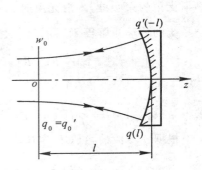

图 1-27　球面反射镜对高斯光束的自再现变换

即
$$-l+iz_0 = \frac{l+iz_0}{-\frac{2}{R}(l+iz_0)+1}$$

将上式整理后得

$$R = l\left[1+\left(\frac{z_0}{l}\right)^2\right] = R(l) \qquad (1.4.51)$$

式中，$R(l)$ 为入射高斯光束到达反射镜时波前曲率半径。该式说明，当入射高斯光束在球面镜上的波前曲率半径正好等于球面镜的曲率半径时，球面反射镜将对入射高斯光束实现自再现变换。通常称这种情况为反射镜与高斯光束的波前相匹配。

### 3. 高阶高斯光束

除了基模高斯光束，波动方程(1.4.19)式还存在一系列其他形式的特解。从数学上看，这些解与基模解一起构成一组正交完备的函数系。每一个解代表着光频电磁场的一种本征振动状态，也就是代表着一种光波模式。实际的光波场往往是多种模式的叠加，习惯上称为多模光场。在直角坐标下，波动方程的一系列解可表示为

$$u_{mn}(x,y,z) = C_{mn}\frac{w_0}{w(z)}H_m\left[\frac{\sqrt{2}\,x}{w(z)}\right]H_n\left[\frac{\sqrt{2}\,y}{w(z)}\right]\exp\left[-\frac{x^2+y^2}{w^2(z)}\right]$$
$$\cdot \exp\left\{-i\left[k\left(z+\frac{x^2+y^2}{2R(z)}\right)-(1+m+n)\varphi(z)\right]\right\} \qquad (1.4.52)$$

式中，$m,n=0,1,2,\cdots$；$C_{mn}$ 为归一化常数；$H_m$、$H_n$ 分别为 $m$ 阶和 $n$ 阶厄米多项式。式中其他参数 $w(z)$、$R(z)$、$\varphi(z)$ 及 $z_0$ 的物理意义已由(1.4.29)式给出。

当 $m=n=0$ 时，(1.4.52)式便退化为基模高斯光束的表达式(1.4.28)式。通常称 $m$、$n\neq0$ 的光场为高阶高斯光束，其横向光场振幅或光强的分布由厄米多项式与高斯函数的乘积决定。对应着不同的整数 $m$ 和 $n$，场振幅的横向分布不同，通常把由整数 $m$ 和 $n$ 所表征的横向场分布称为高阶横模，用 $\text{TEM}_{mn}$ 表示。$m$、$n$ 称为横模的阶次。

高阶高斯光束等相位面与基模高斯光束的等相位面重合，并具有相同的变化规律。

高阶高斯光束的总相移与模的阶次 $m$、$n$ 有关，即

$$\varphi_{mn}(x,y,z) = k\left[z+\frac{r^2}{2R(z)}\right]-(1+m+n)\arctan\left(\frac{z}{z_0}\right) \qquad (1.4.53)$$

由于场振幅的厄米高斯分布，高阶高斯光束的光斑半径和光束发散角将随模阶次 $m,n$ 的增大而增大。基模光束能量集中，发散角小，是最理想的光束，在光束质量评价中用作比对的标准光束。

在通过共轴线性光学系统变换时，高阶高斯光束与基模光束具有相同的变化规律。

## 三、球面镜光学谐振腔

球面镜光学谐振腔通常由两个曲率半径不同的球面反射镜相隔一定间距构成。它是应用最广泛，也是最重要和基本的光学谐振腔构型。本小节将讨论一般球面镜光学谐振腔的稳定性条件和稳定球面镜腔的模特性。

### 1. 共轴球面镜腔的稳定性条件

如前所述,按腔内傍轴光线几何损耗的高低,开放式的光学谐振腔可以分为稳定腔、临界腔和非稳腔三类。利用几何光学的光线矩阵分析方法,讨论谐振腔内傍轴光线的往返反射过程,根据光线的几何偏折损耗的高低,可以给出一般共轴球面镜腔(平面镜可看作曲率半径为无穷大的球面镜)稳定性条件的解析描述。

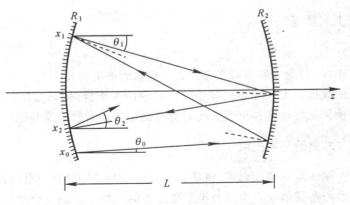

图 1-28　光线在共轴球面腔中的往返反射

如图 1-28 所示,傍轴光线在共轴球面镜谐振腔内往返反射。谐振腔两球面反射腔的曲率半径分别为 $R_1$、$R_2$,腔长为 $L$。离开反射镜 1 的傍轴光线在腔内经一次完全往返反射后,光线的位置坐标参量从 $(x_1,\theta_1)$ 变为 $(x_2,\theta_2)$,按本节第二小节对光线传输矩阵的讨论,应有

$$\begin{pmatrix} x_2 \\ \theta_2 \end{pmatrix} = \begin{pmatrix} A & B \\ C & D \end{pmatrix} \begin{pmatrix} x_1 \\ \theta_1 \end{pmatrix} \tag{1.4.54}$$

式中,$\begin{pmatrix} A & B \\ C & D \end{pmatrix}$ 称为光学谐振腔的光线往返传输矩阵。对于所给的谐振腔,它可表示为四个传输矩阵的乘积,即

$$T = \begin{pmatrix} A & B \\ C & D \end{pmatrix} = \begin{pmatrix} 1 & 0 \\ -\dfrac{2}{R_1} & 1 \end{pmatrix} \begin{pmatrix} 1 & L \\ 0 & 1 \end{pmatrix} \begin{pmatrix} 1 & 0 \\ -\dfrac{2}{R_2} & 1 \end{pmatrix} \begin{pmatrix} 1 & L \\ 0 & 1 \end{pmatrix} \tag{1.4.55}$$

这四个单元传输矩阵从右到左依次代表了光线从反射镜 1 在自由空间中传播了 $L$ 距离到达反射镜 2,在曲率半径为 $R_2$ 的球面反射镜 2 的反射,从反射镜 2 在自由空间中传播了 $L$ 距离返回反射镜 1,以及在曲率半径为 $R_1$ 的球面反射镜 1 的反射。由矩阵乘法求得(1.4.55),式中:

$$\left. \begin{aligned} A &= 1 - \frac{2L}{R_2} \\ B &= 2L\left(1 - \frac{L}{R_2}\right) \\ C &= -\left[\frac{2}{R_1} + \frac{2}{R_2}\left(1 - \frac{2L}{R_1}\right)\right] \\ D &= -\left[\frac{2L}{R_1} - \left(1 - \frac{2L}{R_1}\right)\left(1 - \frac{2L}{R_2}\right)\right] \end{aligned} \right\} \tag{1.4.56}$$

光线在腔内经多次往返反射,将上述结果推广得到经 $n$ 次往返时坐标参量的变换关系应为

$$\begin{pmatrix} x_n \\ \theta_n \end{pmatrix} = \underbrace{TT\cdots T}_{n\text{个}T\text{相乘}} \begin{pmatrix} x_1 \\ \theta_1 \end{pmatrix} = T^n \begin{pmatrix} x_1 \\ \theta_1 \end{pmatrix} \tag{1.4.57}$$

按照矩阵理论中的薛尔凡斯特(Sylvester)定理可以求得

$$T^n = \begin{pmatrix} A & B \\ C & D \end{pmatrix}^n = \frac{1}{\sin\varphi} \begin{pmatrix} A\sin n\varphi - \sin(n-1)\varphi & B\sin n\varphi \\ C\sin n\varphi & D\sin n\varphi - \sin(n-1)\varphi \end{pmatrix}$$

$$= \begin{pmatrix} A_n & B_n \\ C_n & D_n \end{pmatrix} \tag{1.4.58}$$

式中 $\qquad \varphi = \arccos\left[\frac{1}{2}(A+D)\right] \tag{1.4.59}$

对于稳定腔,傍轴光线能在腔内往返反射任意多次都不会横向偏折逸出腔外。这就要求 $n$ 次往返矩阵 $T^n$ 的各矩阵元 $A_n$、$B_n$、$C_n$ 和 $D_n$ 对任意的 $n$ 值均保持为有限值。据(1.4.58)式,这归结为 $\varphi$ 为实数,而且不应为 $\pi$ 的整数倍。由(1.4.59)式得稳定腔应满足条件

$$-1 < \frac{1}{2}(A+D) < 1 \tag{1.4.60}$$

将(1.4.56)式的 $A$ 和 $D$ 值代入上面不等式,得

$$0 < \left(1-\frac{L}{R_1}\right)\left(1-\frac{L}{R_2}\right) < 1 \tag{1.4.61}$$

引入光学谐振腔的 $g$ 参数,可将该式写成

$$\left. \begin{array}{l} 0 < g_1 g_2 < 1 \\ g_1 = 1-\dfrac{L}{R_1}, g_2 = 1-\dfrac{L}{R_2} \end{array} \right\} \tag{1.4.62}$$

(1.4.61)式或(1.4.62)式称为共轴两球面镜光学谐振腔的稳定性条件。式中,当凹面镜向着腔内时 $R$ 取正值,而当凸面反射镜向着腔内时,$R$ 取负值。

在不满足稳定腔条件(1.4.60)式时,若 $\frac{1}{2}(A+D) > 1$ 或 $\frac{1}{2}(A+D) < -1$ 成立,则 $\varphi$ 为复数,(1.4.58)式中的 $\sin n\varphi,\sin(n-1)\varphi$ 等均将随往返次数 $n$ 的增大而按指数规律增大,从而使矩阵元 $A_n$、$B_n$、$C_n$、$D_n$ 随 $n$ 的增大而变得无界,$x_n,\theta_n$ 也将无界。这表示傍轴光线在腔内经历有限次往返反射后必将横向逸出腔外,谐振腔具有很高的几何偏折损耗,谐振腔为非稳腔。对于稳定条件的临界状态,即满足 $\frac{1}{2}(A+D)=1$ 的谐振腔称为临界腔,腔的略微失调就易变成非稳腔。

从以上讨论可以看出,共轴球面腔的稳定性决定于谐振腔往返矩阵的对角元之和 $\frac{1}{2}(A+D)$。虽然对于给定几何结构的谐振腔,往返矩阵还与光线在腔内的初始出发位置及光线往返追迹的方向有关,但可以证明,$\frac{1}{2}(A+D)$ 对于一定几何结构的光学谐振腔却是一个不变量。这说明腔的稳定性完全取决于腔的几何结构特点。

### 2. 稳定球面镜腔的高斯模

利用高斯光束被匹配反射镜作自再现变换的特性可以讨论稳定球面镜腔的模特性。如本节第二小节例 2 所述,高斯光束的等相位面近似为球面,高斯光束经球面镜反射,若其波前曲率半径恰好等于球面反射镜的曲率半径,高斯光束将实现自再现变换,即反射高斯光束将与入射光束完全重合,球面反射镜将不会对入射高斯光束的场分布产生任何扰动(假设反射镜足够大且无任何光学缺陷)。如图 1-29 所示,在高斯光束的场中距束腰($z=0$ 处)分别为 $z_1$、$z_2$ 处放置两块波前匹配反射镜

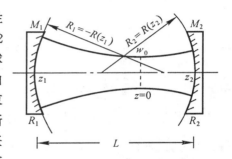

图 1-29 高斯光束与稳定球面镜腔

$M_1$、$M_2$,曲率半径分别为 $R_1$、$R_2$,从而就构成了一个球面镜光学谐振腔。在这个谐振腔内,高斯光束便能自再现地往返反射传播,高斯光束在腔内满足波动方程,只要再满足由两反射镜所给出的边界条件,基模和高阶模高斯光束就成为谐振腔的振荡模。显然,在腔内将是由相反方向行进的两列高斯光束所形成的驻波模。

根据高斯光束等相位面曲率半径 $R(z)$ 在传播中的变化规律(1.4.29)式应有

$$\begin{cases} R_1 = -R(z_1) = -(z_1 + \dfrac{z_0^2}{z_1}) \\[2mm] R_2 = R(z_2) = (z_2 + \dfrac{z_0^2}{z_2}) \\[2mm] L = z_2 - z_1 \end{cases} \tag{1.4.63}$$

在(1.4.63)式的第一式中所出现的负号是由于对凹面反射镜 $M_1$,$R_1 > 0$,而对高斯光束($z_1 < 0$),其波面曲率半径 $R(z_1) < 0$。

由(1.4.63)方程组可惟一地解出

$$\begin{cases} z_1 = \dfrac{L(R_2 - L)}{(L - R_1) + (L - R_2)} \\[3mm] z_2 = \dfrac{-L(R_1 - L)}{(L - R_1) + (L - R_2)} \\[3mm] z_0^2 = \dfrac{L(R_1 - L)(R_2 - L)(R_1 + R_2 - L)}{[(L - R_1) + (L - R_2)]^2} \end{cases} \tag{1.4.64}$$

可见,对于给定的高斯光束(束腰的位置确定,瑞利距离 $z_0 = \dfrac{\pi w_0^2}{\lambda}$ 已知),可选定反射镜的位置(即 $z_1$、$z_2$ 选定),利用(1.4.63)式可以计算谐振腔反射镜的曲率半径 $R_1$ 和 $R_2$ 及腔长 $L$。反之,如果给定了谐振腔两反射镜的曲率半径 $R_1$、$R_2$ 及腔长 $L$,则可根据(1.4.64)式来计算腔内高斯模束腰的位置和瑞利距离 $z_0$,并进而确定束腰的半径 $w_0$。为了得到确实代表高斯光束的解,$z_0$ 必须是实数,即要求 $z_0^2 > 0$,由(1.4.64)式中第三式不难证明,这相当于满足条件

$$0 < (1 - \frac{L}{R_1})(1 - \frac{L}{R_2}) < 1$$

该式正是由几何光学方法所确定的共轴球面镜光学谐振腔稳定性条件(1.4.61)。这说明只有稳定球面镜腔内才可能存在稳定的能够自再现的高斯模,或者说稳定球面腔输出的光束为高斯光束。

作为(1.4.64)式的应用实例,我们来计算对称球面镜腔的光束参数。此时,$R_1 = R_2 = R$,腔长为 $L$。代入(1.4.64)式,得

$$\begin{cases} z_1 = -z_2 = -\dfrac{L}{2} \\[3mm] z_0^2 = \dfrac{(2R - L)L}{4} \end{cases}$$

以及 $\qquad w_0 = (\dfrac{\lambda}{\pi})^{1/2} \left[ \dfrac{(2R - L)L}{4} \right]^{1/4}$

可见,对称稳定球面腔高斯光束的束腰处于腔中心处。特别对于对称共焦腔,$R_1 = R_2 = R = L$,得 $z_0 = \dfrac{L}{2}$,$w_0 = \left( \dfrac{\lambda L}{2\pi} \right)^{1/2}$。在球面反射镜上高斯光束的光斑半径 $w_1 = w_2 = \left( \dfrac{\lambda L}{\pi} \right)^{1/2}$。这一结果与本节第一小节中由衍射理论所得到的结果完全一致。

不仅仅是横向场振幅分布,高斯光束在稳定球面腔内往返反射一次,其场的相位亦应是自

再现的。由基模高斯光束的场分布式(1.4.28),在腔长为 $L$ 的腔内,高斯光束的往返相移(对于轴上点 $r=0$)应满足谐振条件:

$$\Delta\varphi=2\{k(z_2-z_1)-[\varphi(z_2)-\varphi(z_1)]\}$$
$$=2kL-2[\varphi(z_2)-\varphi(z_1)]=q\cdot 2\pi \tag{1.4.65}$$

其中,按(1.4.29)式,$\varphi(z_1)=\arctan(\frac{z_1}{z_0})$,$\varphi(z_2)=\arctan(\frac{z_2}{z_0})$,将 $k=\frac{2\pi\nu\eta}{c}$ 以及由(1.4.64)式所决定的 $z_1,z_2$ 及 $z_0$ 值代入,经整理化简得到稳定球面腔高斯模的谐振频率为

$$\nu_q=\frac{c}{2\eta L}\left[q+\frac{1}{\pi}\arccos\sqrt{(1-\frac{L}{R_1})(1-\frac{L}{R_2})}\right] \tag{1.4.66}$$

$q=1,2,\cdots$。与在均匀平面波近似下平行平面谐振腔模谐振频率(1.4.4)式比较,对所有的纵模皆存在一个频移 $\frac{c}{2\eta L}\cdot\frac{1}{\pi}\arccos\sqrt{(1-\frac{L}{R_1})(1-\frac{L}{R_2})}$,其大小与球面镜腔的几何参数($R_1$、$R_2$ 及 $L$)有关。而相邻纵模的频率差

$$\Delta\nu_q=\frac{c}{2\eta L}$$

该式与(1.4.5)式一致,这是一个关于光学谐振腔纵模频差的普遍关系式。

### 3. 稳定球面镜腔的厄米—高斯模

正如本节第二小节中所述,除了基模高斯光束之外,在直角坐标系下,波动方程还具有高阶高斯光束形式的解,其场的振幅或光强由厄米多项式与高斯函数的乘积决定。由于这种厄米—高斯光束等相位面与基模高斯光束重合,并具有相同的变化规律,我们就可以设计一个稳定球面镜谐振腔(其实,由于光束具有无限多的等相位面,因而就存在由无限多对与之匹配的球面反射镜构成的无限多个谐振腔)与光束来"匹配",或者反过来设计一系列厄米—高斯光束与所给定的一个稳定球面谐振腔"吻合"。与基模高斯光束一样,这一系列高阶高斯光束也就成为该稳定球面镜腔的振荡模。

与基模情况一样,厄米—高斯光束在腔内的往返相移应满足谐振条件,按(1.4.53)式,根据相位因子得

$$\Delta\varphi=2KL-2(1+m+n)\left[\arctan(\frac{z_2}{z_0})-\arctan(\frac{z_1}{z_0})\right]=q\cdot 2\pi \qquad q=1,2,3,\cdots(正整数)$$

同样,将由(1.4.64)式所决定的 $z_1$、$z_2$ 及 $z_0$ 值代入上式,经整理化简后得到稳定球面腔厄米—高斯模的谐振频率

$$\nu_{mnq}=\frac{c}{2\eta L}\left[q+(1+m+n)\frac{1}{\pi}\arccos\sqrt{(1-\frac{L}{R_1})(1-\frac{L}{R_2})}\right] \tag{1.4.67}$$

不同的 $q$ 值,但具有相同的 $(m,n)$,振荡模具有相同的横向场分布,它们代表了谐振腔不同的纵模;不同的 $(m,n)$ 值则代表了具有不同横向场振荡(或光强)分布的不同的横模。(1.4.67)式表明,稳定球面腔厄米—高斯模的振荡频率不仅与纵模的阶次 $q$ 有关,而且还与横模的阶次有关。对于给定的横模(即 $m,n$ 一定),相邻纵模的频率差

$$\Delta\nu_q=\nu_{m,n(q+1)}-\nu_{mnq}=\frac{c}{2\eta L}$$

即纵模频率差仅决定于谐振腔光学腔长 $L'=\eta L$。

对属于同一纵模($q$ 相同)的所有横模而言,只要横模阶次 $(m+n)$ 相同,频率都相同,相邻横模的频差,即 $\Delta(m+n)=1$ 的两个模之间的频率差

$$\Delta\nu_{m(n)}=\left[\frac{1}{\pi}\arccos\sqrt{\left(1-\frac{L}{R_1}\right)\left(1-\frac{L}{R_2}\right)}\right]\cdot\frac{c}{2\eta L}\qquad(1.4.68)$$

横模频差不仅与谐振腔腔长 $L$ 有关,还与两反射镜的曲率半径 $R_1$、$R_2$ 有关。图 1-30 给出了一个一般稳定腔振荡模频谱示意图。

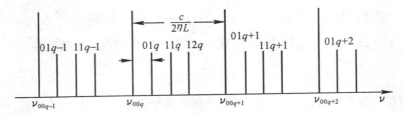

图 1-30　稳定球面腔的振荡模频谱

稳定球面镜光学谐振腔在激光振荡器中得到了广泛应用。表 1-3 为几种典型球面镜腔的高斯模参数与腔几何结构参数的关系。在设计和使用球面镜腔时可供查阅参考。

表 1-3　几种典型稳定球面镜谐振腔的模参数

| | 对称共焦腔 | 半共焦腔 | 非共焦对称腔 | 平面—凹面镜腔 | 一般非对称球面镜腔 |
|---|---|---|---|---|---|
| 腔几何参数 $R_1,R_2,L$ | $R_1=R_2=L$ | $R_1=2L$<br>$R_2=\infty$ | $R_1=R_2=R\neq L$<br>$R>\dfrac{L}{2}$ | $R_1=R,R_2=\infty$<br>$R>L$ | $R_1\neq R_2$<br>$0<\left(1-\dfrac{L}{R_1}\right)\left(1-\dfrac{L}{R_2}\right)<1$ |
| 准直范围(焦深)$2z_0$ | $L$ | $2L$ | $(2RL-L^2)^{1/2}$ | $2[L(R-L)]^{1/2}$ | $\left[\dfrac{4L(R_1-L)(R_2-L)(R_1+R_2-L)}{(R_1+R_2-2L)^2}\right]^{1/2}$ |
| 束腰位置 $z_1,z_2$ | $-z_1=z_2=\dfrac{L}{2}$ | $-z_1=L,z_2=0$ | $-z_1=z_2=\dfrac{L}{2}$ | $z_1=-L$<br>$z_2=0$ | $z_1=\dfrac{-L(R_2-L)}{R_1+R_2-2L};z_2=\dfrac{L(R_1-L)}{R_1+R_2-2L}$ |
| 束腰半径 $w_0$ | $\left(\dfrac{\lambda L}{2\pi}\right)^{1/2}$ | $\left(\dfrac{\lambda L}{\pi}\right)^{1/2}$ | $\left[\dfrac{\lambda^2}{4\pi^2}(2RL-L^2)\right]^{1/4}$ | $\left[\dfrac{\lambda^2}{\pi^2}(RL-L^2)\right]^{1/4}$ | $\left[\dfrac{\lambda^2 L(R_1-L)(R_2-L)(R_1+R_2-L)}{\pi^2(R_1+R_2-2L)^2}\right]^{1/4}$ |
| 镜1上光斑半径 $w_1$ | $\left(\dfrac{\lambda L}{\pi}\right)^{1/2}$ | $\left(\dfrac{2\lambda L}{\pi}\right)^{1/2}$ | $\left[\dfrac{\lambda^2 R^2 L^2}{\pi^2(2RL-L^2)}\right]^{1/4}$ | $\left[\dfrac{\lambda^2 R^2 L^2}{\pi^2(RL-L^2)}\right]^{1/4}$ | $\left[\dfrac{\lambda^2 R_1^2 L(R_2-L)}{\pi^2(R_1-L)(R_1+R_2-L)}\right]^{1/4}$ |
| 镜2上光斑半径 $w_2$ | $\left(\dfrac{\lambda L}{\pi}\right)^{1/2}$ | $\left(\dfrac{\lambda L}{\pi}\right)^{1/2}$ | $\left[\dfrac{\lambda^2 R^2 L^2}{\pi^2(2RL-L^2)}\right]^{1/4}$ | $\left[\dfrac{\lambda^2}{\pi^2}(RL-L^2)\right]^{1/4}$ | $\left[\dfrac{\lambda^2 R_2^2 L(R_1-L)}{\pi^2(R_2-L)(R_1+R_2-L)}\right]^{1/4}$ |
| 远场发散角 $\theta$(全角) | $2\left(\dfrac{2\lambda}{\pi L}\right)^{1/2}$ | $2\left(\dfrac{\lambda}{\pi L}\right)^{1/2}$ | $2\left[\dfrac{4\lambda^2}{\pi^2(2RL-L^2)}\right]^{1/4}$ | $2\left[\dfrac{\lambda^2}{\pi^2(RL-L^2)}\right]^{1/4}$ | $2\left[\dfrac{\lambda^2(R_1+R_2-2L)^2}{\pi^2 L(R_1-L)(R_2-L)(R_1+R_2-L)}\right]^{1/4}$ |
| 谐振频率 $\nu_{mnq}$ | $\dfrac{c}{2\eta L}\left[q+\dfrac{(m+n+1)}{2}\right]$ | $\dfrac{c}{2\eta L}\left[q+\dfrac{(m+n+1)}{4}\right]$ | $\dfrac{c}{2\eta L}[q+\dfrac{(m+n+1)}{\pi}$<br>$\arccos^{-1}(1-\dfrac{L}{R})]$ | $\dfrac{c}{2\eta L}[q+\dfrac{(m+n+1)}{\pi}$<br>$\arccos^{-1}(1-\dfrac{L}{R})^{1/2}]$ | $\dfrac{c}{2\eta L}\{q+\dfrac{(m+n+1)}{\pi}$<br>$\arccos^{-1}[(1-\dfrac{L}{R_1})(1-\dfrac{L}{R_2})]^{1/2}\}$ |
| 横模频差 $\Delta\nu_m$ | $\dfrac{c}{4\eta L}$ | $\dfrac{c}{8\eta L}$ | $\dfrac{c}{2\eta L}\cdot$<br>$\dfrac{1}{\pi}\arccos(1-\dfrac{L}{R})$ | $\dfrac{c}{2\eta L}\cdot$<br>$\dfrac{1}{\pi}\arccos^{-1}(1-\dfrac{L}{R})^{1/2}$ | $\dfrac{c}{2\eta L}\cdot\dfrac{1}{\pi}\cos\left[(1-\dfrac{L}{R_1})(1-\dfrac{L}{R_2})\right]^{1/2}$ |
| 纵模频差 $\Delta\nu_q$ | $\dfrac{C}{2\eta L}$ | | | | |

## 第五节 激光振荡器振荡原理

激光器通常指相干光振荡器。如同在电子放大器中引入正反馈构成电子振荡器一样,在相干光放大器中通过光学谐振腔引入正反馈便构成光子振荡器。一个稳定的激光振荡器应包括:

(1)具有增益饱和机制的激光放大器;

(2)正反馈系统;

(3)频率(或模式)选择机制;

(4)输出耦合方式。本节在前两节关于相干光放大器和光学谐振腔讨论的基础上,着重讨论激光振荡器的振荡原理,包括实现激光振荡所必须的条件以及振荡器的谐振频率。本节的讨论主要扯及连续激光振荡器。激光振荡器的工作和输出特性以及脉冲激光振荡器将在下一章作专门讨论。

### 一、激光振荡器的增益条件——激光器振荡阈值

在激光器中,如果谐振腔内放大器工作物质原子的某对激光能级间实现了原子集居数密度的反转分布,激光腔内由该对能级间原子的自发辐射跃迁所提供的少量自发辐射光子数将会由于受激辐射放大而不断增大。同时,谐振腔内存在的各种损耗机制又使光子数不断减少。由于放大器的增益和腔损耗与振荡光束的频率或模式有关,因此,在激光器中能否建立起某个模的振荡就取决于该模从放大器中所获得的增益与遭受腔损耗间的关系,这就是激光振荡的增益条件。下面从激光器振荡模光子数变化速率方程出发来讨论这一问题。

与本章第三节只讨论放大不同,在激光振荡器中,由于光学谐振腔的存在,在建立振荡模腔内光子总数变化率方程时,不仅要考虑放大介质中的受激辐射及受激吸收对光子数变化的贡献,还要计及光腔损耗对光子数变化的影响。同时考虑到光学谐振腔腔长往往大于放大器介质长度,还应对速率方程作出必要修正。设频率为 $\nu$ 的某个模式腔内光子数密度为 $N$,腔内光束体积为 $V_R$,放大器工作物质中光束体积为 $V_a$,放大器工作物质长为 $l$,腔长为 $L$,由腔损耗所决定的光子平均寿命为 $\tau_R$,则该模式腔内光子总数的变化速率方程按(1.3.4)式应修正为

$$\frac{\mathrm{d}(NV_R)}{\mathrm{d}t} = \Delta n\sigma_{21}(\nu)\upsilon NV_a - \frac{NV_R}{\tau_R}$$

假设光束直径沿腔长均匀分布,则上式可化简为

$$\frac{\mathrm{d}N}{\mathrm{d}t} = \Delta n\sigma_{21}(\nu)\upsilon N\frac{l}{L} - \frac{N}{\tau_R} \tag{1.5.1}$$

式中,$\dfrac{V_a}{V_R} \approx \dfrac{l}{L}$;$\tau_R = \dfrac{L}{\delta\upsilon}$,$\delta$ 为谐振腔的单程损耗因子,$\upsilon$ 为介质中光速。

由(1.5.1)式看出,为了实现激光振荡,必须满足 $\dfrac{\mathrm{d}N}{\mathrm{d}t} \geqslant 0$。由此得到

$$\Delta n\sigma_{21}(\nu)\upsilon\frac{l}{L} \geqslant \frac{1}{\tau_R}$$

这里,等号表示振荡阈值条件。由于在阈值附近腔内光强很弱,相当于小信号情况,可得出激光器实现自激振荡对放大器工作物质中的小信号原子集居数密度反转的条件是

$$\Delta n^0 \geqslant \frac{\delta}{\sigma_{21}(\nu)l} \tag{1.5.2}$$

这里,等号代表反转原子集居数密度阈值,即

$$\Delta n_t^0 = \frac{\delta}{\sigma_{21}(\nu)l} \tag{1.5.3}$$

由于工作物质小信号增益系数 $G^0(\nu)=\Delta n^0 \sigma(\nu)$,激光振荡的条件又可以表示成

$$G^0(\nu) \geqslant \frac{\delta}{l} \tag{1.5.4}$$

等号表示阈值增益系数,并记做 $G_t^0(\nu)=\delta/l$。(1.5.4)式即是激光振荡的增益条件,它表示为实现某个模的振荡,单程增益 $G^0(\nu)l$ 必须大于单程损耗 $\delta$。

因跃迁截面随频率 $\nu$ 而变化,且 $\sigma_{21}(\nu)=\frac{\lambda^2}{8\pi}A_{21}g(\nu,\nu_0)$,当振荡模频率 $\nu$ 与介质原子共振频率 $\nu_0$ 一致时,线型函数 $g(\nu_0,\nu_0)$ 具有最大值,因而跃迁截面 $\sigma_{21}(\nu_0)$ 亦有最大值,由式(1.5.3)表明,此时对应最小的反转原子集居数密度阈值,若线型函数为洛仑兹线型,线宽为 $\Delta\nu$,$g(\nu_0,\nu_0)=\frac{2}{\pi\Delta\nu}$,则

$$\Delta n_t^0 = \frac{4\pi^2 \Delta\nu \tau_{sp} \delta}{\lambda_0^2 l} \tag{1.5.5}$$

该式表明,高的光腔损耗对应着高的小信号反转原子集居数密度阈值,从而也对应着高的泵浦强度阈值。作为一个实例,利用(1.5.5)式来计算一台典型红宝石激光器的最小反转原子集居数密度阈值。由波长 $\lambda_0=694.3$nm,$\tau_{sp}=3\times10^{-3}$s,线宽 300GHz,$l=10$cm,$\delta=0.2$,按(1.5.5)式计算结果得 $\Delta n_t^0 = 1.474\times10^{17}/$cm$^3$。

此外,$\Delta n_t^0$ 与振荡模中心波长 $\lambda_0^2$ 成反比,这是短波长激光器难以实现激光振荡的原因所在。

## 二、激光振荡器的相位条件和谐振频率

如同在无源光学谐振腔中一样,在激光振荡器中,腔内满足上述振荡增益条件的光波模还必须要满足其往返相移等于 $2\pi$ 整数倍这一形成稳态振荡的相位条件。在均匀平面波模近似下,往返相移 $\Delta\varphi$ 应满足

$$\Delta\varphi = 2kL + 2\delta\varphi(\nu)l = q \cdot 2\pi \tag{1.5.6}$$

式中:$q=1,2,\cdots$;$\delta\varphi(\nu)$ 为放大器原子相移系数。

根据(1.3.15)式,对于洛仑兹线型均匀加宽放大器,$\delta\varphi(\nu)$ 与放大器的增益系数成正比,即 $\delta\varphi(\nu)=\frac{\nu-\nu_0}{\Delta\nu}G(\nu)$。$2kL$ 表示振荡模通过无源腔的往返几何相移。将波矢大小 $k=\frac{2\pi\nu}{v}$ 及 $\delta\varphi(\nu)$ 代入(1.5.6)式,得

$$\nu_q + \frac{v(\nu_q-\nu_0)}{2\pi\Delta\nu}G(\nu_q)\frac{l}{L} = q \cdot \frac{v}{2L} \tag{1.5.7}$$

(1.5.7)式右边代表无源腔相应模的谐振频率,记为 $\nu_q^0 = q \cdot \frac{v}{2L}$。于是(1.5.7)式可表示为

$$\nu_q = \nu_q^0 - \frac{v(\nu_q-\nu_0)}{2\pi\Delta\nu}G(\nu_q)\frac{l}{L} \tag{1.5.8}$$

(1.5.8)式为激光器振荡模谐振频率的表达式。显然,这是一个关于振荡频率 $\nu_q$ 的超越方程,可以利用作图法求解。该式表明,当振荡模频率 $\nu_q > \nu_0$ 时,$\nu_q < \nu_q^0$;当 $\nu_q < \nu_0$ 时,$\nu_q > \nu_q^0$;当 $\nu_q = \nu_0$

时，$\nu_q = \nu_q^0$。这就是说，只要振荡模的频率 $\nu_q$ 与放大介质的共振中心频率 $\nu_0$ 不一致，激光器振荡模的频率总是比无源腔相应振荡模（即 $q$ 相同的模）的频率更靠近中心频率。这种由放大器原子相移所引起的激光器振荡模频率比无源腔模频率更向中心频率靠拢的现象，称为激光器频率牵引效应。

由于对通常的激光振荡器，(1.5.8)式右边第二项，即频率牵引量大小远小于 $\nu_q^0$，可将该项中的 $\nu_q \approx \nu_q^0$，由此，激光器振荡模频率可近似表示为

$$\nu_q \approx \nu_q^0 - \frac{\upsilon(\nu_q^0 - \nu_0)}{2\pi\Delta\nu}G(\nu_q^0)\frac{l}{L} \tag{1.5.9}$$

$\nu_q$ 被表示为 $\nu_q^0$ 的函数。

## 三、激光器稳态振荡的增益条件

在激光振荡器中，当放大器的泵浦强度超过阈值时，工作物质中的反转原子集居数密度 $\Delta n^0 > \Delta n_t^0$，相应介质的小信号增益系数 $G^0(\nu) > G_t^0$。在这种情况下，频率为 $\nu$ 的振荡模满足振荡的增益条件，其光子数将由自发辐射所决定的初始值开始迅速增大。与之同时，强烈的受激辐射跃迁所导致的反转原子集居数密度的饱和效应又必然会使放大器出现增益饱和，增益系数的减小限制了振荡模光子数（或光强）的增大。当达到稳态振荡时，激光器腔内振荡模光子数密度应满足 $\frac{\mathrm{d}N}{\mathrm{d}t} = 0$。由(1.5.1)式求得稳态振荡的条件应为

$$\Delta n\sigma_{21}(\nu)\upsilon\frac{l}{L} = \frac{1}{\tau_R}$$

由该式求得放大介质中反转原子集居数密度的稳态值为

$$\Delta n_s = \frac{\delta}{\sigma_{21}(\nu)l} = \Delta n_t^0 \tag{1.5.10}$$

即放大介质中的由泵浦所决定的小信号反转原子集居数密度 $\Delta n^0$ 饱和到等于振荡的阈值 $\Delta n_t^0$。

与(1.5.10)式相应，稳态振荡时放大器增益系数应满足

$$\left.\begin{aligned}G_s(\nu, I) = \Delta n_s\sigma_{21}(\nu) = G_t(\nu)\\ G_s(\nu, I)l = \delta\end{aligned}\right\} \tag{1.5.11}$$

(1.5.11)式代表了激光器达到稳态振荡的增益条件。这表明，不管放大介质最初的小信号增益系数多大，在稳态激光器中最终增益系数都是饱和到等于阈值增益，稳态单程增益等于腔的单程总损耗。

将(1.5.11)式代入(1.5.9)式，并利用无源腔振荡模的本征线宽 $\Delta\nu_R = \frac{\upsilon\delta}{2\pi L}$((1.4.18)式)，激光器振荡模谐振频率

$$\nu_q \approx \nu_q^0 - (\nu_q^0 - \nu_0)\frac{\Delta\nu_R}{\Delta\nu} \tag{1.5.12}$$

频率牵引量与 $\frac{\Delta\nu_R}{\Delta\nu}$ 有关，即与无源腔振腔模的本征线宽与放大器工作物质的自发辐射荧光线宽的比有关。对于通常激光器该值很小的，所以可以认为 $\nu_q \approx \nu_q^0$，从而忽略了原子相移对激光器谐振频率的影响。

# 第二章

# 激光振荡器的工作和输出特性

激光振荡器,简称激光器,作为强相干光源是最重要的光电子器件之一,它不仅在光电子学的发展中占据特别的地位,而且在光电子学应用的各个领域也占有重要地位。因此,对激光器工作和输出一般特性的讨论必然也是基础光电子学的重要内容。本章在上一章对激光放大器、光学谐振腔和激光振荡器基本原理讨论的基础上,对激光器的一般工作和输出特性作进一步分析讨论。按其工作方式,激光器可分为连续与脉冲工作两种。本章主要内容包括,连续激光器的输出功率,振荡模式特性和模式选择,激光频率稳定;脉冲激光器的尖峰和弛豫振荡,以及为改善脉冲激光时间特性、提高峰值功率、压缩脉冲宽度而设计的调 Q 及锁模激光器的基本工作原理和一般特性。

## 第一节　连续激光器的输出功率

输出功率是激光器重要工作和输出参数之一。对于实际的激光器,影响其输出功率的因素往往比较复杂,因此从理论上难以准确计算。根据连续激光器达到稳态振荡时的增益条件,能够比较方便地计算单模激光器的稳态腔内光强,再考虑到激光器谐振腔的输出耦合即可讨论输出功率。本节所得到的理论结果对于分析影响激光器输出功率的因素、找出提高输出功率的技术途径具有一定的指导意义。

### 一、均匀加宽单模激光器的输出功率

对于频率为 $\nu_q$ 的振荡模,当达到稳态振荡时,按(1.5.11)式,应满足稳态增益条件

$$G(\nu_q, I_{\nu_q})l = \delta \tag{2.1.1}$$

式中:$l$ 为激光器放大介质长度;$\delta$ 为光学谐振腔的平均单程总损耗因子;$I_{\nu_q}$ 表示在腔内介质中所建立起的稳态光强。

按均匀加宽放大器工作物质稳态增益系数的关系式(1.3.29)式,上式可表示为

$$\frac{G^0(\nu_q)l}{1+I_{\nu_q}/I_s(\nu_q)} = \delta \tag{2.1.2}$$

由此求得

$$I_{\nu_q} = I_s(\nu_q) \left[ \frac{G^0(\nu_q)l}{\delta} - 1 \right] \tag{2.1.3}$$

在由两面反射镜构成的激光器谐振腔内，一个振荡模代表着由轴向相反方向传播的两列行波所形成的一个驻波场分布。若沿正向传播的行波光强为 $I_{\nu_q}^+$，反向波光强为 $I_{\nu_q}^-$，当放大介质增益系数不太高，而激光腔输出镜透过率 $T$ 又不大时，可以近似认为 $I_{\nu_q}^+ \approx I_{\nu_q}^-$。在均匀加宽放大介质中，$I_{\nu_q}^+$ 与 $I_{\nu_q}^-$ 同时参与增益饱和作用，因此，腔内稳态平均光强

$$I_{\nu_q} = I_{\nu_q}^+ + I_{\nu_q}^- \approx 2I_{\nu_q}^+ \tag{2.1.4}$$

若激光仅从一反射镜输出，如图 2-1 所示，$T_1=0$，$T_2=T$。则输出光强为

$$I_{out}(\nu_q) = I_{\nu_q}^+ \cdot T \approx \frac{1}{2} I_{\nu_q} \cdot T \tag{2.1.5}$$

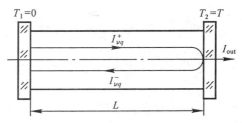

图 2-1　激光器驻波模腔内光强与输出光强示意图

设输出激光束的平均横截面积为 $A$，则激光器的输出功率 $P_{out}(\nu_q) = A I_{out}(\nu_q) \approx \frac{1}{2} A I_{\nu_q} T$，将 (2.1.3) 式代入，得

$$P_{out}(\nu_q) \approx \frac{1}{2} A T I_s(\nu_q) \left[ \frac{G^0(\nu_q)l}{\delta} - 1 \right] \tag{2.1.6}$$

式中，$\frac{G^0(\nu_q)l}{\delta}$ 称为激发参量，它表示振荡模所获得的小信号单程增益与损耗的比。

由于 $\frac{G^0(\nu_q)l}{\delta} = \frac{G^0(\nu_q)l}{G_t^0(\nu_q)l} = \frac{\Delta n^0}{\Delta n_t} \approx \frac{W_p}{W_{pt}}$，$W_p$、$W_{pt}$ 分别为激光器泵浦跃迁几率和阈值泵浦跃迁几率，$W_p/W_{pt}$ 亦称为泵浦超阈度，因此 (2.1.6) 式亦可表示为

$$P_{out}(\nu_q) \approx \frac{1}{2} A T I_s(\nu_q) \left( \frac{W_p}{W_{pt}} - 1 \right) \tag{2.1.7}$$

由式 (2.1.6) 及式 (2.1.7) 可以看出，激光器的输出功率正比于放大介质的饱和光强 $I_s(\nu_q)$ 并随激发参量或泵浦超阈度的增大而线性增大。

输出功率还与输出反射镜的透射率 $T$ 有关。当 $T$ 增大时，一方面提高了从腔内耦合出的激光功率的比例而有利于提高输出功率，但同时也增大了腔损耗 $\delta$ 而提高了阈值并使腔内光强减小，输出功率因此而下降。因此必然存在一个能使输出功率达到极大值的最佳透射率（或输出耦合率）。如果把振荡模在腔内的往返损耗 $2\delta$ 表示成 $2\delta = \delta_{RT} + T$，其中 $\delta_{RT}$ 表示除透射损耗之外的腔内无用往返损耗。则 (2.1.6) 式可改写为

$$P_{out}(\nu_q) = \frac{1}{2} A T I_s(\nu_q) \left[ \frac{2G^0(\nu_q)l}{\delta_{RT} + T} - 1 \right] \tag{2.1.8}$$

对 (2.1.8) 式求导，并令 $\frac{dP_{out}}{dT} = 0$，可求得最佳透射率

$$T_m = \sqrt{2G^0(\nu_q)l \delta_{RT}} - \delta_{RT} \tag{2.1.9}$$

将 (2.1.9) 式代入 (2.1.8) 式，可求出输出镜取最佳透射率时的输出功率

$$P_m = \frac{1}{2} A I_s(\nu_q) \left( \sqrt{2G^0(\nu_q)l} - \sqrt{\delta_{RT}} \right)^2 \tag{2.1.10}$$

图 2-2 和图 2-3 分别给出了在不同的无用往返损耗 $\delta_{RT}$ 值时 $T_m$ 与 $2G^0(\nu_q)$ 的关系曲线和激光器输出功率 $P_{out}$ 与输出镜透射率的关系曲线。可以看出，放大介质的增益系数 $G^0(\nu_q)$ 越大，长度 $l$ 越长，无用往返腔损耗 $\delta_{RT}$ 越大，则最佳透过率 $T_m$ 也越大。在实际激光器设计中，往往由实验测定 $T_m$ 的大小。

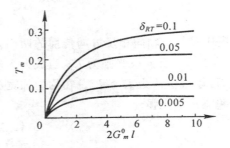

图 2-2　最佳透过率与 $2G^0l$ 的关系

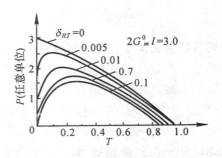

图 2-3　输出功率和透射率的关系

## 二、非均匀加宽单模激光器的输出功率

对于由多普勒加宽机制所决定的非均匀加宽单模激光器,频率为 $\nu_q$ 的振荡模在腔内往返传播时,按第一章三节四小节、第一章二节三小节的分析可知,当 $\nu_q \neq \nu_0$ 时,沿正、反两方向的属于该模的两束光将分别与放大介质中热运动速度分量 $v_z = \pm \dfrac{\nu_q - \nu_0}{\nu_0} c$ 的两组反转原子相互作用,与此相应引起这两组反转原子集居数的局部饱和,在放大介质的小信号增益曲线上会由于局部增益饱和而形成"双烧孔"。对每一个孔起饱和作用的腔内稳态光强分别是 $I_{\nu_q}^+$ 及 $I_{\nu_q}^-$,而不像均匀加宽激光器中那样是两者的和。由(1.3.37)式和激光器稳态振荡的增益条件应有

$$\frac{G_D^0(\nu_q)}{\sqrt{1 + \dfrac{I_{\nu_q}^+}{I_s(\nu_q)}}} = \frac{\delta}{l} \tag{2.1.11}$$

由该式求得

$$I_{\nu_q}^+ = I_s(\nu_q) \left[ \left( \frac{G_D^0(\nu_q)l}{\delta} \right)^2 - 1 \right] \tag{2.1.12}$$

因此,单模($\nu_q \neq \nu_0$)输出功率

$$P_{\text{out}}(\nu_q) = AI_{\nu_q}^+ T = ATI_s(\nu_q) \left[ \left( \frac{G_D^0(\nu_q)l}{\delta} \right)^2 - 1 \right] \tag{2.1.13}$$

当 $\nu_q = \nu_0$,即当振荡模频率恰等于放大介质的共振跃迁中心频率时,沿正、反方向的两光束将同时与放大介质中热运动速度分量($v_z = 0$)的同一组反转原子相互作用,增益曲线将只能形成在 $\nu_0$ 处的一个"烧孔",因此,对增益饱和起作用的光强应为 $I_{\nu_q}^+ + I_{\nu_q}^- \approx 2I_{\nu_q}^+$,这与均匀加宽激光器中类似。由此求得单模($\nu_q = \nu_0$)输出功率

$$P_{\text{out}}(\nu_q) = \frac{1}{2} ATI_s(\nu_q) \left[ \left( \frac{G_D^0(\nu_q)l}{\delta} \right)^2 - 1 \right] \tag{2.1.14}$$

将(2.1.14)式与(2.1.13)式比较可以看出,虽然增益系数在 $\nu_q = \nu_0$ 时有最大值,但因(2.1.14)式中多了一个 $1/2$ 因子,因此此时输出功率并不是最大的,与附近频率相比出现一个局部的极小值。这个局部的凹陷被称为兰姆凹陷(Lamb dip),更严格的理论可以给出 $P_{\text{out}}(\nu_q)$ 与 $\nu_q$ 关系的解析描述。理论和实验都证明了多普勒加宽气体单模激光器输出功率的上述重要特性。图 2-4 示出了该种激光器的输出功率与频率的关系曲线。兰姆下陷区的

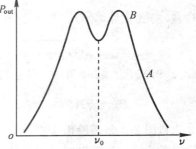

图 2-4　多普勒加宽单模激光器输出功率与频率的关系

频宽近似等于放大介质中所可能具有的均匀加宽的线宽,而下陷的深度与激光器的激发参量(或泵浦超阈度)有关。激发参量越大,凹陷的深度也越深。由于兰姆下陷精确出现在激光放大介质共振跃迁谱线的中心频率 $\nu_0$ 处,在激光稳频技术(详见本章第三节)中利用该功率下陷点可作为激光频率的参考频率。依据兰姆下陷的激光稳频技术,目前已获得广泛的实际应用。

# 第二节  激光器的振荡模式和模式选择

振荡模式是激光器的重要工作和输出参数。振荡模式结构不仅影响激光器的工作特性,更直接决定着激光器输出激光束的光束质量,光的相干性,甚至影响到输出激光功率。通常的激光器中,满足振荡阈值条件及相位条件并最终形成稳态振荡的光波模数(不论是纵模数目、还是横模数,甚至不同偏振状态的模数目)往往都是多个。这种多模同时振荡的激光器(也称多模激光器)输出激光束的单色性、方向性、相干性都受到很大的局限。因此,根据应用对激光束的不同要求,相应产生了对激光器的各种模式选择技术。本节讨论激光器的纵模频谱,简要分析激光器的横模特性和模的偏振态,并简单说明模式选择的原理和方法。

## 一、激光器的纵模频谱分布

激光器能够满足振荡条件而起振并最终形成稳态振荡的纵模数是由其放大介质的增益及其饱和特性、光学谐振腔的损耗和限模特性所共同决定的。为了使讨论简化,假设激光器以单横模振荡,例如以 $\mathrm{TEM}_{00}$ 模振荡。如果忽略由放大介质原子相移所引起的纵模频率牵引效应,

激光器纵模的频谱分布近似是等间隔的,纵模频差 $\Delta\nu_q = C/2\eta L$,决定于谐振腔的光学腔长 $L' = \eta L$,各个可能振荡的纵模都近似具有相等的腔损耗 $\delta$。如图 2-5 所示,按振荡增益的阈值条件所决定的激光器振荡的频率范围为 $\Delta\nu_{os}$,激光器可能振荡的纵模数 $M$ 可近似表示为

$$M = \left(\frac{\Delta\nu_{os}}{\Delta\nu_q}\right) \qquad (2.2.1)$$

式中,$\Delta\nu_{os}$ 可据放大介质的小信号增益系数表达式及阈值条件 $G^0(\nu)l = \delta$ 确定,容易导出,对于具有洛仑兹线型函数的均匀加宽激光器,

$$\Delta\nu_{os} = \Delta\nu_H \sqrt{\frac{G^0(\nu_0)l}{\delta} - 1} \qquad (2.2.2)$$

而对于具有高斯线型函数的非均匀加宽激光器

$$\Delta\nu_{os} = \Delta\nu_D \sqrt{\frac{\ln\left[\frac{G^0(\nu_0)l}{\delta}\right]}{\ln 2}} \qquad (2.2.3)$$

由(2.2.2)、(2.2.3)两式可以看出,激光器的振荡频谱分布范围正比于介质的共振跃迁荧光线宽,且随着激发参量的增大(例如由泵浦的增强而使

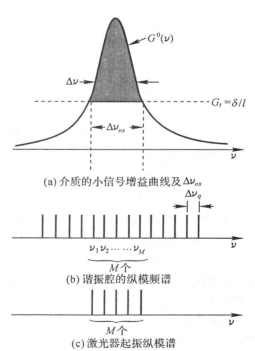

(a)介质的小信号增益曲线及 $\Delta\nu_{os}$

(b)谐振腔的纵模频谱

(c)激光器起振纵模谱

图 2-5  激光器的起振纵模频谱

$G^0(\nu_0)$ 增大或腔损耗的减少而致)而增宽;可起振纵模数则随 $\Delta\nu_{os}$ 的增大或 $\Delta\nu_q$ 的减小而增多。这些同时起振的纵模是否都最终形成并维持稳态振荡呢？下面就这个问题作简单地讨论。

### 1. 均匀加宽激光器中的模竞争

在均匀加宽激光器中,若有多个纵模满足增益阈值条件(例如有 $M$ 个模),由于每个纵模都可与放大介质中所有的反转原子共振相互作用,通过受激辐射而获得增益放大,所以在激光器启动后,一开始各个纵模的光子数增加,从而光强便不同程度地增大。特别对频率靠近中心频率 $\nu_0$ 的纵模,由于具有更大的小信号增益系数,其光强将以更高的速率增长,因而具有更大的光强,如图 2-6(a)所示。随着各纵模光强的增大,在各模的共同作用下,介质的增益呈现均匀饱和,按(1.3.29)式,在多纵模情况下,增益系数可表示为

$$G(\nu,I_\nu)=\frac{G^0(\nu)}{1+\sum\limits_{j}^{M}\dfrac{I(\nu_j)}{I_s(\nu_j)}} \tag{2.2.4}$$

增益曲线均匀饱和下降,各模间呈现强烈地竞争反转原子,结果使 $\nu_q\approx\nu_0$ 的优势纵模的光强更大,而远离中心频率的周边模光强减小,有的甚至因增益小于损耗而减至零并停止振荡,如图 2-6(b)所示。增益饱和一直继续到优势模所获得的稳态大信号增益满足稳态振荡条件,即等于腔损耗。这样,在理想的均匀加宽激光器中,由于模竞争的结果,最终将只可能形成接近中心频率 $\nu_0$ 的优势模的单纵模振荡,如图 2-6(c)所示。

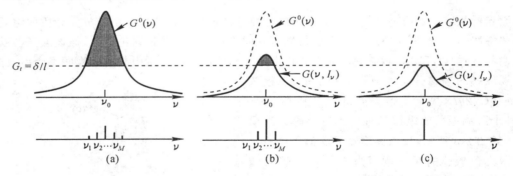

图 2-6　理想均匀加宽激光器中的模竞争示意图

然而,实际的均匀加宽激光器也大都是多模振荡的。进一步的理论分析和实验证明,导致多模振荡的最主要原因是由于谐振腔内的驻波场分布(即振荡纵模沿腔轴方向,光强的不均匀分布,在驻波波节处 $I(\nu_q)=0$,在波腹处 $I(\nu_q)$ 最大)使激光器放大介质中的增益饱和程度不同,即增益系数沿轴向呈现出不均匀分布,这也称为增益的"空间烧孔"所致。在驻波波节处,增益系数未被饱和,因而具有较大值。而在波腹处,增益系数被饱和至阈值,因而具有较小值。对激光器可能振荡的各个纵模,不同的纵模在放大介质中所形成的驻波波节、波腹的位置各不相同,这就为非优势模利用优势模波节处的反转原子建立自己的稳态振荡创造了机会和可能。可见,这种增益系数的"空间烧孔"现象在一定程度上减少了均匀加宽激光器各纵模间的竞争,并可能使激光器形成多模振荡。当然若放大介质中存在工作原子的明显空间迁移(例如气体介质中),致使增益的"空间烧孔"不能维持,那就是另当别论了。采用环形行波腔的均匀加宽激光器更容易实现单纵模振荡的事实不仅证明了以上分析的可信性,也已应用于激光工程中。

### 2. 非均匀加宽激光器的多纵模振荡

在非均匀加宽激光器中,只要满足增益阈值条件而起振的各纵模间的频差足够大,某一纵模光强的增大并不会使增益曲线均匀饱和而下降。各纵模将独立无关地与放大介质中的反转原子相互作用,并从中获得各自的增益放大而最终形成各自的稳态振荡。在增益曲线上,各纵模各自局部增益饱和形成多个"烧孔"。图 2-7 为非均匀加宽激光器的增益曲线"烧孔"及多纵模振荡示意图。

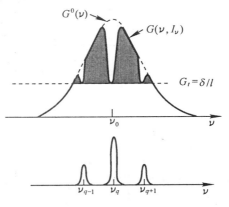

在多普勒非均匀加宽的气体激光器中,当纵模的频谱分布关于增益曲线中心频率 $\nu_0$ 对称分布时,亦会出现对称纵模之间的模竞争。这是由于一个驻波模沿正 $z$ 向行进的光束 $I^+$ 和另一个与之关于 $\nu_0$ 对称的驻波模沿 $z$ 的反方向行进的光束 $I^-$ 恰好共同竞争具有相同热运动速度分量 $v_z$ 的反转原子。这种竞争致使激光器各纵模的功率出现无规则的起伏变化。

图 2-7 非均匀加宽激光器多纵模振荡

值得指出的是,对非均匀加宽激光器实际维持稳态振荡的纵模数与按(2.2.1)式理论估算结果基本一致,而对均匀加宽激光器则往往要明显少于这一理论估算值。其原因是,增益系数沿轴向的"空间烧孔"难以支持更多的非优势模的振荡。

## 二、激光器的横模和振荡模的偏振态

前面讨论激光放大器或振荡器的基本工作原理时,为了使问题简化,常常将被放大的光信号或振荡的光波模近似为均匀平面波。然而,忽略了激光器振荡模的横向场分布的多样性和可能的复杂性,对于大多数的激光器来说都难以更全面地描述它们的工作和输出特性。例如,在由稳定球面镜腔构成的激光振荡器中,由于谐振腔可以容许一系列具有厄米—高斯分布的横模存在,这就使激光器振荡及输出的光束的空间(主要指横向)分布依赖于谐振腔的几何结构和放大器介质的形状。当激光器中,仅 $TEM_{00}$ 模满足振荡条件时,输出高斯光束,其频谱是等间隔的,间隔为 $\dfrac{c}{2\eta L}$;当高阶横模亦满足振荡条件而振荡时,输出厄米—高斯光束,其频谱将不再是等间隔的。另外,不同的横模,具有不同的腔损耗(例如衍射损耗),具有不同的光斑半径,从而在腔内光束占有的体积大小不同,高阶模虽然有高的腔损耗,但却可能会从放大介质中获得大的增益,所有这些自然都会影响到实际激光器的振荡模式特性和输出功率。不同几何结构的光学谐振腔所构成激光器的不同横模的损耗和增益的差异对激光器振荡工作特性的影响往往是比较复杂的。图 2-8 为激光器以两个横模(如 $TEM_{00}$ 模和 $TEM_{11}$ 模)同时振荡时的模谱分布示意图。不同的横模,频率不等,相邻横模频差小于纵横频差。

在均匀加宽激光器中,除了上述沿腔轴方向、由驻波场所造成的增益"空间烧孔"外,对于能够起振的不同横模,由于在横截面内光强分布的不均匀性和节点位置的差别,亦可能存在增益的横向"空间烧孔"。横向"烧孔"的存在在很大程度上消除了不同频率的横模之间的模竞争,从而维持了激光器的多横模振荡。

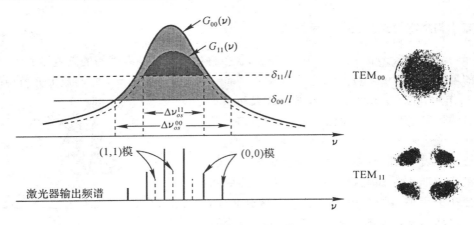

图 2-8　两个横模振荡时激光器输出频谱

对于激光器的每一个振荡模 TEM$_{mnq}$ 而言，都可能有两个彼此独立、相互正交的偏振态存在，它们亦属于两个独立的振荡模式。如果激光器放大介质和谐振腔对这两种偏振状态的同一TEM$_{mnq}$ 模提供相同的增益和损耗，那么这两种不同偏振态的模将同时起振，它们具有相同的频率、相同的空间分布，甚至相同的光强，激光器将输出非偏振光。由于相互正交的这两种偏振态的模彼此是独立的，相互之间亦会出现模竞争。

## 三、激光器的模式选择

一台简单激光器输出的激光束往往都是多模的，这就在很大程度上限制了激光束的单色性、方向性和相干性。为了改善激光器输出光束的特性，以满足各种不同应用的需求，不断发展了旨在控制和改善激光器输出特性的各种单元技术。激光器的模式选择就是重要的单元技术之一。模式选择主要包括横模选择、偏振模选择以及纵模选择。

### 1. 横模选择

横模选择的目的是，在激光器中扼制高阶横模的振荡，使激光器仅以基横模（即 TEM$_{00}$模）振荡，以保证输出激光束优良的方向性和空间相干性。

不同的横模具有不同的横向场振幅分布，因而也具有不同的衍射损耗，这是激光器横模选择的物理基础。如第一章第四节一小节所述，高阶模对应着高的衍射损耗，菲涅耳数愈小，衍射损耗愈大。衍射损耗还与谐振腔的几何结构有关，对称共焦腔具有最低的损耗。适当设计激光器谐振腔的结构参数使衍射损耗在总的腔损耗中占有足够大的比例，并尽量增大高阶横模与基模的衍射损耗差，就可能使激光器中实现仅仅具有低腔损耗的基模满足振荡阈值增益条件而振荡，其他的高阶横模因损耗大于增益而不能振荡。扼制高阶横模的具体方法主要有：

（1）在谐振腔内加置限模光阑

在谐振腔内设置一小孔光阑或限制放大介质的横截面积可减小谐振腔的菲涅耳数，增大衍射损耗。由于与基模相比，高阶横模的光束半径大、光能分布分散，因而其衍射损耗显著增大致使可被完全抑制掉。这一方法的实质是使光斑尺寸较小的基模基本无阻挡地通过小孔光阑，而光斑尺寸较大的高阶横模却受到阻拦而遭受较大的损耗，从而实现了扼制掉高阶模仅保留基模振荡的选模目的。图 2-9 为小孔光阑选模示意图，由于在谐振腔的不同位置，光束半径不同，所取小孔光阑的大小也因放置位置而异，一般按该处基模光斑半径的 3～4 倍来确定光阑孔径。为了增大基模光束模体积以充分利用激光放大介质,工程上还常采用聚焦光阑法选模,如图 2-10 所示。

图 2-9　小孔光阑选模　　　　　　　　　　图 2-10　聚焦光阑选模

（2）腔镜微倾斜

当激光器谐振腔反射镜的轴线与激光放大介质轴线重合时,各种横模的衍射损耗都最小,激光器可能呈现多横模振荡。如果微调谐振腔的一块反射镜而使腔轴线偏离一个小的角度,那么各个横模的衍射损耗都将增大。理论分析表明,对于稳定球面镜腔,当腔镜倾斜时,高阶横模的衍射损耗增加得更显著,这就可使高阶模因损耗过大而不能振荡,而基模仍可振荡。这种方法简单易行,但损耗的增大将使激光器输出功率降低。

（3）适当选取谐振腔结构参数

可适当选取谐振腔的几何结构参数$(R_1, R_2, L \text{ 及 } N_F)$使腔的衍射损耗大小及基模与临近高阶横模的衍射损耗差满足仅维持基模振荡的条件来实现基横模选择。在气体激光器中常采用此法。

**2. 偏振模的选择**

使用光学起偏器可以将非偏振光转换为偏振光。若将起偏器置于腔外,那将浪费掉一半的激光输出功率,因此用于偏振模选择的起偏器通常都置于激光器谐振腔内,这样还可避免由于两种偏振间的功率起伏所造成的噪声。当腔内放置一起偏器时,偏振器使一种偏振模具有高损耗而不能振荡,激光器只能维持与之对应的正交偏振模振荡。或者说,偏振器仅对一种偏振模呈现"透明"或低损耗。在这种情况下,放大介质将全部反转原子或增益提供给幸存的偏振模,从而保证了较高的输出功率。

在大多数气体激光器中常借助布儒斯特(Brewster)窗片来实现腔内偏振模的选择,如图2-11 所示。

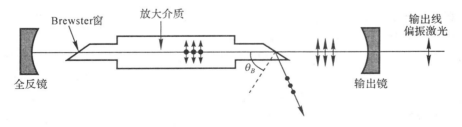

图 2-11　具有布儒斯特窗的气体激光器

该激光器中在入射面内偏振的模将无反射损耗地通过布儒斯特角安置的窗,与之正交的偏振模将遭受大的反射损耗而不能振荡。在某些晶体和半导体激光器中,由于放大介质本身的各向异性,两偏振模竞争的结果亦可使激光器仅以某一种偏振模振荡并输出。

### 3. 纵模选择

在激光技术中,纵模选择的目的是实现激光器的单一模式(或单频)振荡,以获得具有优良单色性的激光束。由于实际的激光放大介质中往往多对能级间能够形成原子数的反转分布,因而有可能形成相应不同波长的数条谱线的激光振荡。所以在进行模式选择之前必须根据实际情况先行选择振荡谱线,采用的方法有利用窄带介质膜反射镜,光栅或色散棱镜及双折射滤光片等色散器件构成色散腔来获得特定波长跃迁的振荡。又由于激光的谐振频率虽然主要决定于纵模的序次 $q$,但也与横模阶次 $m,n$ 有关,不同的横模,振荡模频率亦不同,而且相邻横模的频差小于相邻纵模的频差,因此为了实现纵模选择而获得单频振荡,在进行纵模选择的同时还必须要进行激光器的横模选择,即使激光器以 $TEM_{00}$ 模振荡。以下讨论在特定跃迁谱线范围内,激光器以单横模振荡时,实现单纵模振荡的方法和原理。

激光器不同的纵模有着几乎相同的腔损耗,但由于频率的差异而具有不同的小信号增益系数。因此扩大和充分利用相邻纵模间的增益差,或设法引入损耗差就成为进行纵模选择的有效途径。具体方法如下:

(1)短腔法

缩短激光器谐振腔的腔长,可增大相邻纵模的频率间隔,若在激光器振荡的频率范围 $\Delta\nu_{os}$ 内只包含一个纵模,便实现了单纵模振荡。按(2.2.1)式、(2.2.2)式或(2.2.3)式可知,利用短腔法选模的条件是

$$\Delta\nu_q = \frac{c}{2L'} > \Delta\nu_{os} \text{ 或 } L' < \frac{c}{2\Delta\nu_{os}} \qquad (2.2.5)$$

由于振荡带宽 $\Delta\nu_{os}$ 正比于跃迁的荧光线宽,显然短腔法适用于荧光线宽较窄的激光器。如果纵模的频率可调谐到跃迁谱线中心频率 $\nu_0$ 附近,以上条件还可以放宽一半,只要 $\Delta\nu_q > \frac{1}{2}\Delta\nu_{os}$ 即可。例如,波长为 $0.6328\mu m$ 的 He-Ne 激光器,若振荡线宽约为 1800MHz,由此算得 $L \leqslant$ 16.7cm。而对于波长为 $0.5145\mu m$ 的 $Ar^+$ 激光器,若振荡线宽 $\Delta\nu_{os}$ 为 3.5GHz,算得腔长至少要小于 8.57cm,显然就无实际意义了。

(2)腔内置入倾斜的法—珀标准具

图 2-12 为腔内插入倾斜法—珀标准具的激光器。由于标准具中的多光束干涉,只有某些特定频率的光波模能透过标准具在腔内往返传播,因而,具有较小的损耗。其他频率处于标准具透射峰之外的光波模因不能透过标准具而具有很大的损耗。可见标准具的插入就使光学谐振腔引入了与频率有关的选择性损耗。利用这种选择性损耗,就有可能使频率与标准具透射峰相吻合的纵模因小的损耗而保持振荡,损耗大的纵模被抑制。由波动光学多光束干涉可知,标准具透射率峰值对应的光波频率为

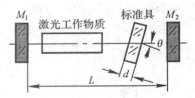

图 2-12　腔内用标准具选纵模

$$\nu_m = m \cdot \frac{c}{2\eta' d\cos\theta'} \qquad (2.2.6)$$

式中,$m$ 为正整数,$d$ 为标准具厚度,$\eta'$ 为标准具材料折射率,$\theta'$ 为标准具内光线内反射角。

相邻透射率峰的频率间隔,亦称标准具自由光谱范围为

$$\Delta\nu_m = \frac{c}{2\eta' d\cos\theta'} \qquad (2.2.7)$$

若不计标准具的吸收散射损耗,则透射率带宽

$$\delta\nu = \Delta\nu_m \cdot \frac{1-r}{\pi\sqrt{r}} \tag{2.2.8}$$

式中,$r$ 为标准具表面的反射率。标准具的精细度则为

$$F = \frac{\Delta\nu_m}{\delta\nu} = \frac{\pi\sqrt{r}}{1-r} \tag{2.2.9}$$

如图 2-13 所示,若适当调整标准具参数($d$ 或者倾斜角 $\theta$ 及反射率 $r$),使 $\nu_m \approx \nu_0 \approx \nu_q$($\nu_q$ 为激光器第 $q$ 个纵模的频率),只需满足

$$\begin{cases} \Delta\nu_m > \dfrac{1}{2}\Delta\nu_{os} \\[2mm] \Delta\nu_q > \dfrac{1}{2}\delta\nu \end{cases} \tag{2.2.10}$$

即在激光器振荡频宽 $\Delta\nu_{os}$ 内只包含一个标准具的透射峰,而在标准具的一个透射峰之内也只包含一个激光器的纵模,则激光器可实现单一纵模振荡。据(2.2.6)~(2.2.10)式可求出选模标准具的厚度 $d$ 及表面镀膜反射率 $r$ 或精细度 $F$ 值。可以通过改变标准具的倾斜角 $\theta$、标准具的温度或借助压电传感器改变厚度 $d$ 来实现对标准具的调整。倾斜放置标准具避免了当垂直放置时可能产生的子腔振荡干扰。

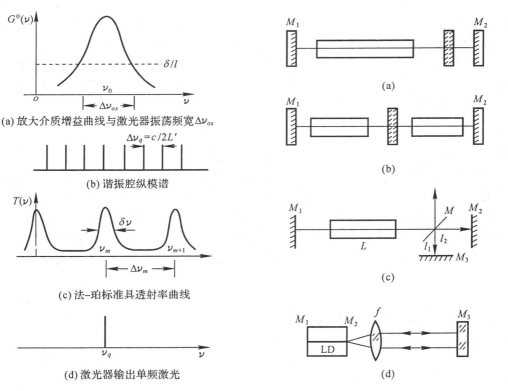

(a) 放大介质增益曲线与激光器振荡频宽 $\Delta\nu_{os}$

(b) 谐振腔纵模谱

(c) 法-珀标准具透射率曲线

(d) 激光器输出单频激光

图 2-13　腔内置倾斜标准具选纵模原理　　　图 2-14　几种复合干涉腔选纵模的构型示意图

(3)复合干涉腔选模

为了避免插入腔损耗并根据实际激光器的具体特点,还发展了多种多样的复合干涉腔选纵模技术。图 2-14 给出了几种例子:图(a)、图(c)是用干涉仪代替谐振腔的一块反射镜,利用干涉仪的反射率特性,形成了对不同频率纵模的选择性反射。频率等于干涉仪反射峰频率的纵

模因具有小的损耗而起振,其他纵模则被抑制掉;图(b)由两个腔耦合而成,每个腔基本上具有各自的放大介质,公用一块反射镜,但两腔腔长不等,图(d)为半导体激光器腔外选模装置,腔外反射镜与半导体二极管(LD)的两个解理面组成复合腔。在复合腔情况下,只有同时满足两个腔的谐振条件的纵模才可能获得振荡。

## 第三节　激光器的稳频

通过选模可实现激光器的单频振荡。然而,由于激光器各种内部或外部条件的变化等不稳定因素的影响,单模激光器的谐振频率通常会在整个增益频宽范围内波动。这种现象叫做频率漂移。激光频率随时间的这种漂移直接影响到激光的单色性。在许多光电子学的应用领域中,如精密干涉计量、光频标、光通信、光陀螺及精密光谱研究等都对激光的频率稳定性提出了要求。目前已发展了多种激光稳频技术,本节以兰姆凹陷稳频为例讨论激光稳频的基本原理,但不涉及具体技术细节。

根据对激光器谐振频率的讨论,单频激光器的谐振频率可近似表示为

$$\nu_q = q \cdot \frac{c}{2\eta L} \tag{2.3.1}$$

在实际激光器中,腔长 $L$ 及腔内介质的折射率 $\eta$ 可能随激光器工作条件的变化而改变,并导致振荡频率的不稳定。激光器环境温度的起伏,激光器工作温度的变热,以及各种机械不稳定性、重力变形等都会引起谐振腔几何长度 $L$ 的变化。温度的变化、介质中反转集居数的起伏以及环境大气的气压、湿度变化会影响激光工作物质及谐振腔裸露于大气部分的折射率。由(2.3.1)式易得,由腔长和折射率变化所引起的激光振荡频率的相对变化值为

$$\frac{\Delta\nu}{\nu} = -\left(\frac{\Delta L}{L} + \frac{\Delta\eta}{\eta}\right) \tag{2.3.2}$$

式中,负号表示当腔长或折射率增大时,振荡频率减小。

可见,选用热膨胀系数小的材料(如石英、殷钢等)做谐振腔反射镜间的支架,采取必要的防震、防声以及恒温、恒湿措施都是在设计和使用稳频激光器时应首先要考虑到的。

为了进一步改善激光的频率稳定性,通常采用电子伺服控制稳频技术。其基本原理是,把单模激光器的频率与某个稳定的标准参考频率相比较,当振荡频率偏离标准频率时,伺服系统的鉴频器就产生一个正比于偏离量的误差信号控制激光谐振腔的腔长,使振荡频率自动回到标准频率上。

通常所说的频率稳定特性包含着频率稳定性和频率再现性两方面的含义。频率稳定性指的是在激光器工作时间内频率的改变量与参考标准频率的比值,描述了振荡频率在参考标准频率附近的频率漂移的相对值。而频率的再现性则是指参考标准频率本身的漂移量与参考标准频率的比值,描述了参考标准频率本身的稳定性,当激光被用做光频标时,后者将是很重要的参数。

兰姆凹陷法稳频是以气体多普勒加宽放大介质增益曲线的中心频率 $\nu_0$ 作为参考标准频率,电子伺服系统通过压电陶瓷控制激光谐振腔腔长,使振荡频率稳定于 $\nu_0$ 附近。图 2-15 和图 2-16 为兰姆下陷稳频系统和稳频原理示意图。单模气体激光器安装在用殷钢或石英制成的谐振腔间隔器上,其中一块腔反射镜贴在压电陶瓷环上。压电陶瓷的长度随外加电压而变。压电陶瓷的伸缩可用来控制谐振腔腔长。在压电陶瓷上加直流电压和频率为 $f$ 的音频调制电压,

前者控制激光工作频率 $\nu$，后者使其低频调制。图 2-16 示出了兰姆下陷稳频原理，当工作频率处于兰姆下陷点（即 $\nu=\nu_0$）时，调制电压使激光频率在 $\nu_0$ 附近变化，因而激光器输出功率以频

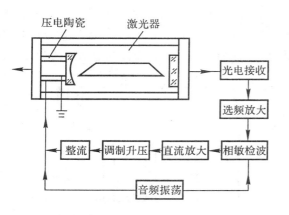

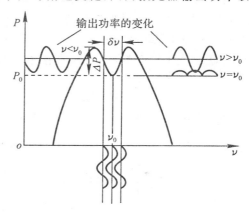

图 2-15　兰姆下陷稳频系统　　　　　　　图 2-16　兰姆下陷稳频原理

率 $2f$ 作周期性变化。由于选频放大器工作在频率 $f$ 处，所以选频放大器的输出为零，没有附加的直流电压馈送到压电陶瓷上，因而激光器继续工作于 $\nu_0$。如果激光器工作频率 $\nu>\nu_0$，则激光器输出功率的调制频率为 $f$，并与调制信号同相位。经选频放大器放大后送入相敏检波器，相敏检波器输出一个负的直流电压，经放大后加在压电陶瓷的外表面，它使压电陶瓷缩短，腔长伸长，于是激光器振荡频率被拉回 $\nu_0$。如果激光频率因某种原因 $\nu<\nu_0$，则激光器输出功率的调制频率亦为 $f$，但与调制信号反相，相敏检波将输出一个正的直流电压，它使压电陶瓷伸长，于是激光器谐振频率增加并回到 $\nu_0$。

为了提高稳频系统对微弱的频率漂移响应的灵敏度，从而改善激光频率稳定度，这就要求兰姆凹陷要窄而深。据本章第一节可知稳频的气体激光器应具有大的激发参量 $G^0 l/\delta$，和较低的充气气压。利用兰姆凹陷稳频的波长为 $0.6328\mu m$ 的氦氖激光器的频率稳定度约为 $10^{-9}$，但频率再现度仅达 $10^{-7}$。值得注意的是，采用以上方案稳频的激光器输出激光的功率和频率均有微小的音频调制。

## 第四节　脉冲激光器特性

脉冲激光器可获得窄脉宽、高峰值功率的激光束，因而在光电子学应用中占有重要地位。与前面讨论的稳态连续激光器比较，脉冲激光器的工作与输出特性明显带有动力学过程的特点。本节将概要介绍实现激光器脉冲振荡的原理方法，着重分析自由振荡脉冲激光器中的尖峰和驰豫振荡现象、调 $Q$ 和锁模激光器的工作原理和特性。

## 一、实现脉冲激光束方法

获得脉冲激光束最简单和直接的方法是将连续激光器输出的激光束通过一个外光开关或光调制器并使光仅在所选定的短时间间隔内通过，如图 2-17(a) 所示。这一方法有两个明显的缺点：一是效率低，因在开关关闭时光被挡住而浪费掉相当份额的光能；二是脉冲光的峰值功率不可能超过连续激光器本身的稳态值。获得脉冲激光更有效的方法是直接控制激光器本身

的开与关。如图 2-17(b)所示,在激光器腔内置一光调制器(或开关),当开关关闭时,将能量储存在腔内,当开关被打开时,将能量释放出去。可以以两种方式来储存能量:一种是直接以光能的形式,光能被间断地从腔内排泄出来;另一种则是以原子反转集居分布的形式将能量储存于放大介质的原子系统中,通过使激光器获得振荡来将能量释放到腔外。对激光器的直接调制可以在很短的时间内将储存于腔内的能量发射出来,因而能够获得具有极高峰值功率的激光束。

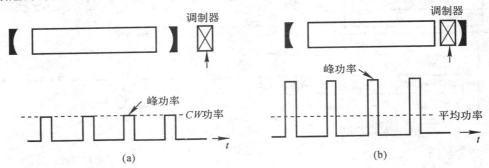

图 2-17　使用腔外和腔内调制器实现脉冲激光输出功率的比较

使用腔内调制获得脉冲激光的激光器有四种,即增益开关、$Q$ 开关、腔倒空和锁模。以下简要说明它们的不同特点。

### 1. 增益开关

这是一种通过开、关激光器的泵浦来控制激光放大器的增益并获得脉冲振荡和输出的方案。例如,在闪光灯泵浦的红宝石激光器中,通过一电脉冲序列在很短的时间内按一定周期将闪光灯开启。在泵浦被打开期间,放大介质提供的增益超过腔损耗,激光器振荡并输出一个光脉冲。图 2-18 为采用增益开关获得脉冲激光的示意图。大多数脉冲半导体激光器都采用这种方案来获得脉冲激光束,因为对用于泵浦半导体激光的注入电流作周期调制是很容易实现的。对激光腔内而言,该方案并没有增加新的器件,因此激光器处于一种自由振荡状态。脉冲激光的脉宽和周期基本上由泵浦的开启时间和周期决定。

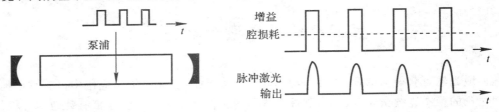

图 2-18　用增益开关获得脉冲激光输出

### 2. $Q$ 开关

在该方案中,通过在腔内放置一个被调制的"吸收体"使谐振腔的损耗周期性地增大,激光振荡及输出便间断进行。由于腔损耗大小的调制直接调制了谐振腔的品质因素 $Q$ 值,因此该方案通常被称为 $Q$ 开关(或调 $Q$)技术。图 2-19 为激光器 $Q$ 开关示意图。虽然大多数调 $Q$ 激光器的泵浦也呈开关状态,但因增益开关的周期通常都远大于调 $Q$ 开关的周期,所以可近似认为在调 $Q$ 期间,放大介质所提供的增益保持不变。当 $Q$ 开关被关闭时,激光器处于高腔损耗低 $Q$ 值状态,因腔损耗大于增益,激光振荡不能形成,这时激光放大物质中处于低能级的原子不断被泵浦抽运到激光上能级,反转原子数密度被积累,能量被储存于放大物质的原子系统中。当 $Q$ 开关被打开,腔损耗减小,振荡阈值降低,激光器处于低损耗高 $Q$ 值状态,激光器以极快的速度在腔内建立起强的激光振荡。激光上能级积累的大量反转原子在极短的时间内通过受激辐射跃迁到下能级,原子系统中所储存的大量能量快速释放,激光器输出一个巨脉冲。以上过程重复进行便产生了一巨脉冲序列。

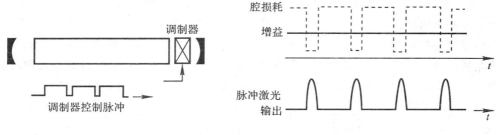

图 2-19　$Q$ 开关示意图

### 3. 腔倒空

与 $Q$ 开关技术不同,在腔倒空激光器中,谐振腔损耗的调制是通过改变输出镜的透射率来实现的。在"开关"关闭期间,输出镜的透射率几乎为零,腔损耗处于低值,由放大介质中受激辐射产生了大量光子,从而大量光能储存在腔内不被输出,而不是将能量储存于反转原子中。当"开关"被打开时,输出镜被迅速移开(比如,将其转动偏离准直位置90°),相当于输出镜的透射率从零突然变为100%,腔内所积累的大量光子便被倾刻倒空而输出,随之由于腔损耗的突然增大又中止了激光振荡,于是便产生了一个强激光脉冲。输出镜透射率周期地变化将获得一巨脉冲序列。图 2-20 为腔倒空脉冲激光器示意图,一面反射镜被瞬间移去,将腔内所储存的光子全部倒空而成为有用的输出。腔倒空亦称为脉冲透射式调 $Q$。

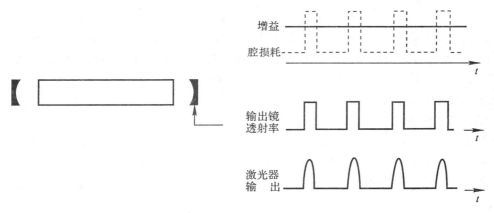

图 2-20　腔倒空脉冲激光器示意图

### 4. 锁模

锁模方法实现脉冲激光运转的原理与前三种方法有明显不同。脉冲激光是通过将激光器同时振荡的多个纵模相互间实现相位锁定并相互耦合得到的。例如,多纵模振荡的激光器,若设法锁定各纵模间的频率差和初始相位差,诸模叠加的结果,激光器将输出一列时间间隔一定的超短脉冲。按一定的周期调制激光器的腔内损耗可实现各模间的锁定和耦合。

## 二、激光尖峰和弛豫振荡

对于仅采用增益开关的自由振荡脉冲激光器,使用快速响应的光电探测器和脉冲示波器仔细观测输出光脉冲时发现,对于激光跃迁上能级寿命远大于腔模驻腔寿命的激光系统,当增益开关(亦即泵浦脉冲)持续的时间较短时,输出光脉冲是由一系列无规则、不连续、尖锐且振幅较大的尖峰所组成;当泵浦脉冲持续时间足够长时,输出光脉冲将由刚开启时的无规则尖峰过渡为小振幅的准正弦阻尼振荡并逐渐收敛于稳态值。这就是所谓的激光尖峰和弛豫振荡,这是脉冲激光器中重要的动力学现象。大多数固体和半导体脉冲激光器都能观测到这种现象,气体激光器由于短的上能级寿命通常观测不到。图 2-21 为典型固体激光器观测到的两种光脉冲

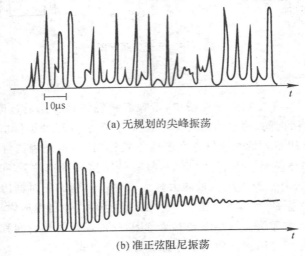

(a) 无规划的尖峰振荡

(b) 准正弦阻尼振荡

图 2-21　典型固体激光器的输出二种脉冲波形

波形,图(a)表示无规则的尖峰振荡,图(b)为准正弦阻尼振荡,即弛豫振荡波形。尽管尖峰现象早在 1960 年第一台红宝石激光器输出光脉冲中就已被观测到,但其本质至今仍是激光物理研究的课题之一。

根据单模脉冲激光器腔内光子数密度及放大介质内的反转原子数密度在泵浦开关过程中随时间的变化特点,可以定性说明上述的尖峰现象,利用相应的速率方程也能对尖峰和弛豫振荡给出近似解析描述。尖峰的无规则性一般认为与激光器的多模运转,谐振腔的机械和热不稳定性以及放大介质的非均匀变热等原因有关。

利用图 2-22 可以定性说明单模脉冲激光器中激光尖峰形成的物理过程。为了简明起见,我们将整个过程分成几个阶段。以泵浦开启时刻取 $t=0$。

(1) $t=0 \rightarrow t_1 \rightarrow t_2$ 阶段

当泵浦开启后,泵浦激励使放大介质中的反

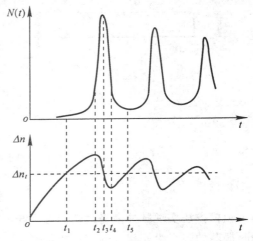

图 2-22　激光器腔内光子数密度及反转集居数密度随时间的变化

转原子集居数密度 $\Delta n$ 随时间增大。当 $t<t_1$ 时，$\Delta n<\Delta n_t$，即 $\Delta n$ 低于其阈值，腔内光子数密度 $N\approx 0$。当 $t=t_1$ 时，$\Delta n(t_1)=\Delta n_t$，集居数密度反转值达到振荡阈值，开始产生激光。当 $t>t_1$ 时，由于 $\Delta n(t)>\Delta n_t$，激光器腔内光子数密度将按指数规律迅速增大。与此同时，受激辐射跃迁将使 $\Delta n$ 减小（饱和效应），但在这一阶段，由于腔内光子数密度 $N(t)$ 还不很大，泵浦激励使 $\Delta n$ 增加的速率仍超过受激辐射跃迁使 $\Delta n$ 减小的速率，所以 $\Delta n(t)$ 仍继续增大。

（2）$t_2\sim t_3$ 阶段

随着腔内光子数密度 $N(t)$ 的迅速增大，受激辐射跃迁使 $\Delta n(t)$ 减少的速率也不断增大。到 $t=t_2$ 时，受激辐射跃迁使 $\Delta n(t)$ 减少（饱和）的速率恰好等于泵浦激励使 $\Delta n(t)$ 增加的速率，$\Delta n(t_2)$ 达到极大值。之后，当 $t>t_2$ 时，$\Delta n(t)$ 开始减小。但由于 $\Delta n(t)$ 仍大于 $\Delta n_t$，所以 $N(t)$ 仍继续增大。

（3）$t_3\sim t_4$ 阶段

当 $t=t_3$ 时，$\Delta n(t_3)=\Delta n_t$，腔内光子数密度 $N(t)$ 达到极大值而不再增大。当 $t>t_3$ 后，由于光子数密度 $N(t)$ 值很大，$\Delta n$ 仍大于 0，因此受激辐射跃迁使 $\Delta n(t)$ 继续减小，但因 $\Delta n(t)<\Delta n_t$，此时放大介质对振荡模提供的增益已小于腔损耗，所以 $N(t)$ 迅速减小。同时，受激辐射跃迁使 $\Delta n(t)$ 的减少速率亦相应减小。

（4）$t_4\sim t_5$ 阶段

当 $t=t_4$ 时，由泵浦激励过程使 $\Delta n(t)$ 增加的速率恰好等于受激辐射跃迁使 $\Delta n(t)$ 减少的速率，$\Delta n(t_4)$ 达到极小值。$N(t)$ 继续减至接近初始值，于是形成了一个尖峰脉冲。由于泵浦仍在继续，当 $t>t_4$ 时，$\Delta n(t)$ 又重新增大，至 $t=t_5$ 时，$\Delta n(t_5)=\Delta n_t$，如前一样继续下去，于是又产生了第二个尖峰。在整个泵浦持续的时间内（例如，采用脉冲氙灯泵浦时，氙灯光脉冲持续时间约为毫秒量级），上述过程反复发生，最终使激光器输出光脉冲呈现为一个尖峰序列。通常，每个尖峰的持续时间约为 $0.1\sim 1\mu s$，相邻尖峰之间的时间间隔约为几个微秒。泵浦越强，尖峰形成越快，尖峰的时间间隔越小。

脉冲激光器的动力学状态可以用腔内光子数密度 $N(t)$（或腔内光子总数）及腔内放大介质的反转原子集居数密度 $\Delta n(t)$（或反转原子集居数）这一对状态参数来描述。对 $N(t)$ 及 $\Delta n(t)$ 的变化速率方程求非稳态解，可以对激光器开启阶段所呈现的上述尖峰或弛豫振荡现象给出更精确的描述和解释。下面以均匀加宽四能级单模激光器为例进行讨论。

对于四能级系统的单模均匀加宽激光器，由(1.3.24)及(1.5.1)式，激光器腔内光子数密度 $N(t)$ 及放大介质中的反转原子集居数密度变化速率方程为

$$\begin{cases} \dfrac{\mathrm{d}N(t)}{\mathrm{d}t}=\Delta n\sigma_{21}(\nu)\upsilon N(t)\dfrac{l}{L}-\dfrac{N(t)}{\tau_R} \\ \dfrac{\mathrm{d}\Delta n(t)}{\mathrm{d}t}=[n-\Delta n(t)]W_p\eta_{pq}-\Delta n(t)\sigma_{21}(\nu)\upsilon N(t)-\dfrac{\Delta n(t)A_{21}}{\eta_{fq}} \end{cases} \tag{2.4.1}$$

由谐振腔的损耗与振荡模平均驻腔寿命间的关系式 $\tau_R=\dfrac{L}{\upsilon\delta}$，以及激光器反转原子集居数密度阈值 $\Delta n_t=\dfrac{\delta}{\sigma(\nu)l}$，(2.4.1)式中第一式可表示为

$$\frac{\mathrm{d}N(t)}{\mathrm{d}t}=\frac{N(t)}{\tau_R}\left[\frac{\Delta n(t)}{\Delta n_t}-1\right] \tag{2.4.2}$$

对(2.4.1)式中第二式，将泵浦速率项 $[n-\Delta n(t)]W_p\eta_{pq}$ 记为 $R_p$，并由此忽略了 $\Delta n(t)$ 对 $R_p$ 的影响。激光上能级的平均寿命 $\tau_2=\dfrac{1}{A_{21}+S_{21}}=\eta_2/A_{21}$，假设腔长与放大介质长度相等，即 $l=L$，

则得

$$\frac{\mathrm{d}\Delta n(t)}{\mathrm{d}t}=R_p-\frac{\Delta n(t)}{\tau_2}-\frac{\Delta n(t)}{\Delta n_t}\frac{N(t)}{\tau_R} \tag{2.4.3}$$

(2.4.2)、(2.4.3)两式构成描写四能级均匀加宽激光器动力学过程,即状态参量 $N(t)$ 和 $\Delta n(t)$ 变化速率的基本方程组。利用计算机进行数值计算模拟求解该方程组,可以给出腔内光子数密度和放大介质内反转原子集居数密度随时间变化的相当精确的结果。亦可用以数值分析激光器其他参数,如 $R_p$、$\tau_2$、$\tau_R$ 及 $\Delta n_t$ 的影响。图2-23 给出了对一台四能级激光器计算机数值求解速率方程组的结果。激光器的假定参数是 $\tau_2=5\mathrm{ms}$,$\tau_R=$

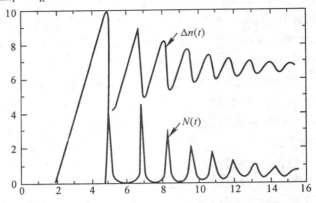

图 2-23　激光器尖峰和弛豫振荡的计算机
模拟数值计算结果

$16\mathrm{ns}$,$R_p=2600\mathrm{s}^{-1}$ 它远大于阈值。腔内振荡模光子数密度 $N(t)$ 所呈现出的尖峰和弛豫振荡直接导致了激光器输出光脉冲存在同样的尖峰和弛豫振荡现象。

对以上速率方程组作线性化的小信号微扰分析也可以给出激光器弛豫振荡的近似解析解。分析表明,当激光器参数满足

$$\tau_2\gg\tau_R \tag{2.4.4}$$

即激光跃迁上能级的平均寿命远大于振荡模的平均驻腔寿命时,激光器振荡模的腔内光子数密度 $N(t)$ 及反转原子集居数密度 $\Delta n(t)$ 可近似表示为

$$\begin{cases} N(t)\approx N_s+N'_0\mathrm{e}^{-\gamma_{ro}t}\mathrm{e}^{i\omega_{ro}t} \\ \Delta n(t)\approx\Delta n_s+\Delta n'_0\mathrm{e}^{-\gamma_{ro}t}\mathrm{e}^{i\omega_{ro}t} \end{cases} \tag{2.4.5}$$

式中,$N_s$、$\Delta n_s$ 分别为腔内振荡模光子数密度和反转原子数密度的稳态值。(2.4.5)式表明,$N(t)$ 及 $\Delta n(t)$ 在其稳态值附近随时间呈现小振幅的准正弦阻尼振荡,起伏量的振幅随时间按指数规律衰减,$\gamma_{ro}$ 为衰减常数,阻尼振荡的角频率为 $\omega_{ro}$(下标 $ro$ 表示弛豫振荡参数)。并且有

$$\begin{cases} \gamma_{ro}=\dfrac{r}{2\tau_2} \\ \omega_{ro}=\sqrt{\dfrac{r-1}{\tau_2\tau_R}-\left(\dfrac{r}{2\tau_2}\right)^2}\approx\sqrt{\dfrac{r-1}{\tau_2\tau_R}} \end{cases} \tag{2.4.6}$$

式中,$r$ 为激光器的泵浦超阈度(激发参量),即 $r=\Delta n^0/\Delta n_t=R_p/R_{pt}$。可见弛豫振荡的阻尼系数和振荡频率都随激光器泵浦的增强而增大,即随着泵浦激励速率 $R_p$ 的增强,阻尼振荡的频率增高,衰减变迅速,这一结果与实验现象相符合。(2.4.6)式还表明,弛豫振荡的频率 $\omega_{ro}$ 随振荡模的平均驻腔寿命 $\tau_R$ 的减小而增大。例如,对注入式半导体二极管激光器(LD),由于激光器损耗大、腔长短而使 $\tau_R\ll\tau_2$,因此弛豫振荡频率 $\omega_{ro}$ 具有较通常的 Nd:YAG 激光器高得多的值。一只 GaAs 半导体激光二极管,腔长为 $300\mu\mathrm{m}$,折射率为 $3.35$,$\tau_R\approx1.1\mathrm{ps}$,$\tau_2\approx3\mathrm{ns}$,当 $r=1.5$ 时计算得 $\omega_{ro}\approx2.4\mathrm{GHz}$,它远大于典型 Nd:YAG 激光器约为数百千赫芝的水平。

## 三、调 $Q$ 激光器

$Q$ 调制或 $Q$ 开关技术是激光器获得高峰值功率和窄的光脉冲输出的有效手段。如前面所述，"调 $Q$"就是采用一定的技术和装置来控制激光器谐振腔的 $Q$ 值（或腔损耗 $\delta$）按一定的程序和规律变化，从而达到改善激光器输出光脉冲的功率和时间特性，获得激光巨脉冲的目的。凡是能使谐振腔损耗发生突变的器件都能用作 $Q$ 开关。目前常用的 $Q$ 开关可分为两大类。一类称为主动 $Q$ 开关，谐振腔损耗由外部驱动源控制，主要包括转镜调 $Q$、电光调 $Q$、声光调 $Q$。另一类称为被动式 $Q$ 开关，谐振腔损耗取决于激光器腔内光强，主要有染料调 $Q$。本小节首先定性说明调 $Q$ 激光器的工作原理及巨脉冲形成过程，然后利用腔内光子数密度和反转原子集居数密度的变化速率方程组分析一般主动调 $Q$ 激光器的工作特性。本节的讨论和分析限于单个调 $Q$ 脉冲情况，对于重复率调 $Q$ 及被动调 $Q$ 的分析可参考有关激光技术的书刊。至于调 $Q$ 技术的细节和开关设计已超出本课程要求，各种光调制器的工作原理将在第五章中作专门讨论。

### 1. 调 $Q$ 激光器工作原理分析

图 2-24 为脉冲泵浦下激光器调 $Q$ 及单个巨脉冲形成过程示意图，取 $Q$ 开关打开时刻 $t=0$。当 $t<0$，即 $Q$ 开关关闭时，谐振腔具有高损耗，因而激光器具有高的振荡阈值，相应的反转原子集居数密度阈值为 $\Delta n'_t$。在这一阶段，泵浦使反转原子集居数密度不断增大，至 $t=0$ 时，反转原子集居数密度增加到 $\Delta n_i$。但因 $\Delta n_i<\Delta n'_t$，所以不能产生激光振荡，此时腔内只有由自发辐射所产生的少量光子，光子数密度 $N_i$ 取很小值。在 $t=0$ 时刻，$Q$ 开关突然打开，谐振腔损耗突然降至低值，因而激光器的振荡阈值也相应降低至 $\Delta n_t$。由于 $\Delta n_i$ 远大于 $\Delta n_t$，激光器振荡模振荡形成，振荡模腔内光子数密度 $N(t)$ 随时间迅速增大。同时，受激辐射又使反转原子集居数密度迅速减小（饱和效应），到 $t=t_p$ 时，$\Delta n(t_p)=\Delta n_t$，反转原子集居数密度降至恰等于激光器阈值反转集居数密度，相应于激光器放大介质所提供的增益等于腔损耗，腔内光子数密度不再增长并达到极大值，即 $N(t_p)=N_m$。当 $t>t_p$ 时，由于 $\Delta n(t)<\Delta n_t$，腔内光子数密度 $N(t)$ 迅速减小至很小值，相应 $\Delta n(t)=\Delta n_f$。在以上过程中腔内振荡模光子数密度 $N(t)$ 呈现一个脉冲，相应激光器输出一个调 $Q$ 巨脉冲。

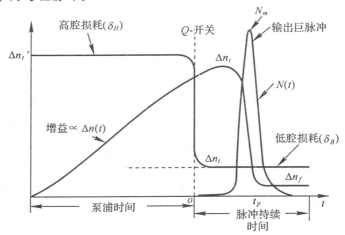

图 2-24 脉冲泵浦下的主动调 $Q$ 过程示意图

### 2. 主动调 $Q$ 的速率方程分析

利用激光器腔内光子数密度 $N(t)$ 和放大介质内的反转原子集居数密度 $\Delta n(t)$ 变化速率方程组,可对调 $Q$ 激光器的一般特性给出分析,所得结果亦很有用。由于通常的调 $Q$ 激光器激光脉冲的持续时间约为几十纳秒,在如此短的时间内激光跃迁下能级的原子难以迅速抽空,因此采用三能级系统模型来描述调 $Q$ 激光器更为适宜。

对于三能级系统的激光器,若泵浦激励至激光上能级的速率为 $R_p$,上能级的平均寿命为 $\tau_2$,则激光上能级 $E_2$ 的原子集居数密度变化速率方程应为

$$\frac{\mathrm{d}n_2}{\mathrm{d}t}=R_p-\sigma_{21}vN(t)\Delta n(t)-\frac{n_2}{\tau_2} \tag{2.4.7}$$

与四能级系统不同,激光下能级并不满足 $n_1\approx0$ 的条件。若激光跃迁上、下能级的统计权重 $g_2=g_1$,则 $\Delta n=n_2-n_1$,且 $n_1\approx\frac{1}{2}(n-\Delta n)$,$n_2\approx\frac{1}{2}(n+\Delta n)$,其中 $n$ 为放大介质中的总原子数密度 $n\approx n_1+n_2$。代入 (2.4.7) 式,得到三能级系统激光器放大介质中反转原子集居数密度 $\Delta n(t)$ 的变化速率方程为

$$\frac{\mathrm{d}\Delta n(t)}{\mathrm{d}t}=2R_p-2\sigma_{21}vN(t)\Delta n(t)-\frac{n+\Delta n(t)}{\tau_2} \tag{2.4.8}$$

与四能级系统激光器的速率方程 (2.4.3) 类似,上式可改写为

$$\frac{\mathrm{d}\Delta n(t)}{\mathrm{d}t}=\frac{\Delta n^0}{\tau_2}-\frac{\Delta n(t)}{\tau_2}-2\frac{\Delta n(t)}{\Delta n_t}\frac{N(t)}{\tau_R} \tag{2.4.9}$$

式中,$\Delta n^0=2R_p\tau_2-n$,表示小信号 ($N(t)\approx0$) 时,由泵浦激励所达到的最大反转原子集居数密度。

由于通常调 $Q$ 光脉冲的持续时间远小于激光上能级的平均寿命 $\tau_2$,与受激跃迁相比,可将 (2.4.9) 式中代表泵浦激励和自发跃迁影响的前两项忽略。于是,当 $t>0$ (即开关打开后) 时,调 $Q$ 激光器 $\Delta n(t)$ 的变化速率方程,可简化为

$$\frac{\mathrm{d}\Delta n(t)}{\mathrm{d}t}=-2\frac{\Delta n(t)}{\Delta n_t}\frac{N(t)}{\tau_R} \tag{2.4.10}$$

三能级系统激光器振荡模腔内光子数密度的变化速率方程与四能级系统相同,按 (2.4.2) 式应为

$$\frac{\mathrm{d}N(t)}{\mathrm{d}t}=\frac{N(t)}{\tau_R}\left[\frac{\Delta n(t)}{\Delta n_t}-1\right] \tag{2.4.11}$$

(2.4.10)、(2.4.11) 两式组成了描述三能级调 $Q$ 激光器动力学过程的关于 $\Delta n(t)$ 与 $N(t)$ 的变化速率方程组。在给定初始条件下对方程组求解,得 $\Delta n(t)$ 及 $N(t)$,即可进一步讨论调 $Q$ 激光器的工作特性。

为使讨论简化,正如图 2-24 所示,假设 $Q$ 开关速度很快,因此在开关过程中 $\Delta n(t)$ 的变化可以忽略,由开关所致的腔损耗或激光器的反转原子集居数密度阈值则用一个阶跃函数表示。取 $Q$ 开关被打开时 $t=0$,相应 $\Delta n(t)$ 及 $N(t)$ 的初始值为 $\Delta n(0)=\Delta n_i$,$N(0)=N_i$ 远小于光脉冲光子数密度峰值 $N_m$。到调 $Q$ 脉冲结束时,$\Delta n(t)=\Delta n_f$,$N(t)\approx0$。通常需借助计算机对速率方程组数值求解,以确定在不同工作条件下的 $\Delta n(t)$ 及 $N(t)$。但利用下面的解析方法可以求出 $N(t)-\Delta n(t)$ 之间的关系,结合图 2-24 亦可对调 $Q$ 激光器的某些特性给出很好地说明。

将 (2.4.11) 式与 (2.4.10) 式相除消去时间变量 $t$,则得

$$\frac{\mathrm{d}N}{\mathrm{d}\Delta n}=\frac{1}{2}\left(\frac{\Delta n_t}{\Delta n}-1\right) \tag{2.4.12}$$

对上式积分,积分区间为$(0,t)$,相应$(N_i,N(t))$及$(\Delta n_i,\Delta n(t))$,得到

$$N(t)=\frac{1}{2}\left[\Delta n_i-\Delta n(t)+\Delta n_t\ln\frac{\Delta n(t)}{\Delta n_i}\right]+N_i$$

$$\approx\frac{1}{2}\left[\Delta n_i-\Delta n(t)+\Delta n_t\ln\frac{\Delta n(t)}{\Delta n_i}\right] \tag{2.4.13}$$

(1)脉冲峰值功率

参照图 2-24,显然,当 $\Delta n(t_p)=\Delta n_t$ 时,$\dfrac{\mathrm{d}N(t)}{\mathrm{d}t}=0$,$\dfrac{\mathrm{d}N(t)}{\mathrm{d}\Delta n}=0$,腔内光子数密度达到最大值 $N_m$。由(2.4.13)式得

$$N_m\approx\frac{1}{2}(r-1-\ln r)\Delta n_t=\frac{1}{2r}(r-1-\ln r)\Delta n_i \tag{2.4.14}$$

式中,$r=\dfrac{\Delta n_i}{\Delta n_t}$ 为调 Q 激光器 Q 开关打开时的初始反转原子集居数密度比(亦即此时的泵浦超阈度)。设激光器放大介质的平均横截面积为 $A$,输出反射镜的透射率为 $T$,对均匀加宽激光器,输出调 Q 光脉冲的峰值功率

$$P_m=\frac{1}{2}h\nu_0 N_m vAT$$

将(2.4.14)式代入上式,得

$$P_m\approx\frac{1}{4}h\nu_0 vAT\Delta n_t(r-1-\ln r)=\frac{1}{4}h\nu_0 vAT\Delta n_i\left[\frac{1}{r}(r-1-\ln r)\right] \tag{2.4.15}$$

由(2.4.14)及(2.4.15)两式可以看出,$N_m$ 及 $P_m$ 与 $\Delta n_i/\Delta n_t$ 值密切有关,$\Delta n_i/\Delta n_t$ 值越大,$N_m$ 及 $P_m$ 值亦越大。图 2-25 为调 Q 激光器的 $N_m/\Delta n_i$ 值随 $r$ 值变化的理论曲线。为了获得高的峰值功率,应提高 $r$,即初始反转比 $\Delta n_i/\Delta n_t$。这就意味着应提高 $\Delta n_i$,减小 $\Delta n_t$。泵浦速率 $R_p$ 愈大,激光上能级寿命 $\tau_2$ 越长,可以获得越大的初始反转原子集居数密度 $\Delta n_i$。Q 开关关闭时的腔损耗 $\delta_H$ 值越大,则允许达到而不致越过阈值 $\Delta n'_t$ 的初始值 $\Delta n_i$ 值越大。Q 开关打开后腔损耗 $\delta_B$ 值越小,则阈值 $\Delta n_t$ 越小。因此,为了提高 $\Delta n_i/\Delta n_t$,Q 开关应具有大的 $\delta_H/\delta_B$ 值。

(2)调 Q 脉冲的能量和能量利用率

在三能级系统的激光器中,单位体积放大介质每发射一个受激辐射光子,反转原子集居数密度 $\Delta n$ 就减少 2。巨脉冲开始时反转原子集居数密度为 $\Delta n_i$,熄灭时为 $\Delta n_f$,所以在巨脉冲持续过程中每单位体积放大介质发射的光子数目为 $(\Delta n_i-\Delta n_f)/2$。若放大介质体积为 $V$,则腔内调 Q 光脉冲的能量

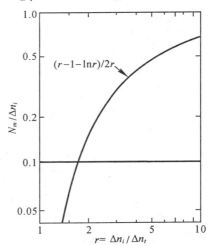

图 2-25 调 Q 激光器的 $N_m/\Delta n_i$ 随 $r$ 变化的理论曲线

$$E_{in}=\frac{1}{2}h\nu_0(\Delta n_i-\Delta n_f)V=E_i-E_f \tag{2.4.16}$$

式中,$E_i=\dfrac{1}{2}h\nu_0\Delta n_i V$ 表示腔内储藏在放大介质中可以转变为激光的初始能量,也称为"储能"; $E_f=\dfrac{1}{2}h\nu_0\Delta n_f V$ 表示光脉冲熄灭后放大介质中剩余的能量,它将通过自发辐射逐渐消耗掉。调 Q 激光器腔内储能利用率

$$\mu = \frac{E_{in}}{E_i} = 1 - \frac{\Delta n_f}{\Delta n_i} \tag{2.4.17}$$

若 $\eta_R$ 为谐振腔的效率,表示用于光脉冲能量输出的谐振腔有用损耗与腔内的总损耗之比。则激光器输出巨脉冲的能量

$$E_{out} = E_{in} \cdot \eta_R = \mu \eta_R E_i = \frac{1}{2} h\nu_0 \eta_R V \Delta n_i \left(1 - \frac{\Delta n_f}{\Delta n_i}\right) \tag{2.4.18}$$

(2.4.17)式或(2.4.18)式中的反转原子集居数密度的末、初比($\Delta n_f/\Delta n_i$)可由(2.4.13)式确定。当巨脉冲熄灭时,$N(t_f) \approx 0$,$\Delta n(t_f) = \Delta n_f$,由(2.4.13)式得

$$\Delta n_i - \Delta n_f + \Delta n_t \ln \frac{\Delta n_f}{\Delta n_i} = 0$$

或

$$\frac{\Delta n_f}{\Delta n_i} = 1 + \frac{1}{r} \ln \frac{\Delta n_f}{\Delta n_i} \tag{2.4.19}$$

由(2.4.17)、(2.4.19)两式还可以得到关系式

$$\mu = 1 - \exp(-\mu r) \tag{2.4.20}$$

(2.4.19)、(2.4.20)两式表明,调 $Q$ 激光器放大介质中的反转原子集居数密度的末、初比及腔内储能利用率仅仅是初始反转原子集居数密度比 $r$(也就是 $\Delta n_i/\Delta n_t$)的函数。图 2-26 分别为调 $Q$ 激光器 $\Delta n_f/\Delta n_i$ 及 $\mu$ 随 $r$ 变化的理论曲线。

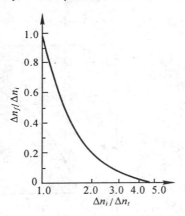
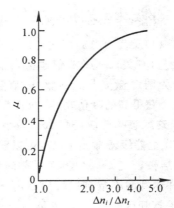

图 2-26 调 $Q$ 激光器的 $\Delta n_f/\Delta n_i$ 及 $\mu$ 随 $r$ 变化的理论关系曲线

可以看出,随着 $r$ 的增大,$\Delta n_f/\Delta n_i$ 迅速减小,而储能利用率 $\mu$ 则迅速增大,激光器输出调 $Q$ 脉冲的能量 $E_{out}$ 亦随之增大。

(3)脉宽

调 $Q$ 光脉冲的时间特性可通过分析腔内振荡模的光子数密度 $N(t)$ 及反转原子集居数密度 $\Delta n(t)$ 随时间的变化得到。利用速率方程组(2.4.10)、(2.4.11)两式及其近似解(2.4.13)式可以通过数值计算得出调 $Q$ 脉冲的脉宽 $\tau_p$。通常定义 $\tau_p = \Delta t_1 + \Delta t_2$,其中脉冲前沿时间 $\Delta t_1$ 表示 $N(t)$ 由 $\frac{N_m}{2}$ 上升至 $N_m$ 所需的时间,脉冲后沿时间 $\Delta t_2$ 表示 $N(t)$ 由极大值 $N_m$ 降至 $N_m/2$ 所需的时间。一种大致估算脉宽的方法是,将调 $Q$ 脉宽近似表示成调 $Q$ 脉冲的能量除以峰值功率,即

$$\tau_p \approx \frac{E_{out}}{P_m}$$

由(2.4.15)及(2.4.18)两式,并考虑到 $\eta_R \approx \frac{T}{2}/\delta_B$,$\tau_R = L/v\delta_B$,以及 $V \approx A \cdot L$,$\mu = 1 - \Delta n_f/\Delta n_i$,

得

$$\tau_p \approx \tau_R \frac{r\mu(r)}{r-1-\ln r} \qquad\qquad (2.4.21)$$

图 2-27 为据 (2.4.21)、(2.4.20) 两式所得到的 $\tau_p$-$r$ 理论曲线。显然,当调 $Q$ 激光器的初始反转原子集居数密度比 $r$ 增大时,巨脉冲脉宽 $\tau_p$ 随之减小并趋于极限值振荡模的平均寿命 $\tau_R$。$\tau_P$ 正比于 $\tau_R$,所以为了获得窄的光脉冲,调 $Q$ 激光器的腔长不宜过长,$Q$ 开关打开后的腔损耗也不宜太低。

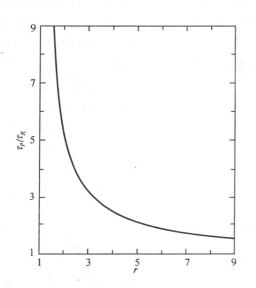

图 2-27　调 $Q$ 脉宽随 $r$ 变化曲线

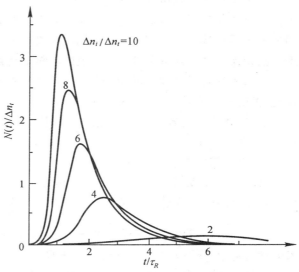

图 2-28　不同 $r(=\Delta n_i/\Delta n_t)$ 值下的调 $Q$ 光脉冲波形

(4) 调 $Q$ 光脉冲波形

对速率方程 (2.4.10)、(2.4.11) 两式进行计算机数值求解,可得到不同初始条件 $\Delta n_i/\Delta n_t$ 下,调 $Q$ 激光器腔内光子数密度 $N(t)\sim t$ 曲线,从而预期调 $Q$ 光脉冲的波形。图 2-28 为不同 $r$ 值下调 $Q$ 光脉冲波形的数值计算结果。可以看出,随着 $r$ 的增大,调 $Q$ 脉冲的峰值增大,脉宽变窄,特别脉冲前沿变陡更为显著。这是因为 $r$ 值越大,腔内净增益越高,腔内振荡模光子数密度增加和反转原子集居数密度降低越迅速的结果。光脉冲的后沿主要由腔模光子的平均寿命 $\tau_R$ 决定,因而变化不很显著。

应该指出,本小节仅仅是在理想情况下对单个调 $Q$ 光脉冲的特性作了理论分析。实际调 $Q$ 脉冲的特性参数(如 $P_m$、$E_{out}$、$\tau_P$)都较理论预期值要差。其主要原因有激光器泵浦不均匀造成放大介质的热畸变、反转原子集居数密度分布的不均匀使脉宽变宽、$Q$ 开关的速度快慢对光脉冲及峰值功率的影响,以及放大介质中的空间烧孔效应使脉冲能量减小等等。

## 四、锁模激光器

如上小节所述,虽然采用调 $Q$ 技术是脉冲激光器压缩光脉冲脉宽、提高峰值功率的有效手段,然而由于调 $Q$ 脉宽的下限决定于光子平均驻腔寿命 $\tau_R$,即约为 $L/v$ 量级。因此,利用调 $Q$ 技术通常只能获得脉宽约为纳秒 (ns) 量级的光脉冲。为了对物理、化学及生物学等领域的极其快速现象进行直接瞬态研究,需要对激光脉宽进一步压缩以获得皮秒 (ps),甚至飞秒 (fs) 量级的超短光脉冲。不断改进和发展的激光器锁模技术,为获得这种超短光脉冲提供了有效的途径。利用一般的锁模技术不难获得脉宽为 $10^{-12}\sim10^{-13}$s 的光脉冲,而目前对撞锁模技术已将激光脉宽压缩到仅有几个飞秒($10^{-15}$秒量级)。本小节仅限于对锁模技术及其基本方式的原理作简要讨论。更详尽的讨论已超出本课程要求。

### 1. 锁模基本原理和特性

如第二章第二节所述,对于通常的激光器,特别是非均匀加宽激光器,一般总呈现为多个纵模同时振荡输出。由于不同的振荡模皆由不同的自发辐射噪声光子经由工作物质中的受激辐射放大而形成。因此,各个模式的振幅、初始相位一般均无确定关系,它们之间彼此互不相干。激光器的输出则由于各振荡纵模的非相干叠加而呈现为随时间的无规则起伏。利用锁模技术对激光束进行特殊的调制,使不同的振荡模间的频率差保持一定,并具有确定的相位关系,诸振荡模相干叠加,激光器将输出一列时间间隔一定的超短脉冲。锁模包括纵模锁定、横模锁定及纵、横模同时锁定。本节以纵模锁定为例说明锁模基本原理并分析锁模脉冲的一般特性。

(1)多纵模锁定的一般分析

设激光器以 $M$ 个纵模同时振荡。在均匀平面波近似下,在 $t$ 时刻,给定空间位置 $z$ 处,每个纵模输出的光场可以表示为

$$E_q(z,t)=E_q\exp\{i[\omega_q(t-\frac{z}{v})+\varphi_q]\} \tag{2.4.22}$$

式中,$E_q$、$\omega_q$、$\varphi_q$ 分别为第 $q$ 个纵模的场振幅、振荡角频率和初位相。

若取 $\omega_0$ 模为中心参考纵模(通常指振荡频率 $\nu_q\approx\nu_0$ 的纵模),则激光器总的输出光场可表示为

$$E(z,t)=\sum_{q=-(M-1)/2}^{(M-1)/2}E_q\exp\{i[\omega_q(t-\frac{z}{v})+\varphi_q]\} \tag{2.4.23}$$

若各个纵模的相位未被锁定,各纵模间是不相干的,按(2.4.23)式所求得的多纵模激光器输出激光平均光强可表示成各个纵模光强的简单相加,即平均输出光强

$$\langle I\rangle=\sum_q I_q$$

若假设各振荡模振幅 $E_q$ 相等,则上式可简化为

$$\langle I\rangle=MI_0$$

式中,$I_0$ 为每个纵模的光强。

如果设法将各振荡纵模的相位锁定,即各纵模的频率间隔保持一定,初始相位关系亦保持一定,那么激光器输出光强由于诸模相干叠加的结果将发生很大的变化。下面对这种相位锁定的情况作进一步分析。各纵模相位锁定就意味着满足以下的条件,即满足

$$\varphi_{q+1}-\varphi_q=\beta,\varphi_q=\varphi_0+q\beta$$

以及

$$\omega_{q+1}-\omega_q=\Omega=2\pi\cdot\Delta\nu_q=2\pi\cdot\frac{c}{2\eta L}=2\pi\frac{v}{2L}$$

$$\omega_q=\omega_0+q\Omega$$

其中,$\omega_0$、$\varphi_0$ 为中心参考纵模的角频率和初始位相,$q=0,\pm1,\pm2,\cdots,\pm(M-1)/2$。

为简化计,取考察点 $z=0$,并假设各纵模场振幅相等,即 $E_q=E_0$,由(2.4.23)式求得各振荡纵模被相位锁定时的合成光场为

$$E(t) = \sum_q E_0 \exp\{i[(\omega_0 + q\Omega)t + (\varphi_0 + q\beta)]\}$$
$$= E_0 \exp[i(\omega_0 t + \varphi_0)] \sum_q \exp[iq(\Omega t + \beta)]$$
$$= A(t)\exp[i(\omega_0 t + \varphi_0)] \tag{2.4.24}$$

式中,合成场振幅

$$A(t) = E_0 \sum_q \exp[iq(\Omega t + \beta)] \tag{2.4.25}$$

利用级数求和公式,上式可表示为

$$A(t) = E_0 \frac{\exp[i\frac{M}{2}(\Omega t + \beta)] - \exp[-i\frac{M}{2}(\Omega t + \beta)]}{\exp[i\frac{1}{2}(\Omega t + \beta)] - \exp[-i\frac{1}{2}(\Omega t + \beta)]}$$

$$= E_0 \frac{\sin[\frac{M}{2}(\Omega t + \beta)]}{\sin[\frac{1}{2}(\Omega t + \beta)]} = ME_0 \frac{sinc[\frac{M}{2}(\Omega t + \beta)]}{sinc[\frac{1}{2}(\Omega t + \beta)]} \tag{2.4.26}$$

式中,$sinc(ax) = \dfrac{\sin(ax)}{ax}$。

合成光场的光强为

$$I(t) = I_0 \frac{\sin^2[\frac{M}{2}(\Omega t + \beta)]}{\sin^2[\frac{1}{2}(\Omega t + \beta)]}$$

$$= M^2 I_0 \frac{sinc^2[\frac{M}{2}(\Omega t + \beta)]}{sinc^2[\frac{1}{2}(\Omega t + \beta)]} \tag{2.4.27}$$

(2.4.24)、(2.4.26)、(2.4.27)三式表明,当各纵模实现相位锁定时,激光器输出的合成光场的频率、初始位相与参考中心纵模相同,即分别为 $\omega_0$ 和 $\varphi_0$,合成场的振幅和光强(功率)则随时间呈现某种周期变化。图 2-29 为 11 个纵模同时振荡($M=11$)时,按(2.4.27)式所得到的锁模输出总光强(功率)$I(t)$ 随时间的变化示意图,可以看出,锁模激光器将输出周期性的脉冲序列。

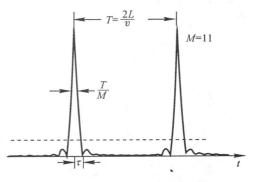

图 2-29 输出总光强随 $t$ 变化示意图

(2)纵模锁定激光器的输出特性

利用(2.4.24)、(2.4.26)以及(2.4.27)三式结合图 2-29,对理想的纵模锁定激光器其输出具有以下特性:

① 锁模激光器在给定空间点处的输出光场为振幅受到调制的、频率为 $\omega_0$ 的单色正弦波。当 $\Omega t + \beta = 2m\pi$($m = 0, 1, 2, \cdots$)时,在空间确定位置上输出光场振幅和光强(功率)取极大值,其场振幅为 $ME_0$,相应的峰值光强则为 $M^2 I_0$。与未经锁模的激光器相比,锁模后的光脉冲峰值光强(功率)提高了 $M$ 倍。显然,激光器振荡的纵模数目 $M$ 愈多,可得到愈高的峰值功率。

② 调幅波极大值出现的周期,即锁模主脉冲的周期

$$T = \frac{2\pi}{\Omega} = \frac{1}{\Delta\nu_q} = \frac{2L}{v} \tag{2.4.28}$$

可见锁模脉冲的周期恰好等于一个光脉冲在谐振腔内往返一次所需的时间。因此,我们可以把锁模激光器的工作过程形象地看作仅有一个窄的光脉冲在腔内往返传播,每当该脉冲行进到激光器输出反射镜时,便有一个锁模脉冲输出,在空间给定点所观测到的主脉冲出现的频率 $f=\dfrac{1}{T}=\dfrac{v}{2L}$,它恰好等于激光器相邻振荡纵模的频率差 $\Delta\nu_q$。

③ 两个锁模主脉冲之间有 $M-1$ 个零点, $M-2$ 个次峰。主脉冲峰值与最邻近光强为零的谷值之间的时间间隔为

$$\tau=\frac{2\pi}{M\Omega}=\frac{T}{M} \tag{2.4.29}$$

主脉冲半功率点的时间间隔近似等于 $\tau$,因此通常将由上式所决的时间间隔定义为主脉冲宽度,简称锁模激光器的脉宽。激光器可振荡的纵模数可按 $M\approx\Delta\nu_{os}/\Delta\nu_q$ (2.2.1)式计算, $\Delta\nu_{os}$ 为激光器给定激光跃迁的振荡带宽。由此得脉宽

$$\tau\approx\frac{1}{\Delta\nu_{os}}\approx\frac{1}{\Delta\nu} \tag{2.4.30}$$

式中, $\Delta\nu$ 为锁模激光器放大介质给定激光跃迁的自发辐射荧光线宽。可见, $\Delta\nu$ 越宽,可能振荡的纵模数就越多,锁模脉宽也越窄。由于锁模脉冲的脉宽受到荧光线宽的限制,为了获得超短脉冲的激光应选择具有宽的荧光线宽的激光介质作放大器构成锁模激光器。至于两锁模主峰之间的次峰,由于 $M\gg1$ 时其幅度远小于主峰,通常可不予考虑。表 2-1 列出了几种主要锁模激光器的脉宽理论预期值与典型实验值,可供参考。

**表 2-1　几种主要锁模激光器的脉宽值(理论预期值与实验值比较)**

| 激光器 | 跃迁中心波长<br>( $\mu m$) | 跃迁荧光线宽<br> $\Delta\nu$ | 脉宽理论值 | 脉宽实验值 |
|---|---|---|---|---|
| $Ti^{3+}:Al_2O_3$<br>(钛宝石) | (0.66~1.18) | 100THz | 10fs | 50fs |
| 若丹明—6G | 0.593 | 5THz | 200fs | 500fs |
| 钕玻璃 | (0.560~0.640)<br>1.06 | 3THz | 333fs | 500fs |
| $Er^{3+}:$石英光纤 | 1.54 | 4THz | 250fs | 7ps |
| 红宝石 | 0.6943 | 60GHz | 16ps | 10ps |
| Nd:YAG | 1.06 | 120GHz | 8ps | 50ps |
| $Ar^+$ | 0.5145 | 3.5GHz | 286ps | 150ps |
| He-Ne | 0.6328 | 1.5GHz | 667ps | 600ps |
| GaAlAs | 0.86 | 10THz | 100fs | 0.5~30ps |
| InGaAsP | 1.21 | 1~10THz | 1ps~100fs | 4~50ps |

### 2. 锁模方法及其原理

在一般激光器中,各纵模振荡互不相关(特别是非均匀加宽激光器中),各纵模间相位没有确定的关系,而且由于频率牵引等因素使相邻纵模的频率间隔并不严格相等。因此,为了获得锁模超短光脉冲,必须采取措施强制各纵模初始相位保持确定关系,并使各纵模频率间隔相等。随着超短光脉冲技术的迅速发展,目前实现锁模的方法已有多种。按其工作原理可分为主动锁模、被动锁模、同步泵浦锁模、注入锁模和对撞锁模以及它们的组合方式。本小节仅对主动

锁模和被动锁模这两种最基本的也是最常采用的锁模方法的基本原理作一般性分析。

(1)主动锁模

在激光器谐振腔内放置一光调制器(振幅或相位调制器),适当控制调制频率和调制深度即可以实现激光器的纵模锁定。由于该调制器的调制特性为主动可控,通常称这类锁模方式为主动锁模。主动锁模可分为振幅调制锁模和相位调制锁模。腔内振幅调制锁模是通过调制腔内损耗而使激光振荡模的振幅得到调制,进而实现各纵模间的锁定,也称为损耗内调制锁模。相位调制通常在谐振腔内置入一电光晶体,利用晶体折射率 $\eta$ 随外加电压的变化,对振荡光束的相位产生调制,进而实现各纵模间的锁定。由于这两种腔内调制实现诸纵模锁定的物理机制类似,以下将以振幅调制为例说明主动锁模的工作原理。

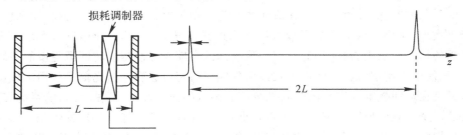

图 2-30　腔内振幅调制锁模激光脉冲形成示意图

图 2-30 为腔内振幅调制锁模激光脉冲形成示意图。腔内放置一损耗调制器(实质上是一个光开关),调制频率 $\Omega$ 等于激光器振荡纵模的频率间隔(即 $\Omega = 2\pi \dfrac{v}{2L} = \dfrac{\pi v}{L}$),或调制周期恰等于振荡光束在腔内往返一周所需的时间 $T$。由于腔损耗的周期变化,每个振荡纵模的场振幅亦受到调制并发生角频率为 $\Omega$ 的周期变化。如果激光器中增益曲线中心频率 $\nu_0$ 附近的纵模首先起振,其电场强度由于被调制可表示为

$$E(t) = E_0(1 + M_a\cos\Omega t)\cos(\omega_0 t + \varphi_0)$$

式中,$M_a$ 为调制器的调幅系数。

将上式展开,得

$$E(t) = E_0\cos(\omega_0 t + \varphi_0) + \frac{M_a}{2}E_0\cos[(\omega_0 + \Omega)t + \varphi_0] + \frac{M_a}{2}E_0\cos[(\omega_0 - \Omega)t + \varphi_0] \quad (2.4.31)$$

可见,振幅调制的结果,从频域角度来看,是使角频率为 $\omega_0$ 的中心纵模又产生了角频率为 $\omega_0\pm\Omega$、初始相位不变的两个边带。边带的频率正好等于相邻两个纵模的频率。这就是说,在激光器中,只要频率为 $\omega_0$ 的优势模形成振荡,将同时激起两个相邻纵模的振荡,继而这两个边频纵模经调制又产生新的边频,从而激起角频率为 $(\omega_0\pm2\Omega)$ 的纵模振荡,如此继续下去,直至激光器放大介质振荡增益线宽内的所有纵模均被耦合激发而产生振荡为止。由于所有的这些振荡纵模皆有相同的初始位相 $\varphi_0$,彼此间又保持恒定的频差 $\Omega$,适当选择调制器调幅系数 $M_a$ 的大小可控各模的振幅关系,它们间便实现了相位锁定,相干叠加的结果,激光器就获得了锁模序列光脉冲输出。

从时域的角度看,由于调制器损耗调制的周期正好等于光脉冲在谐振腔内往返一周所需的时间 $T = \dfrac{2L}{v}$。腔损耗呈现周期变化,所以除了在调制器使腔损耗为最小时刻通过调制器的光束能形成振荡而输出外,腔内其他光信号都将因遭受大的腔损耗而不能振荡。于是,可以将调制器等效为一个"光开关",每隔 $T$ 时间打开一次,结果激光器将输出周期正好等于调制周

期的锁模序列脉冲,相继两个光脉冲的空间距离(或锁模脉冲的空间周期)为谐振腔长的两倍,即等于 $2L$ (假设腔内、外光速相等)。

主动锁模所采用的调制器主要有电光调制器和声光调制器,由于后者具有功耗低、热稳定性好等优点,因而获得更多的应用。主动锁模的关键是使调制器的调制频率严格等于激光器相邻纵模的频差。为此,十分稳定的腔长、精确又可微调的调制频率以及适当的调制幅度(调幅系数)都是锁模激光器的关键技术问题。

(2)被动锁模原理概述

在激光器谐振腔内置一薄层可饱和吸收体(如一染料盒),适当设计和选取激光器及吸收体的参数亦可实现激光器锁模。由于这种锁模方式是基于吸收体对通过它的光信号所呈现的非线性可饱和吸收特性,其过程自发完成而非人为主动可控,因此通常称之为被动锁模。与激光放大介质类似,可饱和吸收体的吸收系数随入射光信号光强的增大而减小,于是,它的透过率则随光强的增大而增大。锁模用的可饱和吸收体具有较光脉冲持续时间短得多的能级寿命,因此,在强光信号作用下可在瞬间使吸收体出现饱和而变得透明。当光信号作用结束(或光强变弱)时,又可在瞬间恢复具有大的吸收系数而有很低的光透过率。可见,腔内的可饱和吸收体实际上就是一个由腔内振荡光束本身光强大小来控制的可瞬间"打开"与"关闭"的光开关。激光器采用可饱和吸收体被动锁模过程比较复杂也难以解析描述,下面仅就锁模脉冲形成的原理和过程作定性讨论。

在激光器泵浦的初始阶段,放大介质内的反转原子集居数密度随泵浦而增大,此时腔内光子数极少,由于可饱和吸收体(例如有机染料盒)具有大的吸收系数,腔损耗很大,激光器处于高阈值储能阶段。随着放大介质激光上能级原子数的不断增多,腔内由于自发辐射而形成一些随机起伏弱的噪声光辐射信号,腔内光场分布可看成是由振幅、宽度和相位都随机变化的许多窄尖峰或噪声脉冲的集合。由于反转集原子居数密度的继续增大,腔内由自发辐射建立起来的这种初始的弱的尖峰和噪声脉冲在腔内往返过程中逐渐由弱变强。若在某个时刻,某个光强最大的优势尖峰足以使可饱和吸收体充分饱和,"开关"便被打开,该优势尖峰的光强获得迅速增大,并从噪声背景中突出出来。由于吸收体具有很短的能级寿命,当优势尖峰通过开关之后,吸收体瞬间即恢复具有大的吸收系数,即"开关"瞬刻又关闭,腔损耗恢复到高水平,弱光强尖峰噪声被吸收损耗掉。直到优势尖峰在腔内一次完全往返经增益放大后,光强进一步增强,再次通过可饱和吸收体,"开关"被再次瞬间打开,然后关闭。如此下去,优势的强尖峰脉冲相继多次往返,通过放大介质直到将介质中所有的储能转换为光脉冲能量,激光器则输出周期 $T=2L/v$ 的锁模序列脉冲。由于腔内往返的光脉冲信号在通过可饱和吸收体时脉冲前、后沿都受到吸收,因而在往返过程中脉宽不断被压缩并由此获得超短光脉冲输出。

被动锁模过程自发完成,无需外加调制信号,这种锁模方法虽然简单,但却很不稳定,锁模发生率通常仅为 $60\%\sim70\%$ 。近年发展起来的对撞被动锁模技术,将可饱和吸收体置于环形腔内适当位置,利用相向传播的两个脉冲相对撞,在吸收体内形成空间光栅使饱和吸收更为有效,因而锁模过程稳定,并可获得脉宽为飞秒量级的超短光脉冲。

# 第三章

# 激光与光电子器件

激光是 20 世纪最重大的发明之一,自 1960 年由 Maiman 制成世界上第一台红宝石激光器以来的 30 多年中,激光和光电子技术得到迅猛的发展。随着激光技术领域的不断扩大,激光器件的种类和水平也日益增多和迅速提高,迄今为止,发现的激光工作物质有千余种,获得的激光谱线达到上万条,可覆盖从毫米波直到 X 射线的整个光学频段。激光器是发射激光的器件,是光电子技术领域的最主要的器件。目前已研制成功的激光器的种类很多,可按不同的分类方法,对它们作分类命名,通常有五种分类方式:

(1)按工作物质分类。可分为固体激光器、气体激光器、液体激光器、半导体激光器、自由电子激光器等;

(2)按运转方式分类。可分为连续激光器、脉冲激光器、超短脉冲激光器、稳频激光器、可调谐激光器、单模激光器、多模激光器、锁模激光器、Q 开关激光器等;

(3)按激光波长分类。可分为红外光激光器、可见光激光器、紫外光激光器、毫米波激光器、X 射线激光器、$\gamma$ 射线激光器等;

(4)按泵浦方式分类。可分为电激励激光器、光泵浦激光器、核能泵浦激光器、热能激励(气动)激光器、化学激光器、喇曼自旋反转激光器、光参量振荡器等;

(5)按谐振腔结构分类。可分为内腔激光器、外腔激光器、环形腔激光器、折叠腔激光器、光栅腔激光器、光纤激光器、薄膜激光器、波导激光器、分布反馈激光器等。

本章将按工作物质分类方式的秩序,讨论各类主要激光器的基本结构和工作原理、工作特性,同时也介绍发光二极管等其他光电子器件。

## 第一节　气体激光器

气体激光器是以气体或蒸气为工作物质的激光器,它是目前种类最多、波长分布区域最宽、应用最广的一类激光器,已观察到近万条激光谱线,其波长覆盖了从紫外到红外整个光谱区,目前已向两端扩展到 X 射线波段和毫米波波段。气体激光器输出光束的质量相当高,其单色性和发散度均优于固体和半导体激光器,目前气体激光器是最大功率连续输出的激光器,如二氧化碳激光器连续输出量级已达数十万瓦。与其他激光器相比,气体激光器还具有转换效率高、结构简单、造价低廉等优点。因此,气体激光器被广泛应用于工农业、国防、医学和其他科研领域中。

　　根据气体工作物质的性质状态,气体激光器可分为三大类:原子气体激光器、分子气体激光器和离子气体激光器。

## 一、气体激光器的激励方式

　　大部分气体激光器是采用电激励的方式,在某些特殊的情况下,也采用热激励、化学能激励、光激励等其他激励方法。电激励主要有气体放电和电子束激励两种形式,其中的气体放电是气体激光器最主要的激励方式。

### 1. 气体放电激励方式

　　气体放电激励过程是指:在高压电场下,气体粒子发生电离而导电,在导电过程中,快速电子与气体粒子(原子、分子、离子)碰撞,使后者激发到高能级,形成粒子反转。气体放电可分为直流或交流连续放电、射频放电和脉冲放电等多种形式。

　　气体放电中,决定放电情况的基本物理因素是电子、原子、分子和离子之间的碰撞过程,其中,有两种基本的碰撞过程决定着气体粒子数反转分布和维持,第一种过程是电离,这是为了维持放电必不可少的。第二种过程是激光能级的激发和消激发,这是建立粒子数反转的必要过程。气体粒子的电离过程的实现主要决定于参与碰撞的电子能量,当电子能量达到电离能时,粒子便发生电离,而气体粒子的激发过程可以是多种碰撞能量转移形式,主要有能量共振转移、电荷转移和潘宁电离等。这些形式也称为气体放电中的选择激发过程。

　　能量共振转移是激发态粒子 $A^*$ 将能量转移给中性粒子 $B$ 的碰撞过程,其过程可表示为

$$A^* + B \rightarrow A + B^* \pm \Delta E \tag{3.1.1}$$

式中,$\Delta E$ 表示 $A^*$ 和 $B^*$ 之间的激发能态差,$\Delta E$ 值愈小,表明其能量碰撞转移的共振特性愈好。

　　像 He-Ne、$CO_2$ 等激光器的激发过程主要是基于这种激发态粒子间的能量共振转移。

　　电荷转移是离子 $A^+$ 与中性粒子 $B$ 的碰撞过程,离子 $A^+$ 获得电子而成为中性粒子 $A$,中性粒子 $B$ 则成为正离子 $B^+$。其过程为

$$A^+ + B \rightarrow A + (B^+)^* \pm \Delta E \tag{3.1.2}$$

这里,$\Delta E$ 是 $A^+$ 与 $(B^+)^*$ 之间的位能差,$\Delta E$ 愈小,这种能量转移过程进行得愈顺利,$(B^+)^*$ 表示离子激发态,表明电荷转移反应往往会同时激发和电离,这种过程是许多离子激光器的主要激励机制。

　　潘宁电离效应是利用激发态粒子间的碰撞,使中性气体粒子产生电离或电离激发的过程:

$$A^* + B \rightarrow A + (B^+)^* + e(慢) \tag{3.1.3}$$

式中,$A^*$ 和 $(B^+)^*$ 分别是粒子的激发态和离子激发态。潘宁效应的最大特点是只要 $A^*$ 的激发态能大于中性粒子 $B$ 的电离或电离激发能,反应就能顺利进行,这是因为反应的生成物——慢电子把碰撞体系反应前后的能量差以动能形式所带走。许多金属蒸气离子激光器的粒子数反转机制,就是基于这种过程。

　　直接利用高速电子的碰撞,建立气体粒子的粒子数反转,是常用的选择激励方式:

$$A + e(快) \rightarrow A^* + e(慢) \tag{3.1.4}$$

这种反应的进行过程取决于电子能量和电子碰撞激发截面 $\sigma$ 的大小,金属蒸气原子激光器、$N_2$ 分子激光器、$Ar^+$ 激光器等都是采用直接电子碰撞机制作为激励手段的。

### 2. 光激励方式

光激励是指用特定波段的光照射工作物质,在吸收对应波长的光能后,产生粒子数反转,采用光激励方式的气体激光器,主要有工作于远红外和亚毫米波段的激光器,通常称为光泵远红外激光器和光泵亚毫米激光器。这类激光器的激光辐射产生于分子的转动能级之间,其能级相当密集,放电激励的方式难于实现能级间的粒子数反转,而光泵激励却显得十分有效。图 3-1 表示了两种由可调谐 $CO_2$ 激光器的激光泵浦的甲酸(HCOOH)远红外激光器装置,工作物质是甲酸分子气体,激光器输出波长在 $200\sim800\mu m$ 范围,已获得 70 多条谱线输出,其中较强的谱线波长有 $393\mu m$、$418\mu m$、$432\mu m$、$513\mu m$,连续功率在 $100mW$ 附近,采用可调谐 $CO_2$ 激光束泵浦,对应于上述激光输出谱线,泵浦的 $CO_2$ 激光束的谱线序号分别用 9R(18)、9R(20)、9R(22)和 9R(28),这反映了泵浦光与反射光之间的匹配关系。

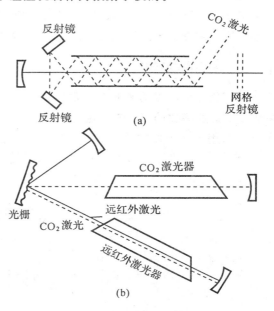

图 3-1　光泵远红外激光器的两种构型

### 3. 热激励方式

热激励是指采用某种高温加热的方式使整个气体工作物质体系温度升高,从而使较多的粒子处于高能级状态,然后再通过某种方式,如气体绝热膨胀方式,使热弛豫时间较短的某些较低能级上的粒子倒空,而热弛豫时间较长的某些较高能级上的粒子得以积累,从而实现这些能级间的粒子数反转,热激励方式的典型实施实例是气动 $CO_2$ 激光器,如图 3-2 所示。采用高温燃烧方法,把 $CO_2$ 气体温度提高到 3000K 左右的高温状态,此时处于 $CO_2$ 分子的激光上、下能级上的粒子数都比室温时多得多,但整个体系仍处于热平衡状态,据玻尔兹曼分布规律,

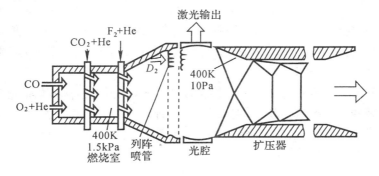

图 3-2　气动 $CO_2$ 激光器结构

高能级上的粒子数始终小于低能级上的粒子数,然后,再通过绝热膨胀方法(高温、高压的 $CO_2$ 气体通过列阵喷管到膨胀工作室)使气体温度骤降到 300K 左右,这个骤降过程使体系由热平

衡状态转为非热平衡状态,由于绝热膨胀的特征时间小于 $CO_2$ 分子激光上能级的热弛豫时间,因此降温过程对上能级的粒子数影响不大,而下能级的热弛豫时间与降温特征时间具有相同量级,温度的降低使下能级的粒子数急剧减少,从而实现粒子数反转。气动 $CO_2$ 激光器是目前连续输出功率最大的激光器,输出功率达 400kW 以上。

**4. 化学能激励方式**

采用化学能激励的激光器通常称为化学激光器,化学能激励是利用某些工作物质本身发生化学反应所释放的能量来激励工作物质,建立粒子数反转而实现受激辐射。大多数的化学激光器是采用气体工作物质,典型的有 HF(氟化氢)化学激光器、DF(氟化氘)化学激光器、HBr(溴化氢)化学激光器、CO 化学激光器、HCl(氯化氢)化学激光器以及光分解碘原子激光器等。

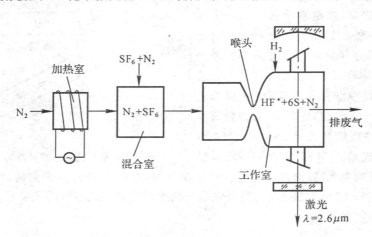

图 3-3　HF 化学激光器原理图

图 3-3 是 HF 化学激光器工作原理图。HF 化学激光器的工作物质是 $H_2$ 和 $F_2$,激光机理是利用 $F+H_2$ 或 $H+F_2$ 反应生成的激发态 $HF^*$ 分子而产生 $2.6 \sim 3.6 \mu m$ 的激光辐射。如图 3-3 所示,高温的 $N_2$ 和 He 气在向前流动过程中引入 $SF_6$,$SF_6$ 在 2000℃的高温 $N_2$ 气中发生化学分解反应:

$$SF_6 \rightarrow 6F + S \tag{3.1.5}$$

在 $N_2$ 和 $SF_6$ 的混合室中气体的总气压高达 1200kPa 左右,混合气流通过多喷嘴栅时产生膨胀,气流的速度被加速到数倍音速,而气压则迅速降至几百帕,混合气体的温度也迅速降低。而后,注入 $H_2$,并使其与含有 F 原子的气体混合,产生 F-H 的连锁化学反应,形成 $HF^*$ 分子的 $\nu = 2$ 和 $\nu = 1$ 能级间的粒子数反转。

化学激光器的最大特点是将化学能直接转换成激光,原则上不需外加的电源或光源作为激励源,因此,在某些特殊的应用场合,例如在高山、野外缺乏电源的地方,化学激光器就展示出其独特的优势。化学激光器也是高功率、高能量激光器,连续输出功率已达数万瓦,脉冲能量高达每千克氢和氟作用产生 $1.3 \times 10^7$ 焦耳的能量。


## 二、原子气体激光器

原子气体激光器的工作物质是中性原子气体,其激光跃迁发生于中性原子的不同激发能态之间,能产生激光跃迁的原子种类很多,主要有惰性气体(氦、氖、氩、氪、氙)和某些金属原子蒸气(铜、金、锰、铅、锌等)。典型的是惰性气体类中的 He-Ne 激光器和金属原子蒸气类中的 Cu 激光器。

**1. He-Ne 激光器**

He-Ne 激光器是最早问世的气体激光器(1960 年),是目前应用最广泛的激光器之一,在其激光跃迁区域中分布有 100 多条谱线,主要波段在可见光区或近红外区,主要的输出波长为 632.8nm,通常为连续波运转,单横模输出功率在 50mW/m 量级的水平。其主要特点是输出光束的质量好,输出功率和频率稳定度高,且结构简单紧凑,可靠稳定。近来,由于制作工艺的更新,其使用寿命提高到数万小时。因而,He-Ne 激光器已广泛应用于准直、检测、导向、精密计量、全息、信息处理、医学、生物学、农业等各个方面。

(1)He-Ne 激光器的工作原理

① He-Ne 原子的能级结构和激发机理

He-Ne 激光器的工作物质是 Ne 和 He 原子气体,激光跃迁产生于 Ne 原子的不同激发态之间,He 原子是辅助气体,用作对 Ne 原子的共振激发能量转移,图 3-4 是与激光跃迁有关的 Ne 和 He 原子的部分能级图。

He 原子的能级,可由双价电子 LS 耦合法则给出,He 原子的基态能级是 $1S_0$,第一激发态的两个亚稳能级分别为 $2^1S_0$、$2^3S_1$。

Ne 原子的能级也可由 LS 耦合法则给出,对于每一个激发电子态,可以形成一组不同的原子能级。Ne 原子的各组能级通常用帕邢符号表示。

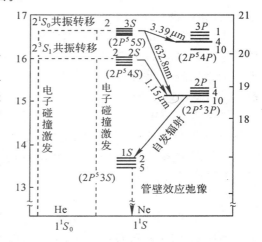

图 3-4 He-Ne 原子的部分能级图

与激光跃迁有关的 $3S$、$2S$ 和 $1S$ 能态各含有 4 个子能级,能态 $3P$ 和 $2P$ 各含有十个子能级。例如在图 3-4 中,"$2P$"表示 Ne 原子的帕邢符号能级,而其下的"$(2P^53P)$"表示对应的 Ne 原子的某一个电子组态。"$2P$"含有 $2P_1$,$2P_2$,…,$2P_{10}$ 十个子能级。

已经在 Ne 原子的 $3S \rightarrow 2P$、$3S \rightarrow 3P$ 以及 $2S \rightarrow 2P$ 之间的许多能级之间获得 100 多条谱线,其中最强的三条谱线:632.8nm,3.39μm 和 1.15μm,分别对应于能级 $3S_2 \rightarrow 2P_4$,$3S_2 \rightarrow 3P_4$ 和 $2S_2 \rightarrow 2P_4$ 之间的跃迁。

由于 Ne 原子的 $3S_2 \rightarrow 2P_4$ 能级间跃迁的 632.8nm 谱线具有最大的跃迁几率和增益,普通的 He-Ne 激光器都为 632.8nm 波长输出。近年来,对能级 $3S_2 \rightarrow 2P$ 能态的其他能级跃迁的发射谱线的研究进展也相当快。表 3-1 给出 Ne 原子的 $3S_2 \rightarrow 2P$ 跃迁谱线的对应能级、波长和相对功率。从红光扩展到黄、绿光。

**表 3-1 Ne 原子的 $3S_2 \rightarrow 2P$ 跃迁谱线**

| 能级 | $3S_2 \rightarrow 2P_1$ | $\rightarrow 2P_2$ | $\rightarrow 2P_3$ | $\rightarrow 2P_4$ | $\rightarrow 2P_5$ | $\rightarrow 2P_6$ | $\rightarrow 2P_7$ | $\rightarrow 2P_8$ | $\rightarrow 2P_{10}$ |
|------|------|------|------|------|------|------|------|------|------|
| 波长(nm) | 731.0 | 640.0 | 635.0 | 633.0 | 629.0 | 612.0 | 605.0 | 594.0 | 543.0 |
| 功率(mW) | 0.6 | 7.9 | 0.3 | 23 | 1.5 | 15 | 0.9 | 1.6 | 0.25 |

He-Ne 激光器属典型的四能级工作系统，Ne 原子激光上能级的激发主要有两个过程：

a. 电子碰撞直接激发

$$Ne(^1S_0)+e \rightarrow Ne(3S、2S)+e \tag{3.1.6}$$

b. 激发态 He 原子的能量共振转移，即先由电子碰撞激发 He 原子，形成激发态 He 原子

$$He(^1S_0)+e \rightarrow He^*(2^1S_0、2^3S_1)+e \tag{3.1.7}$$

而后，$He^*(2^1S_0、2^3S_1)$ 与基态 Ne 碰撞能量共振转移

$$He^*(2^1S_0、2^3S_1)+Ne(^1S_0) \rightarrow He(^1S_0)+Ne^*(2S_2、3S_2)\pm\Delta E_\infty \tag{3.1.8}$$

上述的两个过程中，由过程 b. 激发 $Ne^*(3S_2)$ 的速率比由电子碰撞直接激发的速率高 60～80 倍。

② He-Ne 激光器的结构

He-Ne 激光器的基本组成包括放电管、电极和谐振腔三部分，如图 3-5 所示。

光学谐振腔由一对高反射率的多层介质膜反射镜组成，一般采用平凹腔形式，输出平面镜的透过率为 1%～2%，凹面全反镜的反射率接近 100%。

放电管由毛细管和贮气管构成，毛细管是放电工作增益区，贮气管的作用是增加工作气体总量，放电管一般用硬质玻璃或石英玻璃制成。

连续运转的 He-Ne 激光器多采用直流放电激励形式。放电长度为 1m 的激光器，起辉电压在 8000V 左右，He-Ne 激光器的

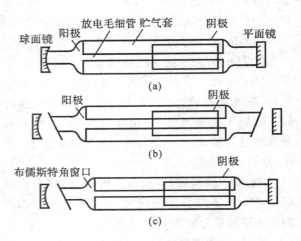

图 3-5　He-Ne 激光器的结构形式

工作电流在几毫安到几百毫安的范围内。放电电极都采用冷阴极形式，冷阴极材料通常为铝或铝合金，为增大电子发射面积和减低溅射，阴极通常制成圆筒状，阳极一般采用钨针。

He-Ne 激光器具有多种结构形式。图 3-5(a)、(b)、(c)所示的分别是内腔、外腔、半外腔结构形式。

(2) He-Ne 激光器的工作特性

① He-Ne 激光器的工作参数

普通型以 632.8nm 波长运转的 He-Ne 激光器具有如下的主要工作参数：

· 最佳工作气压和混合比

最佳混合气压比：

$$P_{He}：P_{Ne}=5：1～9：1 \tag{3.1.9}$$

最佳工作气压：

$$Pd=440～533 (Pa \cdot mm) \tag{3.1.10}$$

式中，$P_{He}$、$P_{Ne}$ 分别为 He 和 Ne 的气压，$P$ 是最佳总气压，$d$ 是放电管直径(mm)。

· 最佳工作流

$$I=70d (mA) \tag{3.1.11}$$

式中，$d$ 的单位为 cm。

· 最佳单程小信号增益

$$G = 3 \times 10^{-4} l/d \tag{3.1.12}$$

式中，$l$ 为放电管长度，$d$ 为直径。

- 饱和增益光强

$$I_s = 2 + (1.6/d) + (0.19/d^2) \ (\text{mW/cm}^2) \tag{3.1.13}$$

② He-Ne 激光器的输出功率

对于波长 632.8nm 运转的 He-Ne 激光器，腔长 $L < 15\text{cm}$，即纵模间隔 $\Delta\nu_q >$ 振荡带宽时，获得单纵模运转，否则，以多纵模方式运转。

- 单纵模激光器输出功率公式

$$P_s = 3\pi \times 10^{-2} dl I_s \varphi \tag{3.1.14}$$

式中，$I_s$ 是饱和光强，$\varphi$ 是激发参量（可由图表曲线查出），$l$ 是放电管长（cm），$d$ 是放电管直径（cm）。

- 多纵模激光器输出功率公式

$$P_\tau = 7.5 d^2 \eta \left( \sqrt{6 \times 10^{-4} l/d} - \sqrt{a_c} \right)^2 \ (\text{W}) \tag{3.1.15}$$

式中，$a_c$ 是单程光学损耗，$l$ 是放电管长度（cm），$d$ 是放电管直径（cm），$\eta$ 是毛细管利用率。

③ 激光束的发散角

应用于准直、导向、测距等场合的 He-Ne 激光器，应具有良好的方向性和准直性，远场发散角为

$$\theta = \lambda/\pi\omega_0 \tag{3.1.16}$$

式中，$\omega_0$ 为束腰半径，$\lambda$ 为波长，对于平凹腔构型的 He-Ne 激光器，其远场发散角可表示为

$$\theta = (\lambda/\pi L)^{1/2} [1/(\Gamma-1)]^{1/4} \tag{3.1.17}$$

式中，$\Gamma = R/L$，$L$ 是腔长，$R$ 是凹镜曲率平径。

### 2. Cu 原子蒸气激光器

金属蒸气激光器是利用被加热的金属蒸气为工作物质的激光器，目前已在几十种金属蒸气中获得激光辐射，其中包括金属蒸气原子激光器和金属蒸气离子激光器两大类。金属蒸气原子激光器是典型的自终止跃迁激光器，尤以铜原子激光器为最典型的代表。

(1) 自终止（自限）跃迁方式

自终止跃迁通常发生于中性原子系统中，原子的第一激发共振能级具有最大的电子碰撞激发截面，选为激光上能级，而激光下能级为亚稳能级，系统在短脉冲电流激发下，形成瞬态粒子数反转，由于亚稳能级的禁戒跃迁性质，系统很快不满足激光振荡条件，跃迁自行终止，所以只能以脉冲形式运转。

(2) Cu 原子的能级与激光跃迁

Cu 原子的激光上能级为原子的第一共振激发态，能级符号是 $^2P_{1/2,3/2}$；其激光下能级是原子的亚稳态，能级符号为 $^2D_{3/2,5/2}$，图 3-6 是 Cu 原子的激光跃迁能级图。Cu 原子的两条主要激光跃迁线是：波长为 510.6nm 的绿线，对应于 $^2P_{3/2}$ → $^2D_{5/2}$ 能级的跃迁；波长为 578.2nm 的黄线，对应于 $^2P_{1/2}$ →

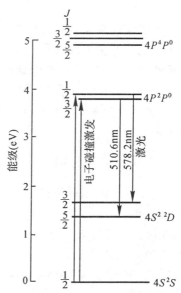

图 3-6　Cu 原子能级与激光跃迁

$^2D_{3/2}$ 能级的跃迁。这两条跃迁线的增益都很大，510.6nm 的绿线增益达 58dB($m^{-1}$)；578.2nm 的黄线的增益达 42dB($m^{-1}$)。因此，在绿线(无谐振腔镜时)和黄线(单腔镜时)都能观察到超辐射。

### (3)纯铜蒸气激光器

Cu 原子激光器采用的工作物质有纯铜和卤化铜两种。它们的激发机理是一样的，卤化铜的采用，主要是降低了激光器的工作温度。

纯铜蒸气激光器以纯铜蒸气为工作物质。如图 3-7 所示装置示意图，$Al_2O_3$ 或 BeO 陶瓷管做放电管，放电管内充有 $33 \times 10^2$Pa 气压的氖气作为缓冲气体，放电管外面加绕白

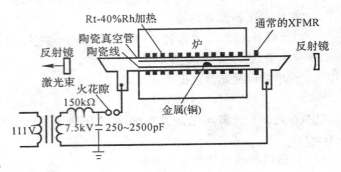

图 3-7 纯铜蒸气原子激光器

金和铑(40%Rh)的合金加热条，铜粉沿放电管轴放置，放电管的直径 1cm～8cm，在 1500℃的加热温度下产生的铜蒸气气压约为 40Pa，在放电管外部加有保温套，既能屏蔽气体放电产生的热辐射，又能保持工作区的高温状态，放电电路为储能电容快速放电形式，放电峰值电流达数百安培，脉宽 400ns。

近年来，除 Cu 原子外的其他一些金属蒸气原子激光器发展也相当迅速。其中较重要的有：
① 金蒸气原子激光器，主要输出波长 312.2nm 和 627.8nm；
② 铅蒸气原子激光器，主要输出波长 722.9nm 和 405.7nm；
③ 锶蒸气原子激光器，输出波长 645.6nm 和 1029nm；
④ 锰蒸气原子激光器，主要输出波长 524.1nm、5517nm、1299nm 和 1399nm 等。

## 三、分子气体激光器

分子气体激光器的工作物质是没有电离的气体分子。近年来，分子激光器发展十分迅速，分子激光器的主要特点是，它们的电子基态的振—转能级非常接近基态，因而具有很高的能量转换效率，而且分子振动能级的激发截面一般都比较大，能够获得绝对值较高的粒子数反转值。能够用作激光工作物质的分子种类相当多，主要有 $CO_2$、CO、$N_2$、$O_2$、$N_2O$、$H_2O$ 等分子气体，以及准分子 $XeF^*$、$KF^*$ 等。其中最典型的代表是 $CO_2$ 激光器、氮分子激光器、准分子激光器等。

### 1.二氧化碳激光器

$CO_2$ 分子激光器是目前实际应用中最重要的激光器，其发展极为迅速，应用最广泛。自 1964 年问世以来，封闭型、流动型、大气压型、横向激励型、波导列阵型等形式的激光器相继出现，并已使其中的大部分器件实现系列化和商品化。目前，连续波输出功率已达数十万瓦，$2 \times 10^4$W 的连续波功率器件已成商品，是所有激光器中连续波输出功率最高的激光器。脉冲输出能量达数万焦耳，脉冲功率达 $10^{12}$W，$CO_2$ 激光器的能量转换效率达 20%～25%，是能量利用率最高的激光器之一。$CO_2$ 激光器的输出谱带也相当丰富，主要波长分布在 9～11$\mu$m，正好处于大气传输窗口，十分适宜于在制导、测距、通讯上的应用，以及用作激光武器。同时，用作研究

物质在 $10.6\mu m$ 区域内的非线性光学现象和在工业加工、激光医学及生物学方面都具相当诱人的应用前景。

（1）二氧化碳激光器的工作原理

$CO_2$ 分子的能级与激光跃迁：

$CO_2$ 分子是线性对称排列的三原子分子，它有一条对称轴 $C_\infty$ 以及垂直于对称轴的对称平面，如图 3-8(a) 所示。$CO_2$ 分子具有三种基本振动方式，如图 3-8(b)、(c)、(d) 所示。

① 反对称振动

组成 $CO_2$ 分子的三个原子沿对称轴 $C_\infty$ 振动，其中碳原子的振动方向与两个氧原子的运动方向相反，通常用 $\nu_3$ 来标记这种振动运动相应的振动频率，并称为 $\nu_3$ 振动模，其基振动频率波数 $\tilde{\nu}_{30}=2349.3cm^{-1}$。

② 对称振动

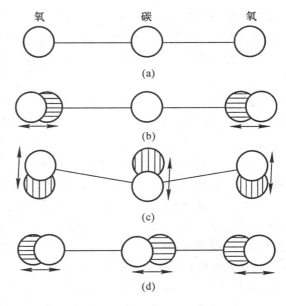

氧　　　　碳　　　　氧

(a)

(b)

(c)

(d)

图 3-8　$CO_2$ 分子振动模型

$CO_2$ 分子的三个原子也是沿 $C_\infty$ 轴振动，但碳原子保持在平衡位置上，两个氧原子则同时向着或背着碳原子作振动，用 $\nu_1$ 标记这种振动方式的振动频率，简称 $\nu_1$ 振动模，其基振动频率波数为 $\tilde{\nu}_{10}=1388.3cm^{-1}$。

③ 形变振动

$CO_2$ 分子的三个原子不沿对称轴 $C_\infty$，而是沿垂直于对称轴振动，并且碳原子的运动方向与两个氧原子相反，用 $\nu_2$ 标记这种振动频率，并简称 $\nu_2$ 振动模，其基振动频率波数为 $\tilde{\nu}_{20}=667.3cm^{-1}$。

$CO_2$ 分子的振动能量是由这三种基本振动方式的振动能量来决定，或者说，由这三种振动的振动量子数来决定，相应地，$CO_2$ 分子的振动能级即可由振动量子数来标记，记作 $(\nu_1, \nu_2^l, \nu_3)$，量子数 $\nu_2$ 上角的 $l$ 表示 $\nu_2$ 振动模的角动量量子数，在图 3-9 中标出了 $CO_2$ 分子的有关激光振动能级，例如 $(00°1)$ 即表示反对称振动方式中的第一振动能级。同时所标记的 $\Sigma_u^+$、$\Sigma_g^+$、$\pi_u$ 等符号是用于表征振动能级辐射跃迁对称性选择的标记符号。

$CO_2$ 分子可能产生的跃迁很多，其中

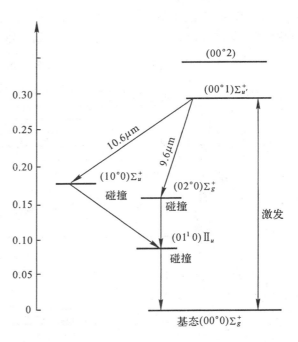

图 3-9　$CO_2$ 分子部分能级跃迁图

最强的两条是如图 3-9 所示的 $00°1 \rightarrow 10°0$ 振动能级间跃迁（中心波长 $10.6\mu m$）和 $00°1 \rightarrow 02°0$

振动能级间跃迁(中心波长 9.6μm)。对于这两条常规的跃迁谱带,激光上能级是 $00^01$,激光下能级是 $10^00$ 和 $02^00$。与 He-Ne 激光器一样,$CO_2$ 激光器也属四能级工作系统。

$CO_2$ 分子激光上能级 $00^01$ 的激发,主要有两种途径:其一是直接电子碰撞激发:

$$CO_2(00^00)+e \rightarrow CO_2(00^01)+e' \tag{3.1.18}$$

其二是利用激发态 $N_2$ 分子的共振转移激发。$N_2$ 分子的激发振动态 $N_2^*(v=1,2,3,\cdots)$ 的固有偶极矩为零,所以寿命很长,并且 $N_2^*$ 与 $CO_2^*(00^01)$ 的能量差很小。为此,它们的共振转移效率很高:

$$N_2^*(v=1,2,3,\cdots)+CO_2(00^00) \rightarrow N_2(v=0)+CO_2(00^01)\pm18cm^{-1} \tag{3.1.19}$$

在放电激励的 $CO_2$ 激光器中,共振转移激励是建立粒子数反转的主要过程。

$CO_2$ 分子激光下能级 $10^00$ 和 $02^00$ 的消激发,关系到粒子数反转的绝对值,图 3-9 表明,下能级必须经由 $01^10$ 能级才能返回到基态,能级 $01^10 \rightarrow 00^00$ 的过程是一个分子由振动态→平动态的扩散弛豫过程,弛豫速度很慢,而形成一个跃迁运行过程中的"瓶颈"效应,即激光输出功率受到此能级的弛豫速度的影响,使得普通型 $CO_2$ 激光器的单位长度输出功率成为一个定值(50W/m),因此,提高 $CO_2$ 激光器输出功率最有效的途径是加速 $01^10$ 能级的排空,即降低气体温度,利用高速流动的工作气体方法可使得激光器的输出功率和效率大大提高。当高速气流速度大于气体分子扩散冷却速度时,激光器的输出功率依赖于流动速度 $v$、气体密度 $p$、放电管经 $d$ 等参量,输出功率 $P \propto p \dfrac{v}{d}$。可见,只要提高工作气体的流动速度,输出功率就得以大大提高,实际上,已在高速流动的工作物质中(流速 $v>50\sim100m/s$),得到每米数千瓦的输出功率。

(2)普通型(封离型)二氧化碳激光器工作特性

① 基本结构

普通型 $CO_2$ 激光器是应用最广泛的激光器,其工作气体密封于放电管内,一般不大于 200W 输出功率,封离型 $CO_2$ 激光器的基本结构也分为全内腔、半内腔和全外腔三种。图 3-10

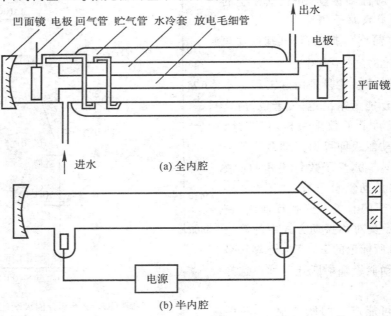

图 3-10 纵向放电封离型 $CO_2$ 激光器的典型结构

是内腔和半内腔型纵向放电激励封离型连续 $CO_2$ 激光器的典型结构,基本组成包括放电管、电极和谐振腔三部分。

$CO_2$ 激光器的谐振腔大多采用平—凹腔构型,谐振腔的全反镜通常是以光学玻璃或金属片为基底,表面镀金膜,反射率达 98% 以上。谐振腔的输出镜一般采用能透射 $10.6\mu m$ 辐射的红外材料为基底,在上面镀多层介质膜而制成,红外材料主要有 Ge、Si、GaAs、ZnSe、$CaF_2$ 以及 KCl、NaCl 等,其中最常采用的是 Ge 和 ZnSe。

封离型 $CO_2$ 激光器的放电管采用三层套管结构,放电毛细管是放电增益区,其外的一层是水冷套,为使放电毛细管冷却。储气管作用是增大工作气体容量,延长工作寿命。回气管的作用是消除直流放电中产生的"电泳"现象。对于外腔或半内腔的激光器,其布氏窗片的材料也采用上述的红外材料。

$CO_2$ 激光器一般采用冷阴极,形状为圆筒形。阴极材料的选择,对激光器的寿命有很大影响。常用的金属材料有镍、铝、银铜合金、不锈钢等,镍材料电极具有使放电时 $CO_2$ 分子离解的 $O_2$ 和 CO 重新复合成 $CO_2$ 分子的催化作用,因而延长工作气体的寿命,银铜合金和特定组分的不锈钢材料也具有这种特性。

② 主要的工作参数

a. 气体组分与气压

$CO_2$ 激光器中,工作气体除 $CO_2$ 外还充有多种辅助气体,其作用是提高激光上能级 $00^01$ 的激发速率和加速激光下能级的弛豫,通常采用的工作气体的组分是 $CO_2+N_2+He+Xe+H_2$。组分气体的最佳混合比与放电管管径有关,例如,对于放电管内径小于 15mm 的激光器,采用的最佳比分为:

$$CO_2 : N_2 : He : Xe : H_2 = 1 : 1.5 : 8 : 0.3 : 0.05 \tag{3.1.20}$$

最佳工作气压:

$$P_{CO_2}d = 4400 \text{ (Pa·mm)} \tag{3.1.21}$$

式中,$P_{CO_2}$ 是 $CO_2$ 气体的组分压力,$d$ 是放电管内径。

在混合气体中,$N_2$ 是最主要的辅助气体,其重要作用是激励 $CO_2$ 分子激光上能级,并且有增加 $CO_2$ 分子激光下能级的弛豫速率,He 气也是主要的辅助气体,其作用是降低工作气体温度和加速 $CO_2$ 分子激光下能级的弛豫,Xe 气的作用是降低放电气体的电离电位,而提高激光器的输出功率和能量转换效率,$H_2$ 气的主要作用是促使离解的 $CO_2$ 分子再复合以及加速激光下能级的弛豫,从而提高 $CO_2$ 激光器的输出功率和工作寿命。

b. 放电特性

封离型 $CO_2$ 激光器多采用直流放电激励方式,最佳放电电流与放电管径、工作气体气压等有关,最佳工作电压也与管径和气压有关。例如,长度为 1m 的放电管,管径为 10mm,气压为 2000Pa 时,最佳工作电流为 20mA,工作电压 20kV。

c. 增益特性与功率特性

在最佳放电电流、气体混合比和气压的条件下,小信号增益系数 $g_0$ 与毛细管内径 $d$ 有关系:

$$g_0 = (0.012 \sim 0.0025)d \text{ (cm)} \tag{3.1.22}$$

饱和增益系数

$$I_s = 72/d^2 \text{ (W/cm}^2) \tag{3.1.23}$$

激光器的输出功率

$$P_{\text{out}} = 14.4\pi \left( \frac{I_0}{I_s} \right) \qquad\qquad (3.1.24)$$

式中，$I_0$ 是激光腔内的振荡光强，$I_s$ 是饱和光强。

③ $CO_2$ 激光器的输出频谱

已经观察到 200 多条 $CO_2$ 分子的跃迁谱线，分布于 9～18$\mu$m 波长范围里，主要的两条常规谱带：$00^01$～$10^00$ 的 $P$、$R$ 支跃迁，10～11$\mu$m，80 多条谱线；$00^01$～$02^00$ 的 $P$、$R$ 支跃迁，9～10$\mu$m，80 多条谱线。

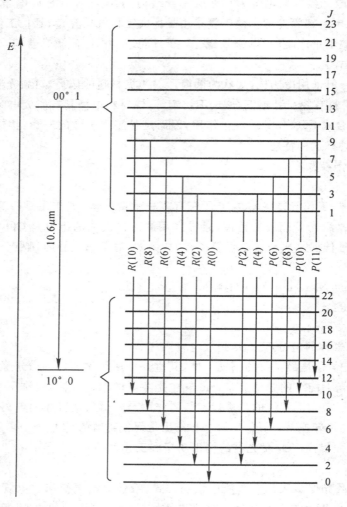

图 3-11　$CO_2$ 分子 $00^01$ 和 $10^00$ 的振—转能级及跃迁

图 3-11 是 $CO_2$ 分子 $00^01$～$10^00$ 能级间的振—转跃迁的 $P$ 支与 $R$ 支谱线。图中的 $J$ 是振动能级上的转动能级的量子数。两个振动能级跃迁时，必定伴随着其上的各转动能级间的跃迁，如图所示，$\Delta J = +1$，称为 $R$ 支跃迁；$\Delta J = -1$，称为 $P$ 支跃迁。例如，$00^01$ 上的 $J=19$ 转动能级向 $10^00$ 的 $J=20$ 转动能级的跃迁谱线记作 $P(20)$，波长为 10.6$\mu$m，这是普通型 $CO_2$ 激光器常规的运转谱线，由于 $CO_2$ 分子转动能级的竞争效应，通常的 $CO_2$ 激光器输出光束的波长总是 10.6$\mu$m，因此，要获得其他的谱线输出，必须在激光腔内设置谱线选择器。

### 2. 准分子激光器

准分子激光器是工作于紫外波段的高功率分子激光器，激光上能级是束缚态，下能级是排斥态，准分子激光器工作物质是准分子气体，最常用的准分子激光器及输出波长有：XeF—540nm；KrCl—222nm、KrCl—248nm；KrF—282nm；XeBr—308nm；ArCl—175nm；XeCl—351nm、XeCl—353nm；XeO—538nm、XeO—546nm等。

（1）XeF$^*$准分子激光器工作原理

XeF$^*$是由异核双原子组成的准分子，当处在高能级时可以形成稳定的分子，而跃迁到基态时即会迅速地由分子离解为独立自由原子，因此，能级的跃迁过程属"束缚态→自由态"的跃迁。图3-12所示 XeF$^*$的激发态 B($^3\Sigma^+_{1/2}$)、C($^3\pi_{3/2}$)、D($^2\pi_{1/2}$)是强束缚态，即具有势能"凹陷"结构，Xe$^+$和 F$^-$的强束缚作用，形成稳定分子结构，而基态 X($^1\Sigma^+_{1/2}$)势能曲线无"凹陷"或很浅"凹陷"，是排斥态或弱束缚态，因此很快离解为独立原子。

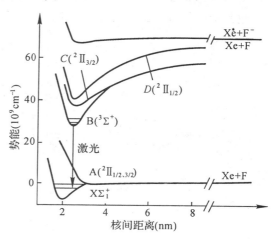

图 3-12　XeF 跃迁的势能曲线

从 B($\Sigma^+_{1/2}$)到 X($\Sigma^+_{1/2}$)的振动能级跃迁获得激光波长有 348.7nm、351.10nm、351.49nm、353.15nm、353.49nm 等，最强线为 351.10nm。由于准分子存在的寿命较短，因此准分子激光器的泵浦除了要求大面积均匀放电之外，还要求快速泵浦激励。通常有快速脉冲放电激励和电子束激励两种方式。

（2）电子束激励 XeF$^*$准分子激光器

图 3-13 是电子束激励 XeF$^*$准分子激光器结构图，由电子枪和激光腔两部分组成，经过聚焦的平行电子束在脉冲电压作用下，透过电子束窗口进入激光腔中。激光腔中的电流密度达 100A/cm$^2$，工作气体组分为 Ar：Xe：NF$_3$=1000：3：1，以 Ar 气为主要辅助气体，总气压为 355kPa。

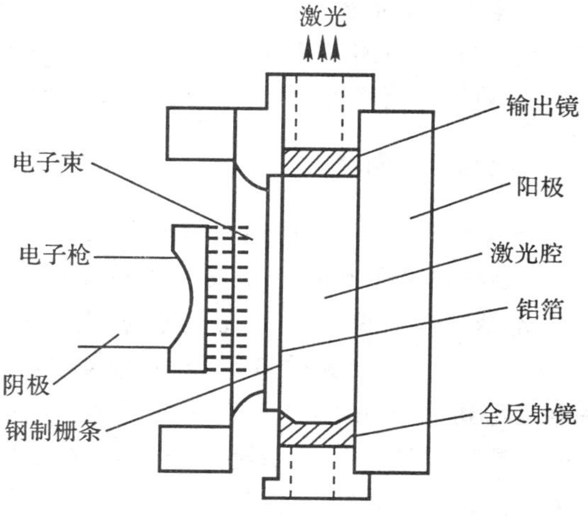

XeF$^*$准分子的形成过程：

$$\left.\begin{array}{l} e+Ar \rightarrow Ar^*+e \\ Ar^*+Xe \rightarrow Xe^*+Ar \\ Xe^*+NF_3 \rightarrow XeF^*+NF_2 \end{array}\right\} \qquad (3.1.25)$$

图 3-13　电子束激励准分子激光器结构图

（图中标注：激光、输出镜、阳极、激光腔、铝箔、全反射镜、电子束、电子枪、阴极、钢制栅条）

### 3. N$_2$ 分子激光器

大部分分子气体激光器的激光辐射发生于分子的同一电子态的振—转能级之间，发射的光谱为红外或远红外波段，而 N$_2$ 分子激光器的激光跃迁发生于 N$_2$ 分子的不同的电子态 C$^3\pi_u \rightarrow$ B$^3\pi_u$ 能级之间，是一种工作于紫外波段的常用的脉冲激光器。其特点是峰值功率高（可达几十兆瓦）、脉宽窄（可达 0.4ns）、重复频率高

（可达几十千赫）。

　　$N_2$ 分子激光器的输出波长主要有 337.1nm 和 357.7nm，后者一般是在工作气体中加 $SF_6$ 才出现。$N_2$ 分子激光器的工作气体一般为纯 $N_2$，有时也添加一些 He 和 Ar。纯 $N_2$ 时的总气压为几千帕，加 He 时可提高到十几千帕。图 3-14 是 $N_2$ 分子激光器结构简图，主要采用快放电 Blumlein 激励方式，也称行波激励方式，它是用传输线做储能电容兼做与激光放电室之间的连接线。同时，传输线也起脉冲形成线作用，通过火花球隙作开关，产生几个纳秒的锐脉冲电压，这也是准分子激光器采用的快速脉冲放电激励方式。

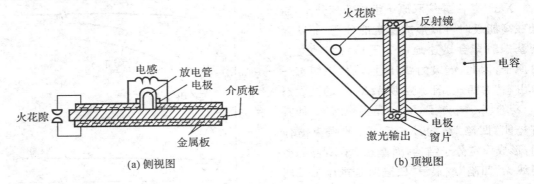

(a) 侧视图　　　　　　　　　(b) 顶视图

图 3-14　$N_2$ 分子激光器结构简图

## 四、离子气体激光器

　　气体离子激光器是以气态离子在不同激发态之间的激光跃迁工作的一种激光器，主要有三类：惰性气体离子激光器，分子气体离子激光器和金属蒸气离子激光器。

　　气体离子激光器的主要特点是：

　　(1)输出波段遍布紫外到近红外，是目前可见光波段连续输出功率最高的激光器；

　　(2)阈值电流密度相当高，可达几百安培。

### 1. 氩离子激光器

　　$Ar^+$ 激光器是一种惰性气体离子激光器，属于惰性气体离子类的还有 $Kr^+$、$Ne^+$、$Xe^+$ 离子激光器。$Ar^+$ 激光器输出的波长主要是 488.8nm 和 514.5nm 的蓝绿光，连续输出功率为几瓦到几十瓦，目前最高达几百瓦，它是可见光波段连续输出功率最高和最常应用的激光器。

　　(1)$Ar^+$ 的能级和激发机理

　　图 3-15 是 $Ar^+$ 的有关能级和跃迁图。$Ar^+$ 的离子基态为组态（$3P^5$），是二重能级 $^2P_{1/2,3/2}$，激光上能级为组态（$3P^44P$），对应有 $^4D_{7/2}$,…，等 19 个能级。激光下能级为组态（$3P^44S$），对应有 $^2P_{3/2}$,…，等 8 个能级，其中两条最强的跃

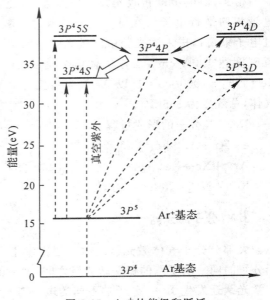

图 3-15　$Ar^+$ 的能级和跃迁

迁线是

$(4P)^4D^0_{5/2} \rightarrow (4S)^2P_{5/2}$　　514.5nm　　绿光

$(4P)^2D^0_{5/2} \rightarrow (4S)^2P_{3/2}$　　488.8nm　　蓝光

$Ar^+$能级的粒子数反转主要靠气体放电中电子与 Ar、$Ar^+$ 之间的碰撞激发过程,主要有如下三种形式:

① 一步过程

高能电子直接将 Ar 原子电离、激发到 $Ar^+(3P^44P)$,即

$$Ar(3P^6)+e \rightarrow Ar^+(3P^44P)+2e \tag{3.1.26}$$

② 二步过程

电子与 Ar 原子碰撞,将其电离为 $Ar^+$,再与电子碰撞而激发到高能态:

$$\left. \begin{array}{l} Ar(3P^6)+e \rightarrow Ar^+(3P^5)+2e \\ Ar^+(3P^5)+e \rightarrow Ar^+(3P^44P)+e \end{array} \right\} \tag{3.1.27}$$

二步过程是 $Ar^+$ 激发的主要过程形式。

③ 联级跃迁

通过电子碰撞把 $Ar^+$ 激发到 $3P^45S$、$3P^44D$ 等高能级上,然后通过辐射,跃迁到激光上能级。

(2)$Ar^+$激光器的结构

$Ar^+$激光器一般由放电管、谐振腔、轴向磁场和放电电源几部分组成。

放电管是 $Ar^+$ 激光器最关键的部分,放电管的核心是放电毛细管,由于 $Ar^+$ 激光器工作电流密度达每平方厘米数百安培,工作温度 1000℃ 以上,故要求放电管材料要耐高温、导热性好、气密性好、机械强度高等,常用有石英管、陶瓷管、分段石墨管和金属放电管。图 3-16 是分段石墨片结构的 $Ar^+$ 激光器,放电毛细管由分段石墨片组成,石墨片中心钻孔作毛细管用,石墨片由两根直径约 3.5mm 的 $Al_2O_3$ 陶瓷杆串联起来,并用小石英环使其每片隔开而彼此绝缘,整个组件置于有水冷套的石英管内,两端分别为发射电子的阴极和收集电子的石墨阳极。

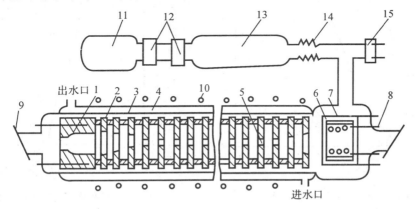

图 3-16　分段石墨结构 $Ar^+$ 激光器

1.石墨阳极　2.石墨片　3.石英环　4.水冷套　5.放电毛细管　6.阴极　7.保热屏　8.加热灯丝
9.布氏窗　10.磁场　11.贮气瓶　12.电磁真空充气阀　13.镇气瓶　14.波纹管　15.气压检测器

金属放电管是一种称之为"革新"型的放电管结构,主要优点是导热性好和机械强度高,较好的金属材料是钨。放电管结构类似于分段石墨片结构,把金属钨切成片(称为钨盘),用绝缘片隔开,然后拼成一根管。

Ar$^+$激光器采用热阴极结构以提供大的发射电流,通常使用间热式钡钨阴极。

Ar$^+$激光器谐振腔的反射镜,一般采用玻璃基底的镀介质膜镜片,全反射镜的反射率在99.8%,输出镜的透过率约12%(488.0nm)和10%(514.5nm)。

为了提高 Ar$^+$激光器的输出功率和寿命,通常都要加上一个强度为几百到 1000 高斯的轴向磁场,通常由套在放电管外的螺管线圈产生。

(3)Ar$^+$激光器的工作特性

① 阈值电流强度

Ar$^+$激光器的每一振荡波长都有对应的阈值电流,表 3-2 中列出 Ar$^+$激光器几条主要跃迁线的阈值电流。由表 3-2 可见,阈值电流最低的两条谱线是 488.0nm 和 514.5nm。一般说来,对于连续波 Ar$^+$激光器,不采取特殊的谱线选择措施时,总是以这两条谱线振荡输出的。

**表 3-2  Ar$^+$激光器主要波长的阈值电流**

| 波长(nm) | 488.0 | 514.5 | 476.5 | 496.5 | 501.7 | 472.7 |
|---|---|---|---|---|---|---|
| 阈值电流(A) | 4.5 | 7 | 8 | 9 | 12 | 14 |

② 工作电流

Ar$^+$激光器的输出功率与工作电流密切相关,图 3-17 表明:起始阶段,输出功率的增长与电流强度成四次方关系,而后就正比于电流强度的平方,这是因为在电流密度较低时,以二步过程为主,电流的增加使激发粒子数迅速增加,而当电流较高时,虽然激发速率增加,但气温升高而使谱线变宽,导致增益下降,因而输出功率随电流而增大的速度变缓,出现饱和。

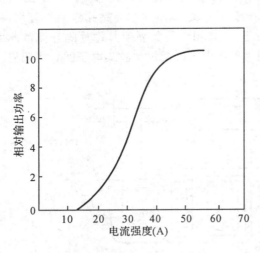

图 3-17  功率与电流关系曲线

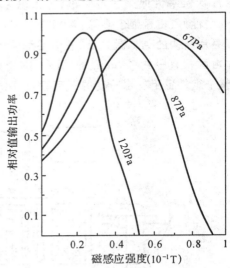

图 3-18  磁场强度与输出功率关系

③ 轴向磁场强度

轴向磁场可以减少离子对放电管壁的轰击,延长器件的寿命,并且能提高输出功率和效率。这是由于在放电管内向管壁运动的带电粒子在轴向磁场作用下将产生螺旋状运动,并向管轴集中,从而减少带电粒子对管壁的轰击和向管壁的扩散损失,使管内带电粒子密度增加,提高激发速度,使输出功率增加,但磁场过大,也会使谱线变宽而导致增益下降,因此,存在最佳磁场强度,如图 3-18 所示,表征了输出功率与磁场强度的关系。

**2. 其他气体离子激光器**

(1)氦-镉离子激光器

He-Cd$^+$激光器是一种金属蒸气离子激光器,He-Cd$^+$激光器工作物质是金属 Cd 蒸气和 He 的混合气体,激光跃迁发生于 Cd$^+$离子激发态能级之间,输出波长在 325.0nm、441.6nm、533.8nm、537.8nm、635.5nm 和 636.0nm。

一般情况下,Cd$^+$只能被激发到 $5S^2$($^2D_{5/2,3/2}$)能态,二条较强的谱线为 325.0nm 和 441.6nm,对应于

441.6nm　　　$5S^2$($^2D_{5/2}$)→$5P$($^2P^0_{3/2}$)

325.0nm　　　$5S^2$($^2D_{3/2}$)→$5P$($^2P^0_{1/2}$)

如果采用空心阴极结构,激励的电子能量得以提高,则可使 Cd$^+$激发到更高的激发能态 6g、5f 等上,从而获得其他四条跃迁谱线:

红光:635.5nm,$6G$($^2G_{7/2}$)→$5F$($^2F_{5/2}$)

　　　636.0nm,$6G$($^2G_{9/2}$)→$5F$($^2F_{7/2}$)

绿光:533.7nm,$5F$($^2F_{5/2}$)→$5D$($^2D_{3/2}$)

　　　537.8nm,$5F$($^2F_{7/2}$)→$5D$($^2D_{5/2}$)

当谐振腔用宽带反射镜时,可使上述几条谱线同时振荡,而获得白光输出,即白光激光器。

图 3-19 是 He-Cd$^+$激光器的结构图,放电管由石英管制成,内径 2～3mm,管内充入几百帕 He 气,He 作为辅助气体,主要作用是参与 Cd 的激光上能级建立中的潘宁电离过程。金属镉粒置于阴极附近,通过加热镉升华成蒸汽,并扩散到放电区中,He-Cd$^+$激光器可在直流放电下连续工作,无需水冷。工作电流在 70～120mA 附近,连续输出的激光功率为数百毫瓦量级,能量转换效率为 0.1%。

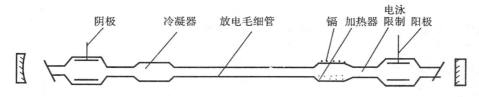

阴极　　冷凝器　　放电毛细管　　镉　加热器　电泳限制　阳极

图 3-19　He-Cd 激光器的结构图

(2)砷金属离子激光器

As$^+$激光器是一种金属离子激光器,工作物质是金属砷蒸气,辅助气体是 He 气,其工作特性和器件结构与 He-Cd$^+$激光器很相似,As$^+$激光器输出波长主要有三条:当使用的 He 缓冲气体气压较高时($65\times10^2$Pa),振荡波长为 549.7nm 和 651.2nm;当 He 气压较低时($23\times10^2$Pa),振荡波长为 617.0nm。

连续波输出的 As$^+$激光器,以 He 气为缓冲气体,采用空心阴极放电激励,As$^+$的激光上能级激发过程是

$$He^+ + As \rightarrow (As^*)(5D) + He + 248cm^{-1}$$
$$(As^+)^*(5D) + e \rightarrow (As^+)^*(6S) + e$$
　　　　　　　　　　　　　　　　　　　　　　(3.1.28)

(3)氪离子激光器

Kr$^+$激光器是以 Kr 气体为工作物质的惰性气体离子激光器。Kr$^+$激光器和 Ar$^+$激光器在结构上除了谐振腔的两块反射镜不同外(主要指对波段的反射率),其余各部分都完全相同,并

且其工作原理、工作特性与 $Ar^+$ 激光器也十分相似。

　　$Kr^+$ 激光器的输出激光波长范围在 400～900nm，主要的四条谱线是 476.2nm 的蓝光、520.8nm 的绿光、568.2nm 的黄光和 647.1nm 的红光，对应的跃迁能级和阈值电流为

$$476.2nm, 5P(^2D^0_{1/2}) \rightarrow 5S(^2P_{1/2}), 5.5A$$
$$520.8nm, 5P(^4P^0_{3/2}) \rightarrow 5S(^4P_{3/2}), 6.5A$$
$$568.2nm, 5P(^4D^0_{5/2}) \rightarrow 5S(^2P_{3/2}), 4.4A$$
$$647.1nm, 5P(^4P^0_{5/2}) \rightarrow 5S(^2P_{1/2}), 6.2A$$

在适当的工作条件下，四条跃迁线同时振荡，而获得白光输出。

## 第二节　固体激光器

　　固体激光器是以固体为工作物质的激光器。目前，实现激光振荡的固体工作物质已达数百种，输出的激光谱线达数千条。连续运转输出功率达数千瓦，脉冲激光能量达几十万焦耳，峰值功率高达拍瓦($10^{15}$W)。随着固体激光器技术的发展，与之有关的单元技术也得以相应的飞速发展，像激光超快、强光光学、非线性光学、激光核聚变等，固体激光器的主要特点是输出能量大、峰值功率高、结构紧凑、坚固可靠和使用方便等，因此被广泛应用于工农业、军事技术、医学、分子生物学和科学研究各个领域，特别是飞秒($15^{-15}$s)量级超短脉冲固体激光束的形成，对原子、分子微观能态结构和动态性能的探测研究，物质微观运动研究，化学微观反应动力学研究，激光分子生物学等领域，具有极其重大的意义。

### 一、固体激光器概述

　　固体激光器通常由固体工作物质，泵浦光源和光学谐振振腔三个基本部分组成，图 3-20 是典型的光泵浦固体激光器的结构示意图。

　　固体激光器通常采用光泵激励，由于能量转换环节多，输出效率较低，一般只有 0.5%～3%，最高可达 7%。目前连续泵浦的固体激光器，能在水冷条件下长期稳定工作的只有 $Nd^{3+}$：YAG 激光器，单根 $Nd^{3+}$：YAG 输出功率达数百瓦，数根 $Nd^{3+}$：YAG 串联输出功率可达数千瓦，脉冲泵浦的固体激光器的脉冲可按一定的重复率输出。高重复率工作的器件每秒达数十次到上百次。目前发展的激光技术，可获得飞秒($10^{-15}$s)量级的超短激光脉冲，峰值功率可达几十太瓦($10^{12}$W)。

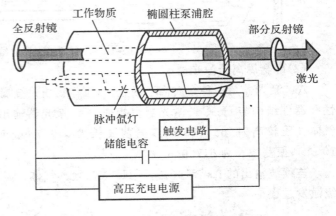

图 3-20　光泵浦固体激光器示意图

　　为适应空间技术的应用和集成光学发展的需要，新的更有效的泵浦源和泵浦方式日新月异，新的泵浦光源：大功率半导体激光二极管泵浦、太阳能泵浦等；新型泵浦结构，如面泵浦激

光器、光纤激光器等；研制高掺杂浓度、高增益激光介质；改善冷却方式和结构，减小器件体积和重量，提高激光器的性能等。

激光工作物质通常为圆柱形，称为激光棒，为改善工作物质的泵浦和冷却性能，也发展有片状（板条状）的激光工作物质。泵浦系统包括泵浦灯和聚光器两部分，泵浦灯发射的光由聚光器会聚到激光棒上，使激光棒中的激活离子形成粒子数反转分布。典型的电源系统如图 3-20 所示，泵浦灯由高压电源和储能电容供能，当触发器对泵浦灯预触发后，储能电容即向泵灯放电形成脉冲的强光输出。

固体激光器的谐振腔由全反射镜和输出反射镜构成，反射镜大多采用光学玻璃材料，表面镀以多层介质膜，谐振腔通常采用平行平面腔构型。

## 二、固体激光器的工作物质

在激光器中，激光工作物质是决定激光器性能的最关键部分。固体激光器中，最常用的工作物质是红宝石晶体、掺钕钇铝石榴石和钕玻璃。除此之外，目前其他一些固体激光的工作物质的发展也相当迅速。它们当中有的输出特殊波长，并可在某一波段范围内波长调谐；有的激光增益系数很高，使得它们可以做成微型尺寸的激光器，其中较为重要的有色心晶体、掺钛蓝宝石晶体、掺铒钇铝石榴石晶体、掺钬钇铝石榴石晶体、错玻璃、钐玻璃、铕玻璃、铽玻璃、掺钕氟化钇锂晶体、掺钕钒酸钇晶体、掺钕铝酸钇晶体等。

固体激光工作物质是由基质材料（晶体或玻璃）和掺杂离子两部分组成。工作物质的物理、化学性能主要取决于基质材料，而它的光谱特性主要由掺杂离子的能级结构所决定。工作物质的发光中心是激活离子（掺杂离子）。激活离子掺入基质中后，激活离子受基质材料的影响，其光谱特性将会发生一些变化，同样，基质材料的物理、化学性能也会因激活离子的掺入而产生一定的差异。

固体激光工作物质中所采用的激活离子主要有四类：

（a）三价稀土金属离子，如钕（$Nd^{3+}$）、错（$Pr^{3+}$）、铕（$Eu^{3+}$）、钐（$Sm^{3+}$）、钬（$Ho^{3+}$）、镝（$Dy^{3+}$）、铒（$Er^{3+}$）等；

（b）过渡族金属离子，如铬（$Cr^{3+}$）、钛（$Ti^{3+}$）、镍（$Ni^{2+}$）、铈（$Ce^{3+}$）、钴（$Co^{2+}$）等；

（c）二价稀土金属离子，如钐（$Sm^{2+}$）、铒（$Ex^{2+}$）、铥（$Tm^{2+}$）、镝（$Dy^{2+}$）等；（d）锕系金属离子，由于锕系元素多具有放射性，且不易制备，因此只有利用铀（$U^{3+}$）作掺杂激活离子获得激光作用。

用作工作物质的基质材料主要有玻璃和晶体两大类，最常用的基质玻璃有硅酸盐、硼酸盐、磷酸盐和氟磷酸盐玻璃等。

主要的基质晶体有：

① 金属氧化物晶体，如刚玉（$Al_2O_3$）、钇铝石榴石（YAG）、铝酸钇（YAP）、钒酸钇（$YVO_4$）、五磷酸钕（NPP）、五磷酸镧钕（NLPP）等；

② 氟化物晶体，如：氟化钙（$CaF_2$）、氟化钡（$BaF_2$）、氟化镁（$MgF_2$）、氟化钇锂（$YLiF_4$）、氟磷酸钙（FAP）等。

### 1. 红宝石晶体—红宝石激光器

世界上第一台激光器是以红宝石晶体为工作物质的红宝石激光器。红宝石晶体的基质是刚玉,化学式为 $Al_2O_3$,$Al_2O_3$ 有多种异构变体,其中 $\alpha\text{-}Al_2O_3$ 为红宝石激光晶体,掺入激活离子 $Cr^{3+}$,它部分地取代了 $\alpha\text{-}Al_2O_3$ 晶格中的 $Al^{3+}$ 离子,使晶体呈淡红色,并随 $Cr^{3+}$ 浓度的增加,颜色由浅变深,$Cr^{3+}$ 的重量掺杂比约为 0.05%,离子数的平均密度为 $1.58\times10^{19}/cm^3$,红宝石为各向异性的负单轴晶体,具有光学双折射特性,对于红光的寻常光折射率 $n_o=1.763$,对非寻常光折射率 $n_e=1.755$。

　　红宝石晶体的激光性质主要取决于激活离子 $Cr^{3+}$。掺入刚玉后的 $Cr^{3+}$ 的最外层电子组态为 $3D^3$,红宝石的光谱特性就是这三个价电子的耦合跃迁的结果。由于这三个 d 电子完全处于最外层,受基质晶格场的影响很大,而形成复杂的能级分裂和重新组合。研究表明,红宝石中的 $Cr^{3+}$ 的工作能级属三能级系统。图 3-21 是与激光有关的几个能级以及它们之间的跃迁。红宝

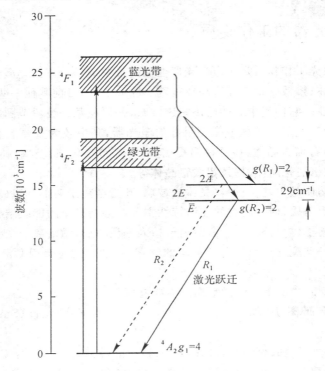

图 3-21　红宝石中铬离子的能级结构

石晶体有两个主要的吸收带 $^4F_1$ 和 $^4F_2$,它们的中心波长分别是 550nm(绿光)和 410nm(紫光)。红宝石晶体在光泵激励下,处于基态 $^4A_2$ 的 $Cr^{3+}$ 吸收绿光和紫光的能量后,跃迁到激发能带 $^4F_1$ 和 $^4F_2$ 上。处于 $^4F_1$ 和 $^4F_2$ 上的 $Cr^{3+}$ 极不稳定,由于晶格振动,很快以非辐射跃迁形式转移到较低的激发能级 $^2E$ 上。$^2E$ 能级是亚稳态,它是由能量差为 $29cm^{-1}$ 的 $2\overline{A}$ 和 $\overline{E}$ 两个能级组成,它是 $Cr^{3+}$ 的激光上能级。当 $Cr^{3+}$ 从 $^2E$ 能级向基态能级 $^4A_2$(激光下能级)跃迁时,产生两条强的荧光线:$(\overline{E}\to{}^4A_2)$ 跃迁的称为 $R_1$ 荧光线,对应波为 694.3nm;$(2\overline{A}\to{}^4A_2)$ 跃迁的称为 $R_2$ 荧光线,对应波长为 692.9nm,$R_1$ 线的荧光强度比 $R_2$ 线要强一些。

　　由于 $2\overline{A}$ 与 $\overline{E}$ 之间的能量间隔仅为 $29cm^{-1}$,热运动使两能级间的粒子交换极为频繁,并且,$R_1$ 线荧光较强,其增益较高。当反转粒子数逐渐增大时,$R_1$ 线首先达到阈值而形成激光振荡,这时 $\overline{E}$ 能级上消耗大量粒子由 $2\overline{A}$ 能级得到补充,使得 $R_2$ 线始终达不到阈值。因此,红宝石激光器通常只发生 $R_1$ 线的 694.3nm 波长的激光输出。

### 2. 掺钕钇铝石榴石晶体-(Nd³⁺∶YAG)激光器

掺钕钇铝石榴石晶体(Nd³⁺∶YAG)是以无色透明的钇铝石榴石晶体(记作 YAG,化学式为 $Y_3Al_5O_{12}$)为基质,掺入 $Nd^{3+}$ 为激活离子,$Nd^{3+}$ 部分取代 YAG 中的 $Y^{3+}$,掺钕的重量比约为 0.725%,掺钕后,晶体是淡紫色,$Nd^{3+}∶YAG$ 属立方晶系,光学各向同性,不存在自然双折射。

$Nd^{3+}∶YAG$ 晶体中,$Nd^{3+}$ 的外层电子组态为 $4F^3 5S^2 5P^6$,其中 4f 壳层中的三个价电子所处的不同的运动状态,形成 $Nd^{3+}$ 的一系列能级。图 3-22 是 $Nd^{3+}$ 的几个有关激光能级。$Nd^{3+}$ 的

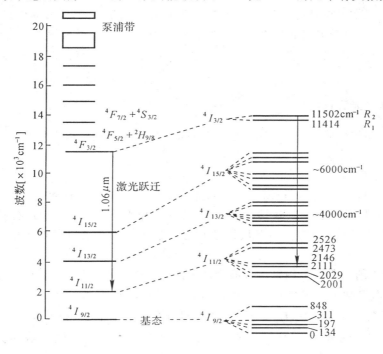

图 3-22　$Nd^{3+}∶YAG$ 晶体的能级结构

激发态为 $^2K_{3/2}+^4G_{7/2}+^4G_{9/2}$,$^4G_{5/2}+^2G_{7/2}$,$^4F_{7/2}+^4S_{3/2}$,$^4F_{5/2}+^2H_{9/2}$ 及 $^4F_{3/2}$。其中以 $^4F_{3/2}$ 能态的寿命为最长,是亚稳能级,$Nd^{3+}$ 的激光下能级分别是 $^4I_{15/2}$,$^4I_{11/2}$,$^4I_{15/2}$ 和 $^4I_{9/2}$。其中,$^4I_{9/2}$ 为基态,常温下 $Nd^{3+}$ 都处于 $^4I_{9/2}$ 能级上,$Nd^{3+}$ 具有与各激发态对应的 5 个吸收光谱带,中心波长分别在 525nm,585nm,750nm,810nm 和 870nm 附近,每个谱带宽约 30nm,其中以 750nm 和 810nm 两个吸收带最为重要。在光泵激励下,处于基态的大量 $Nd^{3+}$ 离子获得相应能量后,跃迁到上述吸收带的各个能级,但很快地弛豫到亚稳能级 $^4F_{3/2}$,而导致在 $^4F_{3/2}$ 能级上的粒子积聚,在实现 $^4F_{3/2}→^4I_{9/2}$,$^4F_{3/2}→^4I_{11/2}$,$^4F_{3/2}→^4I_{13/2}$ 能级间的跃迁时,产生中心波长为 0.914μm,1.06μm,1.35μm 三条主要荧光谱线。其中,跃迁到 $^4I_{11/2}$ 和 $^4I_{13/2}$ 能级上的粒子很不稳定,很快就又弛豫到基态,三条荧光线的强度比为 0.25∶0.60∶0.15,以 1.06μm 荧光线为最强。

由于 $^4I_{11/2}$ 和 $^4I_{13/2}$ 离基态较远,在室温条件下,这两个能级上的离子集居数很少,所以只要 $^4F_{3/2}$ 能级上有少量的激活离子就可实现粒子数反转分布。而 $^4I_{9/2}$ 很接近基态,在室温下有较多的激活离子,较难实现激光振荡。

在室温工作条件下,$Nd^{3+}∶YAG$ 只能产生 1.06μm 波长的激光,这是因为,1.06μm 的跃

迁几率大于 $1.35\mu m$ 的跃迁,由于它们相同的激光上能级,一旦 $^4F_{3/2} \to {}^4I_{11/2}$ 的跃迁占优势,产生受激辐射后就更进一步抑制了 $^4F_{3/2} \to {}^4I_{13/2}$ 的跃迁。所以,要实现其他波长的振荡,只有人为地抑制 $1.06\mu m$ 的振荡,例如,在谐振腔内加置标准具、棱镜等色散选模元件。

### 3. 钕玻璃激光器

钕玻璃激光器是固体激光器中输出能量和脉冲功率最高的激光器,钕玻璃是以在光学玻璃中掺入适量的 $Nd_2O_3$(重量比为 $1\%\sim5\%$)制成的,激活离子是 $Nd^{3+}$,因此,其激光特性基本相同于 $Nd^{3+}$:YAG。

由于成熟的光学玻璃制备工艺,钕玻璃易获得良好的光学均匀性,玻璃的形状和尺寸有较大的自由度,大的钕玻璃棒可达长 $1\sim2m$,直径 $3\sim10cm$,以及可做成厚 $5cm$、直径 $90cm$ 的盘片,可用于制成特大功率激光器;小的可做成直径仅几微米的玻璃纤维,用于集成光路中的光放大或振荡。

### 4. 其他固体激光工作物质

除上述的常用的固体工作物质外,还有多种激光晶体和玻璃可以产生激光,以下是几种目前认为较有前途的工作物质。

(1)掺钛蓝宝石激光器

掺钛蓝宝石($Ti^{3+}$:$Al_2O_3$)是以 $Al_2O_3$ 晶体为基质,掺入适量的 $Ti^{3+}$ 离子而成,它是目前最具应用价值的可调谐激光晶体,具有宽的调谐范围(峰值波长 $0.8\mu m$,带宽约 $0.3\mu m$)、大的增益截面和短的荧光寿命。蓝宝石基质的最大优点之一是,有非常高的热导率、化学稳定性和机械强度。

$Al_2O_3$ 晶体中的 $Ti^{3+}$ 的能级结构具有四能级激光工作系统的特性。在蓝绿光光泵激励下,$Ti^{3+}$ 从基态 $^2T_{2g}$ 激发到 $^2E_{2g}$,发射近红外波段的荧光而返回基态,由于热声子作用,形成近红外荧光光谱非常宽的谱带,而使 $Ti^{3+}$:$Al_2O_3$ 激光器具有 $0.66\sim1.20\mu m$ 范围的可调谐宽度。当用倍频的 $Nd^{3+}$:YAG 激光泵浦时,其总体效率达 $40\%$,重复率 $1\sim10Hz$,在脉宽 4ns 时,脉冲能量 100mJ。

(2)掺铒钇铝石榴石激光器和铒玻璃激光器

掺铒钇铝石榴石($Er^{3+}$:YAG)是以 $Er^{3+}$ 离子掺入 YAG 晶体中而形成。近年来,铒激光器所输出的两个特殊波长($2.94\mu m$ 和 $1.54\mu m$)引起人们的高度重视,这两个波长可被水吸收,$2.94\mu m$ 波长的激光,因为可应用于激光医学和作为红外光源而受到重视;$1.5\mu m$ 波长对使用军事测距仪的人眼安全和检测光纤传输系统的故障位置都有意义。

以 YAG 晶体为基质的铒激光器发射的激光波长为 $2.94\mu m$,激光跃迁发生于 $Er^{3+}$ 的 $^4I_{11/2}$ $\to$ $^4I_{13/2}$ 能级之间。目前采用直径 6.4mm、长 26mm 的 $Er^{3+}$:YAG 激光晶体,用闪光灯泵浦,脉宽 $200\mu s$,其输出能量 1W 时,效率达 $1\%$。

以磷酸盐玻璃为基质的铒激光器,输出的激光波长是 $1.54\mu m$。铒激光玻璃呈玫红色,激光器用激光二极管泵浦,谱带的吸收峰值位置在 546nm 和 554nm,铒玻璃激光器是仅次于钕玻璃激光器比较容易获得激光振荡的器件。

(3)掺钕铝酸钇激光器

掺钕铝酸钇晶体($Nd^{3+}$:YAP)是以 $Nd^{3+}$ 掺入铝酸钇(记作 YAP,化学式为 $YAlO_3$)晶体而成,激活离子是 $Nd^{3+}$,激光器的输出激光波长主要有两条:波长 $1.079\mu m$,对应于 $Nd^{3+}$ 的

$^4F_{3/2}\rightarrow{}^4I_{11/2}$能级间的跃迁;波长 $1.314\mu m$,对应于 $Nd^{3+}$ 的 $^4F_{3/2}\rightarrow{}^4I_{13/2}$ 能级间的跃迁。采用双氪灯连续泵浦,得到 1.2% 的激光能量转换效率,激光器工作稳定性很好,连续输出功率 60W 的器件,功率起伏<0.5%。

YAP 晶体为负光学双轴晶体,属斜方晶系,两光轴在 $ac$ 平面上互成 70°角,$c$ 轴为该锐角等分线,按棒轴相对于晶轴的取向不同有 $c$ 轴棒和 $b$ 轴棒。当取 $b$ 轴棒时,输出激光的电矢量 $E$ // $OA_1$ 轴,产生 $1.079\mu m$ 波长谱线的谱益最大;当用 $C$ 轴棒时,$E$ // $a$ 轴,产生 $1.064\mu m$ 波长谱线的增益最大。这种激光工作物质具有低增益、高贮能的特点,适合作脉冲调 $Q$ 运转,其输出能量和效率比 $Nd^{3+}$:YAG 激光器要高。

(4)五磷酸钕激光器

简写为 NPP 激光器,激光晶体的组分是 $Nd_5P_5O_{14}$,激活离子是 $Nd^{3+}$,但 $Nd^{3+}$ 不是以掺杂方式加入,而本身就是晶体化合物的成分之一。因此,激光器体里的激活离子 $Nd^{3+}$ 密度很高,达 $4\times10^{27}/m^3$,约为 YAG 激光晶体中 $Nd^{3+}$ 的密度的 30 倍。这种激光器的能量转换效率可达百分之几十,输出功率水平也很高,因此激光器可做得很小,有袖珍激光器之称。

输出的激光波长主要是 $1.06\mu m$,泵浦源可采用氪灯、染料激光器、激光二极管和输出波长 353nm 的 XeF 激光器,特别是后者的谱线位置与 NPP 晶体的一个吸收带位置重合,而可获得较高的泵浦效率,激光振荡阈值泵浦能量也较低,约为 3mJ,不需要采用 $Q$ 开关,就可获得脉宽 1~10ns 的激光脉冲界限。

## 三、固体激光器的泵浦系统

固体激光工作物质中的粒子数反转分布都是由光泵激励来实现的。固体激光器的泵浦系统主要包括泵浦光源和聚光腔两大部分,泵浦光源必须具有较高的辐射功率密度和效率,并且要有与工作物质吸收带相匹配的发射光谱分布。聚光腔又称泵浦腔,其作用是将泵浦光源的辐射能量传输到激光工作物质上去。在图 3-20 中表示了典型的固体激光器中泵浦系统的配置结构,泵浦光源为脉冲氪灯,采用椭圆柱泵浦腔。

### 1. 泵浦光源

固体激光器的泵浦光源主要有惰性气体放电灯、金属蒸气放电灯、白炽灯、发光二极管、激光及太阳能泵浦,大多数固体激光器普遍采用惰性气体脉冲灯、连续氪弧灯和白炽灯作为泵浦光源。

(1)惰性气体放电灯

在石英灯管内充以 Xe、Kr 等惰性气体,工作于弧光放电状态,按其工作方式可分为脉冲灯和连续弧光灯两种,放电灯的结构最常用的为直管状。

惰性气体脉冲灯以脉冲氪灯(内充 Xe 气)为最常用。脉冲氪灯的特点是管内 Xe 气气压高(数万帕),能在短时间内(几百微秒至几毫秒)通过大电流放电(几千安培/厘米$^2$),使管内放电气体等离子体瞬时达到高温($10^4$K),从而发射出高亮度以连续光谱为主的"白光辐射"。光源的亮温度在 5000~15000K 之间,脉冲氪灯可单次闪光,也可以一定的重复闪光频率(每秒 100 次以下)持续工作,后者需采取强制冷却措施。

脉冲氪灯的发射光谱包括线状光谱和连续光谱两部分,如图 3-23 所示。线状光谱是由气体原子或离子在其分立的束缚能级间跃迁过程中产生的,连续光谱则是由气体离子与电子的复合以及电子减速发光等过程中产生的。一般说来，在低电流密度时，线状光谱较强，而在高电流密度时，连续光谱成为主要，并且随着电流密度的增加，峰值波长向短波方向移动，其分布逐渐接近黑体辐射光谱。

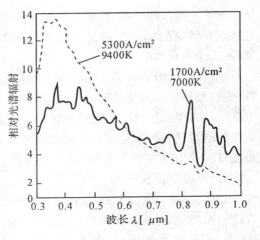

图 3-23　脉冲氙灯的发射光谱分布

连续氪弧灯是目前用于连续光泵浦 $Nd^{3+}$：YAG 激光器最有效的光源。其工作特点是：通过低电压（约 100V）、大电流（20～50A）连续弧光放电可获得稳定的具有显著线状光谱贡献的光辐射；发光效率较高，输入电能的 40%～50% 可转换成光能；灯内充气气压比脉冲灯高，一般达（203～507）kPa，灯的输入功率在 3000～8000W 之间。由于连续运转热负载较高，通常需采用流动水冷却。

图 3-24 是连续氪弧灯发光的线状光谱分布，它与脉冲氙灯的主要区别是，前者发射光谱中的线状光谱贡献很显著，而后者以连续光谱的贡献为主。图中表明，氪弧灯在 $0.75\sim0.9\mu m$ 范围内有较集中的强谱线分布，与 $Nd^{3+}$：YAG 晶体的 $0.75\mu m$ 和 $0.81\mu m$ 吸收带有较好的光谱匹配。

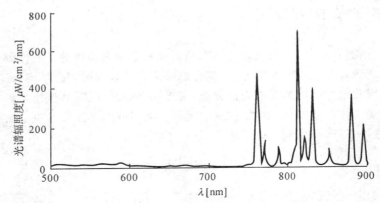

图 3-24　典型的连续泵浦氪弧灯的发射光谱（内径 6mm，弧长 50mm，充气 $4\times10^5$Pa，输入功率 1.3kW）

（2）卤钨灯

卤钨灯是一种连续光源，是通过钨丝的通电加热产生连续谱的高温热辐射，色温一般为 3200K，并在 840nm 处产生最大辐射。灯内充有少量的卤族元素碘或溴，以提高灯的寿命和亮度。灯的电输入功率约为 1～2kW，工作寿命一般在几十到上百小时。卤钨灯的辐射是宽带连续光谱，用于泵浦 $Nd^{3+}$：YAG 激光器的最大效率为 1%～2%，因此，这种灯仅适用于小功率的 $Nd^{3+}$：YAG 连续激光器的泵浦。

### 2. 聚光腔

为将泵浦光源的辐射能量有效地传输到激光工作物质上去，采用多种不同的投射系统，聚光腔大致可分为侧面泵浦、端面泵浦或面泵浦两种。

（1）侧面泵浦方式

　　侧面泵浦所采用的聚光腔结构通常有椭圆柱聚光腔、圆柱聚光腔、椭球面聚光腔、球聚光腔等。图 3-25 是几种椭圆柱聚光腔的典型结构。这是小型固体激光器中最常采用的腔型结构，椭圆柱聚光腔的反射面与腔的横截面交线是一个椭圆，它有两个焦点，焦距为 2C，激光棒和泵浦灯分别置于两条焦线上，这样，经椭圆柱面反射，泵浦灯发射的光，将大部分会聚到激光棒上。图 3-25(b)和(c)分别是双椭圆柱聚光腔和四椭圆柱聚光腔，用以弥补单椭圆柱聚光腔的不足，改善激光棒截面中的光照均匀性。

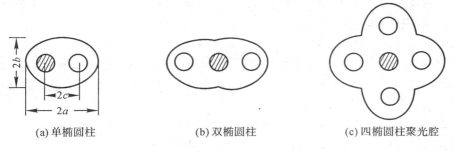

(a) 单椭圆柱　　　　　　　(b) 双椭圆柱　　　　　　　(c) 四椭圆柱聚光腔

图 3-25　椭圆柱聚光腔

**(2)面泵浦方式**

　　在某些特殊的应用场合，采用端泵浦或面泵浦方式。端泵浦方式是指：使泵浦光从工作物质的一个端面引入，并沿轴向传播，从工作物质的另一端输出激光，典型的例子如图 3-27 所示。这也是光纤激光器采用的主要泵浦方式。面泵浦方式如图 3-26 所示，这是典型的面泵浦圆盘激光放大器，按布儒斯特角放置的玻璃圆盘构成激光放大介质，脉冲氙灯发射的

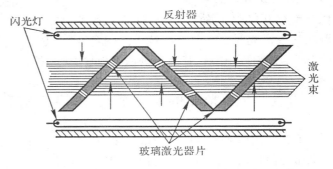

图 3-26　典型的面泵浦钕玻璃圆盘激光放大器结构图

泵浦光通过圆盘表面而不是从边缘进入。这种结构称为面泵浦方式，优点是泵浦光均匀性好，同时由于是薄片结构，散热效果好，因而热畸变较小。这种方式适用于泵浦大功率固体激光器件，特别是大功率激光放大器。

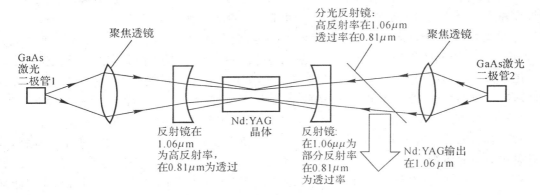

图 3-27　用两个 GaAlAs 激光二极管列阵端面泵浦 Nd：YAG 晶体

### 3. 激光二极管泵浦固体激光器

近年来,由于高功率、高效率、长寿命激光二极管的迅速发展,激光二极管泵浦固体激光器技术也得以相应的发展。与弧光灯泵浦相比,采用激光二极管泵浦的主要优点是,对基态离子的有效激励非常接近于激光上能级,它除了有极好的光谱匹配之外,激光二极管的输出可以准直和聚焦,用于光泵的激光二极管主要有 GaAs 激光二极管、连续波单片 AlGaAs/GaAs 激光二极管列阵及高功率二维 AlGaAs 激光二极管列阵等,发射波长在 $0.806\sim0.807\mu m$ 之间,恰与 $Nd^{3+}$ 离子的主要吸收峰相吻合。

激光二极管泵浦固体激光器通常采用端面泵浦,即激光二极管列阵发射的激光聚焦在固体激光棒端面的一个小斑点,采用聚焦系统,可使这斑点直径在 $50\sim100\mu m$ 范围内变化,以使与 $TEM_{00}$ 模的直径相一致,泵浦辐射能较深地透入到激光棒内部,端面泵浦结构能够最大地利用激光二极管泵浦能量。

图 3-27 是采用激光二极管纵向双端面泵浦的 $Nd^{3+}$：YAG 激光器,泵浦光源为 AlGaAs 激光二极管列阵,以 $0.810\mu m$ 波长输出功率约 200mW,电光转换效率约 20%,泵浦光束经光学系统聚焦于 $Nd^{3+}$：YAG 激光晶体的两个端面上,激光谐振腔的一对反射镜对 $0.810\mu m$ 均镀减反膜,而其中的一块对 $1.06\mu m$ 为部分反射,以作输出镜,另一块对 $1.06\mu m$ 有高反射,以作全反射镜。除上述的 $Nd^{3+}$：YAG 激光器,采用激光二极管端面泵浦连续运转的激光器已扩展到许多激光材料,例如,掺钕铍酸镧($Nd^{3+}$：BEL)、掺钕钒酸钇($Nd^{3+}$：$YVO_4$)、五磷酸钕(NPP)、四磷酸钕锂(LNP)、五磷酸镧钕(NLPP)等。

## 四、固体激光器的基本构型和特殊构型

通常的固体激光器由三个基本部分组成:工作物质、激励源和光学谐振腔,图 3-20 是典型的光泵浦固体激光器的基本结构,其工作物质都采用圆柱形状,为改善输出激光特性和适应某些特殊场合的应用,出现了多种特殊构型的固体激光器,如板条状激光器、盘片状激光器、光纤激光器等。

### 1. 锯齿形光路板条状激光器

圆柱形的激光工作物质,由于激光棒中心向边缘的径向温度分布梯度,引起对激光器工作特性和输出光束质量的严重影响。为此,采用非圆柱激光工作物质,如板条状、盘片状等,一是在给定激光材料体积情况下增加冷却表面,进而降低工作物质的整体温度;二是改变热流方向,使温度梯度引起的折射率梯度方向与激光传播方向一致,而使对激光束的影响减至最小。

图 3-28 为锯齿形光路板条状激光器,把固体激光工作物质做成截面为矩形的板条,端面与底面有一定的角度,两端面平行,板条的上下($y$ 方向)两面为加冷却的光学抛光的泵浦面。激光束沿晶体板条长度方向以锯齿形式在两个大光学平面上进行全内反射。晶体两侧面($z$ 方向)是绝热面,因此 $x$ 和 $z$ 方向的温度梯度可忽略,使板条中形成一组对称的热分布。这样,当激光束在板条的两个全反射面之间作锯齿形传播时,光束的波前从一个面传输到另一个面,通过相同的温度梯度,而避免产生因温度引起的折射率变化而导致的光学畸变。同时,由于激活介质内光路为锯齿形,而增加了光束的增益长度,提高了激活介质的利用率和激光器的效率,增大了激光器的输出功率。目前,板条状 $Nd^{3+}$：YAG 激光器的平均输出功率已达 1kW 以上。

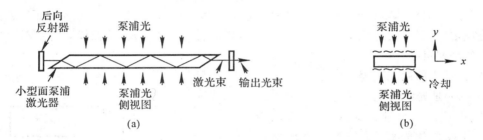

图 3-28　锯齿形光路板条状激光器

为了获得较高的光束质量和效率,针对板条介质的特殊形状,可采用柱面镜谐振腔,输出镜为平面镜,全反射镜为凹面柱面镜,在宽方向($x$方向)利用凹面镜,使其形成稳定腔,增加输出功率;而在窄方向($y$方向)上,通过锯齿形光路补偿了热效应,在此方向采用平行平面介稳腔来获得小的光束发散角,以提高光束质量。一个典型的实例是:连续运转的板条状 $Nd^{3+}$:YAG 激光器,板条介质尺寸为 $127 \times 15 \times 6mm^3$,用 12 支泵浦灯泵浦,产生多模光束功率为 250W,$TEM_{00}$模光束功率为 15W。

### 2. 光纤激光器

光纤激光器是固体激光器的一种特殊构型形式,它是以光纤为基质掺入某些激活离子做成的工作物质,或者是利用光纤本身的非线性效应制作成的一类激光器,$Nd_2O_3$ 光纤激光器是于 1963 年首先研制成功的。

(1)光纤激光器的特点和类型

光纤激光器的主要特点是:

① 光纤的芯径很小($10 \sim 15\mu m$),光纤内易形成高的泵浦光功率密度;

② 光纤可以做得很长,因此可获得很高的总增益;

③ 谐振腔镜可直接镀在光纤端面,或采用定向耦合器方式构成谐振腔,且由于光纤具有良好的柔绕性,而可以设计成相当紧凑的激光器构型;

④ 光纤基质具有很宽的荧光光谱,并且还具有相当多的可调参数和选择性,因此,光纤激光器可以获得相当宽的调谐范围和极好的单色性。

光纤激光器可以分成四个类型:

① 晶体光纤激光器。工作物质是激光晶体光纤,主要有红宝石单晶光纤激光器和 $Nd^{3+}$:YAG 单晶光纤激光器;

② 非线性光学型光纤激光器。主要有受激喇曼散射(SRS)光纤激光器和受激布里渊散射(SBS)光纤激光器;

③ 稀土类掺杂光纤激光器。光纤的基质材料是玻璃,向光纤中掺杂稀土类元素离子使之激活;

④ 塑料光纤激光器。向塑料光纤芯部或色层内掺入激光染料而制成光纤激光器。

上述各类光纤激光器中,稀土类掺杂光纤激光器问世最早,目前发展也最为迅速,而成为半导体激光器的有力竞争者。稀土类掺杂光纤激光器的工作波长恰好能与光纤通信的几个重要窗口相匹配(例如,$Er^{3+}$ 掺杂光纤激光器输出 $153.7\mu m$ 的波长恰与光纤通信的第三窗口 154nm 波长相匹配),且与半导体激光放大器相比,光纤激光放大器的插入损耗低,增益特性与光波偏振态无关,易于与普通单模光纤直接耦合并且信号间交叉窜扰极小,因此,已在大容量长距离光纤通信及多路通信系统中显示出诱人的应用前景。目前,光纤激光器正在向实用化阶段进展之中,已见有连续输出功率几百毫瓦,峰值功率为几百瓦,单模线宽为 2MHz 的光纤激光器的研究报导。

(2)光纤中的激光过程

图 3-29 是光纤激光器原理图,由激光工作介质、谐振腔和泵浦源组成,激光介质为掺杂光纤或晶体光纤,谐振腔是由反射镜 $M_1$ 和 $M_2$ 构成的"F-P"腔,泵浦源为大功率激光二极管(LD)。当泵浦光通过光纤时,光纤内的工作粒子被激活,并进行受激辐射过程,而要形成稳定的激光振荡,必须满足两个条件:必须建立粒子数反转分布,即泵浦光光子的频率必须大于激光光子的频率;应

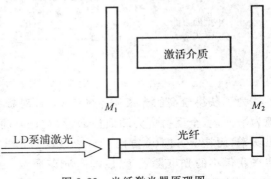

图 3-29 光纤激光器原理图

有合适的光学谐振腔,以提供适宜的振荡正反馈。上述两个条件表明,在特定条件下,光纤中的激光过程有特定的阈值,只有泵浦超过阈值时才能形成激光。

光纤激光器的谐振腔通常多是在光纤两端面抛光后镀膜而构成的,光纤腔内振荡模的振荡频率由下式给出:

$$\nu_{nmq}=\frac{c}{2\pi n1a}\{[(2\pi q-\overline{\Delta\Phi_{nm}})-\frac{a}{2L}]^2+U_{nm}^2\}^{1/2} \tag{3.2.1}$$

式中,$U_{nm}$是 HE 模第 $n$ 阶模特征方程第 $m$ 个根,$c$ 是光速,$\Delta\Phi_{nm}=2\pi q-\frac{2L}{a}(n_1^2ka^2-U_{nm}^2)^{1/2}$,$k=2\pi/\lambda,\lambda$ 是激光波长,$n_1$ 为光纤的折射率,$L$ 为光纤长度,$a$ 为光纤半径。

(3)光纤激光谐振腔

光纤激光器具有多种谐振腔形式,常采用的有"F-P"谐振腔、环形谐振腔、环路反射器谐振腔和"Fox-Smith"谐振腔等。

① F-P 光纤谐振腔

图 3-29 所示是"F-P"腔构型的光纤谐振腔,通常反射面 $M_1$ 和 $M_2$ 直接镀在光纤两个端面上。"F-P"腔腔体长度 $L$ 为激光波长的整数倍,且当谐振频率间隔为自由光谱区(FSR)时,就会产生谐振,这里,FSR$=c/2nL,L$ 也即是光纤的长度,$n$ 是光纤材料折射率,$c$ 是光速。由于激活的光纤介质有很宽的增益分布区域,引起的激光振荡是多谱线的,谱线的间隔即为 FSR,"F-P"腔是光纤激光器最多采用的谐振构型。

② 环路反射器光纤谐振腔

图 3-30 是环路反射器和它的等效光路,如果输入光纤功率为 $P_i$,耦合比为 $k$,在不计耦合损耗时,透射光功率 $P_t$ 和反射光功率 $P_r$ 分别为

$$\left.\begin{array}{l}P_t=(1-2k)^2P_i\\P_r=4k(1-k)P_i\end{array}\right\} \tag{3.2.2}$$

当 $k=0$ 或 1 时,反射率 $r=0$;当 $k=1/2$ 时,$r=1$,因此,一个光纤环路可视作一个分布式光纤反射器,当把这样的两个环路按图(b)方式连接就可构成为一个光纤谐振腔。图(b)也给出这种谐振腔的等效光路,图中的两个光纤耦合器起到腔镜的反馈作用。研究表明,以掺 Nd$^{3+}$ 光纤为介质的双环路光纤激光器(全长 4.88m),用 0.806$\mu$m 的 LD 激光泵浦,其激光阈值仅为 0.47mW。

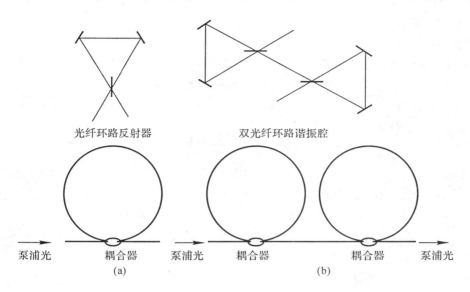

图 3-30　环形反射器光纤谐振腔

## 五、典型固体激光器的工作特性

### 1. 红宝石激光器

(1)红宝石激光器的输出特性

图 3-31 表示了一个典型的红宝石激光器的输出特性,红宝石棒尺寸为 $\phi0.95\times10.4$cm,光学谐振腔由间距为 71cm 的两块平面镜构成。由图中曲线可看出,这种系统当反射镜反射率约为 50% 时为最佳,此时器件的阈值较低,腔内光能密度较大,耦合效率也较高,使激光输出

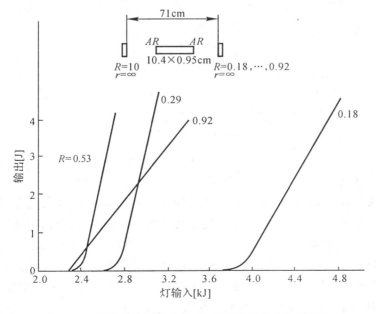

图 3-31　以输出耦合为参数,红宝石激光器的输出特性

最强,总效率亦较高。

(2)红宝石激光器的主要特性

在表 3-3 中列出了红宝石激光器的主要工作特性。

表 3-3 红宝石激光器的主要工作特性

| 工作方式 | | 输出能量(脉冲) | 输出功率 | 脉冲宽度 | 效 率 |
|---|---|---|---|---|---|
| 连续运转 | 不调 $Q$ | | 1～5(W) | | 0.1%～0.3% |
| | 调 $Q$ $(10^2～10^3Hz)$ | $10^{-3}$(J)(脉冲) | 10～30(kW)(脉冲) 0.5～(W)(平均) | 30～70(ns) | ～0.1% |
| 单次脉冲 | 不调 $Q$ | 1～500(J) | 10(kW)(平均) | 1～10(ms) | 0.5%～1% |
| | 调 $Q$ | 0.1～10(J) | $10^2～10^3$(MW) | 10～20(ns) | 0.1%～0.3% |
| 重复脉冲 | 不调 $Q(\leqslant1Hz)$ | 0.05～1(J) | 1～10(kW) (平均脉冲功率) | 0.2～0.5(ms) | 0.2%～0.4% |
| | 调 $Q(\leqslant1Hz)$ | 0.01～0.3(J) | 10～$10^2$(MW) | 20～40(ns) | 0.05%～0.2% |

## 2. $Nd^{3+}$：YAG 激光器

(1)连续 $Nd^{3+}$：YAG 激光器的输出特性

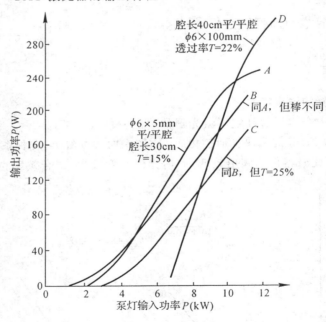

图 3-32 $Nd^{3+}$：YAG 激光器的输出特性

图 3-32 表示了连续工作的 $Nd^{3+}$：YAG 激光器的输出特性,激光棒的尺寸为 $\phi0.5\times$ 7.5cm,用 85% 反射率的输出镜获得了最高的输出。由图中的曲线可看到,斜率效率 $\eta_s=$ 0.026,外推阈值 $Pu=2.8$kW。图 3-33 表示输出镜反射率不同时,测得的达到激光阈值所需灯的输入功率。从这一测量结果得出泵浦系数 $k=72\times10^{-6}W^{-1}$,综合损耗 $L_{fot}=0.075$。由这个已知数据,即可绘出小信号增益系数 $g_0$ 或单程棒增益 $G$ 与灯输入功率的关系,如图 3-34 所示,激光器在阈值点自发辐射产生的荧光功率 $P_f=20$W。并可由测得的斜率效率 $\eta_s$、泵浦系数 $K$、综合损耗、最佳反射率 $R_1$ 等参量,算得介质材料的饱和参量 $I_s=810W/cm^2$。图 3-32 描述出以不同的反射镜反射率为参量的激光器的输出功率与泵灯输入功率 $P$ 之间的关系。

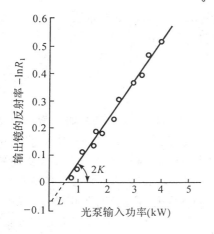

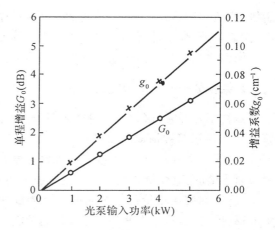

图 3-33　阈值输入功率和输出镜反射率的关系　　　图 3-34　单程增益和增益系数与灯输入功率的关系

（2）连续 $Nd^{3+}$：YAG 激光器主要工作特性

表 3-4 给出连续工作的 $Nd^{3+}$：YAG 激光器的主要工作特性。

表 3-4　连续工作的 $Nd^{3+}$：YAG 激光器主要工作特性

| 器件类型 | 输出功率<br>（W） | 激光棒尺寸<br>（mm） | 输出反射<br>镜透过率 | 发散角<br>（mrad） | 效　率<br>（％） |
| --- | --- | --- | --- | --- | --- |
| 低功率 | ＜10 | $\phi$＜4<br>$l$＜30～40 | ＜5％ | 3～5 | ≤1 |
| 中功率 | 10～100 | $\phi$＝4～5<br>$l$＝50～70 | 5％～15％ | 5～10 | 1.5～2.5 |
| 高功率 | ＞100 | $\phi$＝5～7<br>$l$＝70～130 | ＞15％～20％ | 10～15 | 1～2 |

# 第三节　液体激光器

　　液体激光器有两类，即以有机染料溶液为工作物质的染料激光器和以无机液体为工作物质的无机液体激光器。这两类激光器的工作物质虽都是液体，但它们的工作机理、工作特性有很大差别，这里重点讨论有机染料激光器。

## 一、染料激光器的工作原理

　　染料激光器是以有机染料溶液为工作物质的激光器。染料激光器的主要特点是：输出的激光波长可以在很宽的范围内连续调谐，调谐范围宽达紫外（340nm）至近红外（1.2$\mu$m），染料激光器输出的激光谱线宽度很窄，在采用棱镜或"F-P"标准具调制措施后，可获得（10～50）MHz线宽的激光，若再用特殊的稳频措施后，激光谱线宽度还可以进一步压缩到几兆赫。目前，染料激光器产生的超短光脉冲的时间宽度已压缩到几纳秒，若利用锁模技术还可以获得从皮秒（$10^{-12}$s）到飞秒（$10^{-15}$s）量级的激光脉冲。染料激光器的每个脉冲的激光能量可达数十焦耳的量级,峰值功率达几百兆瓦,激光能量转换效率高达为 50%。染料激光器已在光化学、光生物学、光谱学、全息学、同位素分离、激光医学等方面获得广泛应用。

染料激光器的工作物质是有机染料溶液,激活粒子是有机染料分子,基质是溶剂。

### 1. 染料分子的结构和能级

染料是一种有机化合物,研究表明,与激光有关的染料都含有一条交替的单键和双键的碳原子链—共轭双键构成的致色系统。图 3-35 是吨类的若丹明-6G 和香豆素 2 的分子结构式,图中的每个六角形中,角顶未标元素符号者均为碳原子 C。染料分子的荧光波长主要取决于碳原子链的长度,链长则产生的荧光波长也长,但链过长,就会变得不稳定而容易断裂。迄今为止,已发现有实用价值的激光染料有上百种,主要有吨类、香豆素、恶嗪类、花青类等,其受激辐射波长已覆盖由紫外到近红外的范围。表 3-5 给出各种重要染料及其激光的波长范围。

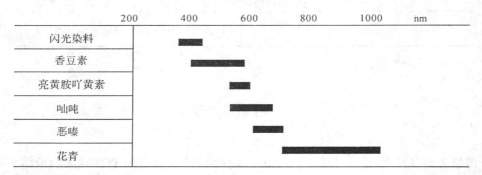

图 3-35　若丹明-6G 和香豆素 2 的分子结构式

表 3-5　各种重要的染料及其激光的波长范围

染料分子是一个由多个原子组成的复杂的大分子系统,染料分子的能级机构一般用"自由电子模型"简化地予以说明。在原理上,通常称电子云在 $X$ 轴向重迭构成的共价键为 $\sigma$ 键,对应的电子称作 $\sigma$ 电子;而称在 $Y$ 方向上、下对称地重迭的电子云构成的共价键为 $\pi$ 键,对应的电子称为 $\pi$ 电子,也叫做自由电子,显然,$\pi$ 电子的波函数是上、下对称的,染料分子的许多 $\pi$ 键联结起来构成大 $\pi$ 键,因此染料分子具有许多 $\pi$ 电子。正是由于 $\pi$ 电子的活性,激光染料才对近紫外至近红外波段内的光具有强烈的吸收作用。

图 3-36 是染料分子的能级结构图,染料分子的能级分布,主要由共轭键中的 $\pi$ 电子所处的状态所决定。设一个具有 $2N$ 个自由电子的染料分子,其 $2N$ 个电子将占满分子的 $N$ 个最低能级,每个能级为自旋相反的两个电子所占据,形成总自旋角动量为零的分子态,称为单态,具有最低能态的单态为分子的基态,记作 $S_0$,当处于基态 $S_0$ 的电子吸收泵浦光子能量后,两个自旋相反的电子之一被激发到较高能态上去,若激发后电子的自旋方向没有改变,则称这种情

况为激发单态，并记：$S_1$ 为第一激发单态，$S_2$ 为第二激发单态，…；若激发后电子的自旋方向反转，即形成总自旋 $S=1$ 的状态，并且，由于染料分子是一个大分子，存在着较大的轨道磁矩和重原子效应，为此在磁场中，总自旋又可形成与磁场平行、反平行和垂直的三重状态，称为三重态，记作 $T$，且按其能态的高低，再分别记作第 1 三重态 $T_1$，第 2 三重态 $T_2$，…，对应于每个激发单态都存在一个激发三重态，并且能量十分相近。一个典型的染料分子由 50 多个原子组成，分子的电子态之间的能量间隔为 $10^4\text{cm}^{-1}$ 量级，每一电子态的振动能级之间的间隔 $10^3\text{cm}^{-1}$ 量级，而每一振动态的

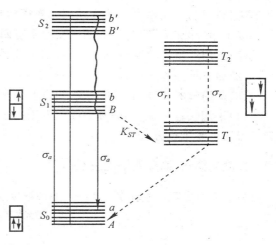

图 3-36 染料的能级

转动能级间的间隔为 $10\text{cm}^{-1}$ 量级。又由于染料分子在溶液中与溶剂分子等的碰撞而引起的谱线加宽，最终在整个振动能级所决定的光谱区域内形成准连续宽带结构，而使得染料激光器有可能获得波长的连续、大范围调谐和获得飞秒($10^{-15}$s)级的超短光脉冲。

## 2. 染料的吸收和发射过程

图 3-37 是染料分子的单态 $S_1$ 和 $S_0$ 之间的吸收和发射过程。图中，分子的每个电子态由振动能级的位能曲线表示，纵坐标 $E$ 为分子的振动能量，横坐标 $r$ 为振动原子的距离，当光泵浦染料时，处于基态 $S_0$ 的最低振动态 $v=0$ 的分子吸收光子能量并跃迁到激发态 $S_1$ 中的较高振动态 $v'=1,2,3,\cdots$ 上去，由于周围溶剂分子与染料分子相互碰撞作用，激活粒子极快地以无辐射方式弛豫到 $S_1$ 的最低能级($v'=0$)上，当 $S_1(v'=0)$ 向 $S_0$ 的较高振动能级跃迁时，即发射荧光，并从 $v''=1$ 迅速无辐射跃迁返回 $v''=0$。所以，染料分子的激光过程是一种四能级系统，并且其发射的荧光波长较之吸收波长，有斯托克斯频移。

染料与其他工作物质不同的是，它具有单态和三重态两套不同的能级机构，处于 $S_1$ 态的分子向 $S_0$ 态跃迁发射荧光（荧光寿命 $\tau=5\times10^{-9}$s），而同时，$S_1$ 态分子也可能无辐射跃迁到

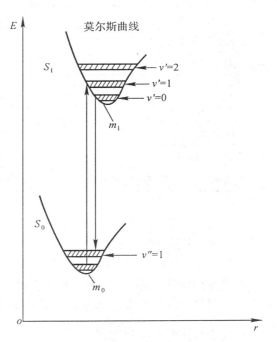

图 3-37 染料分子单态 $S_1$ 与 $S_0$ 之间的吸收和发射

比其能量稍低的三重态 $T_1$ 上（跃迁速率 $K^{-1}=5\times10^{-8}$J），这种跃迁称为"系际交叉"，而从 $T_1$、$T_2$ 到 $S_0$ 的跃迁属自旋禁戒跃迁，因此，三重态 $T$ 的寿命很长（$\tau_T=10^{-3}$s）。这样，三重态实际起着一个"陷阱"作用，即 $T$ 的存在，减少了 $S_1$ 和 $S_0$ 能级的粒子数反转分布值，而且，当 $T_1$ 态上积累大量粒子数时，还将产生 $T_1\rightarrow T_2$ 的受激吸收，并且 $T_1\rightarrow T_2$ 的吸收带恰好与 $S_1\rightarrow S_0$ 的

跃迁荧光带重叠,从而大大地降低荧光效率和导致荧光猝灭。

减少"系际交叉"陷阱效应的方法通常有四种:

(1)选用三重态效率较低的染料,如若丹明-6G 的三重态效率仅 1%;

(2)加三重态猝灭剂,以缩短 $T$ 态的寿命;

(3)采用窄的光脉冲泵浦方式,使染料分子在 $T_1$ 态积累之前,完成激光振荡;

(4)采用快速喷流技术,使在 $T_1$ 态积聚之前,染料高速流过激活区,这是连续波输出染料激光器的主要工作方式。

### 3. 激光染料、溶剂及输出波长

表 3-6 列出若干种主要的染料、溶剂浓度及输出的波长。

**表 3-6　激光染料、溶剂及输出波长**

| 有机染料名称 | 溶　剂 | 浓　度<br>(克分子/L) | 调谐范围<br>nm |
|---|---|---|---|
| POPOP | 四氢呋喃 | $5\times10^{-4}$ | 410.98～448.71 |
| 四甲基伞形酮 | 乙　醇 | $1\times10^{-2}$ | 410.98～448.71 |
| 香豆素 | 乙　醇 | $1\times10^{-2}$ | 390～540 |
| 荧光素钠 | 乙　醇 | $5\times10^{-2}$ | 515.85～543.18 |
| 二氯荧光素 | 乙　醇 | $1\times10^{-2}$ | 539.02～574.12 |
| 若丹明 6G | 乙　醇 | $8\times10^{-4}$ | 564.02～607.18 |
| 若丹明 B | 乙　醇 | $2\times10^{-3}$ | 595.25～642.74 |
| 甲酚紫 | 乙　醇 | $2\times10^{-2}$ | 647.28～692.81 |
| 耐尔兰 | 乙　醇 | | 647.28～712.11 |
| 隐花青 | 甘　油 | | $\lambda_{峰}$:7450 |
| 氯-铝酞花青 | 二甲亚枫乙醇 | | $\lambda_{峰}$:7615 |
| 磺化 1,1′-二乙基-44′喹啉三碳花青 | 醋　酸 | | $\lambda_{峰}$:1000 |

## 二、脉冲染料激光器

根据泵浦光源的不同,脉冲染料激光器一般分为两类:一类是激光泵浦的,另一类是用脉冲氙灯泵浦的。这里主要分析激光泵浦脉冲染料激光器。

### 1. 泵浦激光源与泵浦方式

用作泵浦染料的脉冲激光,最常采用的有氮激光、准分子激光和脉冲 $Nd^{3+}$:YAG 二倍频或三倍频激光。

采用激光作泵浦源时,有纵向和横向泵浦染料的两种工作方式。纵向泵浦又分为轴向泵浦和离轴纵向泵浦两种形式。图 3-38 分别给出这几种泵浦方式。纵向还是横向泵浦方式的选择,主要取决于泵浦光束的空间分布,横向泵浦方式的均匀性较好,是目前较多采用的泵浦方式,纵向泵浦方式较适用于光束截面为圆形的泵浦光束。

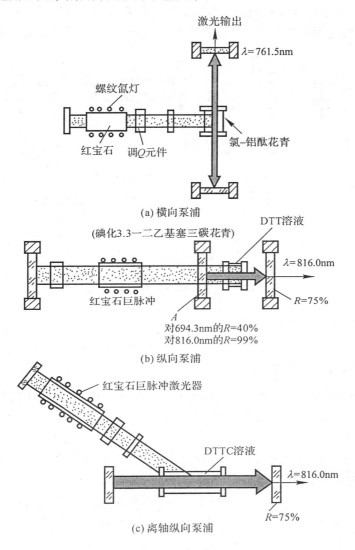

(a) 横向泵浦

(b) 纵向泵浦

(c) 离轴纵向泵浦

图 3-38　三种典型的泵浦形式

在采用横向泵浦方式时,根据泵浦激光束的截面形状是矩形或圆形光斑的不同,又可分为两种不同的结构形式,对于矩形光斑的情形(如,$N_2$ 激光器的输出光斑多为矩形),矩形的泵浦光束经一柱面透镜会聚成细焦线,染料池中的受激细线即为谐振腔轴。对于泵浦光斑为圆形的情况,先使圆形泵浦光束通过一凹柱面透镜而在水平方向发散扩束,然后再用水平的凸柱面透镜将其会聚成细长的水平细焦线,焦线的长度应与染料池的通光长度相一致。

## 2. $N_2$ 激光泵浦可调谐染料激光器

图 3-39 是 $N_2$ 分子激光泵浦可调谐脉冲染料激光器装置示意图。图中,由 $N_2$ 分子激光器 1 输出的激光束泵浦($N_2$ 分子激光器参数:输出波长 337.1nm,输出能量 2mJ/Puls,脉冲宽度 4ns,重复频率 1～30Hz),泵浦光经反射镜 2 偏转 90°,通过石英柱面透镜 3 聚焦在染料池 4 内;染料激光器谐振腔反射率($R＝50％$)的宽带介质膜反射镜 5 和李特洛光栅 7 组成;谐振腔

中的扩束镜 6 的作用是,一方面为了防止集中的激光能量可能损坏光栅,另一方面是为了增加光栅的使用面积,以提高激光器分辨率和输出激光能量;鼓轮 9 用以转动光栅,实现输出波长的调谐。更换染料池中的染料种类便可获得表 3-2 内前几种染料的调谐性能。

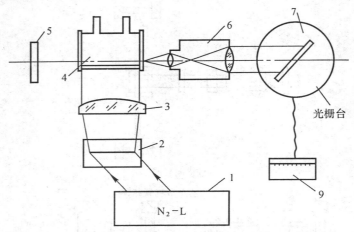

图 3-39　氮分子泵浦可调谐染料激光器原理

## 三、连续工作染料激光器

### 1. 染料激光器连续工作的条件

由于染料分子所具有的单态和三重态两套不同性质的能级结构,使得只有在单态受激发射大于三重态的吸收时,才有可能产生激光,即必须符合

$$\sigma_e N_1 > \sigma_T N_T \tag{3.3.1}$$

式中,$\sigma_e$ 是 $S_1$ 态→$S_0$ 态的激发发射截面,$N_1$ 是 $S_1$ 态的粒子数密度,$\sigma_T$ 是三重态 $T_1$ 的激发截面,$N_T$ 是 $T_1$ 的粒子数密度。

在稳态时,三重态的弛豫速率 $N_T/\tau_T$ 必须等于能级的系际交叉 $K_{ST}N_1$ 所增加的速率,即

$$N_T/\tau_T = K_{ST}N_1 \tag{3.3.2}$$

将上式代入(3.3.1)式,得

$$\tau_T < \frac{\sigma_e}{\sigma_T K_{ST}} \tag{3.3.3}$$

式中,$\tau_T$ 是 $T_1$ 的寿命,$K_{ST}$ 是 $S_1 \to T_1$ 的能级系际交叉速率,对于典型的染料,$\sigma_e/\sigma_T \approx 10$。

由上式可以得染料激光器连续工作所必须满足的条件是

$$K_{ST}\tau_T < 10 \tag{3.3.4}$$

这表明,要使激光器能连续工作,就要求 $K_{ST}$ 和 $\tau_T$ 都尽量地小,它们的乘积不超过 10。

因此,要使染料激光器获得连续运行的最有效的方法是采用高速喷流技术,使染料溶液高速流过激活区。这样,一方面可以把在 $T$ 态积集之前或 $T$ 态上已积集粒子数的溶液更换掉,另一方面可以解决溶液热梯度问题,使激光器能稳定工作。因此,连续工作的染料激光器都必须备有循环冷却染料溶液的装置,溶液的流速一般取为 $10\sim100\mathrm{m/s}$。

按谐振腔和泵浦方法的不同,连续染料激光器有多种构型,其中最常见的形式有三镜折叠腔染料激光器和四镜环形腔染料激光器。这里只讨论三镜折叠腔构型的连续染料激光器。

## 2. 三镜折叠腔连续染料激光器

### (1) 三镜折叠腔构型

图 3-40 是典型的三镜折叠腔构型的纵向泵浦连续染料激光器结构原理图。由全反镜 $M_3$、转折反射镜 $M_2$ 和输出镜 $M_1$ 构成三镜折叠腔。采用 $Ar^+$ 激光作染料的连续泵浦,泵浦光由三棱镜耦合进谐振腔内,染料喷流置于镜 $M_2$ 与 $M_1$ 构成的折叠臂的束腰处,以使有高的泵浦光功率密度,喷流面与折叠臂光轴成布儒斯特角,以保持最小的染料喷流插入损耗。

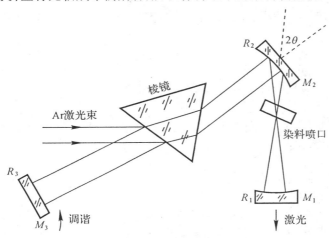

图 3-40 三镜折叠式纵向泵浦染料激光器原理图

三镜折叠腔染料激光器设计的重点之一是三镜折叠腔的光学参量设计,图 3-40 所示的三镜折叠腔实际上可等效为三镜复合驻波腔,即折叠反射镜 $M_2$ 相当于置于由镜 $M_1$ 和 $M_2$ 构成的普通二镜腔中的一块薄透镜,如图 3-41(a)所示。对三镜复合腔的光学设计的一种简便且有效的方法是"模像原理",即运用光腔中光学系统对振荡模的成像原理,把复合腔等效为具有新结构参数的二镜空腔。

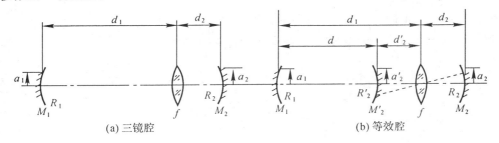

(a) 三镜腔　　　　　　　　　(b) 等效腔

图 3-41 三镜复合腔与等效的空腔

图 3-41(a)所示的三镜腔,镜 $M_1$ 到透镜 $f$ 的距离为 $d_1$,镜 $M_2$ 到 $f$ 的距离为 $d_2$。如果我们从镜 $M_1$ 位置,通过透镜 $f$ 观察镜 $M_2$,则镜 $M_2$ 被 $f$ 成像于 $M'_2$ 的位置,由成像公式有

$$\frac{1}{d'_2} - \frac{1}{d} = \frac{1}{f} \quad \text{或} \quad d'_2 = \frac{fd_2}{d_2 - f} \tag{3.3.5}$$

由图 3-41(b),镜 $M_2$ 像的尺寸 $a'_2$ 与 $M_2$ 本身尺寸 $a_2$ 之间的关系为

$$\frac{a_2}{a'_2} = \frac{-d_2}{d'_2} = 1 - \frac{d_2}{f} \tag{3.3.6}$$

这样,镜 $M_2$ 的像与镜 $M_1$ 所构成的腔是一个等效的空腔(即腔内不含光学元件),空腔的几何

参量是

$$g_1 = \frac{a_1}{a'_2}\left(1 - \frac{d}{R_1}\right) \tag{3.3.7}$$

式中,$a_1$ 是镜 $M_1$ 的尺寸,$R_1$ 是镜 $M_1$ 的曲率半径。

同样,可写出几何参量

$$g_2 = \frac{a_2}{a'_1}\left(1 - \frac{d}{R_2}\right) \tag{3.3.8}$$

式中,$a'_1$ 是镜 $M_1$ 被透镜 $f$ 所成像 $M'_1$ 的尺寸,$R_2$ 是镜 $M_2$ 的曲率半径。

令 $a_1 = a_2 = a$,并令 $d_0 = d_1 + d_2 - (d_1 d_2/f)$,整理 (3.3.5)~(3.3.8) 诸式后,得到三镜复合腔基本参数:

$$\left.\begin{array}{l} g_1 = 1 - \dfrac{d_2}{f} - \dfrac{d_0}{R_1} \\[2mm] g_2 = 1 - \dfrac{d_1}{f} - \dfrac{d_0}{R_2} \end{array}\right\} \tag{3.3.9}$$

由这两个基本几何参数 $g_1$、$g_2$,基于表 1-3 和式 (1.4.30),可求得三镜复合腔两端面镜上的光斑尺寸 $W_1$ 和 $W_2$ 计算式:

$$W_1^2 = \frac{\lambda \cdot d_0}{\pi}\left[\frac{g_2}{g_1(1 - g_1 g_2)}\right]^{1/2} \tag{3.3.10}$$

$$W_2^2 = \frac{\lambda \cdot d_0}{\pi}\left[\frac{g_1}{g_2(1 - g_1 g_2)}\right]^{1/2} \tag{3.3.11}$$

透镜 $f$ 上的光斑尺寸 $W_f$ 的计算式:

$$W_f^2 = W_1^2\left[\left(1 - \frac{d_1}{R_1}\right)^2 + \left(d_1\frac{\lambda}{\pi W_1^2}\right)^2\right] \tag{3.3.12}$$

在前臂(镜 $M_1$ 与透镜 $f$ 之间)中的束腰位置 $Z_1$ 和尺寸 $W_{01}$ 为

$$Z_1 = \frac{R_1}{1 + \left(\dfrac{\lambda R_1}{\pi W_1^2}\right)^2} \tag{3.3.13}$$

$$W_{01}^2 = \frac{W_1^2}{1 + \left(\dfrac{\pi W_1^2}{\lambda R_1}\right)^2} \tag{3.3.14}$$

在后臂(透镜 $f$ 与镜 $M_2$ 之间)中的束腰位置 $Z_2$ 和尺寸 $W_{02}$ 为

$$Z_2 = \frac{R_2}{1 + \left(\dfrac{\lambda R_2}{\pi W_2^2}\right)^2} \tag{3.3.15}$$

$$W_{02}^2 = \frac{W_2^2}{1 + \left(\dfrac{\pi W_2^2}{\lambda R_2}\right)^2} \tag{3.3.16}$$

(2)折叠腔连续染料激光器的泵浦方式

图 3-40 所示为纵向泵浦方式,在染料喷流处泵浦光的轴线与染料激光轴线相重合,连续泵浦光束通过三棱镜耦合进谐振腔,若 $R_2 < 2L$,在镜 $M_1$ 和 $M_2$ 之间存在泵浦光的最小光斑,即高斯光束束腰 $W'_0$。当镜 $M_2$ 离泵浦光源甚远,满足 $L \gg R/2$ 时($L$ 是 $M_2$ 与泵浦光束腰 $W_0$ 的间距),则有

$$W'_0 = \frac{R_2}{2L}W_0 \tag{3.3.17}$$

显然,$R_2$ 越小,泵浦光的截面积 $A = \pi W'^2_0$ 也越小,可获得较高的泵浦光功率密度,因此设计

时,应使 $A$ 与染料喷口处的通光口径相匹配。

（3）连续染料激光器的调谐方式

谐振腔中的三棱镜具有耦合泵浦光和调谐波长的双重作用。如图 3-42 所示,当一束白光 $S$ 入射到棱镜上,由于偏向角 $D$ 是波长 $\lambda$ 的函数,即 $D=f(\lambda)$,波长越短,材料的折射率就越高,偏向角 $D$ 也就越大,因此,如果沿 $S''(\lambda_2)$ 反方向入射一束平行的泵浦光,通过三棱镜后将沿 $S$ 方向出射,这时,若折叠腔的参数选择成如图 3-40 所示的那样: $\frac{R_2}{2}+R_1=l_1$,则谐振腔内的激光束将沿 $S$ 方向投射到三棱镜上,出射时的激光将沿 $S'(\lambda_1)$

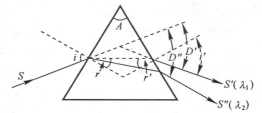

图 3-42 棱镜耦合与分光

方向,因此利用激光($\lambda_1$)和泵浦光($\lambda_2$)的方向角之差,而将它们在光路上分开,同理,若激光是由波长连续可变的光谱组成的话,各波长的激光出射方向 $S'$ 将互不相同,若 $M_3$ 恰与某一激光波长的出射方向准直,则谐振腔将使该波长的光产生振荡,因此,使镜 $M_3$ 绕垂直于图面的轴线转动时便可获得不同波长的激光振荡输出,激光器输出的谱线宽度

$$\Delta\lambda=\frac{\theta}{\omega_\lambda}=\frac{\sqrt{1-n\sin^2\frac{A}{2}}}{2\sin\frac{A}{2}\frac{\mathrm{d}n}{\mathrm{d}\lambda}}\cdot\theta \tag{3.3.18}$$

式中,$A$ 是三棱镜顶角,$\omega_\lambda$ 是棱镜的色散率,$D'$ 是方向角,$\theta$ 是 $D'$ 的变化量,$n$ 是棱镜材料对某一光波长的折射率。

若 $\theta=1\mathrm{mrad}$,$A=60°$,在可见光区,查出玻璃材料的 $\mathrm{d}n/\mathrm{d}\lambda$,并将有关数据代入(3.3.18)式,即可算得 $\Delta\lambda\doteq1\mathrm{nm}$,因此,用棱镜色散来选择激光波长是一种粗选法,所获得的谱线宽度较大。

（4）染料激光器的循环系统和输出特性

染料液喷流面呈光学平面,平面度 $<1$ 个光圈,两平面的平行度 $<20''$；喷嘴一般用不锈钢片制成,缝宽 0.29mm,长 4.5mm,染料液流速 15m/s。

- 输出功率:用 $Ar^+$ 激光 514.5nm 单线泵浦,泵浦光功率 3.9W；当用若丹明-6G 染料时,单频输出功率 500mW,输出功率稳定度 $\leqslant\pm1\%$。

- 输出线宽:单频线宽 $\sigma_\lambda=250\mathrm{MHz}$。

- 调谐波长范围:570.0～620.0nm。

- 空腔转换效率:$>2\%$。

## 四、无机液体激光器

### 1. 激光机理

无机液体激光器产生激光的机理类似于玻璃激光器,在掺钕的无机液体激光器中,激活粒子也是 $Nd^{3+}$,不同之处是其基质是无机液体(不是玻璃),因此它的有关激光性能与钕玻璃激光器基本一致。目前性能较好的无机液体激光器主要有两种:

（1）$Nd^{3+}$：$POCl_3+SnCl_4+P_2O_3Cl_4$ 无机液体激光器

以此种无机液体为基质的工作物质中,$Nd^{3+}$含量为 0.3%～0.5%克分子浓度,$POCl_3$:$SnCl_4$:$P_2O_3Cl_4=7:1:2$(体积比),其中三氯氧磷($POCl_3$)是溶剂,这种溶剂能使稀土离子在其中很好地发光。四氯化锡($SnCl_4$)的加入可使其混合物对稀土盐有极大的溶解能力。此种无机液体的发光效率达 2%,且流动性好,毒性和腐蚀性都较小。因此,是较多采用的液体激光器。

(2)$Nd^{3+}$:$SeOCl_2+SnCl_4$ 无机液体激光器

其中,$SeOCl_2$是溶剂,$SnCl_4$是助溶剂,其混合液能使氧化钕、氯化钕等化合物溶解,而且Nd 以 $Nd^{3+}$的形式存在于溶液中。由于这种无机溶液的吸收带不在 $Nd^{3+}$的吸收带和激光波长 1.06$\mu$m 范围内,因而有很好的透明度。此外,这种液体激光器具有阈值低和能量转换效率高的优点,但 $SeOCl_2$的毒性和腐蚀性很大,粘度高,流动性差,因而在使用上受到限制。

### 2.无机液体激光器的结构和特性

图 3-43 是无机液体激光器的典型结构图。其结构十分类似于钕玻璃激光器,无机液体激光器的主要优点是:易于获得大功率大能量输出;掺钕浓度高;易制备体积大、光学质量高的工作物质;无机液体制作简单、成本低。这种激光器的主要缺点是:热膨胀系数大,因此不能高重复频率工作,由于溶液具有毒性和腐蚀性,使用不方便。

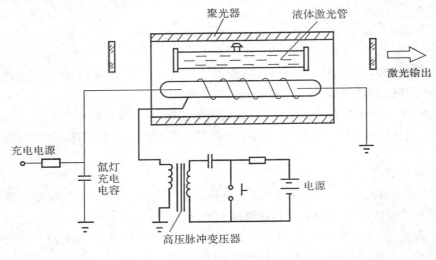

图 3-43　无机液体激光器

## 第四节　半导体激光器

半导体激光器是指以半导体材料为工作物质的一类激光器。

半导体激光器的主要特点:

(1)超小型、重量轻,激活面积约为 0.5×0.5mm²;

(2)效率高、微分量子效率大于 50%,能量转换效率大于 30%;

(3)发射的激光波长范围宽,通常谱宽在(0.5～30)$\mu$m 之间;

(4)使用寿命长,可达百万小时以上,即使在 60℃ 的环境温度下工作,寿命也可达20×10⁴h 以上;

(5)普通半导体激光器的发射功率在 1～100mW，但目前大功率半导体激光器的发展极为迅速，一维相干的大功率半导体激光器连续输出已达 500mW，二维相干列阵器件的输出功率达 1W。部分相干的半导体激光器的最大输出达 80W，准连续输出为 300W，脉冲输出功率达 1000W 以上。

半导体激光器的材料主要集中为三大类材料：Ⅲ-Ⅴ族化合物半导体，如 GaAs；Ⅱ-Ⅵ族化合物半导体，如 CdS；Ⅳ-Ⅵ族化合物，如 PbSnTe。其中的Ⅲ-Ⅴ族的化合物半导体材料研制开发最成熟，应用也最广泛。

目前，半导体激光器已成为激光器家族中最主要的成员之一。商品化器件的年产量已达 5000 万只以上，产值达几十亿美元。半导体激光器目前已是光通信领域中发展最快和最为重要的光纤通信的光源，并在激光电视唱片、光盘、激光高速印刷术、全息照相、文字记录、数码显示、办公自动化、激光准直、激光防盗、激光医学和激光生物学诸多领域中开发了应用。半导体激光器还是光信息处理、光存储和光学计算机等新领域的主要角色。

# 一、半导体激光器的工作原理

半导体激光器产生的激光机理，与气体和固体激光器是基本相同的，即必须建立特定的激光能态间的粒子数反转，并有合适的光学谐振腔。但由于半导体材料物质结构的特异性和半导体材料中电子运动的特殊性，其产生激光的具体过程又有许多特殊之处。

## 1. 半导体的能带结构

半导体激光材料的能带结构分析是基于能带论和半导体电子论，这里仅给出其中与描述产生激光机理有关的能带结构的一些基本概念。

(1)半导体导带、禁带、满带和空穴

半导体材料属晶体结构，晶体中的原子呈周期性排列，图 3-44 是 GaAs 的晶格结构。这种结构属金刚石结构，其中每个原子都位于由 4 个最近邻的相同原子所构成的 4 面体的中心。晶体中形成原子按一定周期排列的结合力称为"共价键"，例如，GaAs 晶体，Ⅲ族的 Ga 原子电子组态为 $4S^2 4P^1$，有 3 个价电子，Ⅴ族的 As 原子的电子组态为 $4S^2 4P^3$，有 5 个价电子。当 Ga 和 As 构成晶体时，Ga 从 As 上获取一个电子，成为 $Ga^-$，而 As 成为 $As^+$，这些正、负离子与相邻的离子间的自旋相反的两个电子形成共价键，而构成原子按一定周期排列的 GaAs 晶体。

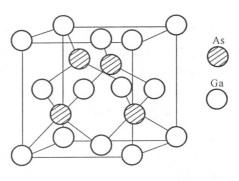

图 3-44　GaAs 晶体结构

晶体中电子的运动状态与单个原子时的运动情况有很大差别。由于晶体中，原子间的距离很近，电子不仅受到所属原子核的作用，同时也受到相邻原子的作用，并且，由于晶体中各原子靠得很近，也将产生相邻原子的电子轨道相互重叠的现象，通过轨道重叠，电子可从一个原子迁移到相邻原子上去，又从相邻原子迁移到较远或更远的原子上去，从而实现电子在整个晶体中的运动。由于晶体中的电子属所有原子所"共有"，电子的这种运动状态称为"共有化运动"，这就是晶体内电子运动的特点。

半导体电子论指出：晶体中的电子兼有原子运动和共有化运动，但只有原子的外层电子的共有化特征才是明显的，内层电子的情况仍和在单独原子中一样，并且，电子在原子间的迁移仅能发生于能量相同的轨道之间。

能带理论指出：当 $N$ 个原子相接近形成晶体时，由于共有化运动，原来单个原子中每一个允许能级分裂成 $N$ 个与原来能级很接近的新能级。分裂之后，电子便以某一些新能级的能量在晶体点阵的周期性场中运动，两个新能级间距很小，只有 $10^{-2}$eV 量级，因而这些密集的新能级可认为是连续的，通常把这 $N$ 个新能级具有的能量范围称为"能带"。不同能带之间可以有一定的间隔，在这个间隔范围内电子不能处于稳定能态，实际上形成一个禁区，称为"禁带"。禁带宽度用 $E_g$ 表示。

图 3-45 表示了电子轨道、能级和能带之间的对应关系。由价电子能级分裂而成的能带叫"价带"，在温度很低时，半导体材料的价带都由电子所填满，因此，"价带"也称作"满带"。价带以上的能带在未被激发的正常情况下，往往没有电子填入而称为"空带"。当电子因某种因素受激进入空带，则此空带又叫"导带"，温度较高时，有可能把价带中的一些电子激发到导带，这时，在价带中就形成若干空着的能态，称为"空穴"。

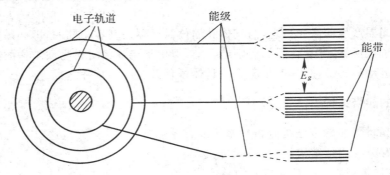

图 3-45　电子轨道和能级、能带之对应关系

半导体电子论指出：晶体中电子只能处于一些准许的能带之中，而每一能带中都有与构成晶体的原子总数等量的能级数。

晶体中电子填充能带时必须服从两个原理：

① 泡里—费密原理——在任一准许能带 $E_n(k)$ 中，由 $n$ 和 $k$ 所确定的一个能级上最多只能填充自旋相反的两个电子，因此 $N$ 个原子构成的晶体中，每一个准许能带可能容纳的电子数最多为 $2N$ 个；

② 能量最小原理——电子填充能带时，总是从最低的能带、最小能量的能级开始填充。因此，在一般情况下，下方的准许能带都为电子所填满，而较上面的能带则只被价电子所填充。

(2)本征型、P 型和 N 型半导体

不含杂质的半导体称为本征半导体或 I 型半导体。在本征型半导体中，导带电子数和价带空穴数相等，且数量很少。

在本征半导体中掺入杂质原子，例如在 GaAs 中掺入少量的 Te 以取代晶体中的 As 原子，就会在导带下面形成杂质能级，如图 3-46(a)所示，杂质能级上的电子很容易进到导带中去，这类杂质称为"施主杂质"或"N 型杂质"，而这个过程称为施主杂质的"电离"。设导带的底能级为 $E_c$，杂质能级为 $E_D$，则 $\Delta E_{CD}$ 即为施主电离能，GaAs 中的 Te 的电离能仅为 0.003eV，比 GaAs 的禁带宽度($E_g$=1.43eV)要小得多。掺施主杂质的半导体为电子型或 N 型半导体。

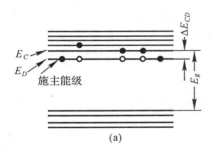
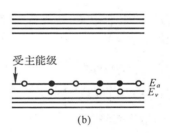

图 3-46 半导体的杂质能级

如果在 GaAs 中掺入 Zn 以取代晶体中的 Ga 原子,就会在价带上面形成受主杂质能级,如图 3-46(b)所示。这类杂质称为"受主杂质"或"P 型杂质",价带的电子可以进入到受主能级上去,从而在价带中产生许多空穴,这过程称为受主杂质的"电离"。掺受主杂质的半导体称为空穴型半导体或 P 型半导体。

低掺杂半导体的杂质能级是一些位于禁带中的分立能级,而当掺杂浓度很高时,由于杂质原子间的相互作用,分立的能级就将发展为杂质能带。杂质浓度愈高,杂质能带也愈宽,甚至与导带或价带等能带连成一片,犹如原来能带的拖尾,称之为"带尾"。

掺杂使半导体导电能力极大提高,当给半导体加上电压,电场就驱使电子或空穴运动而形成电流。通常将电子和空穴都称作载流子,并把 N 型半导体中的电子称为多数载流子,称空穴为少数载流子;把 P 型半导体中的空穴称为多数载流子,电子为少数载流子。

**2. 载流子的统计分布与载流子的迁移、复合**

(1)载流子的统计分布

统计物理学指出:满足泡里—费密原理的电子集团,遵循费密—狄喇克统计规律,即在热平衡条件下,一个电子占据能量为 $E$ 的能级几率:

$$f_e(E) = \frac{1}{1 + e^{\frac{E - E_F}{KT}}} \qquad (3.4.1)$$

式中,$K$ 为波尔兹曼常数,$T$ 为热平衡时的绝对温度,$E_F$ 为费密能级。

(3.4.1)式表明,对于某一温度 $T$,能级 $E$ 上的电子占据几率惟一地由费密能级 $E_F$ 所确定。费密能级的物理概念是:根据电子在能级上的统计分布规律,在各种类型的半导体中,从价带到导带电子填充各能级的几率将从 100% 逐渐降到零;所谓费密能级是指电子填充几率为 50% 这样一个能级,即在(3.4.1)式中,当 $E = E_F$ 时,有 $f_e(E_F) = \frac{1}{2}$。

一个电子占据能级的几率 $f_e(E_F)$ 也称为费密分布函数,费密分布函数的曲线形状如图3-47所示。费密分布函数有如下重

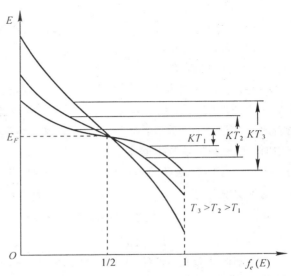

图 3-47 费密分布函数曲线

要特性：

① 当 $E_F$ 确定后，$f_e(E_F)$ 是温度 $T$ 的函数。

② $E>E_F$，$E-E_F\gg KT$ 时，有以下关系：

$$f_e(E)=\mathrm{e}^{-\frac{E-E_F}{KT}}=\mathrm{e}^{\frac{E_F}{KT}}\cdot\mathrm{e}^{\frac{-E}{KT}} \tag{3.4.2}$$

空穴占据能级的几率 $f_n(E)$ 相应地可用 $1-f_e(E)$ 表示，于是

$$1-f_e(E)=f_n(E)=\frac{1}{1+\mathrm{e}^{\frac{E_F-E}{KT}}} \tag{3.4.3}$$

在上述条件下，$f_n(E)\approx1$，式(3.4.2)表明，对于电子的费密分布函数，可用波尔兹曼分布来近似替代；在同样条件下，由(3.4.3)式可见，空穴的分布则严格服从费密分布规律(3.4.3)式。

③ 当 $E<E_F$，且 $E_F-E\gg KT$ 时，有 $f_e(E)\approx1$，而对于空穴，此时有

$$f_n(E)=\mathrm{e}^{-\frac{E-E_F}{KT}}=\mathrm{e}^{\frac{E_F}{KT}}\cdot\mathrm{e}^{-\frac{E}{KT}} \tag{3.4.4}$$

表明其分布服从波尔兹曼分布律。

遵守波尔兹曼分布律的统计分布称为非简并化分布，即当载流子对能级的占据几率很小时呈非简并化分布，严格服从费密分布律的统计分布称为简并化分布，即载流子对能级的占据几率甚大时呈简并化分布，这时能级上几乎为载流子所填满，并受泡里—费密原理所限制。

本征半导体的费密能级居于禁带中央，因此导带内电子或价带内空穴是非简并化分布的。在高掺杂半导体中，杂质能级与导带或价带连成一片，费密能级可能进入到导带或价带，因此，高掺杂 P 型半导体价带内的空穴和高掺杂 N 型半导体导带内的电子是呈简并化分布，这对激光材料来说是极为重要的性质。

④ 在一个热平衡系统中只有一个费密能级，电子和空穴的分布由同一费密能级来描述，若两个平衡系统各有自己的费密能级，则当这两个系统达到热平衡时，它们的费密能级应趋于相等而处于同一水平上。

⑤ 当半导体材料的费密分布函数已知时，即可求得导带内电子密度 $n$ 等有关参量：

$$n=\int_{E_c}^{E_{top}}N(E)f_e(E)\mathrm{d}E \tag{3.4.5}$$

式中，$E_{top}$ 是导带顶能级的能量，$E_c$ 是导带底能级的能量，$N(E)$ 是导带中的能态密度。

(2)载流子的迁移、复合

① 载流子的迁移率

半导体的电导率取决于其中的载流子浓度，同时，还与载流子的迁移率有关。所谓迁移率即是一个用以描述晶体中载流子导电运动的物理量。当无外加电场作用时，晶体中的载流子作完全无规则运动，不断与晶格发生碰撞而改变运动方向，并不表现出电流效应。当有外加电场作用时，载流子在晶体中除上述无规则运动外，还出现在电场加速作用下形成的定向运动，因此电子将以这两种运动的合成运动所得到的平均速度 $\overline{v_n}$ 逆电场方向运动而形成电流。这种合成运动称为载流子的"漂移运动"，速度 $\overline{v_n}$ 称为漂移速度。漂移速度 $v_n$ 与外加的电场强度 $E$ 成正比，即 $\overline{v_n}=\mu_n E$，$\mu_n$ 为电子的迁移率；类似的，空穴的漂移速度 $\overline{v_p}$ 和外加电场 $E$ 之间的关系为 $\overline{v_p}=\mu_p E$，$\mu_p$ 是空穴的迁移率。

对于不同类型的半导体可分别写出其电导率和载流子迁移率：

● N 型半导体

设导带电子浓度为 $n$，则在外加电场 $E$ 作用下形成的电流可写成

$$ne \overline{v_n} = ne\mu_n E \tag{3.4.6}$$

式中,e 为电子电荷。

由欧姆定律,电流 $j_n$ 据上式可写成

$$j_n = \sigma_n E \tag{3.4.7}$$

式中,$\sigma_n = ne\mu_n$,称为 N 型半导体的电导率。

● P 型半导体

P 型半导体的电导率

$$\sigma_p = pe\mu_p \tag{3.4.8}$$

式中,$p$ 是 P 型半导体中的空穴浓度。

● I 型半导体

I 型半导体的导带电子浓度和价带空穴浓度相等,电导率

$$\sigma_i = \sigma_n + \sigma_p = ne(\mu_n + \mu_p) = pe(\mu_n + \mu_p) \tag{3.4.9}$$

② 载流子的复合

在载流子的运动过程中,当电子与空穴相碰时,电子跳到空穴位置上而处于束缚状态,于是电子—空穴对随之消失,这就是载流子的复合。半导体中的电子—空穴对不断复合而消失的同时,又会由于热运动而不断激发产生,当温度一定,且无外界能量激发时,单位时间内电子—空穴对的复合率等于其产生率,而使得晶体中总的载流子浓度保持不变,这种状态称为平衡态,对应的载流子称为平衡载流子。当有外界能量作用时,例如用光照、电注入或电激励时,会使半导体中的电子—空穴对产生率超过复合率,这时就形成载流子浓度的偏离平衡时的分布,称为非平衡分布,对应的过剩载流子称为非平衡载流子。一旦外界能量撤除,过剩的载流子就会通过复合而逐渐消失,使系统又恢复到平衡态分布。从非平衡态恢复到平衡态分布的时间,称为非平衡载流子的寿命,记作 $\tau$,$\tau$ 与晶体结构有关。图 3-48 为光照的 N 型半导体产生非平衡载流子示意图。

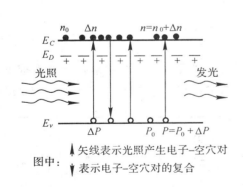

图中: ↑ 矢线表示光照产生电子-空穴对
      ↓ 表示电子-空穴对的复合

图 3-48 光照 N 型半导体产生非平衡载流子示意图

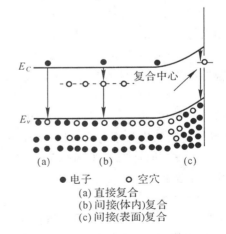

● 电子 ○ 空穴
(a) 直接复合
(b) 间接(体内)复合
(c) 间接(表面)复合

图 3-49 半导体中载流子的复合机构

半导体中载流子复合机构有"直接复合"和"间接复合"两大类。按其复合发生的位置还可分为体内复合和表面复合。载流子复合时将以三种方式释放多余的能量:

● 发射光子——复合时伴有光的发射,也称为光跃迁;

● 发射声子——给晶格振动的热能,也称为热跃迁;

● 载流子之间的能量交换。

图 3-49 给出了几种典型载流子的复合情况。

a. 直接复合

直接复合是指导带电子直接跃入价带与空穴复合,如图 3-50 所示。设 $n$、$p$ 分别表示导带电子和价带空穴浓度,令 $\gamma$ 为一个电子与空穴相碰复合而消失的复合几率,则单位时间、单位体积内电子—空穴对的复合率 $R = \gamma np$。

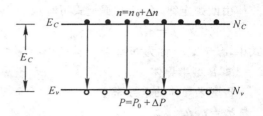

图 3-50　直接复合过程

在电子—空穴对复合而消失的同时,由于热激发等作用,半导体又不断产生电子—空穴对,在非简并情况下,可近似认为单位时间、单位体积内电子—空穴的产生率 $Q$ 在整个过程中基本相同,即 $Q$ 只与温度有关,而与载流子浓度 $n$、$p$ 无关。在平衡态下,产生率 $Q$ 必定等于复合率 $R$,因此,当以平衡时的载流子浓度 $n_0$、$p_0$ 代替 $n$、$p$,则产生率 $Q$ 可写成

$$Q = \gamma n_0 p_0 = n_i^2 \tag{3.4.10}$$

式中,$n_i^2 = n_0 p_0$,$n_i$ 是半导体中的本征电子浓度。

当半导体内出现非平衡载流子,且 $\Delta n = \Delta p$($\Delta n$、$\Delta p$ 分别是过剩的电子和空穴浓度),则电子和空穴浓度分别是

$$n = n_0 + \Delta n, \quad p = p_0 + \Delta p$$

此时,载流子的复合率应大于产生率。因此,非平衡载流子的复合率 $R_u$ 就应为总的复合率与产生率之差,即

$$R_u = R - Q \tag{3.4.11}$$

将(3.4.10)式代入,并注意到 $\Delta n = \Delta p$,得

$$R_u = r[\Delta p(n_0 + p_0) + (\Delta p)^2]^2 \tag{3.4.12}$$

非平衡载流子又可用非平衡载流子的寿命 $\tau$ 表示,即

$$R_u = \Delta p / \tau \tag{3.4.13}$$

比较(3.4.12)和(3.4.13)两式,得

$$\tau = 1 / r[(n_0 + p_0) + \Delta p] \tag{3.4.14}$$

若外界的载流子注入较小时,即 $\Delta p \ll n_0 + p_0$ 时,上式可近似为

$$\tau \approx 1 / r(n_0 + p_0) \tag{3.4.15}$$

对于掺杂半导体,$n_0$ 与 $p_0$ 相差甚大,因此,非平衡载流子的寿命是与多数载流子浓度成反比的,半导体材料的电导率愈高,则载流子寿命愈短。若外界的注入为大注入,即 $\Delta p \gg n_0 + p_0$ 时,则有 $\tau \approx 1 / r \cdot \Delta p$,此时非平衡载流子的寿命随浓度而改变。

b. 间接复合

半导体中的杂质原子和晶格缺陷会在禁带中形成能级,这些能级可能会成为载流子的"复合中心"。如果在表面形成这样的能级,则称为"表面态"、"表面能级"或"塔姆"能级。半导体中的电子和空穴通过这些复合中心或表面态的复合统称为间接复合。图 3-51 给出了这种间接复合过程的

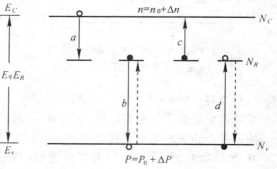

图 3-51　间接复合过程

4 个基本过程：电子被中心俘获；中心俘获空穴；电子的产生；空穴的产生。这些过程的综合结果决定了非平衡载流子的复合率及寿命。以下将给出有关结果。

由半导体电子论可导出，在仅考虑小注入，即 $\Delta p \ll n_0$ 的情况下，且满足条件 $\Delta p = \Delta n$ 时，非平衡载流子的复合率及其寿命分别是

$$R_u = \frac{N_R \gamma_n \gamma_p \Delta p (n_0 + p_0)}{\gamma_n (n_0 + n_1) + n_p (p_0 + p_1)} \tag{3.4.16}$$

$$\tau = \frac{(n_0 + n_1)/\nu_R \gamma_p + (p_0 + p_1)/N_R \gamma_n}{n_0 + p_0} \tag{3.4.17}$$

式中，$n_1 = N_c e^{(E_R - E_c)/KT}$，$p_1 = N_v e^{(E_v - E_R)/KT}$，$n_1$、$p_1$ 分别表示费密能级 $E_F$ 与复合中心能级 $E_R$ 重合时，导带电子和价带空穴浓度，$N_R$ 为复合中心浓度；$N_c$、$N_v$ 分别是导带和价带的有效能级密度，$\gamma_n$、$\gamma_p$ 分别是电子和空穴的俘获系数。

### 3. P-N 结的能带结构

在一块半导体晶体的不同部位掺入不同的杂质原子，使它的一部分是 P 型，另一部分是 N 型，则在它们的交界处便形成 P-N 结。

(1)平衡状态 P-N 结的能带结构

在热平衡时，P-N 结的 P 区和 N 区高低不同的费密能级最终将达到相同的水平，如图 3-52 所示。当 P 型和 N 型两种半导体材料相接触时，在交界处，P 型一侧的空穴就会向 N 型一侧扩散，而 N 型一侧的电子将向 P 型的一侧扩散，结果在交界面两侧就形成空间电荷区，称为自建场，其电场方向自 N 区指向 P 区，即 P 区对 N 区有一负电位，用一 $V_D$ 表示，通常称为 P-N 结的势垒高度，这时 P 区所有能级的电子都有了附加的位能 $qV_D$（$q$ 是电子电荷）。结果整个 P 区的能带相对于 N 区提高了 $qV_D$，而使得 P 区和 N 区的费密能级 $E_F$ 恰好达到同一高度。因此，$qV_D$ 就等于原来 P 区和 N 区的费密能级高低之差，即

$$qV_D = (E_F)_n - (E_F)_p \tag{3.4.18}$$

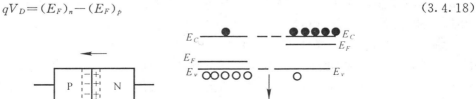

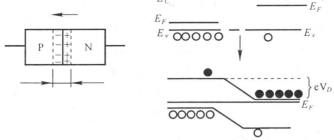

图 3-52 P-N 结势垒及能带结构

即 P-N 结势垒高度 $V_D$ 的大小是由原来的 N 区和 P 区的费密能级高低差所决定，也就是由两边掺杂浓度决定的。

在能带图中，空间电荷区对应的能带是倾斜的，这是因为自建区中的每一点都有一定的电位 $V(x)$，其能带相应地抬高 $-qV_D$、空间电荷区自 N 到 P 的电子的势能 $W$ 的增大规律为

$$W = -qV(x) = qEX \tag{3.4.19}$$

当自建场的电场强度 $E$ 为常量时，$W$ 与位移 $X$ 呈线性关系，因此能带是以倾斜的直线关系变化的。

（2）加正向电压时 P-N 结的能带结构

图 3-53 是加正向电压时的 P-N 结能带结构示意图。由图可见,原来的自建场被削弱,势

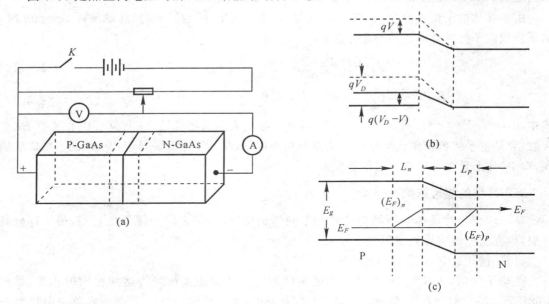

图 3-53　加正向电压时的 P-N 结能带结构示意图

垒降低,如 N 区一边能带不动,则 P 区能带将向下移动,下降幅度为 $qV$,破坏了原来的平衡,引起多数载流子流入对方,使得 P 区和 N 区内少数载流子比原平衡时增加,这些增多的载流子称为"非平衡载流子"。此时,费密能级将发生变化,称非平衡状态下的费密能级为"准费密能级"。电子的准费密能级 $(E_F)_n$ 和空穴的准费密能级 $(E_F)_p$ 分别描述电子和空穴的分布。对 P 区,由于空穴是多数载流子,所以 $(E_F)_p$ 变化不大,而 $(E_F)_n$ 则由于少数载流子电子的注入而发生明显变化;对 N 区,恰恰相反,是 $(E_F)_p$ 变化大而 $(E_F)_n$ 变化不大。从图(c)可见,在 P 区 $(E_F)_n$ 是倾斜的,这是由于在 P-N 结中的电子分布并不是均匀的,而是处于向 P 区扩散的运动中,当电子注入 P 区后不断与 P 区的空穴复合而减少,直到非平衡载流子全部复合掉为止。在离 P-N 结一个扩散长度以外的地方,载流子浓度又回到原来的平衡状态,因此 $(E_F)_p$ 与 $(E_F)_n$ 重合,重新变成统一的费密能级。N 区中的 $(E_F)_p$ 变化情况可同样分析。

通常称少数载流子扩散到对方的平均距离为"扩散长度"$L$,$L$ 与载流子的扩散系数 $D$ 和寿命 $\tau$ 的大小有关,用 $L_n$、$L_p$ 分别表示电子和空穴的扩散长度,有关系式:

$$\left.\begin{aligned}L_n&=\sqrt{D_e\tau}=(KT/e)^{1/2}(\mu_e\cdot\tau)^{1/2}\\L_p&=\sqrt{D_p\tau}=(KT/e)^{1/2}(\mu_p\cdot\tau)^{1/2}\end{aligned}\right\} \tag{3.4.20}$$

在扩散长度范围内,注入到 P 区的电子将与 P 区的空穴复合而发光,所发射的光子能量基本上等于禁带宽度 $E_g$,由于 $L_n>L_p$,复合发光的区域将偏向 P 区一侧。

## 4. 注入式同质结半导体激光器工作原理

（1）注入式 GaAs 同质结半导体激光器的结构

"同质结"是指其结构,即 P-N 结由同一种材料的 P 型和 N 型构成。"注入式"是指激光器的泵浦方式,即直接给半导体的 P-N 结加正向电压,注入电流。其他三种泵浦方式是电子束激

励、光激励、碰撞电离激励。

图 3-54(a)是 GaAs 激光器的典型结构,激光器的实际尺寸很小,形似半导体二极管,在外

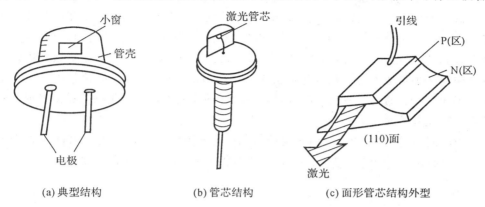

(a) 典型结构      (b) 管芯结构      (c) 面形管芯结构外型

图 3-54 GaAs 的典型结构

壳上有一个输出激光的小窗口,管下端是用来外接注入源的电极。图 3-54(b)是激光器的管芯结构,管芯有长方形、台面形,电极条形等多种形状。图 3-54(c)示出了台面形管芯的结构外型。管芯的典型尺寸是长 0.25mm、宽 0.15mm、厚 0.1mm 的长方体,P-N 结的厚度仅几十微米。P-N 结的制作方法通常是在 N 型 GaAs 衬底上生长一层 P 型 GaAs 薄层而形成 P-N 结,薄膜的生长方法主要有扩散法和处延法。

半导体激光器谐振腔最常用的是由垂直于 P-N 结的两个严格相互平行的(110)解理面构成的 F-P 谐振腔。半导体材料的折射率都很高,如 GaAs 的折射率 $\eta = 3.6$,两个解理面在不镀膜的情况下,也能获得 32% 的反射率。为了提高输出功率和降低工作电流,一般也使其中的一个反射面镀上全反射膜。为改善性能,实际中往往采用多种形式的谐振腔,如短腔、分布反馈腔等。

(2)粒子数反转分布条件

半导体的粒子数反转分布是指载流子的反转分布。通常情况下,半导体的电子总是从低能态的价带填充起,填满价带后才填充到高能态的导带;空穴则相反。若用光或电注入的方法使在 P-N 结附近形成大量的非平衡载流子,在较其复合寿命短的时间内,电子在导带、空穴在价带分别达到平衡,则在此注入区中,简并化分布的导带电子和价带空穴就处于相对反转分布的状态。

只有在重掺杂的 GaAs 中才能形成载流子的反转分布,图 3-55(a)所示的重掺杂 GaAs,在未受外加电压时的能带结构如图 3-55(b)所示,费密能级分别进入导带和价带,$eV_D$ 是势垒高度。当外加电压、注入

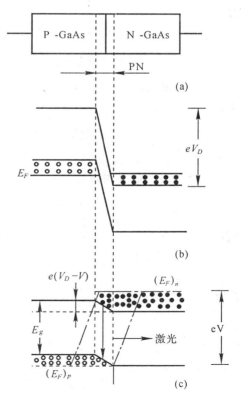

图 3-55 $P^+$-$N^+$GaAs 的能带结构

电流时,则其势垒高度下降为 $e(V_D-V)$,外加电压使两区的费密能级发生偏离,并有 $eV=(E_F)_n-(E_F)_p$ 的关系,如图 3-55(c)所示,在 P-N 结区附近,导带中有大量电子,而在其对应的价带中则留有大量的空穴,这部分能带范围称为"作用区"。在作用区中,如果导带中的电子向下跃迁到能量较低的价带,就会发生电子-空穴的复合,电子从这种高能态返回低能态,其多余的能量即以光子($h\nu$)的形式辐射出去,再由于谐振腔的反馈作用,就能产生受激光辐射。

但在作用区中形成的电子从导带向价带受激辐射的同时,也存在有价带中的电子吸收光子而跃迁到导带中去的受激吸收。因此,要产生激光的先决条件必须是满足受激发射光子的速率大于受激吸收光子的速率。

设单位时间、单位体积中因受激发射而增加的光子数为 $\mathrm{d}n_r/\mathrm{d}t$,它与导带能级 $E$ 上的电子数 $n_e$、价带能级($E-h\nu$)上空穴数 $n_h$、腔中辐射能量密度 $\rho(\nu、z)$ 参量有关,即

$$\frac{\mathrm{d}n_r}{\mathrm{d}t}=B_{ev}\cdot n_e\cdot n_h\cdot\rho(\nu、z) \tag{3.4.21}$$

式中,$B_{ev}$ 是受激发射系数,$z$ 是光行进方向,$\nu$ 是光频率。

其中,$n_e$、$n_h$ 可用能级密度 $N(E)$ 和费密分布函数 $f_e(E)$ 表示:

$$\left.\begin{array}{l}n_e=N_c(E)f_{ec}(E)\\n_h=N_\nu(E-h\nu)[1-f_{ev}(E-h\nu)]\end{array}\right\} \tag{3.4.22}$$

式中,$N_c(E)$ 是导带中能量 $E$ 的能级密度,$N_\nu(E-h\nu)$ 是价带中能量为($E-h\nu$)的能量密度,$f_{ev}(E)$ 是导带中电子在能级 $E$ 上的占有几率,$f_{ev}(E-h\nu)$ 是价带中电子在能级($E-h\nu$)上的占有几率。

将(3.4.22)式代入(3.4.21)式中,则有

$$\frac{\mathrm{d}n_r}{\mathrm{d}t}=B_{ev}N_c(E)f_{ec}(E)\cdot N_\nu(E-h\nu)[1-f_{hv}(E-h\nu)]\rho(\nu、z) \tag{3.4.23}$$

另一方面,受激吸收光子的速率 $\mathrm{d}n_\theta/\mathrm{d}t$ 也应与 $N_\nu(E-h\nu)$、$f_{ev}(E-h\nu)$、$\rho(\nu、z)$ 等参量有关,即

$$\frac{\mathrm{d}n_\theta}{\mathrm{d}t}=B_{\nu c}N_c(E)[1-f_{ec}(E)]\cdot N_\nu(E-h\nu)f_{ev}(E-h\nu)\rho(\nu、z) \tag{3.4.24}$$

式中,$B_{\nu c}$ 是受激吸收爱因斯坦系数。根据激光原理,有关系 $B_{\nu c}=B_{cv}$

要使受激发射大于受激吸收,应有

$$\frac{\mathrm{d}n}{\mathrm{d}t}=\frac{\mathrm{d}n_r}{\mathrm{d}t}-\frac{\mathrm{d}n_\theta}{\mathrm{d}t}>0 \tag{3.4.25}$$

将(3.4.23)和(3.4.24)两式代入(3.4.25)式,得

$$\frac{\mathrm{d}n}{\mathrm{d}t}=B_{\nu c}N_c(E)N_\nu(E-h\nu)\rho(\nu、z)[f_{ev}(E)-f_{hv}(E-h\nu)] \tag{3.4.26}$$

要使上式 $\frac{\mathrm{d}n}{\mathrm{d}t}>0$,即要求

$$f_{ec}(E)-f_{ev}(E-h\nu)>0 \tag{3.4.27}$$

由费密分布函数定义式(3.4.1),对 $f_{ec}(E)$ 和 $f_{ev}(E-h\nu)$ 可分别写出

$$\left.\begin{array}{l}f_{ec}(E)=\dfrac{1}{1+\exp\dfrac{E-(E_F)_n}{KT}}\\[4mm]f_{ev}(E)=\dfrac{1}{1+\exp\dfrac{E-(E_F)_p}{KT}}\end{array}\right\} \tag{3.4.28}$$

式中，$(E_F)_n$ 和 $(E_F)_p$ 分别是导带内和价带内的费密能级。

将(3.4.28)式代入(3.4.26)式后，可得

$$(E_F)_n - (E_F)_p > h\nu \tag{3.4.29}$$

(3.4.29)式是同质结半导体激光器的载流子反转分布条件，它表明：

① 导带能级为电子占有的几率应大于价带能级电子占有几率，此时就将实现在导带底部和价带顶部与辐射跃迁相连系的能量范围内的粒子数反转分布；

② 发射的光子能量基本上等于禁带宽度 $E_g$，因此非平衡电子和空穴的准费密能级之差应大于 $E_g$，即要求电子和空穴的准费密能级要分别进入导带和价带，也就是要求 P-N 结两边的 P 区和 N 区必须是高掺杂的；

③ 要求所加的正向偏压 $V$ 必须足够大，即要求

$$V > \frac{E_g}{e} \tag{3.4.30}$$

式中，$e$ 是电子的电荷量。

（3）阈值条件

实现载流子反转分布是激光器的先决条件，而要在谐振腔内形成激光振荡，还必须满足激光器的阈值条件，即光在谐振腔内来回传播一周过程中，增益必须等于或大于腔内各种损耗。

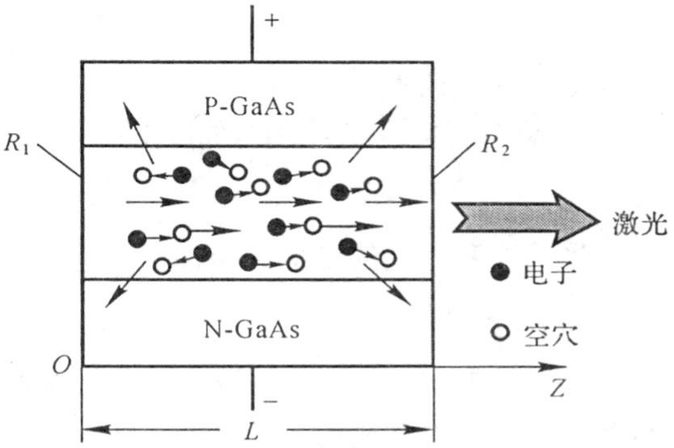

图 3-56 所示是同质结 GaAs 激光器工作原理。设沿 $z$ 方向传播的光强为 $I(\nu、t)$，经距离 $\mathrm{d}z$ 后，光强总变化量

$$\mathrm{d}I(\nu、z) = (G - \alpha)I(\nu、z)\mathrm{d}z \tag{3.4.31}$$

图 3-56 同质结 GaAs 工作原理图

式中，$G$ 为增益系数，$\alpha$ 为损耗。

积分下式

$$\int_{I(\nu、0)}^{I(\nu、z)} \frac{\mathrm{d}I(\nu、z)}{I(\nu、z)} = (G - \alpha)\int_o^z \mathrm{d}z$$

得

$$I(\nu、z) = I(\nu、0)\mathrm{e}^{(G-\alpha)z} \tag{3.4.32}$$

设谐振腔两镜的反射率分别为 $R_1$ 和 $R_2$，则光在腔内往返一周后的光强为

$$R_1 R_2 I(\nu、0)\mathrm{e}^{(G-\alpha)2l} = I_{2l}$$

式中，$l$ 是 P-N 结区的长度，在阈值附近，$G$ 可视作常数。

设定起始光强 $I(\nu、0)$ 与传播一周后的光强 $I_{2l}$ 相等，而有

$$\mathrm{e}^{(G-\alpha)2l} R_1 \cdot R_2 = 1 \tag{3.4.33}$$

此即为形成激光振荡的阈值条件。此式可改写为

$$G = \alpha + \frac{1}{2l} \cdot \ln\frac{1}{R_1 R_2} \tag{3.4.34}$$

表明增益系数必须等于或大于某一数值才能形成激光。同质结 GaAs 激光器的泵浦是加正向电流。当正向电流密度达到阈值 $J_{th}$ 后，即形成激光。增益系数 $G$ 与正向电流密度 $J$ 的关系为

$$G = \beta J$$

式中，$\beta$ 是增益因子。

当 $J=J_{th}$ 时，式(3.4.34)有

$$J_{th}=\frac{1}{\beta}(\alpha+\frac{1}{2l}\ln\frac{1}{R_1R_2}) \tag{3.4.35}$$

室温时，同质结 GaAs 激光器的阈值电流密 $J_{th}$ 约为 $3\sim5\times10^4\mathrm{A/cm^2}$。影响 $J_{th}$ 的主要因素是：

① $J_{th}$ 与激光器的具体结构及备制工艺密切相关，式(3.4.35)中的典型的参量数值为 $\beta=2\sim4\mathrm{cm/kA}$，$\alpha=(60\sim200)\mathrm{cm^{-1}}$。

② $J_{th}$ 与 P-N 结长度 $L$ 成反比，即 $J_{th}\propto\frac{1}{l}$。表明，加大腔长，可使阈值电流密度减小。

③ $J_{th}$ 与激光器的工作温度 $T$ 有关。当 $T$ 低于 77K 时，$J_{th}$ 随 $T$ 的变化缓慢，当 $T\gg77$K 时，$J_{th}$ 按 $T^3$ 比例上升。$J_{th}$ 随 $T$ 变化的主要因素是增益因子 $\beta$ 的作用。

(4)$J_{th}$ 与反射率 $R_1$、$R_2$ 有关，通常用作腔反射镜的两个解理面的 $R_1$ 和 $R_2$ 约为 32%。若使其中的一个面镀全反膜($R=1$)，则可使因子 $\ln\frac{1}{R_1R_2}$ 的值从 2.28 减为 1.14，从而使 $J_{th}$ 明显降低。

## 二、半导体激光器的输出特性

### 1. 半导体激光器的结构和特性

自 1962 年第一台同质结 GaAs 激光器问世以来，已出现许多种不同结构形式的激光器。

在垂直于 P-N 结方向上，最早的结构是同质结结构，之后，就大量采用异质结结构，即 P-N 结是由异种材料构成的，如 AlGaAs/GaAs 异质结、InGaAs/InP 异质结，并先后制成单异质结(SH)、双异质结(DH)、四异质结(FH)、大光腔(LOC)、分离限制(SCH)、单量子阱(SQW)、多量子阱(MQW)等结构，使激光器的阈值电流从早期的几十安培/厘米² 降到几个毫安/厘米²。其中的大光腔和分离限制激光器，电流限制区小于光学限制区，增大了有效的发光面积，而降低了发光区的功率密度，使单管的输出功率达到几百瓦。

在平行于 P-N 结方向上，最早是宽接触结构，器件的工作电流大，发热严重，只能脉冲工作。而后，研制了各种条形结构，使电流只从有限的条形中流经有源区，既降低了阈值电流，又实现了连续工作。条形结构分增益波导条形和折射率波导条形两大类。增益波导条形原理是利用电注入到较窄的条形中，使其增益大于损耗而实现激光辐射，最常用的构型有氧化物条形、质子轰击条形、台面条形等。折射率波导条形原理是利用不同异质结材料折射率的差异，使有源区的上下左右四个方向上都埋在折射率低于有源区折射率的限制层中，形成折射率波导结构，从而在四个方向上都实现载流子限制和光学限制。这类器件的阈值电流低，并能有效地控制模式，可以获得单横模和单纵模运转，其主要结构有：掩埋异质结(BH)、P 型衬底掩埋弯月型(PBC)等。

在激光束的发射方向上，已研制出采用端面镀膜、无吸收镜面、解理耦合腔($C^3$)、分布反馈腔(DFB)、分布布拉格反射腔(DBR)、外腔等结构，对提高器件的相干性、模式特性和输出功率方面都起了重要作用。在 DFB、$C^3$、DBR 等结构中是利用两个光学腔或有源区内外的光栅进行选模，可以获得单纵模工作，因而特别适用于长距离相干通信。

近年来，在大功率半导体激光器的研制中已取得大进展，连续或准连续输出功率达几百

瓦,脉冲功率达上千瓦。已有的大功率半导体激光器构型主要包括:闪烁状自对准弯曲有源区激光器和宽条自对准弯曲有源区激光器、多条多波长激光器、线性锁相列阵、Y 形耦合列阵、激光器棒、二维激光器列阵、二维激光棒叠层堆等。

**2. 输出功率和转换效率**

标志半导体激光器质量水平的一个重要特征是转换效率。转换效率通常用:"量子效率"和"功率效率"来量度。

功率效率的定义:

$$\eta_P = \frac{P_{ex}}{IV + I^2 r} \tag{3.4.36}$$

式中,$P_{ex}$ 是发射的激光功率,$I$ 是工作电流,$V$ 为器件的正向压降,$r$ 为串联电阻。

内量子效率 $\eta_i$ 的定义:

$$\eta_i = \frac{有源区内每秒发射的光子数}{有源区每秒注入的电子—空穴对数} \tag{3.4.37}$$

注入到有源区中的电子—空穴对复合发光而产生光子,其中的一部分光子在腔内被消耗掉,因此定义外量子效率

$$\eta_{ex} = \frac{激光区每秒发射的光子数}{有源区每秒注入的电子—空穴对数} = \frac{P_{ex}/h\nu}{I/e}$$

因为 $h\nu \approx E_g \approx eV$,所以

$$\eta_{ex} = \frac{P_{ex}}{IV} \tag{3.4.38}$$

图 3-57 所示是不同温度下激光器输出功率随电流 $I$ 的变化关系。当 $I < I_{th}$ 时,$P_{ex} \approx 0$;当 $I > I_{th}$ 时,$P_{ex}$ 直线上升,所以外量子效率 $\eta_{ex}$ 是电流的函数,用它来描述、比较器件的效率是不方便的。图中的直线斜率

$$\eta = \frac{P_{ex} - P_{th}}{I - I_{th}}$$

与电流 $I$ 无关,如果用外微分量子效率来表述时,可改写为

$$\eta_D = \frac{(P_{ex} - P_{th})/h\nu}{(I - I_{th})/l} \approx \frac{P_{ex}/h\nu}{(I - I_{th})/e}$$

$$= \frac{P_{ex}}{(I - I_{th})V} \tag{3.4.39}$$

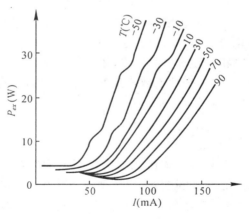

图 3-57　不同温度下激光器的 $P_{ex} \sim I$ 曲线

式中,$\eta_D$ 是外微分量子效率,$\eta_D$ 与电流 $I$ 无关,仅仅是温度的函数,且对温度的变化也不甚敏感。

实际上,通常采用外微分量子效率来表示某一温度下的器件转换效率。

外微分量子效率还有助于分析器件各参量之间的定量关系。当器件的泵浦水平高出阈值时,有源区内的受激功率

$$P_i = \eta_i \frac{I - I_{th}}{e} h\nu \tag{3.4.40}$$

在 $P_i$ 项中,有一部分损耗在腔内,其余部分从腔端输出。若腔内的总损耗为 $\alpha + \frac{1}{2l} \ln \frac{1}{R_1 R_2}$ 时,

则从端面输出的功率

$$P_{ex}=P_i\frac{\dfrac{1}{2L}\ln\dfrac{1}{R_1R_2}}{\alpha+\dfrac{1}{2L}\ln\dfrac{1}{R_1R_2}}\tag{3.4.41}$$

将上式代入(3.4.39)式,得

$$\eta_D=\eta_i\frac{\ln\dfrac{1}{R_1R_2}}{2\alpha L+\ln\dfrac{1}{R_1R_2}}\tag{3.4.42}$$

取倒数:

$$\frac{1}{\eta_D}=\frac{1}{\eta_i}+\frac{2\alpha}{\eta_i\ln\dfrac{1}{R_1R_2}}L\tag{3.4.43}$$

由此可见 $\eta_D$ 与 $L$ 成反比。图 3-58 是基于 (3.4.42)式得出的 $\eta_D$ 与 $L$ 实测的关系曲线。若已知 $R_1$、$R_2$,则测出直线斜率 $\tan\alpha$ 和截距 $b$ 后,即可解得

$$\alpha=\frac{1}{2b}\ln\frac{1}{R_1R_2}\tan\alpha\tag{3.4.44}$$

或者,根据测得的 $\eta_i$、$\eta_D$,则(3.4.43)式化简,得

$$\alpha=(\frac{\eta_i}{\eta_D}-1)\ln(\frac{1}{R_1R_2})/2L\tag{3.4.45}$$

式(3.4.45)表明,腔长 $L$ 和反射率 $R$ 不仅影响阈值电流密度 $J_{th}$,而且还与器件的效率有关,两种影响相互还有抑制作用,如减小 $L$,增高 $\eta_D$,但 $J_{th}$ 上升;在一个端面镀高反膜,可降低阈值,但器件效率却降低。

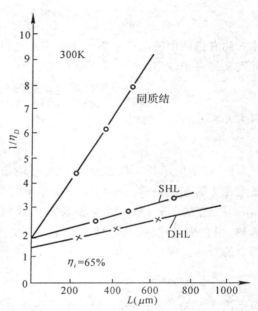

图 3-58　GaAs 类器件 $\dfrac{1}{\eta_D}$ 与 $L$ 的关系

### 3. 光谱特性

实际半导体激光器的发射光谱结构相当复杂。光谱宽度随注入电流增加而变宽。图 3-59 是 GaAs 激光器在 77K 温度、工作电流低于和超过阈值时发射的激光光谱。由于半导体的受激辐射发生于由许多子能级组成的导带和价带之间,因此,其激光线宽较之气体和固体激光器要宽得多。如 GaAs 激光器在 77K 下,发射的谱线宽度为几埃,而在室温下为几十埃。因此,要获得窄的线宽,必须采用一些特殊构型,如分布反馈激光器线宽只有 1Å 左右。

图 3-59 还表明,发射光谱同时出现多个振荡模,即多纵模,并随电流的增加纵模数也增加,这些振荡与下式表示的模相对应

$$m\lambda=2nL\tag{3.4.46}$$

式中,$\lambda$ 为波长,$n$ 是半导体材料折射率,$L$ 是腔长;$m=1,2,3,\cdots$。

相邻两个振荡模的波长间隔

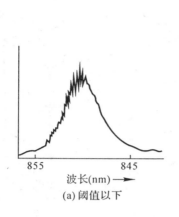

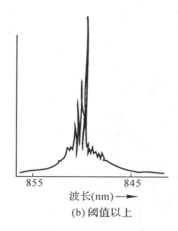

(a) 阈值以下 　　　　　　　　　(b) 阈值以上

图 3-59　超过阈值电流时 GaAs 发射光谱

$$\Delta\lambda = \frac{\lambda^2}{2nL\left(1-\frac{\lambda}{n}\frac{\partial n}{\partial\lambda}\right)} \qquad (3.4.47)$$

振荡模的波长与温度有关,原因是材料的折射率 $n$ 是温度 $T$ 的函数,温度变化 $\Delta T$,振荡波长变化

$$\Delta\lambda = \frac{\frac{\lambda}{n}\left(\frac{\partial n}{\partial\lambda}\right)_\lambda}{1-\frac{\lambda}{n}\left(\frac{\partial n}{\partial T}\right)_T}\Delta T \qquad (3.4.48)$$

对于 GaAs 激光器,$\frac{\partial n}{\partial T}\approx 2.9\times10^{-4}\mathrm{K}^{-1}$,不同振荡波长的温度函数 $\partial n/\partial T$ 也不一样。比较在 77K 工作的 GaAs 激光器,温度升高时自然发射峰向长波方向移动的变化率是 0.12nm/K;而 840mm 处振荡模的位移变化率只有 0.064nm/K。因此,当温度升高时波长较短的模停止振荡,而波长较长的模强度增大。这表示,只有波长接近自然发射尖峰的那些谐振模被激发,在增益足够大时实现激光振荡。

### 4. 激光模式与光束发散角

半导体激光器最为重要的应用场合是用作光纤通信、信息处理及集成光路中的激光源。为了保证与光波导有高效率的耦合,以获得好的传输效果,往往要求激光器单模运转。同质结器件一般难以实现单模运转。采用双异质结条形器件,可实现横模控制,而纵模的控制必须采用分布反馈激光器和外腔式结构形式。

对于实际应用,了解激光器输出光束的空间分布特征是极为重要的。由于半导体激光器的谐振腔反射镜很小,而使得其激光束的方向性较之其他典型激光器要差得多,如图 3-60 所示,由于有源区厚度与条宽之比差异很大,使得光束的水平方向和垂直方向发射散角的差异也很大,水平方向发散角半宽约为 5°,垂直方向为 30°。

实际上,半导体结型激光器相当于一个如图 3-61 所示的矩形波导腔。光波在腔内的六个面间反射形成驻波。沿谐振腔轴向 $Z$ 的光强分布是纵模,垂直于该方向的分布是横模。与其他激光器一样,半导体激光器的模也用一个纵模指数 $q$ 和两个横模指数 $m$、$n$ 来表征。

光束发散角取决于激光器的横模特性,图 3-62 示出了与空间辐射特性有关的参数,$y$ 轴平行于结平面,$x$ 轴垂直于结平面。图中示出的是基横模的辐射场,激光在结平面方向的发散

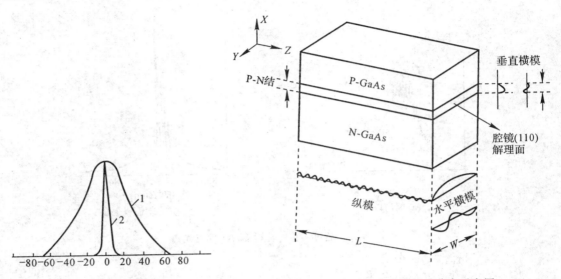

图 3-60　激光束发散角的分布
1. 垂直方向；　2. 水平方向

图 3-61　半导体激光器模式分布示意图

角半宽度为 $\theta_2$，垂直于结平面方向的发散角半宽度为 $\theta_1$。

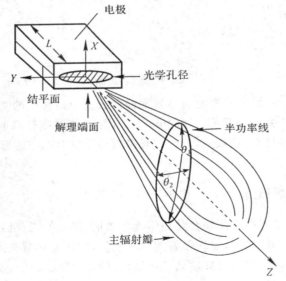

图 3-62　激光束的空间特性

（1）垂直方向发散角 $\theta_1$

① 当激光器的有源区厚度较大（$d=2\mu m$）时，其辐射图形可近似看作窄缝衍射图形。由单缝衍射角宽度出公式得

$$\theta_1 = 2\frac{\lambda}{d} \tag{3.4.49}$$

② 根据杜姆克导出的公式，对于异质结器件，当有源区厚度 $d \leqslant 0.1\mu m$ 时，可用下面的近似公式计算：

$$\theta_1 \approx \frac{Ad/\lambda}{1+[A/1:2][d/\lambda]^2} \tag{3.4.50}$$

式中，$A=4.05(n_1^2-n_2^2)$，其中 $n_1$ 为有源区的折射率，$n_2$ 为异质结边界的折射率突变值。

对于双异质结激光器，异质结间距很窄时，上式可简化为

$$\theta_1\approx20d\Delta x/\lambda \text{ (rad)} \tag{3.4.51}$$

式中，$\Delta x$ 是复合区与对称双异质结结构的外限制区之间的 Al 原子比之差：

(2)平行方向的发散角 $\theta_2$

当在结区的水平(宽度)方向尺寸 $W$ 较小时，则基模束宽

$$\theta_2\approx\lambda/W \tag{3.4.52}$$

例如，当 $W=1\mu m$，$\lambda=0.8\mu m$，则 $\theta_2\approx0.8$ rad$=45°$，由于 $Y$ 方向传播模式的数目随有源区厚度和两个侧面腔壁介电系数突变的增大而增大，也随 $Y$ 方向的条宽 $W$ 增大而增多。因此，器件在 $Y$ 方向往往出现高阶模式的振荡，这时仍用基模发散公式计算，误差会很大，所以一般借助于实验测量。

**5. 光纤耦合效率**

由于半导体激光器的发散角很大，因此，在实际应用中往往需使激光聚焦或准直，特别是用光纤来传输激光时，必须考虑光纤与激光器之间的耦合。

根据折射率分布的不同，光纤分为突变光纤和渐变光纤两类。突变光纤的内层折射率 $n_1$ 略高于外层折射率 $n_2$，且内外层折射率是阶跃的；渐变光纤的折射率成抛物线分布，即

$$n=n_1[1-(x^2/a^2)(\Delta n/n_1)] \tag{3.4.53}$$

式中，$a$ 为光纤芯经，$x$ 为芯内距轴距离。

设光纤的全反射临界角所对应的端面入射角为

$$\theta_c=\sin^{-1}(n_1^2-n_2^2)^{1/2} \tag{3.4.54}$$

则只有激光对光纤的入射角 $\theta\leqslant\theta_c$ 时，激光才能进入光纤，称 $\sin\theta_c=(n_1^2-n_2^2)^{1/2}$ 为光纤的数值孔径 $NA$。对突变光纤，若 $\Delta n=n_1-n_2=0.006$ 时，$n_2=1.5$，则 $NA\approx(2n_2\Delta n)^{1/2}=0.14$。

当激光发光面尺寸小于光纤芯径，并且激光源紧靠光纤放置时，耦合效率

$$\eta_e=\frac{\int_0^{\theta_c}I(\theta)/\sin\theta d\theta}{\int_0^{\pi/2}I(\theta)\sin\theta d\theta} \tag{3.4.55}$$

式中，$I(\theta)$ 为 $\theta$ 方向的光强。

对于端面发射的激光器，耦合效率很低，如对 $NA\approx0.1$ 的突变光纤的耦合效率约为 3dB 左右。

利用透镜将光聚焦到光纤上，能明显提高激光器耦合效率。例如，将光纤的末端熔成一个小球，以形成一个球形透镜，可使耦合效率提高一倍。

## 三、异质结半导体激光器

同质结激光器所存在的最大问题是难以得到低阈值电流和实现室温连续工作。为此，在同质结的基础上发展了异质结激光器，从而大大提高了半导体激光器的实际应用价值。

**1. 异质结的形式和能带结构**

在 GaAs 晶片的一侧生长 GaAs，另一侧为异种材料 GaAslAs 所构成的"结"，称为异质

结。若一个激光器中仅有一个异质结,则称为单导质结(SH),若有两个异质结,就称为双异质结(DH)器件,如图 3-63 所示。此外,目前还发展了含有更多异质结的器件,如四异质结(FH)半导体激光器。异质结可分为同型和异型两种,如图 3-63(b)左边的那个异质结,由 N-N 或 P-P 组成同型异质结,如图 3-63(c)右边的那个异质结,由 P-N 组成异型异质结。

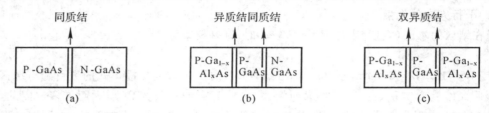

图 3-63　同质结与异质结的比较

图 3-64 示出了平衡状态下(未加正向电压时)异质结的能带结构,其中图(a)是与图 3-63(b)或(c)的一个异质结相对应;图(b)为 P-Ga$_{1-x}$Al$_x$As 与 N-GaAs 异质结能带结构;图 3-64(c)是与图 3-63(c)的另一个异质结相对应的能带结构图。通常认为,禁带宽度不同的两种材料构成"结"时,在界面处导带和价带都发生突变,分别以 $\Delta E_c$ 和 $\Delta E_v$ 表示。在 GaAs-Ga$_{1-x}$Al$_x$As 异质结中,实验表明,$\Delta E_v=0$,而 $\Delta E_c$ 却等于两种材料禁带宽度之差,当 $x=0.3$ 时,$\Delta E\approx0.4$eV。

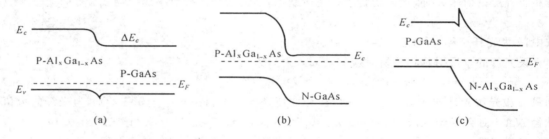

图 3-64　平衡时异质结能带图

### 2. 单异质结(SH)激光器

图 3-65(a)所示为加正向电压时,单异质结的能带结构,为了比较,在图(b)中也示出同质结的能带结构。

单异质结与同质结激光器相比,最主要的特点之一是降低了激光器的阈值电流密度。其原因可作以下分析:首先,对于同质结,有源区的宽度基本上等于电子的扩散长度,并偏向 P 区一侧,并且由于加于同质结的正向电压较高,空穴向 N 区注入发光的现象也不可忽略,因而使有源区更宽,要在如此宽的区域中满足阈值条件,就必须有很大的正向激励电流。第二个原因是有源区内的自由载流子浓度低于邻近区域,因此使得有源区的折射率高于邻近区域,而出现"波导效应",即光波被限制在波导区内传播,如图 3-66 所示光波在三层介质板波导中的传输情形。在介质板中传播的电磁波模式可以视作是沿 $Z$ 轴传播并与 $Z$ 轴成某一角度的平面波组成,如图中平面波与 $Z$ 轴成 $\theta$ 角传播。当 $\theta$ 比临界角大时,平面波在界面处全反射,使在 $x$ 方向建立起驻波,但在 $Z$ 方向则为行波,以倾角 $\theta$ 传播的平面波总被限制在波导区 $d_3$ 内传播。显然,$n_3$ 与 $n_1$、$n_2$ 的差值越大,全反射临界角就越小,漏泄过边界的光波损耗也越小。但同质结波导折射率差很小,典型数值仅为 $0.1\%\sim1\%$,因此在有源区内传播的光波具有较大的漏泄损耗。正是上述两个原因,使得同质结激光器,在室温下脉冲工作阈值电流密度高达($3\times10^4\sim$

$5\times10^4)A/cm^2$。

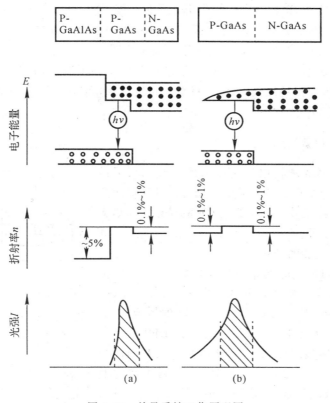

图 3-65　单异质结工作原理图

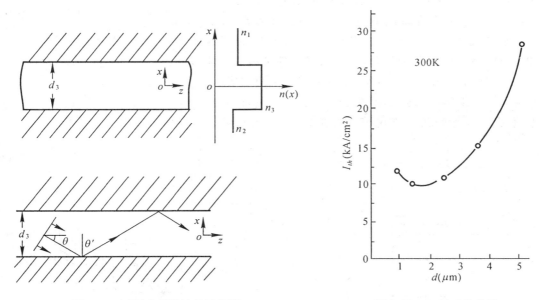

图 3-66　三层介质板波导示意图　　　　　图 3-67　$J_u$ 与 $d$ 的关系

异质结时的情况不同,如图 3-65 所示,由于 P-GaAs 和 P-GaAlAs 构成的异质结在导带内形成势垒,注入载流子基本上都积累在 P-GaAs 导带中,即异质结的势垒限制了电子的扩散;另一方面,由于异质结处有明显的折射率突变(达 5%),也使得光波导的漏泄损耗降低。这两个因素就使得单异质结激光器的阈值电流密度降低至 $8\times10^3\text{A/cm}^2$。

由此可见,在 SH 中,P-P 异质结的作用是限制载流子的扩散,使电子扩散长度减小,即减小了有源区的宽度。在 SH 器件中,有源区(P-GaAs)的宽度 $d$ 值是关键因素。图 3-67 示出了典型的 SH 的阈值电流密度 $J_{th}$ 与 $d$ 值的关系。图中表明,当 $d\approx2\mu\text{m}$ 时,就可得到最低的 $J_{th}$,其原因可定性地解释为:若 $d$ 值过大,则异质结对载流子的限制作用减弱;若 $d$ 值过小,则在非对称波导内光波传输损耗加大。因此,对于单异质结激光器,$d$ 值的典型取值范围为 2～2.5 $\mu\text{m}$ 之间。

### 3. 双异质结(DH)激光器

单异质结激光器的阈值电流密度虽比同质结明显减小,但仍较高。在当今重点发展光通信和光信息处理等应用场合中,需要室温连续工作的激光器,这就使双异质结激光器(DHL)得以迅速发展。

(1)双异质结激光器的结构形式

图 3-68 所示为 DHL 的典型结构及参数,其阈值电流密度 $J_{th}=2\times10^3\text{A/cm}^2$,输出波长为(820～880)nm,DHL 通常以 P-GaAs 作为有源层的 GaAs/GaAlAs 的外延片,也有以 GaAlAs 作为有源层的 GaAlAs/GaAs 的 DHL。

图 3-69 所示是典型的 GaAs/GaAlAs 的外延片断面结构参数,其中,N-GaAs 衬底和第四层 P-GaAs 是为在它上面制作欧姆接触电极而设置的,这种结构叫宽接触型结构。由于工作区域 $W$ 的增宽,有源区的截面积增大,而导致工作电流大、发热多、温升高,不利于室温连续运转的要求。

图 3-70 是典型的质子轰击条形结构的 DHL,其工作性能比宽接触型结构大为改善,这种激光器件是利用高能质子流的轰击来改变处延片局部区域的电阻率而制成的。由于条形器件工作区域宽度 $W$ 的减小,使得对应相同的阈值电流密度 $J_{th}$ 所需的工作电流成倍地减小,一般远低于

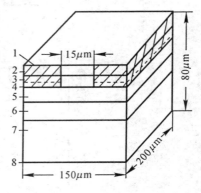

图 3-68　$Al_xGa_{1-x}As$—GaAs—DHL

1. $Cr_1\ Au$;
2. P. GaAs(Ge,P-3×10^18cm^{-3},2μm);
3. P. Al_{0.35}Ga_{0.65}As(Ge,P-3×10^18cm^{-3}, 2μm);
4. P. Al_{0.65}Ga_{0.94}As(Si,P-7×10^17cm^{-3}, 02μm);
5. N. Al_{0.35}Ga_{0.65}As(Sn,N-1×10^17cm^{-3}, 3μm);
6. N. GaAs(Te,N-2×10^18cm^{-3},15μm);
7. N-GaAs 衬底;
8. N-AuGeNi.

注:打剖面线处为质子轰击区

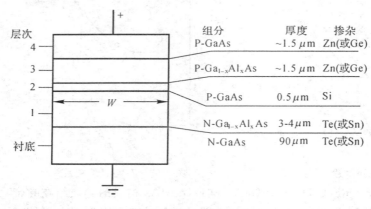

| 层次 | 组分 | 厚度 | 掺杂 |
|---|---|---|---|
| 4 | P-GaAs | ~1.5 μm | Zn(或Ge) |
| 3 | P-Ga_{1-x}Al_xAs | ~1.5 μm | Zn(或Ge) |
| 2 | P-GaAs | 0.5 μm | Si |
| 1 | N-Ga_{1-x}Al_xAs | 3-4 μm | Te(或Sn) |
| 衬底 | N-GaAs | 90 μm | Te(或Sn) |

图 3-69　DHL 结构断面示意图

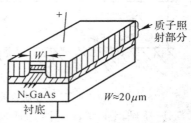

图 3-70　质子轰击条形 DHL

500mA,因此温升小,还由于在这种器件中,产生热量的发射区有一部分是埋在无源半导体体内,而使其散热效果也得到改善。此外,条形器件还有两个优点:一是,DHL 的光辐射发射面的面积较小,而使得光辐射与低数值孔径(直径 $d \leqslant 100\mu m$)的光纤耦合问题简化;二是,因为有源区很小,从而增加了获得低缺陷有源区的可能性,有助于提高器件长期工作的可能性。

理论分析表明:在一定条件下,$J_{th}$ 与有源区厚度 $d$ 成正比,显然 $d$ 值愈小,载流子密度愈高,增益也愈高。实验表明,在 $d > 0.3\mu m$ 时,$J_{th}$ 与 $d$ 成线性关系,但从 $d = 0.3\mu m$ 开始,这种减小变得缓慢,出现了非线性段,若再继续减小 $d$ 值,$J_{th}$ 不再下降。一般认为,这主要是由于 $d$ 小于光波长,在光波导传播时,由于光的衍射作用使损耗增大的缘故。目前,条形结构的 DHL 的 $J_{th}$ 最小已达每平方厘米数百安培,其工作波段为(800~880)nm。

(2)DHL 的能带结构

要使半导体激光器实现室温下连续运转,应解决的关键问题是提高器件的增益和解决温升的问题。

图 3-71(a)所示为加正向电压时,DHL 的能带结构(作为比较,在图(b)中也示出单异质结的能带结构),器件中形成有 P-P 和 P-N 两种异质结,激活区为 P-GaAs,其厚度 d=0.5$\mu m$。因此,注入激活区内的非平衡载流子(电子和空穴)将分别受到异质结势垒的限制,而使得载流子的浓度大为提高,反转粒子数就愈多,增益也就愈高。另一方面,由于两个异质结的折射率差 $\Delta n$ 都较大,使光波导的传输损耗也大为减小。综合以上两个原因,使 DHL 的 $J_{th}$ 大大减小。GaAs/GaAlAs 的 DHL 的 $J_{th}$ 的典型数值为:在 77K 低温下,$J_{th} = 10^2 A/cm^2$;在 300K 室温下,$J_{th} = (10^2 \sim 10^3)A/cm^2$,比 SH 器件低 2 个数量级。

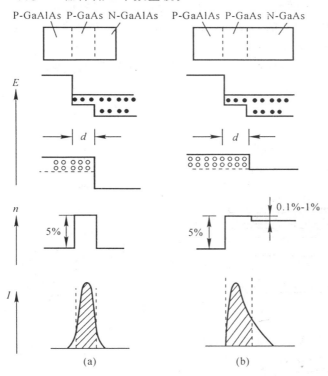

图 3-71　DHL 的能带结构

为使激光器能在室温下连续工作,在降低阈值电流密度的同时,还必须解决器件的温升问题,所能采用的主要办法是采用条形结构和提高外延片质量等。

分析表明,实现激光器室温连续工作的基本要求是:

(1)阈值低,即要求器件结构设计合理、外延制备工艺精良;

(2)串联电阻小(主要通过外延和欧姆接触工艺来达到);

(3)热阻小,即需要将激活区两侧的 P-GaAs 和 N-GaAlAs 层都做得很薄,并要求激光器与散热器有良好的接触。如前所述,条形结构具有良好的散热效果,是连续工作激光器最常采用的结构形式。

(3)DHL 的粒子数反转和阈值条件

与同质结相比,由于双异质结器件比较容易获得很高的非平衡载流子浓度。因此,激活区及其两侧的材料都不一定需要重掺杂,就可以实现粒子数反转分布条件$(E_F)_n-(E_F)_p>h\nu$。实验研究表明,具有重掺杂 GaAs:Si 复合区的 DHL 的阈值条件与同质结及单异质结一样,符合关系式:

$$J_{th}=\frac{1}{\beta}(\alpha+\frac{1}{2L}\ln\frac{1}{R_1R_2}) \tag{3.4.56}$$

式中,$\beta=2.1\times10^{-2}$cm/A,$\alpha=15$cm$^{-1}$。

与同质结相比,DHL 的 $\beta$ 值要高一个数量级,而 $\alpha$ 却低一个数量级,所以室温时,DHL 的阈值电流密度要比同质结器件低 2 个数量级。

### 4. 可见光波段的双异质结激光器(DHL)

可见光波段的半导体激光器是目前半导体激光器发展的重要方向。已研制成的可见光激光器,主要有室温连续运转的 GaAlAs 双异质结激光器,发射波长为(760.0～780.0)nm 的红光波段,输出功率已达瓦级水平。

图 3-72 是可见光 GaAlAs DHL 的剖面图,其有源层 Ga$_{1-x}$Al$_x$As 通过改变 Al 的含量可

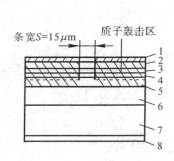

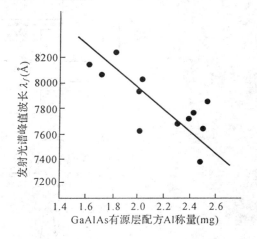

图 3-72 可见光 GaAlAs DHL 内部结构示意图

1. P 面 CrAu 欧姆接触层;2. P. GaAs 表面层;
3. P. Ga$_{0.47}$Al$_{0.53}$As 限制层;4. 高掺杂 Ga$_{0.53}$Al$_{0.47}$As 有源层;
5. N. Ga$_{0.47}$Al$_{0.53}$As 限制层;6. N. Ga$_{0.9}$Al$_{0.1}$As 过渡层;
7. N. GaAs 衬底;8. N 面 AuGeNi 欧姆接触。

图 3-73 可见光 GaAlAs DHL 有源层中 Al 含量与波长关系

得到不同波长的可见光输出。当 Al 的含量 $x$ 从 $0.37\sim0.11$ 变化时,室温下可获得激光波长为 $600\sim800nm$ 的可见光辐射。图 3-73 是有源层配方中固定 GaAs 的称量为毫克,通过改变 Al 称量可测得的 19 个样品的波长而作出的曲线,Al 含量愈大,波长愈短,这种器件的 $J_{th}=1200$ $A/cm^2$,最低阈值电流 $I_{th}=46mA$。

目前,也已研制成输出波长在蓝光波段($390\sim420nm$)的可调谐半导体激光器。实际上它是利用二次谐波效应把输出波长在红外波段的激光转换成蓝色相干光的系统,即把二次谐波元件与激光器结合成一体,形成输出蓝光波段的激光器。二次谐波元件是用焦磷酸通过质子交换,在非线性光学常数较大的铌酸锂衬底上形成光波导型二次谐波元件,可获得 $1\%\sim2\%$ 的谐波转换效率。

### 5. $(1.2\sim1.7)\mu m$ 波长的双异质结激光器(DHL)

$(1.2\sim1.7)\mu m$ 波长红外的 DHL 对光纤通信技术的发展有特别重要性,其主要特点:

(1)光纤损耗低,光纤传输光波时,传输损耗与光波长密切相关,例如,光波长 $\lambda=900nm$ 时,石英光纤的传输损耗一般为几个 $dB/km$;而在 $\lambda=1.3\mu m$ 时,低至 $0.5dB/km$;在 $1.55\mu m$ 时,则可低至 $0.2dB/km$。

(2)光纤色散小。对于波长 $\lambda$、光谱宽度为 $\Delta\lambda$ 的光脉冲,通过长度为 $L$ 的光纤后,其单位长度的脉冲展宽为

$$\frac{\Delta t}{L}=\frac{1}{C}\left(\frac{\Delta\lambda}{\lambda}\right)\lambda^2\left(\frac{d^2n}{d\lambda^2}\right) \qquad (3.4.57)$$

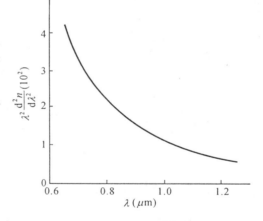

图 3-74　$\lambda^2\left(\dfrac{d^2n}{d\lambda^2}\right)$ 与 $\lambda$ 的关系

式中,$\dfrac{d^2n}{d\lambda^2}$ 为材料色散的一阶导数,它随波长的增长而降低,如图 3-74 所示。

在 $\lambda=0.8\mu m$ 处,材料的色散比 $1.1\mu m$ 处要大 2 倍。估算表明:$\lambda=0.8\mu m$ 时,$\Delta t/L=3.75ns/km$;当 $\lambda=1.1\mu m$ 时,$\Delta t/L=1.3ns/km$。

(3)对眼睛安全。人眼对波长大于 $1.4\mu m$ 的辐射的最大容计量是波长 $1.4\mu m$ 的辐射的近 1000 倍。

(4)大气中的穿透性能好。波长 $\lambda=1.6\mu m$ 附近的光穿透烟雾的能力比 $0.85\mu m$ 的光波要大得多。在卫星和军事的应用中,这一点尤为重要。

目前,运转于这个波段且发展较为成熟的器件是 InGaAsP/InP 的双异质结激光器,它是以四元合金 $Ga_xIn_{1-x}As_yP_{1-y}$ 作为激光层的介质,四元合金与 InP 构成异质结,发射的激光波长范围是 $1.02\sim1.32\mu m$。

图 3-75 所示是 InGaAsP/InP DHL 的条形结构和剖面图。图 3-76 是它的能带结构和光波导边界折射率跃变的情况。这种器件的增益因子、损耗系数的阈值电流密度等参量均可由前述的表达式描述、实验得出的几个典型值是 $\alpha=68cm^{-1}$,$\beta=30cm/kA$,$T_0=60\sim100K$,在条宽 $W=5\mu m$ 时,$I_{th}=300mA$。

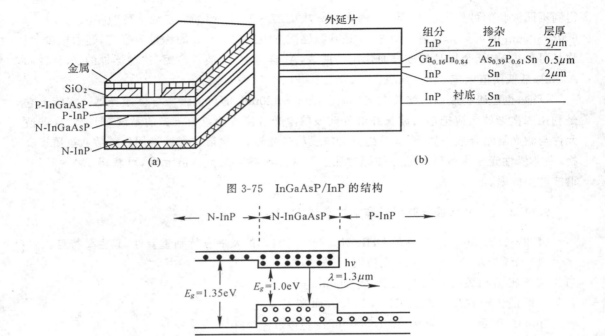

图 3-75　InGaAsP/InP 的结构

图 3-76　InGaAsP 的能带图和折射率分布

### 6. 量子阱半导体激光器

量子阱激光器是一种厚度仅 10nm 或更薄的超薄层的量子阱结构作为有源区的异质结半导体激光器。在量子阱结构的薄层内,电子和空穴在垂直于薄层厚度方向($Z$)的运动被限制于相当于德布罗意波长 $L_D$ 的长度范围内,并且导致了电子和空穴的 $Z$ 方向能量的量子化,形成子能带结构。正是由于这种量子化,而形成量子阱激光器载流子的态密度按阶状分布而不同于一般材料 DHL 的抛物线状分布。因此量子阱激光器与一般的 DHL 相比,具有许多优越的性能:阈值电流密度和阈值工作电流低,横电模 TE 对横磁模 TM 的比值高,高频调制特性好,阈值电流受温度影响小等。

量子阱激光器有单量子阱和多量子阱两种。

(1)单量子阱(SQW)激光器

图 3-77(b)是 AlGaAs/GaAs 单量子阱的能带结构。单量子阱激光器是一种有缓变型折射率光学波导和高反射涂层掩埋型异质结激光器。其典型的结构和参数是:用 $250\mu m$ 腔长,$1\mu m$ 宽有源区,两端面涂反射率 70% 左右的反射膜,激光振荡阈值电流约 0.95mA,器件的外量子效率为每面 0.4mW/mA。

对于腔长 $120\mu m$,两端面涂反射率 80% 左右反射膜的器件,阈值电流为 0.55mA;对于长度 $100\mu m$ 的器件,阈值电流仅 0.3mA。

(2)多量子阱(MQW)激光器

图 3-77(a)是 GaAlAs/GaAs 多量子阱激光器的结构图。当势垒层 $L_b$ 较厚时,相邻量子阱

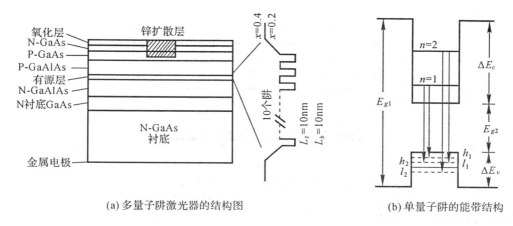

(a) 多量子阱激光器的结构图　　　　　(b) 单量子阱的能带结构

图 3-77　量子阱激光器结构图

间的电子相互作用可以忽略。因此,其能级结构分析可按如图(b)所示的单量子阱的情况处理。

多量子阱激光器的制备过程是:采用分子束外延法,取向为(100),在 N-GaAs：Si($n=1\times10^{18}cm^{-3}$)的衬底上,首先生长一层 $1.5\mu m$ 厚的 N-GaAs：Si($n=1\times10^{18}cm^{-3}$)缓冲层以得到平整完好的晶格结构。然后依次生长:$1.5\mu m$ 厚的 N-Al$_{0.4}$Ga$_{0.6}$As：Si($n=1\times10^{18}cm^{-3}$)光限制层,$0.2\mu m$ 厚不故意掺杂的多量子阱结构的有源层,$0.5\mu m$ 厚 P-Al$_{0.4}$Ga$_{0.6}$As：Be($P=1\times10^{18}cm^{-3}$)光限制层,以及重掺杂 $1\mu m$ 厚 P-GaAs：Be 顶层,以便形成良好的欧姆接触。此外,在顶层上生长 N-GaAs：Be($n=5\times10^{18}cm^{-3}$)作为电注入的隔离层,以制成 P-N 结隔离条形结构。

图(a)也示出了多量子阱有源层结构。阱的材料为 GaAs,势垒层材料为 Al$_{0.2}$Ga$_{0.8}$As,阱的数目为 5～10 个,阱的宽度 $L_z$ 和势垒高度 $L_b$ 分别为 10nm 左右。

目前,国内研制的条形结构 GaAlAs/GaAs 多量子阱激光器达到的水平是:室温连续工作,阈值电流密度为 $980A/cm^2$,宽度为 $8\mu m$,最低阈值电流 28mA,阱宽 10nm,发射波长 852nm,输出功率大于 15mW,单面微分量子效率约 24%。

### 7. 光学双稳态半导体激光器

光学双稳态半导体激光器,是基于半导体材料具有很大的非线性折射率系数而导致的非线性效应,使激光器呈现或高或低两种透明状态的激光器,也称为半导体激光器光学双稳态器件。

图 3-78 是双稳态激光器的结构图。谐振腔内的介质分为两个区:Ⅰ区是增益区;Ⅱ区是可饱和吸收区,可饱和吸收区有两个工作状态,当腔内的光子密度为零时,它的吸收系数最大,即处于吸收状态;当腔内的光子密度很大时,其吸收系数非常小,即处于透明状态。正是这两个状态的存在,决定了激光器具有光学双稳态的工作特性。

光学双稳态半导体激光器的阈值增益系数为

$$G_{th}=G_0-Ka \tag{3.4.58}$$

式中,$K=L_2/L_1$,$L_1$ 为Ⅰ区的长度,$L_2$ 为Ⅱ区的长度;$a=a_0\times e\times P(-S/S_0)$,$a_0$ 是腔内光子密度趋于零时的吸收系数,$S_0$ 为与材料性质有关的特征光子密度,$S=a(J-J_0)$,$a$ 为与材料性质和激光器结构有关的常数,$J$ 为名义工作电流密度,$J_0$ 为名义阈值电流密度,$G_0$ 为Ⅱ区处于

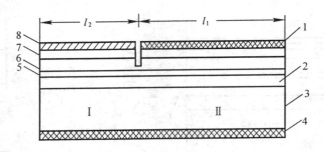

图 3-78　光学双稳态激光器的结构

1.金属电极；2.N-AlGaAs 限制层；3.N-GaAs 衬底层；4.金属电极；

5.P-GaAs 有源层；6.限制层；7.P-GaAs 接触层；8.氧化物绝缘层

透明状态，即器件相当于普通半导体激光器时腔的光子密度和增益系数，$G_0 = \beta(J_0 - J) = \beta(J - J' - S/a)$，$\beta$ 是名义增益因子，$J'$ 是名义透明电流密度。

## 四、分布反馈式(DFB)半导体激光器

分布反馈(DFB)式半导体激光器与其他激光器的最大差别是：其腔内的光反馈是利用周期结构(或衍射光栅)的布喇格反射而建立的，而不再用解理面来做光反馈，因而这种激光器符合了集成光路的把调制器、开关、光波导和光源共同制作于一块单片上的需要，而引起人们的极大兴趣。这种激光器的另一个优点是易于获得单模单频输出，容易与光纤和调制器耦合。

### 1. DFB 的工作原理

分布反馈的实现是基于布喇格衍射原理，在一半导体晶体的表面上，做成周期性的波纹形状，如图 3-79(b)所示，设波纹的周期为 $\Lambda$，如图 3-79(a)所示，一束平面波沿界面成 $\theta$ 角入射后，平面波将被波纹所衍射。按布喇格原理，衍射角 $\theta' = \theta$，入射平面波在界面 $B$、$C$ 点反射后，产生光程差

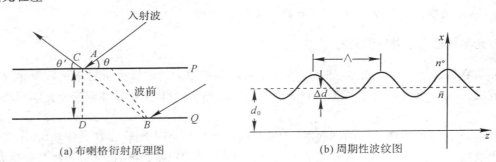

(a) 布喇格衍射原理图　　　　　　　　(b) 周期性波纹图

图 3-79　分布反馈原理示意图

$$\Delta L = BC - AC = 2\Lambda \sin\theta' \tag{3.4.59}$$

若光程差 $\Delta L$ 是波长 $\lambda$ 的整数倍时，则衍射波彼此加强，于是有

$$2\Lambda \sin\theta' = m\lambda \tag{3.4.60}$$

式中，$m$ 为正整数，$m = 0, 1, 2, \cdots$，称为衍射级序。

由于在介质内部前、后向传播的光波都可以认为有 $\theta' = \theta = 90°$ 的关系，因而上式又可改写成

$$2\Lambda = m\lambda/n \tag{3.4.61}$$

式中，$n$ 为半导体介质的折射率。

式(3.4.61)表明：由于波纹光栅提供反馈的结果，使前向和后向两种光波得到了相互耦合，如图(a)所示，由于晶体表面的波纹结构作用，使光波在介质中能自左向右或自右向左来回反射，即实现了腔内的光反馈，起到了没有两端腔反射镜的谐振腔作用。当介质内实现粒子数反转时，光波在来回的反馈作用中不断得以加强，一旦增益满足振荡阈值条件后即可形成激光。DFB 激光器的输出激光频率完全由波纹结构周期 $\Lambda$ 所决定。

在 DFB 激光器中，激活层的波纹结构如图 3-79(b)所示，由于周期波纹的存在，其激活层的厚度被周期性调制，其厚度

$$d(z) = d_0 + \Delta d \cos(2\beta_0 z) \tag{3.4.62}$$

式中，$d_0$ 是激活层介质的平均厚度，$\Delta d$ 为厚度的调制幅度，$\beta_0$ 由布喇格条件给出，即 $\beta_0 = 2\pi q/\lambda_b$，其中，$q$ 为纵模指数，$\lambda_b$ 为满足布喇格条件的波长(即满足式(3.4.61))。

波纹结构的作用，就是为了使介质的折射率 $n$ 和增益系数 $g$ 作周期性变化，即

$$\left.\begin{array}{l} n(z) = \bar{n} + n_0\cos(2\beta_0 z) \\ g(z) = \bar{g} + g_0\cos(2\beta_0 z) \end{array}\right\} \tag{3.4.63}$$

式中，$\bar{n}$、$\bar{g}$ 分别是介质折射率和增益系数的平均值，$n_0$ 和 $g_0$ 分别表示它们的调制幅度。

根据电动力学原理，可以导出 DFB 结构的辐射场的共振频谱、阈值增益、振幅分布和模式花样等一系列特征。DFB 结构与普通结构相比，虽然纵模间隔仍为 $C/2L$($L$ 为波纹光栅总长度)，但是，由于不同纵模到达激射所需的阈值增益却不相同，其中最低次模所要求的阈值增益最低。因此，在一定增益值下，只能激发起最低次模，从而可使 DFB 激光器获得比普通激光器窄得多的谱线输出。

### 2. DFB 激光器的结构形式和工作特性

图 3-80(a)示出了典型的 GaAs-GaAlAs DFB 激光器的结构剖面图。在有源区 P-GaAs 一侧刻制光栅(可用全息照相法或离子刻蚀法制作)，周期 $\Lambda$ 为 341.6nm，光栅深度为 90nm 左右，做成条形结构，条宽 $50\mu m$，有源区厚 $1.3\mu m$，$L = 630\mu m$。图 3-80(b)示出了在 $T = 82K$ 时，采用 50ns 脉冲测得的单纵模发射光谱，阈值电流密度 $J_{th} = 9kA/cm^2$，阈值工作电流 2.6A，光谱峰值在 811.2nm 处，线宽为 0.03nm，输出线偏振光，偏振面平行于结平面，波长随温度的变化为 0.05nm/K。

### 3. 分布布喇格反射(DBR)式激光器

上述的 DFB 激光器中的波纹光栅直接刻制在激活区上，而使光损耗增大，器件发光效率低，工作寿命缩短，通常只能脉冲方式工作，为改进这种不足，由此发展如图 3-81 所示的分布布喇格反射(DBR)式激光器。DBR 激光器的主要特点是，将激活区与波纹光栅分开，因而可减小损耗和提高发光效率、降低阈值电流，实现室温连续工作。

由图可见，DBR 结构中激活区 P-GaAs 与波纹光栅分开。这种器件的 $J_{th} = 3.5kA/cm^2$，激光波长 890nm，线宽小于 0.01nm。

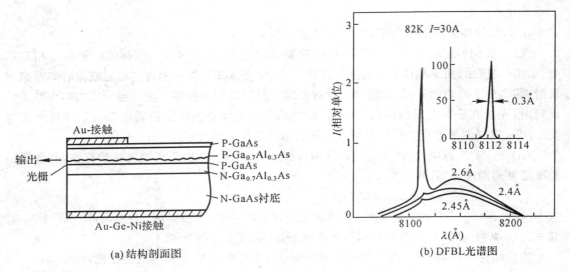

(a) 结构剖面图　　　　　　　　　(b) DFBL光谱图

图 3-80　DFBL 剖面结构及其发射光谱

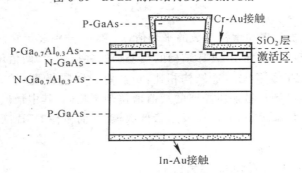

图 3-81　分布布喇格 DBR 反射式激光器结构示意图

# 第五节　发光二极管

　　在众多的光电子器件中,平面显示器件占有很大和重要的份额。平面显示器件主要包括液晶显示器、发光二极管、等离子体显示器、真空阴极射线管显示器和电致发光显示器等。其中的发光二极管,作为一种固体发光元件,由于其体积小、结构简单、耗电少、寿命长和造价低等优点,一直具有稳定的产品市场和广泛的应用场合。

　　发光二极管除了用于显示以外,还用作光通信、精密测距、精密检测、防盗、娱乐、标记等的光源,和激光器一样,是光电子领域中的一种重要器件。

　　发光二极管虽然和半导体激光器一样,是由注入 P-N 结的电子和空穴复合而产生发光的器件,但它们之间存在很大的差别、半导体激光器是基于载流子的受激跃迁辐射,发射的是相干光—激光;而发光二极管是基于注入的载流子的自发跃迁辐射,发射的是非相干光。因此,发光二极管输出的光束质量远不及半导体激光器。

## 一、发光二极管的发光机制

虽然发光二极管的光发射也是基于所注入半导体中电子和空穴的复合而产生的光辐射，但其载流子的复合过程有其特别的地方，以下作简要的讨论。

载流子的复合机构有：直接复合——导带中的电子直接跃入价带与空穴复合；间接复合——载流子通过晶体中的杂质或缺陷所形成复合中心的复合。按照电子跃迁方式，又可分为带间复合、激子复合、通过杂质中心复合、通过电子陷阱复合等。

### 1. 带间复合

带间复合是指导带中的电子与价带中的空穴复合。产生的光子能量接近于半导体材料的禁带宽度 $E_g$。

直接带隙型半导体的带间复合几率要比间接带隙型半导体高得多。在直接带隙型半导体中，导带的极小值与价带的极大值具有相同的波矢 $K$，导带中的电子跃迁到价带而产生辐射时，波矢 $K$ 的数值变化不大，由动量守恒有

$$K_2 - K_1 = K_0 \tag{3.5.1}$$

式中，$K_2$、$K_1$ 分别是电子跃迁前、后的波矢，$K_0$ 是光子的波矢。

由于光子的波矢要比电子的波矢小得多，因而有 $K_2 \approx K_1$ 的关系。由于这一类材料的带间跃迁不需第三者参与，所以称为直接跃迁型。像 III - V 族化合物中的 GaN、InN、InP、InAs、GaAs、GaSb 和所有 II - IV 族化合物都是直接跃迁型的能带结构，它们的复合几率高，发光效率也较高。

在间接带隙型半导体中，导带的极小值和价带的极大值对应于不同的 $K$ 值。导带中电子发射光子跃迁到价带时，其波矢发生变化，为了满足动量守恒，必须有声子参与这一跃迁过程，即

$$K_2 = K_1 + K \tag{3.5.2}$$

式中，$K$ 是声子的波矢。

对于这个由声子参与的二级过程，称为间接跃迁型。它的发生几率比直接跃迁型小得多，其发光效率也较低。

### 2. D-A 对复合

对于轻掺杂的半导体，可在其导带和价带附近分别形成受主和施主杂质能级。D-A 对复合是指施主俘获的电子和受主俘获的空穴之间的复合。这是一种发射光子能量小于带隙的重要机构。当施主和受主同时进入晶格格点并形成较邻近的对时，这种集结成对的施主和受主系统，由于波函数的交迭，对能带的微扰不再是一种电荷，而是偶极子的势场。这种由施主和受主形成的联合发光中心称为施主-受主对（D-A 对），在晶体中 D-A 对发光中心的能级如图 3-82 所示。

施主俘获电子和受主俘获空穴的状态都是电中性的，当它们所俘获的电子和空穴复合时，施主上的电子转移到受主的空穴上，于是施主带正电，而受主带负电。因为这个复合过程是从中性组态产生一个电离的 D-A 对，所以这

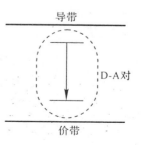

图 3-82　D-A 对发光
中心能级图

种复合具有库仑作用,其跃迁依赖于 D-A 间距。因为它们的间距只能取由晶格所决定的不连续值,所以 D-A 对所发射的光谱具有不连续的谱线。

### 3. 等电子陷阱的激子复合

研究表明,等电子杂质的掺入对提高间接带隙型材料的发光效率十分有效。等电子杂质是指半导体中用同一族的原子作为杂质取代晶体中的基质原子。因为它们的价电子数相等,取代后形成电中性的中心,因而称等电子杂质。

因等电子杂质与被替代的晶格基质原子在对电子的亲和力以及原子的尺寸不尽相同,等电子杂质在晶体中也可束缚电子或空穴而成为带电中心,构成电子或空穴的束缚态,而形成等电子"陷阱"。等电子陷阱的实际意义是,改变间接带隙型半导体材料的能带结构。例如,像 GaP 晶体在掺入 N 后,其原来的间接带隙的能带结构发生明显的变化,使得电子由导带向价带的跃迁成为一级过程,而使带间复合几率增高,从而实现了间接带隙半导体的高效率发光。

## 二、发光二极管的构型和材料

发光二极管采用电注入激励,图 3-83 是其结构示意图。

目前应用最多的发光二极管材料是 III-V 族化合物半导体,其中以 GaAs 和 GaP 为主。GaAs 主要用作红外光发光二极管,GaP 用作红光(GaP:Zn、O)、绿光(GaP:N)和黄光(CaP:N)发光二极管。为使 GaAs 的直接跃迁带隙扩展到可见光波段,可采用 GaAs 与 GaP 的混晶以及 GaAs 与 AlAs 混晶,这两种混晶在全部组成范围内都是完善的固溶体。

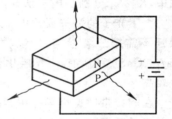

图 3-83 发光二极管的结构示意图

图 3-84 是 $GaAs_{1-x}P_x$ 和 $Ga_{1-x}Al_xAs$ 混晶带隙和成分的关系曲线,为了保证材料是直接跃迁型,对于 $GaAs_{1-x}P_x$ 来说,$x$ 值一定要小于 0.45,而在 $x=0.4$ 时发光又趋向近红外,这时材料的 $E_g=2eV$,发光的波长在 $0.65\mu m$。当 $x>0.45$ 时,$GaAs_{1-x}P_x$ 变为间接跃迁型,发光效率显著降低,但可采用对其

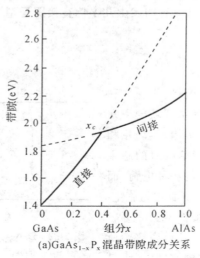

(a)$GaAs_{1-x}P_x$ 混晶带隙成分关系

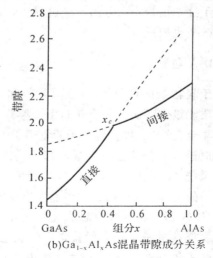

(b)$Ga_{1-x}Al_xAs$ 混晶带隙成分关系

图 3-84 $GaAs_{1-x}P_x$ 和 $Ga_{1-x}Al_xAs$ 混晶带隙成分的关系

掺氮的方法,以形成等电子陷阱,而使其在间接跃迁范围内实现效率较高的激子复合发光。对于 $GaAs_{1-x}P_x$ 混晶,改变组份 $x$,可获得不同的波长输出:当 $x=0.5$ 时,发橙色光,波长为 $0.61\mu m$;在 $x=0.85$ 时,发黄色光,波长为 $0.59\mu m$。

发光二极管一般都采用外延法制备,在 GaAs 或 GaP 的衬底上,用外延法生长 N 型和 P 型层,或在 N 型层中进行锌扩散来生成 P-N 结。

## 三、发光二极管的工作特性

### 1. 发光二极管的效率

发光二极管的发光是由正向偏置 P-N 结注入的载流子复合而产生的。注入载流子的复合并不全是辐射复合,有部分将参与非辐射复合,如多声子过程、表面复合、俄歇复合等。而且载流子辐射复合产生的光也不全部能射出管外。因此,用单位时间内输出的光子数和注入的载流子数之比来表示发光二极管的效率,称之为"外量子效率"。发光二极管的外量子效率不仅与 P-N 结注入载流子的效率有关,而且还与辐射发光及光子逸出器件外部的效率有关,外量子效率为

$$\eta_e = \eta_i \eta_r \eta_0 \tag{3.5.3}$$

式中,$\eta_i$、$\eta_r$、$\eta_0$ 分别为注入效率、辐射效率和逸出效率。

(1)注入效率 $\eta_i$

发光二极管主要是注入的电子在 P 区复合产生的光出射,注入效率是指通过 P-N 结的电子电流与总电流之比。如果略去势垒的复合电流,则注入效率是

$$\eta_i = \frac{I_n}{I_n + I_p} = \frac{\dfrac{D_n n_{no}}{L_n}}{\dfrac{D_n n_{no}}{L_n} + \dfrac{D_p P_{po}}{L_p}} = \frac{D_n n_{no} L_p}{D_n n_{no} L_p + D_p P_{po} L_n} \tag{3.5.4}$$

式中,$D_n$、$D_p$ 分别是电子和空穴的扩散系数,$L_n$、$L_p$ 分别是电子和空穴的扩散长度,$n_{no}$ 是 N 区的电子浓度,$P_{po}$ 是 P 区的空穴浓度。

由式(3.5.4)可见,要提高注入效率,应使 $n_{no} \gg P_{po}$,即制成 $N^+$-P 结。

(2)辐射发光效率 $\eta_r$

辐射发光效率 $\eta_r$ 是指辐射复合产生的光子数与注入的载流子数之比。对于直接带隙型半导体,$\eta_r$ 为

$$\eta_r = \frac{\dfrac{1}{\tau_R}}{\dfrac{1}{\tau_R} + \dfrac{1}{\tau_{NR}}} \tag{3.5.5}$$

式中,$\tau_R$、$\tau_{NR}$ 分别是注入少数载流子的辐射复合寿命和非辐射复合寿命。

降低 $\tau_R$ 和增大 $\tau_{NR}$,可以提高辐射发光效率。增加 $\tau_{NR}$ 的主要目的是为了提高材料的纯度和减少晶体的缺陷,以降低非辐射复合中心。

对于间接带隙型半导体,辐射发光效率

$$\eta_r = \frac{\sigma N}{\sigma N + \sigma_0 N_0} \cdot \frac{1}{1 + \exp(-E/KT)} \tag{3.5.6}$$

式中,$\sigma$、$N$ 分别是发光中心对载流子的俘获截面和发光中心的浓度,$\sigma_0$、$N_0$ 分别是非辐射复合中心对载流子的俘获截面和非辐射复合中心的浓度,$E$ 是发光中心的电离能。$E$ 小则 $\eta_r$ 低,这

是由于 $E$ 太低而不易俘获载流子的缘故。

(3)逸出效率 $\eta_0$。

逸出效率 $\eta_0$ 是指 P-N 结辐射复合产生的光子射出发光管外部的百分比。辐射复合产生的光子通过晶体传输到外部过程中的损耗主要是晶体的吸收和晶体界面的反射,因此,为了提高逸出效率必须减小吸收损耗和增加界面的透射率。

要减小吸收损耗,一是要减小吸收层(P 区)的厚度,二是要减小材料的吸收系数。晶体中 P-N 结的结深(即 P-N 结距表面的距离)有一个最佳值

$$X_{J_m} = \frac{L_n}{\alpha L_n - 1} \ln(\alpha L_n) \tag{3.5.7}$$

式中,$\alpha$ 是晶体的吸收系数,$L_n$ 为电子的扩散长度。

以 GaP 发光二极管为例,$\alpha = 700\text{cm}^{-1}$,$L_n = 1\mu\text{m}$ 时,可得 $X_{J_m} = 2.5\mu\text{m}$。

为了减小材料的吸收系数,扩大晶体的吸收光谱与发射光谱之间的差别是有效的措施之一。在重掺杂的情况下,施主能级和受主能级都会扩展成杂质能带,这种杂质能带分别与导带底和价带顶连接而形成带尾,因此,半导体的发射光谱和本征吸收光谱就出现差异。这样,辐射复合发射的光子就不会或较少地因晶体的本征吸收而损耗掉。

本征吸收在 $\text{Ga}_{i-x}\text{Al}_x\text{As}$ 发光二极管中特别显著。这是由于外延法在生长 $\text{Ga}_{i-x}\text{Al}_x\text{As}$ 层的过程中,因铝的分凝系数大,先生长的的外延层中铝的浓度高,而表面层中因 x 值的减小而使禁带变窄。要减少吸收,就应调节 $P\text{-}N$ 结和表面层之间的组分,使愈接近表面处 x 值愈大,以减小本征吸收。

发射光的界面反射损耗是由于晶体和空气的折射率差异,因而到达二极管内表面处的光仅有一小部分透射,其余大部分被界面反射回来,如图 3-85$(a)$ 所示。根据反射定律,只有入射角 $\theta$ 小于临界角 $\theta_c$ 的光线才能透射出界面,例如,$GaAs$ 晶体,$\theta_c = 16°$,并设定结平面某处产生的光分布在整个 $4\pi$ 立体角内,即可算出透射的百分数

$$\frac{\int_0^{\theta_c} 2\pi R\sin\theta \mathrm{d}\theta}{\int_0^{2\pi} 2\pi R\sin\theta \mathrm{d}\theta} = 1 - \cos\theta_c = 4\% \tag{3.5.8}$$

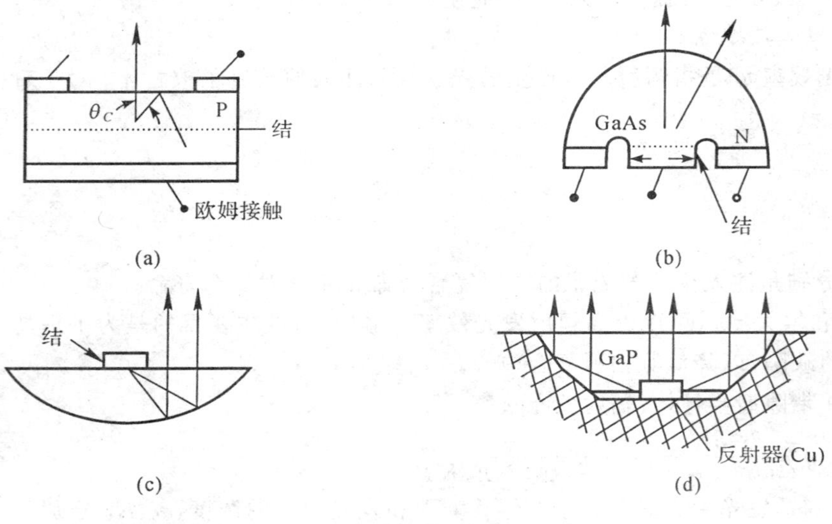

图 3-85  发光二极管管芯的几何形状

通过改变晶体与空气界面的形状,可以增大临界角,以增加透射率。如图 3-85(b)、(c)所示,发光二极管的管芯做成半球形和抛物面型。在这种结构中,光几乎垂直入射到界面上,由于光不被全反射,可使透光效率提高一个数量级。图 3-85(d)是一种带有反射装置的管芯结构,可把空间各个方面上发射的光集中到所需的方向上。此外,在晶体表面涂增透膜也可提高透射率。

**2. 发光二极管的主要工作特性**

发光二极管的伏安特性基本上相同于普通晶体二极管。正向开启电压因晶体材料不同而异。GaAs 为 1V,$GaAs_{1-x}P_x$ 和 $Ga_{1-x}Al_xAs$ 为 1.5V,GaP 为 1.8V,GaP(绿光)为 2V,反向击穿电压大于 5V。

发光二极管的发射光谱是因晶体材料的不同而有很大差异。许多材料的发射光谱是连续谱带,有一些材料的发射光谱却比较窄。图 3-86 是 $GaAs_{0.6}P_{0.4}$ 和 GaP 的发射光谱。当 $GaAs_{1-x}P_x$ 中的 $x$ 值不同时,峰值波长在 $(0.62\sim0.68)\mu m$ 范围内变化,谱线半宽约为 $(0.02\sim0.03)\mu m$。GaP 发射的红光峰值波长为 $0.7\mu m$,半宽度约为 $0.1\mu m$。

图 3-87 是几种发光二极管的光出射度与输入功率密度的关系。$GaAs_{1-x}P_x$,$Ga_{1-x}Al_xAs$ 和绿光 GaP 的光出射度和输入功率近似成正比,而发红光的 GaP 的光出射度随输入功率的增加而易饱和。这是由于这种器件的掺杂浓度不能做得很高,注入的少数载流子到达一定值后,发光中心就出现饱和,因而再注入电流也不能使光出射度再增大。

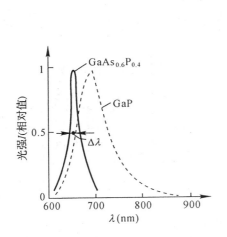

图 3-86 $GaAs_{0.6}P_{0.4}$ 和 GaP 的发射光谱

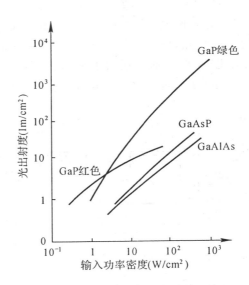

图 3-87 发光二极管光出射度与输入功率密度的关系

表 3-7 给出几种发光二极管主要特性。

**表 3-7　几种发光二极管的特性**

| 材　料 | 发光颜色 | 辐射跃迁类型 | 发光波长 ($\mu m$) | 光谱视觉灵敏度 (lm/W) | 外量子效率 | | 可见发光效率 (lm/W) |
|---|---|---|---|---|---|---|---|
| | | | | | 最高(%) | 平均(%) | |
| GaP：Zn,O | 红 | 间接 | 0.70 | 20 | 12 | 1～3 | 0.27 |
| GaP | 绿 | 间接 | 0.555 | 660 | 0.06 | 0.02～0.04 | 0.4 |
| GaP：N | 绿 | 间接 | 0.568 | 600 | 0.7 | 0.05～0.15 | 4.2 |
| GaP：N | 黄 | 间接 | 0.590 | 450 | 0.1 | | 0.45 |
| $GaAs_{0.6}P_{0.4}$ | 红 | 直接 | 0.650 | 75 | 0.5 | 0.2 | 0.38 |
| $GaAs_{0.35}P_{0.55}$：N | 橙 | 间接 | 0.632 | 190 | 0.5 | 0.2 | 0.95 |
| $GaAs_{0.15}P_{0.85}$：N | 黄 | 间接 | 0.589 | 450 | 0.2 | 0.05 | 0.90 |

## 四、异质结发光二极管

为了提高发光二极管的性能,与半导体激光器一样,在同质结的基础上发展了异质结发光二极管。可参见图 3-64 所示的 N 型宽禁带和 P 型窄禁带半导体所组成的异质结能带图,对于电子来说,其势垒远比空穴低,因此在正向偏置时,电子电流远比空穴电流大,因而可取得大的注入效率。因载流子从宽禁带向窄禁带的注入比高,所以辐射复合主要发生于窄禁带材料中。

Ⅱ-Ⅵ族化合物半导体具有禁带宽度大、发光效率高的特点,因而是异质结发光二极管材料的研究重点,例如,以 N-ZnSe 和 P-ZnSb 制成的异质结。目前较为成熟的是以 GaAs 和 $Ga_{1-x}Al_xAs$ 制成的异质结发光二极管,发射红光波段,主要用作光通信光源。图 3-88 是 $GaAs$-$Ga_{1-x}Al_xAs$ 单异质结和双异质结发光二极管。

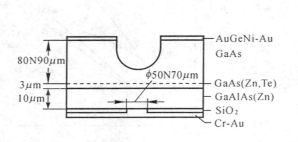
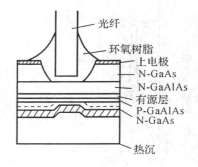

图 3-88　$GaAs$-$Ga_{1-x}Al_xAs$ 异质结发光二极管

作为光纤通信光源,异质结发光二极管和半导体激光器相比有成本低、线性好、温度稳定性好等优点。虽然它的发散角大、线宽大和不易耦合,但在短距离光通信中,仍是一种有用的光源。

![第四章]

# 光辐射在光波导中的传播

光通信和光集成的迅速发展,使得与之有密切联系的光波导技术也得以迅速发展和提高。光波导是一门实施对光辐射限制和传输的技术,其中介质波导和光纤是两种最常用和最重要的光波导。在这一章中,将以射线理论和电磁场理论分析光辐射在介质波导和光纤中的传播行为、传导模式以及传输特性。

## 第一节　介质波导中的光线传播

基于光波在波导界面上发生的全反射,因而就可用光波导来限制和传导光波,介质波导是集成光路中用以限制和传导光波的基本光学回路。介质波导可分为平面波导和条形波导两类。平面波导只在横截面内的一个方向上限制光波,而条形波导则在横截面内的两个方向上限制光波。平面波导中,横向折射率分布呈阶梯状的称为平板波导,横向折射率分布呈渐变状的称渐变折射率波导。条形波导也有若干种结构形式。平板波导是集成光路中结构最简单和最常用的光波导之一。

图 4-1 是平板波导结构的示意图,它由夹在低折射率衬底和包层之间的高折射率薄膜构成。$n_f$、$n_s$、$n_c$ 分别是薄膜、衬底和包层的折射率,$n_f > n_s \geqslant n_c$。如果包层为空气,则 $n_c = 1$。薄膜和衬底的折射率的差值一般为 $10^{-1} \sim 10^{-3}$ 范围,薄膜厚度为数微米,可与波长相比拟。由于光波在薄膜的上、下两界面上发生全反射,就使得光波被限制在薄膜层内沿锯齿形路径传播。当光波在平板波导中沿 $z$ 方向传播时,只在 $x$ 方向受限制,而在 $y$ 方向不受限制,当光波在条形波导中沿 $z$ 方向传播时,它在 $x$ 和 $y$ 两个方向上都受到限制。

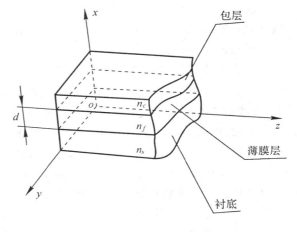

图 4-1　平板介质波导

通过对平板介质波导的分析研究,有助于了解结构更为复杂的各种光波导的传播特性,在以下的讨论中,都假定导波是相干单色光,并且光波导是由无损耗的各向同性介质构成。

分析光波导,通常采用两种方法:射线(几何光学)分析法和电磁场理论(波动)分析法。射线分析法简单、直观,物理概念清晰,并能得出一些波导中光波传播的基本特性,但要描述波导中各种波导模式的场分布和模结构,就必须借助严格的电磁场理论。在这一节中,首先讨论平板波导模式的几何光学模型和光线在介质波导中的传播行为。

平板波导可能存在有三种模式:辐射模、衬底模和导模,图 4-2 是这三种模式的几何光学

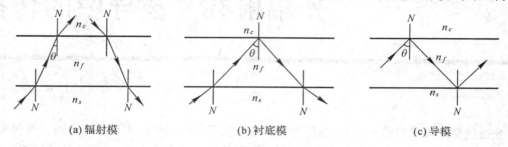

(a) 辐射模　　　　　　　(b) 衬底模　　　　　　　(c) 导模

图 4-2　平板波导模式的几何光学模型

模型。当 $n_c = n_s$ 时,平板波导称为对称型,否则则称为非对称型。对称型是非对称型的特殊情况。通常讨论非对称型即可。对于非对称型,$n_f > n_s > n_c$,光线在下界面的全反射临界角 $\theta_s = \arcsin(n_s/n_f)$,光线在上界面的全反射临界角 $\theta_c = \arcsin(n_c/n_f)$。当薄膜中光线与界面法线 $N$($x$ 轴)的夹角 $\theta$ 由零增至 $\dfrac{\pi}{2}$ 时,将出现三种不同的情况:

(1)当 $\theta_s > \theta_c > \theta > 0$ 时,从衬底一侧入射的光线按折射定律折射入薄膜层后,又通过上界面折射到包层中,穿过包层逸出波导;或者由包层一侧入射的光线折射入薄膜层后,又通过下界面折射到衬底中,穿过衬底逸出波导,如图 4-2(a)所示。光波基本上没有受到什么限制,与其对应的电磁波称为"波导辐射模",简称"辐射模"。这种模是由分别从衬底和包层入射的两个平面波的叠加而成的,它在薄膜、衬底和包层中均形成沿 $x$ 方向的驻波。

(2)当 $\theta_s > \theta > \theta_c$ 时,自衬底入射的光波在下界面上被折射入薄膜层内,而在上界面上全反射,然后又在下界面上折射回衬底,并最终穿出衬底逸出波导,如图 4-2(b)所示。光波在这种情况下也未受到什么限制,与其对应的电磁波称为"衬底辐射波",简称"衬底波"。这种模在薄膜和衬底层中形成沿 $x$ 方向的驻波,而包层中形成场振幅沿 $x$ 反方向呈指数衰减的消逝场。

(3)当 $\theta > \theta_s > \theta_c$ 时,射入薄膜层的光波在膜层的上、下界面上都发生全反射,并沿锯齿形路径在膜层内传播,如图 4-2(c)所示。光波能量基本上限制在薄膜内沿 $z$ 方向传播,与其对应的电磁波称为"导模"。导模在薄膜层内形成沿 $x$ 方向的驻波,而在包层和衬底内形成场振幅沿 $x$ 轴正、反方向呈指

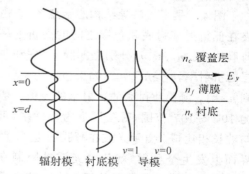

图 4-3　平板波导模式的场分布

数衰减的消逝场。导模是实际在光波导中传播的光波模式,是我们以下讨论的重点。

采用电磁场理论,通过求解平面波导波动方程,可以得到导模、衬底模和辐射模这三种模式的场分布形式和场分布图案,如图 4-3 所示。由此可直观地了解各类模式的性质。

# 第二节　平板介质波导中的导模

在这一节中,首先由射线理论分析法描述平板介质波导的导模物理图像,然后通过电磁场理论的分析,给出平板介质波导的导模场分布形式和传播特性。

## 一、平板介质波导导模的几何光学模型

图 4-4 所示是平板波导的侧视图和坐标系。设光线在波导中沿 $z$ 方向传播,而在横向 $x$ 方向受到限制,垂直于 $xoz$ 平面的 $y$ 方向上波导结构和光都是均匀一致的。这样,导波光传播的物理图像是,光线按锯齿形路径通过薄膜传输,以波矢量 $kn_f$ 沿法线方向行进。$k$ 的绝对值

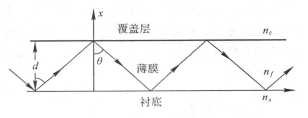

图 4-4　平板波导的侧视图

$$k = 2\pi/\lambda = \omega/c \tag{4.2.1}$$

式中,$\lambda$ 是自由空间的波长,$c$ 是光速,$\omega$ 是单色相干波的角频率。

传播常数

$$\beta = \omega/V_p = kn_f\sin\theta \tag{4.2.2}$$

式中,$V_p$ 为相速度,上式表明,$\beta$ 是波矢在 $z$ 方向上的分量。

锯齿形光线与界面法线的夹角 $\theta$ 只能取有限个能导致"导模"图像分立的值。光波在薄膜层上、下界面之间往返一次的总相移必须为 $2\pi$ 的整数倍,才能使光波维持在薄膜内传播。因此,平板波导的导模维持条件("横向共振条件"),即平板波导的模方程为

$$2kn_fd\cos\theta_\nu - 2\phi_s - 2\phi_c = 2\nu\pi \tag{4.2.3}$$

式中,$kn_f\cos\theta_\nu$ 是单次横越薄膜的相移,$d$ 是薄膜厚度,$-2\phi_s$ 为下界面上全反射相移,$-2\phi_c$ 是上界面上全反射相移,$\nu$ 是模阶数,$\nu = 0, 1, 2, \cdots$,$\theta_\nu$ 是 $\nu$ 阶导模的模角。

由于 $\nu$ 只能取有限个正整数,所以平板波导所能维持的导模数量是有限的。

**定义**:波导的有效折射率(模折射率)

$$N_\nu = \beta_\nu/k = n_f\sin\theta_\nu \tag{4.2.4}$$

由于导模的传播常数 $\beta$ 介于衬底和薄膜的平面波传播常数之间,即 $kn_s < \beta < kn_f$,因此,$N_\nu$ 的取值范围为

$$n_f > N_\nu > n_s$$

由有效折射率,可改写平板波导模方程形式:

对于 TE 模(即 TE 偏振——电场垂直于波阵面法线和分界面法线构成入射面的偏振态)

$$(n_f^2 - N_\nu^2)^{1/2}kd = \nu\pi + \arctan\left(\frac{N_\nu^2 - n_s^2}{n_f^2 - N_\nu^2}\right)^{1/2} + \arctan\left(\frac{N_\nu^2 - n_c^2}{n_f^2 - N_\nu^2}\right)^{1/2} \tag{4.2.5}$$

对于 TM 模(即 TM 偏振——磁场垂直于入射面的偏振态)

$$(n_f^2 - N_\nu^2)^{1/2}kd = \nu\pi + \arctan\left[\left(\frac{n_f}{n_s}\right)^2\left(\frac{N_\nu^2 - n_s^2}{n_f^2 - N_\nu^2}\right)^{1/2}\right] + \arctan\left[\left(\frac{n_f}{n_c}\right)^2\left(\frac{N_\nu^2 - n_c^2}{n_f^2 - N_\nu^2}\right)^{1/2}\right] \tag{4.2.6}$$

对于平板波导的基模($\nu=0$),模方程有形式

$$n_f k d \cos\theta = \phi_s + \phi_c \tag{4.2.7}$$

对于对称平板波导,$\phi_s = \phi_c$,则模方程

$$n_f k d \cos\theta = 2\phi_c \tag{4.2.8}$$

可由以上这些不同形式的模方程来分析平板波导的各种性质。

　　图 4-5 所示为对称和非对称平板波导基模的模方程图解曲线。图中的点线表示 $n_f k d \cos\theta$ 与 $\theta$ 的关系曲线,实线是对称平板波导的 $2\phi_c$ 与 $\theta$ 的关系曲线,虚线是非对称平板波导的 $\phi_s + \phi_c$ 与 $\theta$ 的关系曲线。图示表明,实线与点线的交点即是对称平板波导基模的入射角 $\theta$ 值,$\theta$ 随 $h/\lambda$ ($h = kd\cos\theta$)即随薄膜厚度 $d$ 的变小而变小。因此,薄膜厚度 $d$ 越小,基模的入射角也越小,光波在薄膜内的锯齿形路径也就越尖锐。然而无论 $d$ 多么小,两条曲线总有一个交点,这意味着对称平板波导没有截止厚度和截止频率。而且,薄膜越厚,就能承载越多的导模。虚线和点线的交点即是非对称平板波导基导模的入射角 $\theta$ 值。然而,在 $\phi_s + \phi_c$ 与 $\theta$ 的关系曲线中,只有对应于阴影部分的 $\theta$ 才大于薄膜下界面的临界角 $\theta_s$,因此,只有当薄膜厚度 $d$ 大到某一程度时,点线与阴影部分的虚线才能相交,这意味着,非对称平板波导的基模存在截止厚度和截止频率,并不总能承载波导。

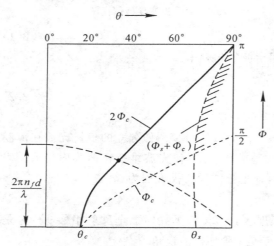

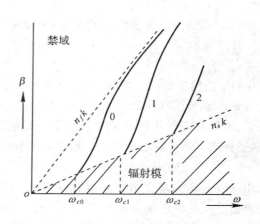

图 4-5　对称和非对称平板波导基模的模方程图解法　　　　图 4-6　平板波导的典型 $\beta-\omega$ 曲线

　　　　　　　　　　　　　　　　　　　　　　　　　　　($\omega_{co}$,$\omega_{c1}$,$\omega_{c2}$——$\nu$ 为 0,1,2 的三个导模的截止频率)

　　图 4-6 给出平板波导的色散特性曲线($\beta-\omega$ 关系曲线),图中画出了三个最低阶模($\nu=0,1,2$)的色散曲线,标出了截止频率处,传播常数 $\beta$ 取下限值 $n_s k$,当 $\omega$ 增大时,$\beta$ 逐渐趋于上限值 $n_f k$,存在的导模数也越来越多。图中除了导模的分立谱外,也给出了辐射模的连续谱(即对于所有的 $\theta_i < \theta$ 的范围内存在连续 $\theta_i$ 的入射角)。

## 二、对称平板波导导模的场分布和特性

　　平面波导内的场分布必须由电磁场理论来分析。图 4-7 是介质波导的坐标系统,设波导轴与 $z$ 轴重合,并用 $E_z$、$H_z$ 表示场的纵向分量,用 $E_t$、$H_t$ 表示场的横向分量,于是可写出麦克斯韦方程的形式为

$$\begin{cases} \nabla_t \times E_t = -j\omega\mu H_z \\ \nabla_t \times H_t = j\omega\varepsilon E_z \\ \nabla_t \times E_z + e_z \times \partial E_t/\partial z = -j\omega\mu H_t \\ \nabla_t \times H_z + e_z \times \partial H_t/\partial z = j\omega\varepsilon E_t \end{cases} \quad (4.2.9)$$

式中，$\nabla_t$ 为横向哈密顿算子，$\nabla_t^2 = (\partial^2/\partial x^2, \partial^2/\partial y^2, 0)$；$e_z$ 为指向 $z$ 轴方向的单位失量。

处理波导问题时，通常只关心横向分量 $E_t$、$H_t$。

平面波导中，光波只在 $x$ 方向上受到限制，折射率为 $n(x)$，相应的模场只是 $x$ 坐标的函数。平面波导承载着纵向电场分量为零的横电模（TE）和纵向磁场分量为零的横磁模（TM）。

对于 TE 模，$E_y$ 的波动方程为

$$\partial^2 E_y/\partial x^2 = (\beta^2 - n^2 k^2)E_y \quad (4.2.10)$$

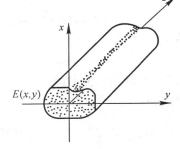

图 4-7 介质波导的坐标系

式中，$k = \omega/c = \omega\sqrt{\varepsilon_0\mu_0}$，各场量之间的关系是

$$\begin{cases} E_y = \dfrac{\omega\mu_0}{\beta}H_x \\ \dfrac{\partial E_y}{\partial x} = -j\omega\mu_0 H_z \end{cases} \quad (4.2.11)$$

对于 TM 模，$H_y$ 的波动方程为

$$n^2 \frac{\partial}{\partial x}\left(\frac{1}{n^2}\frac{\partial H_y}{\partial x}\right) = (\beta^2 - n^2 k^2)H_y \quad (4.2.12)$$

各场量之间的关系是

$$\begin{cases} H_y = \dfrac{\omega\varepsilon}{\beta}E_x \\ E_z = -\dfrac{i}{\omega\varepsilon}\dfrac{\partial H_y}{\partial x} \end{cases} \quad (4.2.13)$$

## 1. 对称平板波导的 TE 模式

图 4-8 所示为对称平板波导的结构示意图。

波导对 $x=0$ 的平面来说是对称的，可分为对称模式 $E_y(x) = E_y(-x)$ 和反对称模式 $E_y(x) = -E_y(-x)$ 两类。

对称平板介质波导中的波动方程为

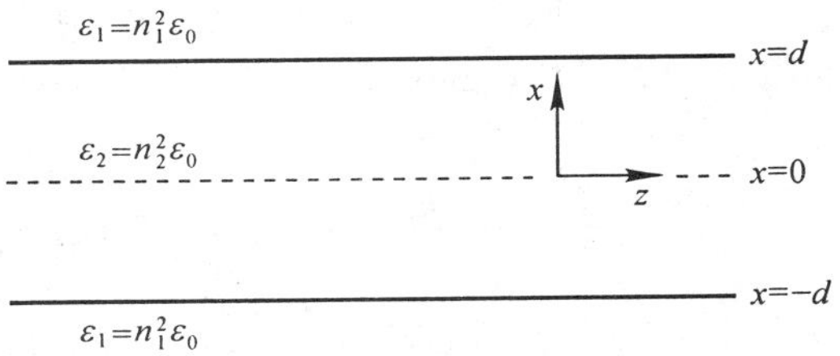

$$\begin{cases} \dfrac{\partial^2 E_y}{\partial x^2} + (k_0^2 n_2^2 - \beta^2)E_y = 0 & |x| \leqslant d \\ \dfrac{\partial^2 E_y}{\partial x^2} + (k_0^2 n_1^2 - \beta^2)E_y = 0 & |x| > d \end{cases} \quad (4.2.14)$$

图 4-8 对称平板波导

式中，$k_0^2 = \omega^2\mu_0\varepsilon_0$，对于导模，有

$$k_0^2 n_1^2 < \beta^2 < k_0^2 n_2^2 \quad (4.2.15)$$

（1）对称 TE 模

对于对称 TE 模,方程(4.2.14)的解为

$$\begin{cases} E_y = A\cos(hx)\exp[i(\omega t - \beta z)] & |x| \leqslant d \\ E_y = B\exp[-p(|x|-d)]\exp[i(\omega t - \beta z)] & |x| \geqslant d \end{cases} \tag{4.2.16}$$

式中

$$\begin{cases} h^2 = k_0^2 n_2^2 - \beta^2 \\ -p^2 = k_0^2 n_1^2 - \beta^2 \end{cases} \tag{4.2.17}$$

或

$$u^2 = (pd)^2 + (hd)^2 = (n_2^2 - n_1^2)k_0^2 d^2 \tag{4.2.18}$$

式中,$A$、$B$ 为积分常数。

由式(4.2.11)可得

$$\begin{cases} H_z = -\dfrac{ihA}{\omega\mu_0}\sin(hx)\exp[i(\omega t - \beta z)] & |x| \leqslant d \\ H_z = \mp\dfrac{ipB}{\omega\mu_0}\exp[-p(|x|-d)]\exp[i(\omega t - \beta z)] & |x| \geqslant d \end{cases} \tag{4.2.19}$$

其中,$(-)$号用于 $x \geqslant d$,$(+)$号用于 $x \leqslant -d$。

场的切向分量 $E_y$ 和 $H_z$ 在界面上是连续的,根据(4.2.16)式,$E_y$ 在 $x = \pm d$ 处连续,得

$$B = A\cos(hd) \tag{4.2.20}$$

同样,由(4.2.19)式,$H_z$ 在 $x = \pm d$ 处连续,即有

$$pB = hA\sin(hd) \tag{4.2.21}$$

这样由上述两式,得

$$pd = hd \cdot \tan(hd) \tag{4.2.22}$$

此式称为 TE 模的特征方程。对于一个给定的模式,其传播常数 $h$ 和 $p$ 必须同时满足式(4.2.17)或式(4.2.18)和式(4.2.22),求解联立方程就可解得 $h$ 和 $p$ 的值。但此联立方程为超越方程不易求解,因此一般可采用图解法。在 $pd - hd$ 平面上寻求圆弧 $u^2 = (pd)^2 + (hd)^2 = (n_2^2 - n_1^2)k_0^2 d^2$ 和曲线 $pd = hd \cdot \tan(hd)$ 的交点,每一个 $p > 0$ 的交点相应于一个导模。一旦求得 $p$ 和 $h$ 的值,就可由式(4.2.17)求出传播常数 $\beta$。

(2)反对称 TE 模

对于反对称 TE 模,波动方程的解为

$$\begin{cases} E_y = A\sin(hx)\exp[i(\omega t - \beta z)] & |x| \leqslant d \\ E_y = B\exp[-p(|x|-d)]\exp[i(\omega t - \beta x)] & |x| \geqslant d \end{cases} \tag{4.2.23}$$

以及

$$\begin{cases} H_z = i\dfrac{hA}{\omega\mu_0}\cos(hx)\exp[i(\omega t - \beta z)] & |x| \leqslant d \\ H_z = \mp\dfrac{ipB}{\omega\mu_0}\exp[-p(|x|-d)]\exp[i(\omega t - \beta z)] & |x| \geqslant d \end{cases} \tag{4.2.24}$$

由于场分量 $E_y$ 在 $x = \pm d$ 处连续,从式(4.2.23)得

$$B = A\sin(hd) \tag{4.2.25}$$

同理,由于 $H_z$ 在 $x = \pm d$ 处连续,从式(4.2.24)得

$$-pB = hA\cos(hd) \tag{4.2.26}$$

结合上述两式得

$$pd = -hd \cdot \cot(hd) \tag{4.2.27}$$

此式即为反对称 TE 模的特征方程。同样，反对称 TE 模亦可由图解法求解，即相应于式 (4.2.27) 所表示的曲线和式 (4.2.18) 的圆弧每一个 $p>0$ 的交点相应于一个导模。

(3) 对称平板波导 TE 模的特性

图 4-9 给出了几组 $pd=hd\cdot\tan(hd)$、$pd=-hd\cdot\cot(hd)$ 和 $u^2=(pd)^2+(hd)^2=(n_2^2-n_1^2)k_0^2d^2$ 的关系曲线。通过 TE 模的图解分析法，可以得到 TE 模的有关特性。

图解表明，对于给定的平板波导，随着频率 $\omega$ 从零开始逐渐增大时，由 $k_0=\omega/c$ 的关系，意味着增大频率也即是增加圆弧 $u^2=(pd)^2+(hd)^2=(n_2^2-n_1)k_0^2d^2$ 的半径。随着半径的增大，由图可见，当 $0<\sqrt{n_2^2-n_1^2}k_0d<\dfrac{\pi}{2}$ 时圆弧和 $pd=hd\cdot\text{tg}(hd)$ 曲线只有一个交点，即 $A$ 点，与之相应的模称为 $\text{TE}_0$ 模，其横向传播常数 $h$ 的值位于 $0<h_1d<\dfrac{\pi}{2}$ 范围内，根据式 (4.2.16)，可知在平板波导内部 $|x|\leqslant d$ 内的场量 $E_y$ 不通过零点。

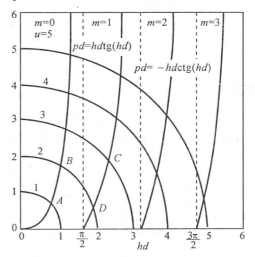

图 4-9　图解法确定 TE 的模式

当 $\dfrac{\pi}{2}<\sqrt{n_2^2-n_1^2}k_0d<\pi$ 时，圆弧同时与 $pd=hd\cdot\tan(hd)$ 和 $pd=-hd\cdot\cot(hd)$ 两支曲线相交，得到图示的两个交点 $B$ 和 $D$，因此除了有 $\text{TE}_0$ 模以外，平板波导内还存有 $\text{TE}_1(m=1)$ 的反对称模，它的参数 $h$ 位于 $\dfrac{\pi}{2}<h_1d<\pi$ 范围内，在 $x=0$ 处，$E_y=0$，根据式 (4.2.23)，因而 $|x|\leqslant d$ 的区域内 $E_y$ 有一个零点。

当 $\pi<\sqrt{n_2^2-n_1^2}k_0d<\dfrac{3}{2}\pi$ 时，圆弧与 $pd=hd\cdot\tan(hd)$ 曲线有两个交点：第一个交点的 $h$ 值满足 $h_0d<\dfrac{\pi}{2}$，相应于 $\text{TE}_0$ 模，第二个交点满足 $\pi<h_2d<\dfrac{3}{2}\pi$，它使在 $|x|\leqslant d$ 区域内，根据式 (4.2.16)，$E_y$ 两次通过零点，此模式为 $\text{TE}_2(m=2)$ 模。同理，可以推广到第 $m$ 个模，并且其参数 $h_m$ 满足关系：

$$m\frac{\pi}{2}<h_md<(m+1)\frac{\pi}{2} \tag{4.2.28}$$

因此，在 $|x|\leqslant d$ 区域内，电场 $E_y$ 有 $m$ 次通过零点。规定 $m=0,2,4,\cdots$ 的 TE 模为对称模，$m=1,3,5,\cdots$ 的 TE 模为反对称模。

图 4-9 也表明，平板波导的基模 $\text{TE}_0$ 可以在任何频率下存在，而其他的各模只有在其频率高于截止频率以上时才能存在。并且，模的阶数 $m$ 愈高，其截止频率也愈高。

(4) 平板波导 TE 模的传输功率

这里主要分析 TE 模的场量 $E_y$ 与导入电磁场传输的功率 $P$ 之间的关系。波印亭矢量的平均值由下式决定：

$$\langle S\rangle=\frac{1}{2}\text{Re}(E\times H^*) \tag{4.2.29}$$

式中，$\langle S\rangle$ 是波印亭矢量 (能流密度矢量)。

根据定义，由场传输的电磁功率是穿过波导垂直截面的 $\langle S\rangle$ 流量，对于平板波导，在 $y$ 方向

是无限的,因此可以定义和得到平板介质波导的 TE 导模的沿 $y$ 方向每单位宽度传输的功率

$$P = -\frac{1}{2}\int_{-\infty}^{\infty}E_yH_x\mathrm{d}x \tag{4.2.30}$$

由于关系

$$H_x = -\frac{\beta}{\omega\mu_0}E_y$$

所以有

$$P = \frac{\beta}{2\omega\mu_0}\int_{-\infty}^{\infty}E_y^2\mathrm{d}x \tag{4.2.31}$$

对于由式(4.2.16)所述的对称 TE 模,代入上式后,有

$$\begin{aligned}
P &= \frac{\beta}{\omega\mu_0}\left\{\int_0^d A^2\cos^2(hx)\mathrm{d}x + \int_0^{\infty}B^2\exp[-2p(x-d)]\mathrm{d}x\right\} \\
&= \frac{\beta}{\omega\mu_0}\left\{\int_0^d A^2\cos^2(hx)\mathrm{d}x + A^2\cos^2(hd)\int_d^{\infty}\exp[-2p(x-d)]\mathrm{d}x\right\} \\
&= \frac{BA^2}{\omega\mu_0}\left[\frac{1}{2}d + \frac{1}{2p}\sin^2(hd) + \frac{1}{2p}\cos^2(hd)\right] \\
&= \frac{BA^2}{2\omega\mu_0}\left[d + \frac{1}{p}\right] = \frac{BA^2}{2\omega\mu_0}d_{eff}
\end{aligned} \tag{4.3.32}$$

式中

$$d_{eff} = \left[\frac{1}{p} + d\right] \tag{4.2.33}$$

通过对传输功率流的分析,可得

a. 在金属波导内,电磁波被封闭在波导里面,波导外面没有电磁场。而介质波导则不然,即使是导模,在薄膜层外还有以指数衰减的电磁场。因此,在平板介质波导中,传输电磁能量的厚度大于薄膜的实际厚度。

b. 在平板介质波导的包层和衬底中,对导模来说,其电磁场沿 $x$ 轴按指数下降。由式(4.2.16)可见,$1/p$ 恰好是电磁场衰减到 $\frac{1}{e}$ 的厚度。因此,其有效厚度和薄膜外的电磁场密切相关。

### 2. 对称平板波导的 TM 模式

TM 模是横向磁波,$H_z = 0$,因而 $H_x$ 和 $E_y$ 也为零,TM 导模实际上只存在 $H_y$,$E_x$ 和 $E_z$ 分量,这三个分量之间的关系由式(4.2.13)描述。场量 $H_y$ 满足波动方程

$$\begin{cases}
\dfrac{\mathrm{d}^2 H_y}{\mathrm{d}x^2} + (k_0^2 n_2^2 - \beta^2)H_y = 0 & |x| \leqslant d \\
\dfrac{\mathrm{d}^2 H_y}{\mathrm{d}x^2} + (k_0^2 n_1^2 - \beta^2)H_y = 0 & |x| \geqslant d
\end{cases} \tag{4.2.34}$$

类似于对 TE 导模的处理方法,可得如下结果:

对于对称的 TM 模,有

$$\begin{cases}
H_y = C\cos(hx)\exp[i(\omega t - \beta z)] \\
E_x = -\dfrac{i\beta}{\omega\varepsilon_2}H_y & |x| \leqslant d \\
E_z = \dfrac{ih}{\omega\varepsilon_2}\tan(hx)H_y
\end{cases} \tag{4.2.35}$$

$$\begin{cases} H_y = C\cos(hx)\exp[-p(|x|-d)]\exp[i(\omega t-\beta z)] \\ E_x = -\dfrac{i\beta}{\omega\varepsilon_1}H_y \qquad\qquad\qquad |x|\geqslant d \\ E_z = \dfrac{ip}{\omega\varepsilon_1}\cdot\dfrac{|x|}{x}H_y \end{cases} \tag{4.2.36}$$

对于反对称 TM 模,有

$$\begin{cases} H_y = D\sin(hx)\exp[i(\omega t-\beta z)] \\ E_x = -\dfrac{i\beta}{\omega\varepsilon_2}H_y \qquad\qquad |x|\leqslant d \\ E_z = -\dfrac{ih}{\omega\varepsilon_2}\cot(hx)H_y \end{cases} \tag{4.2.37}$$

$$\begin{cases} H_y = D\sin(hd)\dfrac{|x|}{x}\exp[-p(|x|-d)]\exp[i(\omega t-\beta z)] \\ E_x = -\dfrac{i\beta}{\omega\varepsilon_1}H_y \qquad\qquad\qquad |x|\geqslant d \\ E_z = \dfrac{ip}{\omega\varepsilon_1}\dfrac{|x|}{x}H_y \end{cases} \tag{4.2.38}$$

式中,$C$、$D$ 为积分常数。

TM 导模的传播常数由下列特征方程求解:

对于对称的 TM 导模,有

$$\frac{\varepsilon_2}{\varepsilon_1}pd = hd\cdot\tan(hd) \tag{4.2.39}$$

对于反对称的 TM 导模,有

$$\frac{\varepsilon_2}{\varepsilon_1}pd = -hd\cdot\cot(hd) \tag{4.2.40}$$

由上述分析可见,TM 模的一般特点与 TE 模是相类似的,由于 $\varepsilon_2 > \varepsilon_1$,相应的 TM 模的 $p$ 值较小些,这表明,TM 模的电磁场的扩展比 TE 模要宽一些,有较多的功率在介质外传播,因而其传播损耗也大一些。

## 三、非对称平板波导导模的场分布和特性

图 4-10 是非对称平板波导的结构图,非对称平板波导是集成光路中最常用的光波导之一,实际上对称平板波导是非对称平板波导在 $n_1 = n_3$ 时的特殊形式,因此,对非对称平板波导的导模分析更具普遍意义。

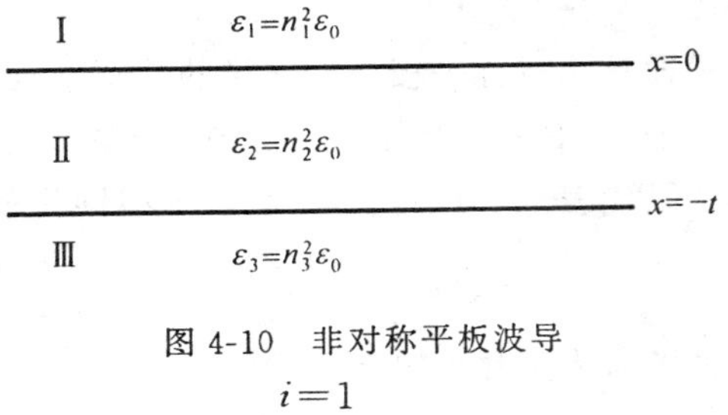

TE 模的场量 $E_y$ 所遵循的波动方程为

图 4-10　非对称平板波导

$$\frac{\partial^2 E_y(x)}{\partial x^2} + (k_0^2 n_i^2 - \beta^2)E_y(x) = 0 \qquad \begin{cases} x>0 & i=1 \\ -t<x<0 & i=2 \\ -\infty<x<-t & i=3 \end{cases} \tag{4.2.41}$$

对于导模,传播常数 $\beta$ 满足如下关系:

$$k_0 n_2 > \beta > k_0 n_3 > k_0 n_1 \tag{4.2.42}$$

TM 模的场量 $H_y$ 应满足的波动方程为

$$n_i^2 \frac{\partial}{\partial x}\left(\frac{1}{n_i^2}\frac{\partial H_y(x)}{\partial x}\right)+(n_i^2 k_0^2-\beta^2)H_y(x)=0 \quad \begin{cases} x>0 & i=1 \\ -t<x<0 & i=2 \\ -\infty<x<-t & i=3 \end{cases} \quad (4.2.43)$$

对于导模,传播常数 $\beta$ 满足如下关系:

$$k_0 n_2 > \beta > k_0 n_3 > k_0 n_1$$

由于 TE 模和 TM 的性质相类似,这里仅作 TE 导模的分析。

求解波动方程(4.2.41)式,并使其解满足在 $x=0$ 和 $x=-t$ 的两个界面上电场和磁场的切向分量连续的边界条件。满足边界条件,并在 $x=\pm\infty$ 处等于零的方程的解是

$$\begin{cases} E_y=A\exp(-qx) & x\geqslant 0 \\ E_y=A\cos(hx)+B\sin(hx) & -t\leqslant x\leqslant 0 \\ E_y=[A\cos(ht)-B\sin(ht)]\exp[p(x+t)] & -\infty<x\leqslant -t \end{cases} \quad (4.2.44)$$

式中

$$\begin{cases} h^2=n_2^2 k_0^2-\beta^2 \\ q^2=\beta^2-n_1^2 k_0^2 \\ p^2=\beta^2-n_3^2 k_0^2 \end{cases} \quad (4.2.45)$$

这里略去了 $\exp[i(\omega t-\beta z)]$ 因子,式(4.2.45)是方程的横向传播常数定义式。

由 TE 模中场量 $E_y$ 和 $H_z$ 的关系可得

$$\begin{cases} H_z=-\dfrac{iq}{\omega\mu_0}A\exp(-qx) & x\geqslant 0 \\ H_z=-\dfrac{ih}{\omega\mu_0}[A\sin(hx)-B\cos(hx)] & -t\leqslant x\leqslant 0 \\ H_z=\dfrac{ip}{\omega\mu_0}[A\cos(ht)-B\sin(ht)]\exp[p(x+t)] & -\infty<x\leqslant -t \end{cases} \quad (4.2.46)$$

根据场量 $H_z$ 在 $x=0$ 和 $x=-t$ 处的连续性边界条件要求,可以得到方程组

$$\begin{cases} qA+hB=0 \\ [h\sin(ht)-p\cos(ht)]A+[h\cos(ht)+p\sin(ht)]B=0 \end{cases} \quad (4.2.47)$$

该齐次方程组,只有当其系数行列式为零时,才有 $A$ 和 $B$ 的非零解。因此,令其行列式为零,得

$$q[h\cos(ht)+p\sin(ht)]-h[h\sin(ht)-p\cos(ht)]=0 \quad (4.2.48)$$

或

$$\tan(ht)=\frac{h(p+q)}{h^2-pq}$$

此式即是非对称平板介质波导的特征方程。

图 4-11 是此特征方程的图解分析结果。由图可以得到非对称平板波导的一些特性。图中的实线代表 $tg(ht)$ 的正切函数,虚线则代表函数 $F(ht)$,$F(ht)$ 是式(4.2.48)的右边部分:

$$F(ht)=\frac{h(p+q)}{h^2-pq}=\frac{ht(pt+qt)}{(ht)^2-(pt)(qt)} \quad (4.2.49)$$

再由横向传播常数的定义式(4.2.45),得

$$\begin{aligned} pt &= (\beta^2-n_3^2 k_0^2)^{1/2}t=(\beta^2 t^2-n_3^2 k_0^2 t^2)^{1/2} \\ &= [(n_2^2 k_0^2-h^2)t^2-n_3^2 k_0^2 t^2]^{1/2} \\ &= [(n_2^2-n_3^2)(k_0 t)^2-(ht)^2]^{1/2} \end{aligned} \quad (4.2.50)$$

$$qt=(\beta^2-n_1^2 k_0^2)^{1/2}t=[(n_3^2-n_1^2)(k_0 t)^2-(ht)^2]^{1/2} \quad (4.2.51)$$

将式(4.2.50)和(4.2.51)代入到式(4.2.49)中,得

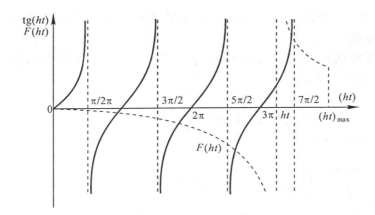

图 4-11　平板介质波导求导模的图解法

$$F(ht) = \frac{ht\{[(n_2^2-n_3^2)(k_0t)^2-(ht)^2]^{1/2}+[(n_2^2-n_1^2)(k_0t)^2-(ht)^2]^{1/2}\}}{(ht)^2-[(n_2^2-n_3^2)(k_0t)^2-(ht)^2]^{1/2}\cdot[(n_2^2-n_1^2)(k_0t)^2-(ht)^2]^{1/2}}$$

(4.2.52)

在图解法的示例中，取 $(n_2^2-n_3^2)^{1/2}k_0t=11$，$(n_2^2-n_1^2)^{1/2}k_0t=24$，$F(ht)$ 的极点出现在式(4.2.52)的分母为零处。而在下式

$$(pt)^2=(n_2^2-n_3^2)(k_0t)^2-(ht)^2=0$$

(4.2.53)

所示的点上，$F(ht)$ 曲线终止。这是因为当 $ht$ 超过式(4.2.53)所给定的值时，$(pt)^2$ 变为负数，场分布将不再是导模。

图中的实线和虚线的交点即是式(4.2.52)的解，每一个解相应于非对称平板波导的一个 TE 导模，在图中所示的实例条件下，存在有 4 个导模，对于每一个模，有一与之对应的 $h$ 值，在一定的角频率下，即对应一个波矢量与界面法线夹角 $\theta$，或者说也对应在 $x$ 轴方向的一个驻波系统，参见图4-2。因此，参数 "$ht$" 实际上是决定导模数目的重要参量，定义为

$$\nu=(ht)_{max}=(n_2^2-n_3^2)^{1/2}k_0t$$

(4.2.54)

参数 $\nu$ 是以弧度表示的角度，它包含了光波的角频率、薄膜层厚度、薄膜与衬底折射率平方差这三个参量的综合关系，并随这三个参量的变化而变化。当 $\nu$ 值减小时，图 4-11 中虚线所示的曲线的终点向左方移动，即曲线与 $\mathrm{tg}(ht)$ 正切函数的交点减少，因此，随着 $\nu$ 的降低，非对称平板波导的 TE 导模数目减少，当 $\nu$ 值减少到小于 $\pi/2$ 时，图中的 $F(ht)$ 曲线与 $\mathrm{tg}(ht)$ 曲线不再有任何交点。这表明，在薄膜非常薄、角频率很低或折射率差很小时，非对称平板波导不存在导模。而对称平板波导至少可有基模 $\mathrm{TE}_0$ 导模，这是非对称与对称平板波导之间的重要区别。

如果 $n_1=n_3$，则 $p=q$ 即是对称平板波导的情况，于是式(4.2.48)有形式

$$\mathrm{tg}\left(2h\cdot\frac{t}{2}\right)=\frac{2\mathrm{tg}\left(\frac{ht}{2}\right)}{1-\mathrm{tg}^2\left(\frac{ht}{2}\right)}=\frac{2p/h}{1-(p/h)^2}$$

(4.2.55)

这是关于 $\mathrm{tg}\left(\dfrac{ht}{2}\right)$ 的二次方程，其解是

$$\begin{cases}\mathrm{tg}\left(\dfrac{ht}{2}\right)=p/h \\[2mm] \mathrm{tg}\left(\dfrac{ht}{2}\right)=-h/p\end{cases}$$

(4.2.56)

对称平板波导中，$t=2d$，因此，式(4.2.56)即是前述的对称平板波导的对称 TE 导模和反对称 TE 导模的特征方程。

以下分析 TE 导模的截止点。当传播系数 $p=0$ 时，$\beta^2=n_3^2k_0^2$，即是导模的截止点，每个模的截止点上，参数 $\nu$ 定义为 $\nu_0$，

$$\nu_0=(n_0^2-n_3^2)^{1/2}k_0t=ht \tag{4.2.57}$$

由式(4.2.45)和(4.2.48)，则式(4.2.57)可改写为：

$$\nu_0=ht=\arctan(q/h)+m\pi$$
$$=\arctan\frac{(n_3^2-n_1^2)^{1/2}}{(n_2^2-n_3^2)^{1/2}}+m\pi \tag{4.2.58}$$

对于式(4.2.57)，在截止条件时，有

$$h_0=k_0(n_2^2-n_3^2)^{1/2}=\frac{2\pi}{\lambda_0}(n_2^2-n_3^2)^{1/2} \tag{4.2.59}$$

式中，$\lambda_0$ 称为截止波长。

图 4-12 是蓝宝石衬底上涂 ZnO 薄膜非对称平板波导 TE 模和 TM 模解的一般特性。在一个确定的 $t/\lambda_0$ 值上，模式为导模，随着 $t/\lambda_0$ 的增大，$p>0$，电磁能量就更多地被局限于薄膜层中，这一点反映在纵坐标 $\beta/k_0$ 的变化上。在截止点上，$\beta/k_0=n_3$，随着 $t/\lambda_0$ 值的增加，$\beta/k_0$ 逐渐趋于 $n_2$。

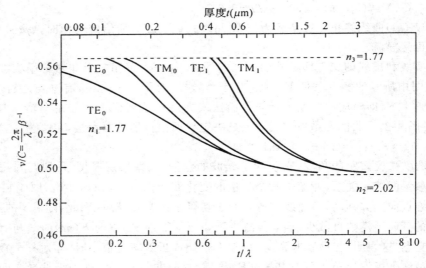

图 4-12　蓝宝石衬底上涂氧化锌薄膜波导的一般特性

由式(4.2.57)和式(4.2.58)可导出 TE 导模的截止波长 $\lambda_0$ 与薄膜厚度 $t$ 的比值为

$$\left(\frac{t}{\lambda_0}\right)_{TE}=\frac{1}{2\pi(n_2^2-n_3^2)^{1/2}}\left[m\pi+\arctan\left(\frac{n_3^2-n_1^2}{n_2^2-n_3^2}\right)^{1/2}\right] \tag{4.2.60}$$

同样的分析，也可得出 TM 导模的截止波长与薄膜厚度的关系是

$$\left(\frac{t}{\lambda_0}\right)_{TM}=\frac{1}{2\pi(n_2^2-n_3^2)^{1/2}}\left[m\pi+\arctan\left(\frac{n_3^2-n_1^2}{n_2^2-n_3^2}\right)^{1/2}\cdot\left(\frac{n_2}{n_1}\right)^2\right] \tag{4.2.61}$$

因为 $n_1<n_2$，上述两式表明，TM 模的截止值 $t/\lambda$ 总是大于 TE 模的截止值。

通过式(4.2.60)，可以分析 TE 模在给定的非对称平板波导中随光的波长的变化情况。在长波长光波的情况下，如果

$$0 < (n_2^2 - n_3^2)^{1/2} k_0 t < \arctan\left(\frac{n_3^2 - n_1^2}{n_2^2 - n_3^2}\right)^{1/2}$$

则 $t/\lambda_0$ 小于截止值，这时波导中不存在导模。而当光的波长缩短得使

$$\arctan\left(\frac{n_3^2 - n_1^2}{n_2^2 - n_3^2}\right) < (n_2^2 - n_3^2)^{1/2} k_0 t < \pi + \arctan\left(\frac{n_3^2 - n_1^2}{n_2^2 - n_3^2}\right)^{1/2}$$

时，则式(4.2.48)有一个解，此解即是基模 $TE_0$ 模，其横向传播常数 $h$ 位于区域

$$0 < ht < \pi$$

中，波导内部的场量 $E_y$ 不通过零点。

而当再进一步缩短光的波长，使得关系

$$\arctan\left(\frac{n_3^2 - n_1^2}{n_2^2 - n_3^2}\right) < (n_2^2 - n_3^2)^{1/2} k_0 t < \pi + \arctan\left(\frac{n_3^2 - n_1^2}{n_2^2 - n_3^2}\right)$$

成立，则特征方程将有两个解，一个是前述的 $TE_0$ 模，另一个是 $TE_1$ 模，其横向传播常数 $h$ 位于

$$\pi < ht < 2\pi$$

范围内，在波导内部，场量 $E_y$ 有一个零点。并由此可以类推，平板波导 $TE_m$ 模的横向传播常数位于

$$m\pi < ht < (m+1)\pi$$

范围内，在波导内部，场量 $E_y$ 有 $m$ 个零点。

平板波导导入模的总数是指在一定的参数 $\nu$ 值(即 $ht$ 值)下，在波导中传播的 TE、TM 模总数。

对于 TE 模，可导入模的数目可由式(4.2.58)确定，即

$$\nu_0 = \arctan\frac{(n_3^2 - n_1^2)^{1/2}}{(n_2^2 - n_3^2)^{1/2}} + m\pi$$

式中，$m = 0, 1, 2, \cdots$，为正整数，$m = 0$ 时，即为基模 $TE_0$。

对于 TM 模，可导入模的数目由下式确定：

$$\nu_0 = \arctan\left[\frac{n_2^2 (n_3^2 - n_1^2)^{1/2}}{n_1^2 (n_2^2 - n_3^2)^{1/2}}\right] + m\pi \tag{4.2.62}$$

要传播 $m = 0$ 基模，则参数 $\nu$ 必须大于基模截止值 $\nu_{00}$，为使这个模是唯一传播的模，应使 $\nu$ 值小于对应于 $m = 1$ 的 $\nu_{01}$ 值，所以有如下关系：

当　　$\nu_{00} < \nu < \nu_{10}$　　　　传播着 $m = 0$ 基模 $TE_0$、$TM_0$

　　　　$\nu_{11} < \nu < \nu_{20}$　　　　传播着 $m = 0$ 和 $m = 1$ 模

　　　　$\nu_{N0} < \nu < \nu_{(N+1)0}$　　传播着 $m = 0, m = 1, \cdots, m = N$ 模

而 $m \geqslant N+1$ 模都被截止，即 $m \geqslant N+1$ 模在波导中不再存在。但波导中传播的模式数目却有 $(N+1)$ 个。因此，当 $\nu$ 值知道后，在波导中 TE 模的传播数为

$$N_{TE} = T\left[\frac{\nu - \arctan\dfrac{(n_3^2 - n_1^2)^{1/2}}{(n_2^2 - n_3)^{1/2}}}{\pi}\right] + 1 \tag{4.2.63}$$

而 TM 模的传播数为

$$N_{TM} = T\left[\frac{\nu - \arctan\dfrac{n_2^2 (n_3^2 - n_1^2)^{1/2}}{n_1^2 (n_2^2 - n_3^2)^{1/2}}}{\pi}\right] + 1 \tag{4.2.64}$$

式中，符号"$T$"表示方括号的数字取整数的意思。

在波导中传播的总模式数为

$$N=N_{TE}+N_{TM} \qquad (4.2.65)$$

因为已假定 $n_2>n_1$，所以由式(4.2.63)和式(4.2.64)可以看出，在波导中，TE 模传播的数目 $N_{TE}$可能多于 TM 模传播的数目 $N_{TM}$。

## 四、介质波导的耦合

在介质波导的不同模式之间能够发生耦合现象，如图 4-13(a)所示，在规则的平板波导中，不同的模式沿着各自的光路独立传播，但若波导边界和折射率分布有某种畸变时，某些模式的光路就要发生变化，即模式之间产生了功率交换，或者说模式之间发生了耦合，如图 4-13 (b)所示。

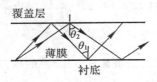
(a)规则波导中模式各自独立传播

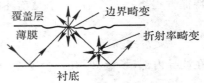
(b)非规则波导中模式耦合现象

图 4-13　模式的传播与耦合

对于相距较远的两个平板波导，两个波导模式的场分布互不重叠，如图 4-14(a)所示。但相距很近时，两个波导模式的场分布相互重叠，可通过所谓的光学隧道效应发生耦合而相互交换功率，如图 4-14(b)所示。同样，在其他形式的介质波导中，如条形波导、波导列阵等，在某种条件下，各模式之间也将产生模式耦合，特别是半导体波导激光器列阵，模式之间的耦合是其得以工作的基本机理。

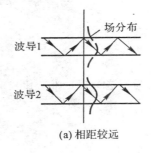
(a)相距较远

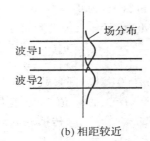
(b)相距较近

图 4-14　两个平板波导的相互耦合

在集成光学中，光波导器件的机构多半以波导模式之间的功率耦合作为基础，模式耦合理论在集成光学器件的研究工作中将起着重要作用。集成光学中的耦合问题有两方面的含义：

(1)在同一衬底的光路中将激光束从一个波导传导入另一个波导；

(2)将激光束输入光路或从光路中输出，前一种方式称为内耦合，后一种方式称为外耦合。

### 1.波导的内耦合类型

单片光路中的内耦合有尖劈薄膜耦合和波导定向耦合两种形式。

尖劈薄膜耦合，又称渐变薄膜耦合，如图 4-15 所示，在衬底上涂一层膜厚从 $x=x_a$ 到 $x=x_b$ 逐渐变薄至零的尖劈状薄膜。耦合机理是：当光波沿锯齿形路径传播到尖劈区域后，每反射一次入射角就比反射前减小 $\theta$。经若干处反射后，光波的入射角将小于临界角 $\theta_s$，从而形成衬底模,从衬底输出。如果尖劈区域足够平缓,薄膜的折射率远小于衬底的折射率,则输出效率几乎可达100%。尖劈薄膜耦合器也可用作对自由空间或光导纤维的耦合输入或耦合输出。例如,在衬底上打个洞,用折射率匹配的粘合剂把插入的光纤粘合起来,就可实现波导薄膜对光导纤维的耦合输出。

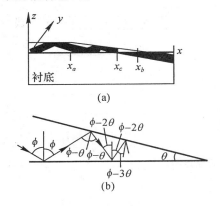

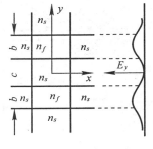

图 4-15　尖劈薄膜耦合器　　　　　　图 4-16　波导定向耦合

波导定向耦合是指两个平行放置(间隙为几个波长)的尺寸相似的波导通过模的穿透场来实现能量耦合(如图 4-16 所示),使一个波导中传播的能量全部耦合到另一波导中所必需的耦合长度为

$$L=\frac{\pi k_z b(1+k_y^2\eta_s)}{4k_y^2\eta_s}e^{c/\eta_s} \qquad (4.2.66)$$

式中,$k_z$ 是轴向传播常数,$k_y$ 是 $y$ 方向传播常数,$\eta_s$ 是场分量在 $y$ 方向的 $n_s$ 介质中的穿透深度,$c$ 是两个平行波导的间距。

例如,取 $n_f=1.5,\eta_s=1.5/1.05$,为确保单模,取 $b=1.77\lambda,a=2b=3.54\lambda$,若取 $c=a/4=0.88\lambda$,则可得 $L=262\lambda$。耦合长度 $L$ 将随间距 $c$ 的增大而呈指数式增加。

### 2. 波导的外耦合类型

使激光耦合输出或耦合输入集成光路单片,一般有三种方法:直接耦合、棱镜耦合和光栅耦合。这些耦合方式是与光纤和激光束耦合的形式极其相类似的。图 4-17 给出了这三种耦合方式的原理图。

直接耦合(图 4-17(a))是利用透镜使激光束聚焦,直接照射到波导的端部,这种方式的能量耦合效率很低,一般只有 10%～20%,原因是膜层很薄,散射损耗相当大。

棱镜耦合(图 4-17(b))是在薄膜波导上放置一个棱镜,并使它们之间有一空气间隙,棱镜-薄膜耦合器是利用全反射时进入折射介质的消逝波设计而成的,适当选择耦合长度 $ab$,可获得 80%～88% 的耦合效率。

光栅耦合(图 4-17(c))是在薄膜波导上做一个光栅,当激光照射光栅时,会形成反射、透射和衍射光场,基于光栅辐射场与薄膜波导某一导模之间的相位匹配关系,将会实现光束能量有效地耦合到这一导模中去,若采用立体全息光栅,可使耦合效率达到 70%,在集成光路中,较多的是采用这种光栅耦合器。

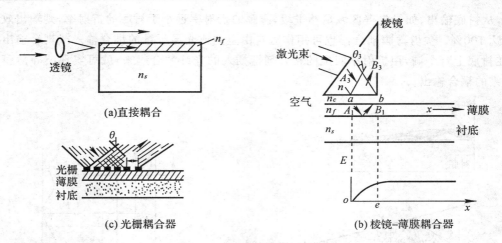

图 4-17　三种耦合方式原理图

# 第三节　条形介质波导中的导模

　　平面波导只在横截面的一个方向上限制光波能量,因此光波在平面波导中传播时要沿非束缚方向发散。虽然可采用薄膜透镜使发散光束聚焦,但仍然受到衍射极限的限制,而不能使光斑直径小于一个波长。所以,集成光学中通常采用条形波导,以使可在横截面的两维方向上限制光波能量。

## 一、条形波导的种类和模式

### 1. 条形波导的种类

　　条形波导一般可分矩形、脊形和条载形三类。

　　(1)矩形波导

　　图 4-18 是三种矩形波导的横截面。图(a)是凸条形波导,其波导芯层凸起在衬底之上;图(b)是镶入形波导,其芯层镶在衬底中;图(c)是埋入形波导,其芯层埋入在衬底内。这些波导的芯层的横截面形状都是矩形。图中所示的各波导的芯层的折射率为 $n_f$。

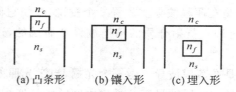

图 4-18　矩形波导的横截面

　　矩形波导维持单模的最大尺寸如表 4-1 所示,波导芯层的宽度和厚度分别为 $a$ 和 $b$。

**表 4-1　矩形波导的单模尺寸**

| | 埋入形 $n_s$ $\begin{array}{c}a\\ n_f\\ n_s\end{array}$ $b$ | | | | 镶入形 $n_e$ $n_s$ $\begin{array}{c}a\\ n_f\\ n_s\end{array}$ $b$ | | |
|---|---|---|---|---|---|---|---|
| $n_f/n_e$ | 1.001 | 1.01 | 1.05 | 1.5 | 1.001 | 1.01 | 1.05 |
| $n_f/n_e$ | | | | | 1.5 | 1.5 | 1.5 |
| $a=b$ | 15.3 | 4.9 | 2.3 | 0.92 | 17.7 | 5.6 | 2.6 |
| $a=2b$ | 19.0 | 6.1 | 2.8 | 1.21 | 23.2 | 7.4 | 3.4 |
| $a=4b$ | 26.8 | 8.5 | 3.8 | 1.37 | 34.9 | 11.0 | 4.9 |

表中数据乘以 $\lambda/n_f$ 等于波导的实际尺寸。

（2）脊形波导

图 4-19 所示为脊形波导的横截面。$d_{\mathrm{I}}$ 和 $d_{\mathrm{II}}$ 分别为脊形区域和外部区域的厚度,由于 $d_{\mathrm{I}}>d_{\mathrm{II}}$,所以脊形区域内的有效折射率 $N_{\mathrm{I}}$ 大于外部区域的有效折射率 $N_{\mathrm{II}}$,光波基本上被限制在脊形区域内,波导在 $y$ 方向对光波的限制作用相当于一个薄膜折射率为 $N_{\mathrm{I}}$、包层折射率为 $N_{\mathrm{II}}$ 的对称平板波导。因此,利用这种等效波导的方法,可以方便地分析和设计脊形波导,求出沿 $y$ 方向的模式数目(或场强极大值数目)和维持单模的最大尺寸。

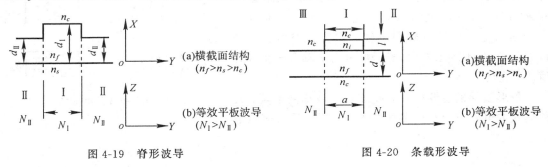

图 4-19　脊形波导　　　　　　　图 4-20　条载形波导

（3）条载形波导

条载形波导的横截面结构如图 4-20 所示,在平板波导上面加一个宽度为 $a$ 的载条,即构成条载形波导,载条的折射率 $n_i$ 大于包层的折射率 $n_c$,但小于薄膜的折射率 $n_f$。此时等效平板波导中区域 I 的有效折射率 $N_{\mathrm{I}}$ 大于区域 II 的有效折射率 $N_{\mathrm{II}}$,因此,光波在 $Y$ 方向也受到限制。当载条厚度 $l$ 较大时,可用通常平板波导的模方程近似求解区域 I 的等效折射率 $N_{\mathrm{I}}$,即近似把 $l$ 看作向无限远延伸。

脊形波导和条载形波导中的光波能量主要限制在脊或载条下面的膜区中,与矩形波导相比,其由于波导边界不规则性所引起的散射损耗较小,对加工精度的要求可随之降低。这是它们优于平板波导之处。

## 2. 条形波导的模式

图 4-21 是条形波导的横截面及坐标系,坐标原点置于条形波导中心。条形波导的边界可分为九个区域,其中四个为阴影区,其余五个区域的折射率分别为 $n_1$、$n_2$、$n_3$、$n_4$ 和 $n_5$,以条形波

导的折射率 $n_1$ 为最高,其余四个稍低一些。

　　导模的大部分能量都限制在波导内传播,波导外面传播的能量很少,特别是阴影区内传播的更少,因此,可以略去阴影区的作用,而只考虑五个区域,即只需考虑波导和周围四个交界面的边界条件。在条形波导里,即区域 1 中,沿 $x$ 和 $y$ 方向的场量都是单一的余弦函数。在区域 2 和区域 4 中,场量沿 $x$ 方向的变化和区域 1 中的相同,这样才满足在边界上连续的条

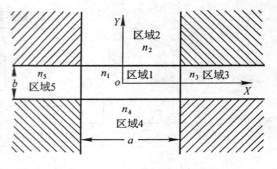

图 4-21　条形波导截面和坐标

件,而沿 $y$ 方向则作指数衰减。在区域 3 和区域 5,情况恰好相反,场量沿 $y$ 方向的变化和区域 1 中的相同,而沿 $x$ 方向则作指数衰减,因此有

$$\begin{cases} k_{1x}=k_{2x}=k_{4x}=k_x \\ k_{1y}=k_{3y}=k_{5y}=k_y \end{cases} \tag{4.3.1}$$

　　在条形波导中传播的导模,能量十分集中,入射角 $\theta_i$ 很大,相应于角频率极高和远离截止条件的情况。由于在条形波导中导模的入射角几乎与 $Z$ 轴平行,因此,其模式的波型十分接近 TEM 模。如果条形波导的 $a/b$ 比值大,则横截面上的场量的一种是 $E_y$、$H_x$ 为主,另一种是 $H_y$、$E_x$ 为主。这两种波型分别称为 $E_{nm}^y$ 波型和 $E_{nm}^x$ 波型。$E$ 的上标 $x$、$y$ 代表电极化方向,下标 $m$、$n$ 分别表示电磁场沿 $x$ 轴和 $y$ 轴方向变化时所出现的极大值数目。例如,$m=1$,表示场量沿 $x$ 轴有一个最大值。

　　条形波导的主要模是导模 $E_{11}^y$ 模,或称基本模。几种模式的电磁场分布简图如图 4-22 所示,箭头表示电场 $E$ 的方向。

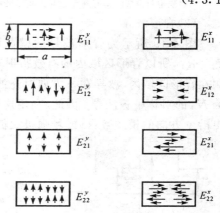

图 4-22　几种模式的电磁场分布图

## 二、条形介质波导的导模

### 1. $E_{nm}^y$ 模的场分布

由麦克斯韦方程

$$\begin{cases} \nabla \times E = -i\omega\mu E \\ \nabla \times H = i\omega\varepsilon E \end{cases} \tag{4.3.2}$$

按直角坐标展开,并考虑到波矢量

$$k = i_x k_y + i_y k_y + i_z k_z \tag{4.3.3}$$

并令 $H_y=0$,则有

$$\begin{cases} \dfrac{\partial E_z}{\partial y}+\mathrm{i}k_z E_y=-\mathrm{i}\omega\mu H_x \\[2mm] \qquad\qquad -\mathrm{i}k_z E_x=\dfrac{\partial E_z}{\partial x} \\[2mm] \dfrac{\partial E_y}{\partial x}-\dfrac{\partial E_x}{\partial y}=-\mathrm{i}\omega\mu H_z \\[2mm] \qquad\quad \dfrac{\partial H_z}{\partial y}=\mathrm{i}\omega\varepsilon E_x \\[2mm] -ik_z H_x-\dfrac{\partial H_z}{\partial x}=\mathrm{i}\omega\varepsilon E_y \\[2mm] \qquad -\dfrac{\partial H_z}{\partial y}=\mathrm{i}\omega\varepsilon E_z \end{cases} \qquad (4.3.4)$$

联解上式,得

$$\begin{cases} E_x=-\dfrac{1}{\omega\varepsilon k_z}\dfrac{\partial^2 H_x}{\partial x\partial y} \\[3mm] E_y=-\dfrac{1}{\omega\varepsilon k_x}(k_y^2-n^2 k_0^2)H_x \\[3mm] E_z=\mathrm{i}\dfrac{1}{\omega\varepsilon}\dfrac{\partial H_x}{\partial y} \\[3mm] H_z=-\dfrac{\mathrm{i}}{k_x}\dfrac{\partial H_x}{\partial x} \end{cases} \qquad (4.3.5)$$

因此,只要求得 $H_x$,即可计算其他各个场量。

由波动方程(4.3.4),可得出图 4-21 所示各个区域中磁场的 $x$ 分量 $H_{ix}$,$i=1,2,3,4,5$。

$$H_{jx}=\begin{cases} H_1\cos(k_x x+\phi_x)\cos(k_y y+\phi_y) & j=1 \\[1mm] H_2\cos(k_x x+\phi_x)\exp(-k'_{2y}y) & j=2 \\[1mm] H_3\cos(k_y+\phi_y)\exp(-k'_{3y}y) & j=3 \\[1mm] H_4\cos(k_x x+\phi_x)\exp(-k'_{4y}y) & j=4 \\[1mm] H_5\cos(k_y y+\phi_y)\exp(k'_{5y}y) & j=5 \end{cases} \qquad (4.3.6)$$

式中

$$\begin{cases} k_{jx}^2+k_{jy}^2+k_{jz}^2=k_j^2=\omega^2\mu\varepsilon_j \\[1mm] k_{1z}=k_{2z}=k_{3z}=k_{4z}=k_{5z}=k_z=\beta \\[1mm] k_{1x}=k_{2x}=k_{4x}=k_x \\[1mm] k_{1y}=k_{3y}=k_{5y}=k_y \\[1mm] k'^2_{2y}=-k_{2y}^2 \qquad k'^2_{4y}=-k_{4y}^2 \\[1mm] k'^2_{3x}=-k_{3x}^2 \qquad k'^2_{5x}=-k_{5x}^2 \end{cases} \qquad (4.3.7)$$

$\phi_x$ 和 $\phi_y$ 是初始相位。

由式(4.3.5)可得出各个区域内其他场量的关系式

$$\begin{cases} H_{jy}=0 \\ H_{jz}=-\dfrac{i}{k_z}\dfrac{\partial H_{jx}}{\partial x} \\ E_{jx}=\dfrac{-1}{\omega\varepsilon_0 n_j^2 k_z}\dfrac{\partial^2 H_{ix}}{\partial x\partial y} \\ E_{jy}=\dfrac{K_{jy}^2-n_j^2 k^2}{\omega\varepsilon_0 n_j^2 k_z}H_{jx} \\ E_{jz}=\dfrac{i}{\omega\varepsilon_0 n_j^2}\dfrac{\partial H_{ix}}{\partial y} \end{cases} \tag{4.3.8}$$

根据在 $y=\pm\dfrac{b}{2}$ 处 $H_x$ 和 $E_z$ 连续的条件,可得

$$\begin{cases} \mathrm{tg}\left(\dfrac{k_y b}{2}+\phi_y\right)=\dfrac{n_1^2}{n_2^2}\dfrac{k'_{2y}}{k_y} \\ \mathrm{tg}\left(\dfrac{k_y b}{2}-\phi_y\right)=\dfrac{n_1^2}{n_4^2}\dfrac{k'_{4y}}{k_y} \end{cases} \tag{4.3.9}$$

由此解得

$$k_y b=n\pi-\arctan\left(\dfrac{k_y n_2^2}{k'_{2y}n_1^2}\right)-\arctan\left(\dfrac{k_y n_4^2}{k'_{4y}n_1^2}\right) \tag{4.3.10}$$

而

$$\begin{aligned} k'^2_{2y}&=-k_{2y}^2=-(k_2^2-k_x^2-k_z^2) \\ &=k_z^2-k_2^2+k_x^2=k_1^2-k_z^2-k_y^2-k_2^2+k_x^2 \\ &=k_1^2-k_2^2-k_y^2 \end{aligned} \tag{4.3.11}$$

所以有

$$k'_{2y}=[(k_1^2-k_2^2)-k_y^2]^{1/2}=\left[\left(\dfrac{\pi}{A_2}\right)^2-k_y^2\right]^{1/2} \tag{4.3.12}$$

其中

$$A_2=\dfrac{\pi}{(k_1^2-k_2^2)^{1/2}}=\dfrac{\lambda}{2(n_1^2-n_2^2)^{1/2}} \tag{4.3.13}$$

同理可得

$$k'_{4y}=\left[\left(\dfrac{\pi}{A_4}\right)^2-k_y^2\right]^{1/2} \tag{4.3.14}$$

$$A_4=\dfrac{\lambda}{2(n_1^2-n_4^2)^{1/2}} \tag{4.3.15}$$

再由在 $x=\pm a/2$ 处 $H_x$ 和 $H_z$ 连续的条件,得

$$k_z a=m\pi-\arctan\dfrac{k_x}{k'_{3x}}-\arctan\dfrac{k_x}{k'_{5x}} \tag{4.3.16}$$

其中

$$\begin{cases} k'_{3x}=\left[\left(\dfrac{\pi}{A_3}\right)^2-k_x^2\right]^{1/2} \\ k'_{5x}=\left[\left(\dfrac{\pi}{A_5}\right)^2-k_x^2\right]^{1/2} \end{cases} \tag{4.3.17}$$

式中

$$\begin{cases} A_3 = \dfrac{\lambda}{2(n_1^2 - n_3^2)^{1/2}} \\ A_5 = \dfrac{\lambda}{2(n_1^2 - n_5^2)^{1/2}} \end{cases} \tag{4.3.18}$$

式(4.3.10)和式(4.3.16)是 $E_{nm}^y$ 模的特征方程,也称色散方程。它们都是超越方程,通常需用数值计算方法计算 $k_x$ 和 $k_y$,进而求解 $k_z$。这样,在给定波导的尺寸 $a$、$b$、各区域的折射率和光波长 $\lambda$ 的条件下,就可求出 $E_{nm}^y$ 模的传播常数 $\beta$ 和场形。

**2. $E_{nm}^y$ 导模的传播特性**

图 4-23 是主模 $E_{11}^y$ 的场分布,在区域 1 内场量余弦变化,在其他区域中,沿一个轴方向作余弦变化,而沿另一个轴方向作指数衰减,衰减的快慢随 $k'_{2y}$、$k'_{4y}$、$k'_{3x}$ 和 $k'_{5x}$ 而定,它们的倒数代表场量衰减到 $1/e$ 的长度。所在区域的折射率愈高,则衰减愈慢。图中的实线代表在波导中的场分布,虚线为其他区域的分布。

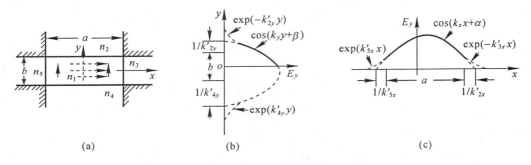

图 4-23　$E_{11}^y$ 模的场分布

当 $k'_{2y}$、$k'_{4y}$、$k'_{3x}$ 和 $k'_{5x}$ 中有一个等于零时,导模就截止而变成辐射模。根据特征方程式(4.3.10)和式(4.3.16),不同的模式的 $k_x$ 和 $k_y$ 也不同,而其中以 $E_{11}^y$ 模为最小,因此,从式(4.3.12)和式(4.3.17)的关系,即

$$k'_{2y \atop 4y} = \left[ (k_1^2 - k_{2 \atop 4}^2) - k_y^2 \right]^{1/2}$$

$$k'_{3x \atop 5x} = \left[ (k_1^2 - k_{3 \atop 5}^2) - k_x^2 \right]^{1/2}$$

可知,这些横向传播参量最大,而最不易截止。

主模,即基本模 $E_{11}^y$ 是条形波导的最重要的模式,为确保条形波导中的 $E_{11}^y$ 模传播,波导的结构尺寸有确定的要求,可用实例加以分析,假定 $n_2 = n_4$,第二个模式是 $E_{12}^y$ 模,即 $m=1, n=2$,当 $E_{12}^y$ 模截止时,$k'_{2y} = 0$,所以式(4.3.10)为

$$k_y b = 2\pi - 2\arctan(\infty) \tag{4.3.19}$$

所以有

$$k_y b = \pi$$

另一方面,由式(4.3.12)有

$$k_{2y}'^2 = k_1^2 - k_2^2 - k_y^2 = 0$$

所以有

$$\left(\frac{\pi}{b}\right) = k_1^2 - k_2^2 = \left(\frac{2\pi}{\lambda}\right)^2 (n_1^2 - n_2^2)$$

$$b = \frac{\lambda}{2(n_1^2 - n_2^2)^{1/2}} = A_2 \tag{4.3.20}$$

这表明,要确保条形波导以 $E_{11}^y$ 传播,波导的最大宽度 $b$ 应等于 $A_2$。

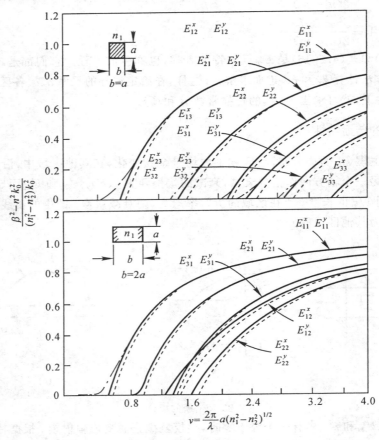

图 4-24　条形波导的传输特性

图 4-24 是有关条形波导传输特性的一些计算结果。图中的实线是按上述讨论的方法计算的,虚线是对上述方法作近似处理后的计算结果,点线是用较精确的圆谐函数分析法计算的结果。

## 第四节　光纤中的光线传播

随着光通信的发展,一种新的通信介质——光学纤维波导(简称"光纤")也随之迅速发展。光纤最主要和最重要的应用是光通信。近年来,随着光纤技术的发展,其应用范围也日益广泛,光纤的非通信的其他应用也显示出诱人的前景,如光纤传感技术、光纤全息术、光纤传像束、光纤传能束,光纤在医学、生物学、工业、照明等方面均有着广泛而重要的应用。

光纤应用的日益广泛,也促使光纤技术本身发展,因而出现了许多不同类型和不同性能的光纤,按材料分,有玻璃光纤、塑料光纤和液芯光纤三类;按折射率分布形式分,有阶跃折射率光纤和渐变折射率光纤两类;按传输光波段分,有可见光使用的光纤、红外光纤和紫外光纤三类;按传输模的数目分,有单模光纤和多模光纤两类;此外,还有很多种特种光纤,如激活光纤(光纤激光器和光纤放大器)、发光光纤和耐辐射光纤等。以下主要讨论玻璃光纤。

## 一、玻璃光纤的类型和传播特性

玻璃光纤由纤芯和包层组成,纤芯和包层材料均是玻璃,材料选择的主要依据是:合适的折射率、透射率和热膨胀系数。用于长距离光导的光纤,透射率(即透过率 $T$,定义为输出光通量 $I$ 与输入光通量 $I_0$ 之比,$T=I/I_0$)是主要的,纤芯材料与包层材料的匹配要适当,并且包层材料的膨胀系数要略低于纤芯材料,以提高光纤的强度;对于短距离光导的光纤,纤芯材料的折射率要尽可能大于包层材料,透射率不是主要的问题,膨胀系数的选择应根据应用的要求而定。纤芯的直径约为 $5\sim75\mu m$,包层有一定的厚度,其外径约 $100\sim150\mu m$。纤芯的折射率稍高于包层折射率,光波被限定于在纤芯和包层的界面内向前传播,一根光纤相当于一个光波导,把光能从一端传输到另一端,是单方向传输。双向通信需两根光纤,一根传送去方向的光信号,另一根传送来方向的光信号。

玻璃光纤的截面上折射率分布有两种:一种是阶跃折射率分布,通常称作阶跃折射率光纤;另一种是渐变折射率分布,称为渐变折射率光纤。

### 1. 阶跃折射率光纤

如图 4-25 所示,这种光纤由折射率为 $n_1$ 的均匀纤芯和折射率为 $n_2$ 的均匀包层($n_2<n_1$)组成,纤芯内均匀的折射率 $n_1$ 到包层界面突然阶跃下降到包层折射率 $n_2$。光波在纤芯和包层的界面发生全反射,沿锯齿形路径向前传播,多模光纤中有许多路径长度不同的全反射,它们的传输速度相等,因而到达接收端就会有不同的时间延迟。阶跃折射率光纤纤芯和包层材料的组成以及它的直径大小和折射率分布,主要由光纤的损耗和色散特性决定。

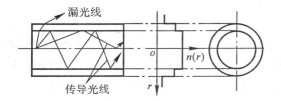

图 4-25 普通阶跃折射率光学纤维

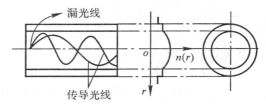

图 4-26 变折射率光学纤维

### 2. 渐变折射率光纤

渐变折射率光纤又称梯度折射率光纤、变折射率光纤、非均匀芯折射率光纤,如图 4-26 所示。这种光纤的纤芯的折射率是不均匀的,芯轴中心的折射率最大,并沿径向逐渐减小,到与包层的界面处,下降为包层的折射率,在这种光纤中,光波的传播不是基于界面的全反射,而是基于在不均匀折射率纤芯内的折射,传播的路径形状近于正弦形。渐变折射率多模光纤中许多不同的正弦路径长度不等,且传播速度也不等,而使得到达接收端的时间延迟几乎相同,这种光纤的折射率分布称为径向梯度折射率分布,折射率分布满足关系:

$$n(r)=\begin{cases} n(1)\left[1-\dfrac{1}{2}\Delta\left(\dfrac{r}{a}\right)^{\alpha}\right] & r<a \\ n(a) & r\geqslant a \end{cases} \tag{4.4.1}$$

式中,$a$ 为光纤的半径,$n(1)$、$n(r)$ 和 $n(a)$ 分别为轴上及距轴 $r$ 处和包层的折射率,$\Delta=[n^2(1)-n^2(a)]/[2n^2(1)]\approx[n(1)-n(a)]/n(1)$,称为相对折射率差,$\alpha$ 为大于零的实数,称为变折射

率分布的幂,当 $\alpha \rightarrow \infty$ 时,即为阶跃折射率分布,$\alpha=2$,称为抛物线折射率分布,当 $\alpha=2.25$ 时,光纤有最大带宽。

此外,如果非均匀介质的折射率围绕某一点呈球对称分布,并沿球径向变化,这就是球面梯度折射率分布。如果非均匀介质的折射率仅是到某一平面的距离 $Z$ 的函数,这种平面对称的折射率分布称为轴向梯度折射率分布。

在阶跃折射率光纤和渐变折射率光纤中,如果纤芯直径小得与光波波长相仿时(例如,芯径 $5\mu m$),以致于仅有一条轴向光线或者仅有一个基模($HE_{11}$)可在光纤中传播,这种光纤称为单模光纤,欲使有大的带宽,单模光纤是比较理想的。如果纤芯的直径较大时($20 \sim 50\mu m$),则光纤中可能有许多传播的模式,这种光纤称为多模光纤。

光纤在通信中应用的两项主要特性指标是损耗和色散。损耗是指光纤每单位长度的衰减($dB/km$),影响损耗的主要因素是:端面菲涅耳反射损耗、界面内全反射损耗、材料吸收损耗等。色散是指到达接收端的时延差,也即脉冲展宽($ns/km$),色散包括模间色散和模内色散,引起光纤色散的主要原因是材料的色散和各种模式的传播特性。光纤的损耗特性将影响光导信息的传输距离,而光纤的色散特性影响传输码速和信息容量,两者都是很重要的。

随着光纤技术的发展,以石英玻璃为基质的光纤损耗逐年大幅度下降。在 $0.8 \sim 0.9\mu m$ 光波长范围内,损耗从 $1000dB/km$ 下降为 $10dB/km$ 以下。目前,对于 $1.3\mu m$ 波长的光波,光纤损耗已降为 $0.47dB/km$,而对于 $1.55\mu m$ 波长的光波,损耗仅为 $0.2dB/km$。以前,光纤多工作于 $0.8 \sim 0.9\mu m$ 短波长范围中,短距离和小容量通信用高、中损耗的阶跃折射率多模光纤,中距离和中容量通信用低损耗阶跃折射率和渐变折射率光纤。而目前,光纤已广泛工作于 $1.2 \sim 1.6\mu m$ 波段,长距离和大容量通信都采用低损耗和低色散的多模和单模光纤。

## 二、光纤中的光线传播

对于纤芯直径较大的多模光纤,采用射线分析法讨论光波在光纤中的传播,可使物理描述显得直观,图 4-27 所示是目前光通信中最为常用的三种类型光纤,图(a)表示阶跃折射率分布的多模光纤,其纤芯直径约为 100 个光波长,由射线分析法可以得到很好的结果;图(b)和(c)是渐变折射率光纤和单模光纤,一般采用近似方法加以分析,诸如 WKB(温-克-布三氏法)法、变分法、多层分割法、微扰法和数值积分法等。

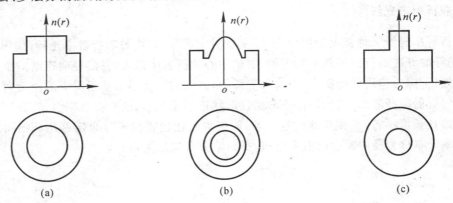

图 4-27　光纤的类型

## 1. 阶跃折射率光纤中的光线传播

图 4-28 所示为阶跃折射率分布光纤,其半径为 $a$,纤芯折射率为 $n_1$,包层折射率为 $n_2$,并且 $n_1 > n_2$。阶跃折射光纤中存在有两种光线:子午光线和弧矢光线。

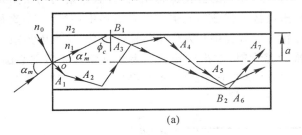
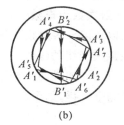

图 4-28 子午光线与弧矢光线

子午光线是指在一个周期内与光纤中心轴相交两次的光线,它的传输轨迹为通过轴的一个平面内(子午面)的锯齿形轨迹,如图 4-28(a)所示的光线 $B$ 的路径。

弧矢光线(又称斜光线)是指与光纤中心轴不相交的光线,它的轨迹是围绕光纤轴的螺旋状折线,如图 4-28(b)所示光线 $A$ 的路径。以下主要分析阶跃折射率光纤中的子午光线的传播特性。

(1)数值孔径

如图 4-28(a)所示,光线从折射率 $n_0$ 的介质入射到直圆柱光纤的轴 $O$ 处,入射角为 $\alpha$,折射角为 $\alpha'$,折射光线入射到折射率为 $n_1$ 的芯层和折射率为 $n_2$ 的包层之间的界面上,只要入射角大于临界角

$$\phi_c = \sin^{-1}\frac{n_2}{n_1} \tag{4.4.2}$$

时,光线将在界面上发生全反射。由折射定律,最大的入射角 $\alpha_m$ 应当满足如下关系:

$$n_0\sin\alpha_m = n_1\sin\alpha'_m = n_1\cos\phi_c = n_1(1 - \sin^2\phi_c)^{1/2} \tag{4.4.3}$$

因为

$$\sin\phi_c = \frac{n_2}{n_1}$$

所以

$$n_0\sin\alpha_m = n_1[1 - (\frac{n_2}{n_1})^2]^{1/2} = (n_1^2 - n_2^2)^{1/2} \tag{4.4.4}$$

按几何光学定义,把 $n_0\sin\alpha_m$ 定义为光纤的数值孔径,记作:$NA$。如果光线是从空气入射到光纤($n_0=1$),则,$NA = \sin\alpha_m$,相应的入射角 $\alpha_m$ 称为光纤的孔径角,由式(4.4.4),在 $n_0=1$ 时,有

$$\alpha_m = \arcsin(n_1^2 - n_2^2)^{1/2} \tag{4.4.5}$$

这表明,光线从空气入射到光纤的入射角只有小于临界角 $\phi_c$,才能在纤芯和包层的界面上发生全反射而沿光纤传播。

光纤的数值孔径 $NA$ 是表征光纤聚光能力大小的物理量,数值孔径可能值的范围仅由纤芯和包层材料的折射率所确定。只要选择不同的材料对,就可以得到在零点几到 1.4 数值孔径范围的光纤,但并非对所有的玻璃材料都可以随意地选择,在选择时,还必须考虑到诸如热性能、化学性能、光吸收等其他条件。在选择纤芯玻璃时,必须在 $NA$ 和透射率这两个性能要求之间进行考虑,一般情况下,纤芯的折射率较高,$NA$ 值也较大,在光谱的短波边的透射率就较

低。对于短距离的光纤应用来说,大孔径 $NA$ 光纤性能是很适合的,而对于长距离光纤应用来说,主要要求透射率较高,因而应采用小孔径 $NA$ 的光纤。

(2)直圆柱光纤

光线在直圆柱光纤中的传播过程中,子午光线的方位保持不变,并且入射角与出射角相同(当内反射次数为奇数时)或相反(内反射次数为偶数时)。但在实际情形中,对于一个直径很小的光束以角度 $\alpha$ 入射在光纤端面上时,在传播过程中其方位角将逐渐变化,这是因为或多或少总存在弧矢光线的缘故,而且当反射次数很大时,在出射端就成为半锥角为 $\alpha$ 的空心圆锥,如图 4-29 所示。如果使一会聚光锥入射到光纤端面上,出射光锥也是空心光锥,其锥角与入射会聚光锥完全一样,如图 4-30 所示。

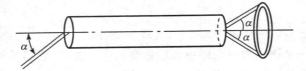

图 4-29　子午光线通过直圆柱光学纤维

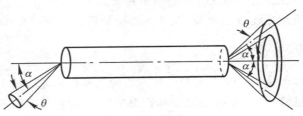

图 4-30　会聚光锥通过直圆柱光学纤维

如果光纤的出射端面与光纤轴不垂直,这种倾斜端面的作用和棱镜很相似,可使得出射光锥发生偏斜,如图 4-31 所示。如果出射端面的倾斜角为 $\beta$,则出射光锥的偏斜量

$$\delta=\arcsin\frac{n_1-\sin\beta}{n_0}-\beta \tag{4.4.6}$$

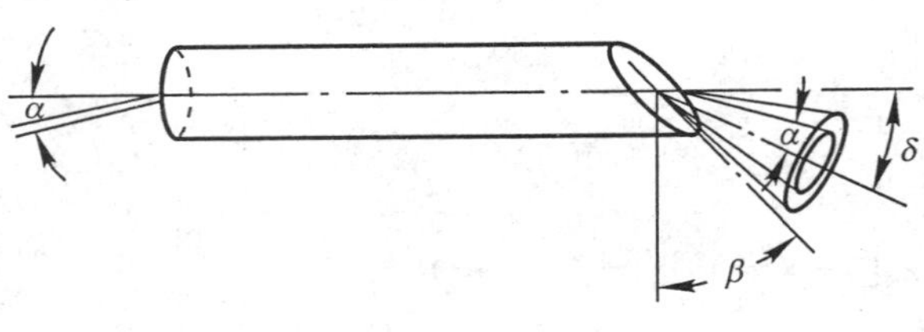

图 4-31　出射端面倾斜的光学纤维

当倾斜角很小时,上式简化为

$$\delta\approx\left(\frac{n_1-n_0}{n_0}\right)\beta \tag{4.4.7}$$

对于 $n_0=1$ 的空气介质,式(4.4.7)又可简化为

$$\delta=(n_1-1)\beta \tag{4.4.8}$$

由式(4.4.8)可知,出射光锥的偏斜量 $\delta$ 与出射端面的倾斜角 $\beta$ 成正比。

当光纤的入射端面与光纤轴构成倾角 $\alpha$ 时,如图 4-32 所示,不难证明

$$n_0\sin\beta=NA\cos\alpha\pm n_2\sin\alpha \tag{4.4.9}$$

式中,右端的"±"号表示入射光线分别位于法线两侧的情况,当 $n_0=1$ 时,入射端面倾斜的光

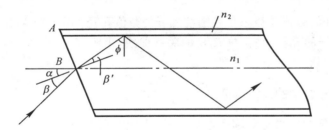

图 4-32 入射端面倾斜的光学纤维

纤的数值孔径

$$N_0A_0=\frac{1\pm n_2\sin\alpha}{\cos\alpha} \tag{4.4.10}$$

式(4.4.10)表明,光纤的 $N_0A_0$ 随倾角 $\alpha$ 的增加而迅速增大。

(3)弯曲圆柱光纤

光纤的工作状态,以弯曲居多,因此研究光纤弯曲时对光导性能的影响是十分重要的。

设光纤的直径为 $d$,弯曲的曲率半径为 $R$,入射光锥半角为 $\alpha_\lambda$,出射光锥半角为 $\alpha_出$,则有如下关系:

$$\Delta\cos\alpha_出=\frac{2dR\cos\alpha_\lambda}{R^2-(\frac{d}{2})^2} \tag{4.4.11}$$

如果,$R\gg d$,则上式可简化为

$$\Delta\cos\alpha_出=\frac{2d}{R}\cos\alpha_\lambda \tag{4.4.12}$$

式中,$\Delta$ 表示偏离。

例如,一平行光束($\cos\alpha_\lambda=1$),入射到直径 0.01cm、弯曲半径 2cm 的光纤中,由式(4.4.12)可得

$$\Delta\cos\alpha_出=0.01, \quad 即 \Delta\alpha_出=8°$$

由此可知,对于弯曲半径为 $R/d=200/1$ 的光纤,出射光锥的偏离角 $\Delta\alpha_出$ 为 8°,因而出射光锥不再是平行光锥而是一个发散光锥。

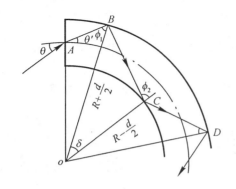

图 4-33 子午光线在弯曲光学纤维中的传播

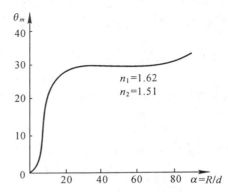

图 4-34 孔径角与弯曲半径的关系曲线

图 4-33 表示了子午光线在弯曲的圆柱光纤中的传播情况。由图 4-33 不难算出弯曲光纤的数值孔径 $N_0A_1$ 是

$$N_0A_1=n_0\sin\alpha_m=\{n_1^2-n_2^2[1+\frac{d}{R}+(\frac{d}{R})^2]\}^{1/2} \tag{4.4.13}$$

很显然,弯曲的光纤的数值孔径小于直圆柱光纤的数值孔径。图 4-34 给出了当 $n_1=1.62$,$n_2=$ 1.51 时,弯曲的光纤的孔径角 $\theta_m$ 与 $R/d$ 的关系曲线,由图可见,当 $R/d<20$ 时,$\theta_m$ 随弯曲半径的减小而急剧减小。

### 2. 渐变折射率光纤中的光线传播

渐变折射率光纤的芯层折射率是不均匀的,光线在渐变折射率光纤中的传播情况与在阶跃折射率光纤中是有所不同的,它的传播是基于在不均匀折射率芯层介质中的折射。设想纤芯介质是由很多层与光纤轴同轴对称的均匀介质层所构成,中心层的折射率 $n_1$ 为最大,并且由里到外,折射率逐层递减,直减到最外层并与包层相衔接,即 $n_1>n_2>n_3>\cdots>$ 包层 $n$,如图 4-35 所示。在这样的阶梯状折射率分布的情况下,光线在纤芯内的每一均匀层中虽然都是直线行进,但光线在各层的方向却是从中心沿径向到包层逐渐改变,光线与轴心的垂直线之间的角度愈来愈大,即弯折愈来愈强烈,使光线方向逐渐由朝向包层而转向朝向轴心。很显然,光线在这种光纤内的传播,并不是由于纤芯与包层的界面的全反射作用,而是芯层折射率的不均匀分布所引起的光线折射转向。

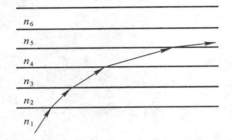

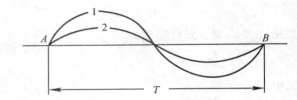

图 4-35　射线在多层阶跃折射率光纤中的传播　　　图 4-36　射线在渐变折射率光纤中的传播

在实际的渐变折射率光纤中,包层一般为均匀透明介质,而纤芯层的折射率是按某种渐变规律 $n(r)$ 由中心最高折射率 $n_1$ 沿径向逐渐减小,直到与包层界面处等于包层折射率 $n_2$,纤芯内光线的传播路径形状类似正弦波的振荡,如图 4-36 所示。

渐变折射率光纤的芯层折射率径向分布已由式(4.4.1)描述,其中最普遍的折射率渐变规律是折射率径向按抛物线形分布规律,即式(4.4.1)中的幂指数 $\alpha=2$ 的情况,有

$$n(r)=\begin{cases} n_1\left[1-\dfrac{\Delta}{2}\left(\dfrac{r}{a}\right)^2\right] & r<a \\ n_2=n_1(1-\Delta) & r\geqslant a \end{cases} \tag{4.4.14}$$

式中,$\Delta$ 是相对折射率差,它决定于芯层和包层的折射率,也称之谓光纤的结构参量:

$$\Delta=\frac{n_1^2-n_2^2}{2n_1^2}\approx\frac{n_1-n_2}{n_1}$$

光线在这种光纤中传播的轨迹可由下式给出:

$$\frac{\mathrm{d}}{\mathrm{d}z}\left(n\,\frac{\mathrm{d}r(z)}{\mathrm{d}z}\right)=\frac{\mathrm{d}n}{\mathrm{d}r} \tag{4.4.15}$$

由于折射率 $n$ 不随 $z$ 方向变化,因此上式变为

$$n\,\frac{\mathrm{d}^2(z)}{\mathrm{d}z^2}=\frac{\mathrm{d}n}{\mathrm{d}r} \tag{4.4.16}$$

把式(4.4.14)代入式(4.4.16),得

$$\frac{\mathrm{d}^2 r(z)}{\mathrm{d}z^2} = \frac{-2\frac{r}{a^2}\Delta}{[1-(\frac{r}{a})^2\Delta]} \approx -\frac{2r\Delta}{a^2} \qquad (4.4.17)$$

这是二阶微分方程,方程的解描述了这种光纤中光线传播的轨迹,于是

$$r(z) = A\sin\left(\frac{\sqrt{2}\,\Delta}{a}z\right) + B\cos\left(\frac{\sqrt{2}\,\Delta}{a}z\right) \qquad (4.4.18)$$

式中,$A$、$B$ 为常数,由入射的初始条件决定。

由式(4.4.18)可见,光线在纤芯内的传播轨迹呈正弦形周期振荡,这种振荡性轨迹又称自聚焦,即以同一入射点进入光纤的光线,经若干周期振荡传播后又必会聚于同一点。光线的振荡周期 $T$ 取决于芯层与包层的相对折射率差:

$$T = \frac{2\pi a\beta}{k_0(n_1^2 - n_2^2)^{1/2}} \qquad (4.4.19)$$

式中,$\beta$ 为 $z$ 方向的传播常数。

渐变折射率光纤的数值孔径不是常数,而与光线的入射点 $r$ 有关。仅考虑子午光线时,数值孔径为

$$NA' = n_0\sin\theta_c = [n^2(1) - n^2(a)]^{1/2}(1 - \frac{r^2}{a^2})^{1/2}$$
$$= NA(1 - \frac{r^2}{a^2})^{1/2} \qquad (4.4.20)$$

在光纤轴上,$r=0$,上式变为

$$NA' = [n^2(1) - n^2(a)]^{1/2} = NA$$

即等于阶跃折射率光纤的数值孔径,其值最大,随着 $r$ 的增加,数值孔径不断减小,在界面高度上,即 $r=a$ 时,数值孔径为零。

渐变折射率光纤中的光线传播轨迹是正弦曲线,在多模传输的过程中,不同传播角度的不同模式在光纤中形成正弦形路径的长度也不相同,即具有不同振幅的正弦曲线轨迹(图 4-36),振幅大的光波相应于较长的轨迹长度,但振幅大的那部分路径离轴心较远,折射率数小,因而速度较快。这就意味着,较长的轨迹有较快的速度,而较短的轨迹有较慢的速度,结果使得所有不同长度的轨迹到达接收端的时延几乎相同,许多光波叠加,脉冲展宽较小,色散大为减轻。在光通信中,通信容量主要取决于光纤的色散,因此,采用渐变折射率光纤为通信介质具有明显的优越性。

在阶跃折射率光纤中,每单位光纤长度上最长路径和最短路径的时延差

$$\tau = \frac{n_1\Delta}{C} = \frac{(NA)^2}{2n_1 C} \qquad (4.4.21)$$

假定 $n_1=1.5$,$\Delta=0.01$,则 $\tau=50\mathrm{ns/km}$,相应的带宽为 $10\mathrm{MHz/km}$。而在渐变折射率光纤中,最长的路径是正弦峰值触接纤芯与包层界面的路径,最短的路径是沿光纤轴的直线路径,每单位光纤长度上两路程间的时延差约为

$$\tau = \frac{n_1\Delta^2}{2C} \qquad (4.4.22)$$

假定 $n_1=1.5$,$\Delta=0.01$,则 $\tau=0.25\mathrm{ns/km}$,相应的带宽约为 $700\mathrm{MHz/km}$,比阶跃折射率光纤改进约 70 倍。在渐变折射率单模光纤中,不存在模间的时延差,但由于材料的色散,每单位光纤长度的脉冲展宽约为 $\tau=4\mathrm{ps/km}$,相应的带宽约为 $50\mathrm{GHz/km}$,这又比渐变折射率多模光纤改进近 70 倍。

光线在渐变折射率光纤中的轨迹是正弦曲线，光线先离轴向包层传播，到一定距离后又折向轴传播。改变传播方向的这一点称为转向点，可由几何光学求出

$$\left(\frac{r_{1,2}}{a}\right)^2 = \frac{1}{2} \pm \left[\frac{1}{4} - \left(\frac{\tau}{V}\right)^2\right]^{1/2}$$

(4.4.23)

式中，$V = k[n^2(1) - n^2(a)]^{1/2}$ 是归一化频率参量，$\tau$ 是一整数。

式(4.4.23)右端平方根前面的"—"号相应于内转向点 $r_1$，"+"号相应于外转向点 $r_2$。在截止

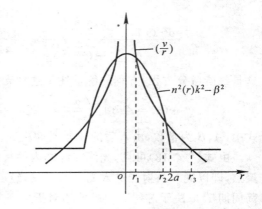

图 4-37　内转向点示意图

时，外转向点可从 $\tau = V/2$ 时的（即式(4.4.23)中的根式为零）$r_2 = a/\sqrt{2}$ 移向 $\tau = 0$ 的 $r_2 = a$；同时，内转向点 $r_1$ 由 $r_1 = a/\sqrt{2}$ 移向 $r_1 = 0$；当 $\tau > V/2$ 时，式(4.4.23)中根式内为负，这时不存在转向点，表示光线通过包层逸出芯外；当 $\tau = V/2$ 时，$r_1$ 和 $r_2$ 重合，这时只存在一个转向点。图 4-37 给出了这样的转向点的示意图。

# 第五节　阶跃折射率光纤中的传导模

在光纤的直径远大于入射的光波波长时，可以用射线理论分析光线在光纤中的传播。而当光纤的直径小到可与入射光波长相比时，就必须用波动理论来处理光波在光纤波导管中的传播，即用求解电磁场方程来解出光纤中的传导模的场分布、特征方程、截止条件和其他的特性。

## 一、弱导入近似条件

图 4-38 是阶跃折射率光纤的横截面图，纤芯的折射率为 $n_1$，半径为 $a$，包层的折射率为 $n_2$。在普遍情况下这样的阶跃折射率光纤的严格电磁场解是相当复杂的，通常都要采用弱导入近似条件：

$$\Delta = \frac{n_1^2 - n_2^2}{2n_1^2} \approx \frac{n_1 - n_2}{n_1} \ll 1 \qquad (4.5.1)$$

即认为，纤芯的折射率 $n_1$ 十分接近于包层的折射率 $n_2$（实际上对所有的常用光纤，纤芯与包层的折射率差一般 <3%），这样使数学处理大为简化，从而较易得到光纤波导的本征值方程和近似解，建立明确的模式和场分布规律的物理概念。弱导入近似条件下的阶跃折射率光纤，也称为弱导入光纤。

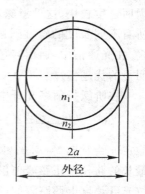

图 4-38　阶跃折射率纤维波导横截面

在弱导入光纤中，由于 $n_1 \approx n_2$，因此，光波 $Z$ 方向的传播常数 $\beta$（$k_0 n_2 < \beta < k_0 n_1$）的变化范围非常小，而有如下近似关系：

$$k_0 n_2 \approx \beta \approx k_0 n_1 \qquad (4.5.2)$$

这就意味着，在弱导入近似下，导入的平面电磁波波矢只有基本上与 $Z$ 轴（光线中心轴）平行，才能形成反全射而在光纤内传播。由于电磁波的场量是正交于波矢，因此在传播方向上，场量

$H_z \approx 0, E_z \approx 0$,即电磁场的轴向分量远小于横向分量。这表明,在弱导入光纤中传播的电磁波可认作是横向电磁波(TEM 波),因此,可用 TEM 波来描述横向场量 $E_t$ 和 $H_t$ 间的关系。

在均匀介质中,电磁场的矢量波动方程为

$$\begin{cases} \nabla_t^2 E + k^2 E = 0 \\ \nabla_t^2 H + k^2 H = 0 \end{cases} \tag{4.5.3}$$

式中,$k^2 = \mu_0 \varepsilon \omega^2$,采用圆柱直角坐标系,横向场量 $E_t$ 和 $H_t$ 可分成 $x$ 分量、$y$ 分量,采用圆柱极坐标系,$E_t$、$H_t$ 可分成 $r$ 分量和 $\theta$ 分量,通常这要根据光纤的折射率的横向分布规律而定。

在弱导入条件下,阶跃折射率光纤的折射率在界面处的跃变只造成全反射,而对光波的偏振状态不产生影响。因此,场量 $E_t$ 和 $H_t$ 可看成是线极化的。只要适当选择横向坐标 $x$ 和 $y$ 的取向,总可以使 $E_t$ 和 $H_t$ 只有 $E_x$、$H_y$ 分量或 $E_y$、$H_x$ 分量,而与光纤折射率的横向分布无关。这样矢量波动方程(4.5.3)转化为标量波动方程,即

$$\nabla_t^2 \psi + (k^2 - k_z^2) \psi^2 = 0 \tag{4.5.4}$$

式中,$\nabla_t^2$ 表示横截面上的二阶微分运算,$\psi = \psi(x, y)$ 为标量函数,表示电磁场的横向分量 $E_x$、$E_y$、$H_x$ 和 $H_y$。

方程(4.5.4)是在弱导入条件下得出的不受坐标系限制的标量波动方程,即 $\nabla_t^2$ 可以按直角坐标系展开成

$$\nabla_t^2 = \frac{\partial^2}{\partial x^2} + \frac{\partial^2}{\partial y^2}$$

又可按圆柱极坐标系展开成

$$\nabla^2 = \frac{1}{r}\frac{\partial}{\partial r}\left(r\frac{\partial}{\partial r}\right) + \frac{1}{r^2}\frac{\partial^2}{\partial \theta^2}$$

直角坐标系的横向场量 $E_x$、$E_y$ 和圆柱极坐标系的横向场量 $E_r$、$E_\theta$ 之间的转换关系是

$$\begin{bmatrix} E_x \\ E_y \end{bmatrix} = \begin{bmatrix} \cos\theta & -\sin\theta \\ \sin\theta & \cos\theta \end{bmatrix} \begin{bmatrix} E_r \\ E_0 \end{bmatrix} \tag{4.5.4}$$

## 二、特征方程和传导模式

### 1. 标量波动方程的近似解

对圆截面光纤采用圆柱极坐标系,并选择横向电场量的极化方向与 $y$ 轴一致,即 $E_t = i_y E_y$,则标量波动方程(4.5.4)有如下形式:

$$\frac{\partial^2}{\partial r^2}E_y + \frac{1}{r^2}\frac{\partial^2}{\partial \theta^2}E_y + (k^2 - k_z^2)E_y = 0 \tag{4.5.5}$$

应用分离变量法,令

$$E_y = R(r)\phi(\theta) \tag{4.5.6}$$

代入到式(4.5.5)中,整理后得

$$\frac{1}{R}\left[r^2\frac{\mathrm{d}^2 R}{\mathrm{d}r^2} + r\frac{\mathrm{d}R}{\mathrm{d}r} + (k^2 - k_z^2)r^2 R\right] = -\frac{1}{\phi}\frac{\mathrm{d}^2\phi}{\mathrm{d}\theta^2} \tag{4.5.7}$$

上式的左方是 $r$ 的函数,而右方是 $\theta$ 的函数,要使此式成立,两边只能等于同一个常数。设此常数为 $m^2$,则式(4.5.7)可分成如下两个方程:

$$\frac{\mathrm{d}^2\phi}{\mathrm{d}\theta^2} + m^2\phi = 0 \tag{4.5.8}$$

$$\frac{\mathrm{d}^2R}{\mathrm{d}r^2}+\frac{1}{r}\frac{\mathrm{d}R}{\mathrm{d}r}+(k^2-k_z^2-\frac{m^2}{r^2})R=0 \tag{4.5.9}$$

式(4.5.8)的通解是

$$\phi(\theta)=A\exp(\pm im\theta)$$



$$\phi(\theta)=A_1\cos m\theta+A_2\sin m\theta=A\cos(m\theta+\theta_0) \tag{4.5.10}$$

式中，$A$、$A_1$、$A_2$ 是决定于初始条件的待定常数，$\theta_0$ 是初始的 $\theta$ 值。

方程式(4.5.9)对纤芯和包层都适用，纤芯的折射率为 $n_1$，波矢 $k=k_1=k_0n_1$，传播常数 $k_z=\beta$。包层的折射率是 $n_2$，波矢 $k=k_2=k_0n_2$，传播常数 $k_z=\beta$。因此，对于纤芯，方程式(4.5.9)有如下形式：

$$\frac{\mathrm{d}^2R}{\mathrm{d}r^2}+\frac{1}{r}\frac{\mathrm{d}R}{\mathrm{d}r}+(k_1^2-\beta^2-\frac{m^2}{r^2}R)=0 \quad r\leqslant a \tag{4.5.11}$$

对于包层，又有如下形式：

$$\frac{\mathrm{d}^2R}{\mathrm{d}r^2}+\frac{1}{r}\frac{\mathrm{d}R}{\mathrm{d}r}+(k_2^2-\beta^2-\frac{m^2}{r^2}R)=0 \tag{4.5.12}$$

或写成

$$\frac{\mathrm{d}^2R}{\mathrm{d}r^2}+\frac{1}{r}\frac{\mathrm{d}R}{\mathrm{d}r}-(\beta^2-k_2^2+\frac{m^2}{r^2}R)=0 \quad \infty>r\geqslant a \tag{4.5.13}$$

式(4.5.11)和(4.5.13)都是圆柱对称的贝塞尔方程。

对于传导模来说，在包层内的场按指数衰减，因此只要包层有一定的厚度(虽然实际的包层厚度是有限的)，衰减后的场就非常小，这样在分析中可认为包层厚度为无限大，这是解方程的边界条件之一。

为便于讨论，定义以下几个参数：

$$\begin{cases} \dfrac{u^2}{a^2}=k_1^2-\beta^2=n_1^2k_0^2-\beta^2 \\ -\dfrac{w^2}{a^2}=k_2^2-\beta^2=n_2^2k_0^2-\beta^2 \end{cases} \tag{4.5.14}$$

式中，$u$ 称为导波的径向归一化相位常数，$w$ 称为导波的径向归一化衰减常数，$u$、$w$ 分别表示传导波在纤芯和包层中沿径向的变化状态。

由 $u^2$ 和 $w^2$ 的平方和得到

$$\frac{v^2}{a^2}=\frac{u^2}{a^2}+\frac{w^2}{a^2}=(n_1^2-n_2^2)k_0^2=2k_0^2n_1^2\Delta \tag{4.5.15}$$

式中，$v$ 称为光纤的归一化频率，这是一个重要的综合性参数。

方程式(4.5.11)和(4.5.13)的通解是

$$\begin{cases} R(r)=C_1J_m(\dfrac{ur}{a})+C_2N_m(\dfrac{ur}{a}) & r\leqslant a \\ R(r)=C_3I_m(\dfrac{wr}{a})+C_4K_m(\dfrac{wr}{a}) & \infty>r\geqslant a \end{cases} \tag{4.5.16}$$

式中，$C_1$、$C_2$、$C_3$、$C_4$ 是决定于初始条件的特定常数，$J_m$ 和 $N_m$ 分别是 $m$ 阶第一类和第二类贝塞尔函数，$I_m$ 和 $K_m$ 分别是 $m$ 阶第一类和第二类变态贝塞尔函数(或称汉克函数)，它们统称柱谐函数。图 4-39 中给出了前几阶柱谐函数曲线。

在光纤的轴心 $r=0$ 处，$N_m(0)\to\infty$，式(4.5.16)中的 $C_2$ 应等于零，否则方程式失去意义。在远离轴心 $r\to\infty$ 处，$I_m(\infty)\to\infty$，因此式(4.5.16)中的 $C_3$ 也应等于零。

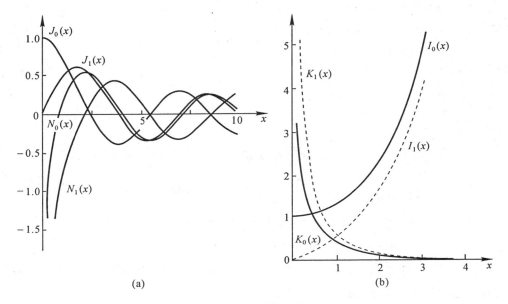

$$\text{图 4-39　柱谐函数曲线}$$

把式(4.5.10)和式(4.5.16)代入到式(4.5.6)中,即可得出纤芯内和包层内的横向电场分量 $E_y$:

$$\begin{cases} E_y^{\mathrm{I}} = AC_1 J_m(\dfrac{ur}{a})\cos m\theta \\[2mm] E_y^{\mathrm{I}} = AC_4 K_m(\dfrac{wr}{a})\cos m\theta \end{cases} \tag{4.5.17}$$

式中,上标 I 和 II 分别代表纤芯区和包层区,以上都略去了 $\exp[i(wt-\beta z)]$ 的因子,并设式(4.5.10)中的 $\theta_0=0$。

在 $r=a$ 的纤芯与包层的界面上,应满足连续性条件,即 $E_\theta^{\mathrm{I}}$ 应等于 $E_\theta^{\mathrm{I}}$(即电场的切向分量应相等),于是

$$C_1 J_m(u)=C_4 K_m(w) \tag{4.5.18}$$

因此,式(4.5.17)可改写为

$$\begin{cases} E_y^{\mathrm{I}} = A\dfrac{J_m(\dfrac{ur}{a})}{J_m(u)}\cos m\theta \\[4mm] E_y^{\mathrm{I}} = A\dfrac{K_m(\dfrac{wr}{a})}{K_m(w)}\cos m\theta \end{cases} \tag{4.5.19}$$

传导波的横向磁场只含有 $H_x$ 分量,可由 $E_y$ 直接写出

$$\begin{cases} H_x^{\mathrm{I}} = -An_1\sqrt{\dfrac{\varepsilon_0}{\mu_0}}\dfrac{J_m(\dfrac{ur}{a})}{J_m(u)}\cos m\theta \\[4mm] H_x^{\mathrm{I}} = -An_2\sqrt{\dfrac{\varepsilon_0}{\mu_0}}\dfrac{K_m(\dfrac{wr}{a})}{K_m(w)}\cos m\theta \end{cases} \tag{4.5.20}$$

传导波电场的轴向分量 $E_z$ 可由麦克斯韦方程求出:

$$E_z = \frac{i}{\omega\varepsilon}\frac{dH_x}{dy} = \frac{i}{k_0 n^2}\sqrt{\frac{\mu_0}{\varepsilon_0}}\left[\frac{\partial H_x}{\partial r}\cdot\frac{\partial r}{\partial y}+\frac{\partial H_x}{\partial\theta}\cdot\frac{\partial\theta}{\partial y}\right]$$

因为

$$r=(x^2+y^2)^{1/2}, \quad \mathrm{tg}\theta=\frac{y}{x}$$

从而

$$\frac{\partial r}{\partial y}=\sin\theta, \quad \frac{\partial\theta}{\partial y}=\frac{1}{r}\cos\theta$$

所以,有

$$E_z^{\mathrm{I}}=\frac{-iA}{k_0n_1}\frac{1}{J_m(u)}\Big[\frac{u}{a}J'_m(\frac{ur}{a})\cos m\theta\sin m\theta-\frac{m}{r}J_m(\frac{ur}{a})\sin m\theta\cos m\theta\Big]$$

$$=\frac{-iAu}{2k_0n_1aJ_m(u)}\Big\{J'_m(\frac{ur}{a})\big[\sin(m+1)\theta-\sin(m-1)\theta\big]$$

$$-\frac{m}{\frac{ur}{a}}J_m(\frac{ur}{a})\big[\sin(m+1)\theta+\sin(m-1)\theta\big]\Big\}$$

$$=\frac{iAu}{2k_0n_1aJ_m(u)}\Big[J_{m+1}(\frac{ur}{a})\sin(m+1)\theta+J_{m-1}(\frac{ur}{a})\sin(m-1)\theta\Big] \tag{4.5.21}$$

以上的推导过程利用了贝塞尔函数的递推关系:

$$\begin{cases}mJ_m(u)-uJ'_m(u)=uJ_{m+1}(u)\\ mJ_m(u)+uJ'_m(u)=uJ_{m-1}(u)\end{cases} \tag{4.5.22}$$

式中,$J'_m(\frac{ur}{a})$ 为 $J_m(\frac{ur}{a})$ 的渐近式。

同理,可以推得包层内的电场轴向分量

$$E_z^{\mathrm{I}}=\frac{iAw}{2k_0an_2K_m(w)}\Big[K_{m+1}(\frac{wr}{a})\sin(m+1)\theta-K_{m-1}(\frac{wr}{a})\sin(m-1)\theta\Big] \tag{4.5.23}$$

同样的过程,可以导出传导波的轴向磁场分量 $H_z$。

### 2. 特征方程和传导模式

利用在纤芯与包层界面上电场的轴向分量应是连续的边界条件,可以得到标量解的特征方程。即在 $r=a$ 处,$E_z^{\mathrm{I}}=E_z^{\mathrm{I}}$,由式(4.5.23)和(4.5.21),得

$$\frac{u}{n_1}\frac{J_{m+1}(u)}{J_{m-1}(u)}\sin(m+1)\theta+\frac{u}{n_1}\frac{J_{m-1}(u)}{J_m(u)}\sin(m-1)\theta$$

$$=\frac{w}{n_2}\frac{K_{m+1}(w)}{K_m(w)}\sin(m+1)\theta-\frac{w}{n_2}\frac{K_{m-1}(w)}{K_m(u)}\sin(m-1)\theta$$

因而有等式

$$\begin{cases}\dfrac{u}{n_1}\dfrac{J_{m+1}(u)}{J_m(u)}=\dfrac{w}{n_2}\dfrac{K_{m+1}(w)}{K_m(w)}\\[2mm] \dfrac{u}{n_1}\dfrac{J_{m+1}(u)}{J_m(u)}=\dfrac{-w}{n_2}\dfrac{K_{m-1}(w)}{K_m(w)}\end{cases} \tag{4.5.24}$$

由弱导入条件,即 $n_1\approx n_2$,令 $n=n_1=n_2$,上式有

$$\begin{cases}u\dfrac{J_{m+1}(u)}{J_m(u)}=w\dfrac{K_{m+1}(w)}{K_m(w)}\\[2mm] u\dfrac{J_{m-1}(u)}{J_m(u)}=-w\dfrac{K_{m-1}(w)}{K_m(w)}\end{cases} \tag{4.5.25}$$

根据贝塞尔函数的递推关系可以证明,上述两个等式实际是同一方程,只需选用其中的一个,等式(4.5.25)就是弱导入近似条件下,标量波动方程标量解的特征方程,也称为本征值方

程。由特征方程解出参量 $u$ 和 $w$，即可确定出传导波的传播常数 $\beta$，由于式(4.5.25)是一超越方程，必须用数值法求解。下面讨论方程在截止和远离截止时的特解，以此来分析传导模的类别和传输特性。

光纤中传导模的截止条件是

$$k_0^2 n_2^2 < \beta^2 < k_0^2 n_1^2 \tag{4.5.26}$$

再由定义式(4.5.14)可见，$-(w/a)^2 = n_2^2 k_0^2 - \beta^2 = 0$ 是临界状态。如果 $w^2 < 0$，包层内将不发生衰减(即在包层内的径向衰减常数 $w < 0$ 时，包层将不起限制光波的作用)，波的性质就不再是传导模而是辐射模了。所以，$w = 0$ 是截止点。因不同波型有不同的截止频率，所以可利用截止条件来区分波型的类别。

要求解特征方程(4.5.25)，需要知道 $w \to 0$ 时的 $K_m(w)$ 值。当 $w \to 0$ 时，$K_m(w)$ 有近似式

$$\begin{cases} K_0(w) \approx -\ln w \\ K_m(w) = K_{-m}(w) \approx \frac{1}{2}(m-1)!\left(\frac{2}{w}\right)^m \end{cases} \tag{4.5.27}$$

由此可以证明，特征方程式(4.5.25)的右端在任何 $m$ 值时都为零，因此，在截止条件下，不论 $m$ 为何值，都有

$$\frac{u J_{m-1}(u)}{J_m(u)} = 0$$

当 $u \neq 0$ 时，

$$J_{m-1}(u) = 0 \tag{4.5.28}$$

现在可由式(4.5.28)来讨论光纤中可能存在的传导模式。从 $m = 0$ 开始，根据式(4.5.28)，此时，有一系列的 $u$ 值可使 $J_{m-1}(u) = 0$，即存在 $m-1$ 阶贝塞尔函数 $J_{m-1}(u)$ 的一系列根 $u = 0、3.832、7.016、\cdots$，这意味着，当 $u$ 取这些值时，$J_{m-1}(u) = 0$，传导模截止。一系列的截止值 $u$ 对应于光纤中的一系列传导模，这种弱导入近似条件下的传导模称为 $LP_{nm}$ 模。"LP"是线极化的意思，第一个下标表示 $m$ 值，它是贝塞尔函数的阶数；第二个下标代表 $J_{m-1}(u) = 0$ 的第 $n$ 个根。这样，对于 $m = 0$ 的传导模分别是 $LP_{01}、LP_{02}、LP_{03}、\cdots$；对于 $m = 1$ 的传导模分别是 $LP_{11}，LP_{12}，LP_{13}，\cdots$，并由此可类推到 $LP_{mn}$ 模。

在远离截止时，即光波角频率 $\omega \to \infty$ 时，$k_0 \to \infty (k_0 = \omega/c)$，根据式(4.5.15)有归一化频率 $\nu \to \infty$。这时，光线已基本上与光纤轴平行，$\beta \to k_1$，于是 $u^2 = (k_1^2 - \beta^2)a^2 \to 0$，因而

$$w^2 = \nu^2 - u^2 \to \infty$$

当 $\omega \to \infty$ 时，$K_m(w)$ 有近似式

$$K_m(w) = \left(\frac{\pi}{2\omega}\right)^{1/2} \exp(-\omega)\left[1 + \frac{4m^2 - 1}{8\omega}\right] \tag{4.5.29}$$

这表明，$K_m(w)$ 在 $w \to \infty$ 时的值与 $m$ 无关，即 $K_m(w)$ 和 $K_{m+1}(w)$ 相等。因此，特征方程(4.5.25)变为

$$\frac{u J_{m-1}(u)}{J_m(u)} = -\frac{w K_{m-1}(w)}{K_m(w)} = -w \to \infty \tag{4.5.30}$$

从而简化为

$$J_m(u) = 0 \tag{4.5.31}$$

这就是远离截止时的传导模的截止条件。式(4.5.31)的一系列根对应于远离截止条件下的光纤中可能存在的传导模。$m = 0$ 时，$u$ 可取 $2.404、5.520、\cdots$、等；$m = 1$ 时，$u$ 可取 $3.832、7.016、\cdots$、等。

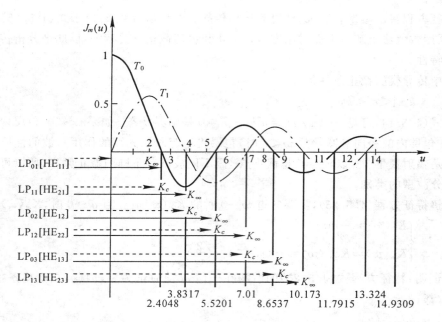

图 4-40   参数 $u$ 与贝塞尔函数的关系

图 4-40 给出零阶、一阶贝塞尔函数与 $u$ 值之间的关系,图中的 $K_c$ 表示截止时的 $u$ 值,$K_\infty$ 表示远离截止时的 $u$ 值。不同的传导模出现时的 $u$ 值的区间是由贝塞尔函数的根所确定的。例如,$LP_{11}$ 模的截止值是 $u=2.4048$,而 2.4048 又是 $LP_{01}$ 模远离截止时的 $u$ 值;$LP_{11}$ 模的远离截止的近似值是 3.8317,而 3.8317 又是 $LP_{02}$ 模的截止值。图中还表明了随着 $u$ 值的增加,各种传导模出现的先后顺序。表 4-2 给出了在弱导入近似下,前 12 个 $LP_{mn}$ 模的截止时和远离截止时的 $u$ 值。

表 4-2   在弱传导近似下,开始 12 个模的 $u$ 值

| 传 导 模 | 截止时 $u$ | 远离截止时 $u$ |
|---|---|---|
| $LP_{01}(HE_{11})$ | 0 | 2.40483 |
| $LP_{11}(HE_{21},TH_{01},HE_{01})$ | 2.40483 | 3.83171 |
| $LP_{21}(EH_{11},HE_{31},HE_{12})$ | 3.83171 | 5.13562 |
| $LP_{11}(EH_{21},HE_{41})$ | 5.13562 | 6.38016 |
| $LP_{12}(HE_{22},TH_{02},TE_{02})$ | 5.52008 | 7.01559 |
| $LP_{41}(EH_{31},HE_{37})$ | 6.38016 | 7.58834 |
| $LP_{22}(EH_{12},HE_{32},HE_{13})$ | 7.01559 | 8.41724 |
| $LP_{51}(EH_{41},HE_{61})$ | 7.58834 | 8.77142 |
| $LP_{32}(HE_{22},HE_{42})$ | 8.41724 | 9.76102 |
| $LP_{13}(HE_{23},TH_{03},TE_{03})$ | 8.65375 | 10.17347 |
| $LP_{61}(EH_{51},HE_{71},)$ | 8.77142 | 9.93611 |
| $LP_{42}(EH_{32},HE_{52})$ | 9.76102 | 11.06471 |

## 三、光纤传导模的场分布和功率分布

### 1. $LP_{mn}$ 模的场分布

从式(4.5.19)可得,纤芯中 $LP_{mn}$ 模的横向电场

$$E_y = \frac{A}{J_m(u)} J_m(\frac{ur}{a}) \cos m\theta$$

场量沿切向和径向的分布规律分别是

$$\begin{cases} \phi(\theta) = \cos m\theta \\ R(r) = J_m(\frac{ur}{a}) \end{cases} \tag{4.5.32}$$

上式表明,场量在切向按余弦规律变化,并与 $m$ 值有关。$m=0$ 时,$\phi(\theta)=1$,即在圆周方向(切向)上,场量无变化;当 $m=1$ 时,$\phi(\theta)=\cos\theta$,当 $\theta$ 变化 $2\pi$ 时沿圆周出现一对最大值。依次类推,可见 $m$ 表示场量沿圆周一周期出现最大对值的数目。

场量按沿径向贝塞尔函数规律变化,其变化情况与 $n$ 值有关,可用 $LP_{0n}$ 模($m=0$)为例来说明。$LP_{0n}$ 模的场沿 $r$ 方向的变化规律是

$$R(r) = J_0(\frac{ur}{a})$$

对于 $LP_{01}$ 模,远离截止时 $u=2.4$,因此有

$$R(r) = J_0(\frac{2.4}{a}r) \tag{4.5.33}$$

在 $r=0$ 处,$R(r)=1$,而在 $r=a$ 处,$R(r)=J_0(2.4)=0$。表示场沿 $r$ 方向,有一个极大值,分布如图 4-41(a)所示。

对于 $LP_{02}$ 模,其远离截止时的 $u=5.52$,因此

$$R(r) = J_0(\frac{5.52}{a}r) \tag{4.5.34}$$

在 $r=0$ 处,$R(r)=1$;在 $r=0.4357a$ 处,$R(r)=J_0(2.4)=0$;在 $r=a$ 处,$R(r)=J_0(5.52)=0$,这表明,场沿 $r$ 方向有两个最大值,分布如图 4-41(b)所示。依次类推,可见 $n$ 的意义是表示场沿径向出现的最大值的数目。

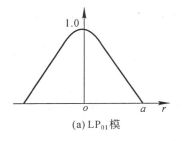
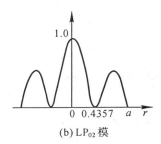

(a) $LP_{01}$ 模　　　　　　　　(b) $LP_{02}$ 模

图 4-41　$LP_{0n}$ 模的场沿半径的变化

以上讨论是仅限于沿 $y$ 方向极化的 LP 模,并假定它沿切向按 $\cos m\theta$ 规律变化。而实际上还存在与 $E_y$ 垂直的 $x$ 方向的极化波,这两种波又都可选取 $\cos m\theta$ 或 $\sin m\theta$ 规律变化。因此,除了 $LP_{0n}$ 模因 $m=0$ 时 $\sin\theta=0$ 而只有两个简并模式外,一个 $LP_{mn}$ 模实际上包括了四个简并模式。

直接由矢量波动方程(4.5.3)求解,可以得到阶跃折射率光纤的精确矢量解,即精确矢量模,结论是:在 $m=0$ 时,光纤中存在只有纵向电场的横磁模 TM 模和只有纵向磁场的横电模 TE 模;在 $m\neq0$ 时,光纤中只能存在同时有纵向磁场和纵向电场的混合模 EH 模和 HE 模。实际上线偏振模 LP 模是精确矢量模的组合。例如,LP$_{11}$ 模即是 HE$_{21}$ 与 TE$_{01}$ 或者 HE$_{21}$ 与 TM$_{01}$ 模的组合,具有 4 个简并度;LP$_{12}$ 模是 HE$_{22}$ 与 TE$_{02}$ 或者 HE$_{22}$ 与 TM$_{02}$ 的组合,也具有四个简并度,在表 4-2 的"传导模"一栏下,给出了一些低阶的 LP$_{mn}$ 模及与其对应的精确矢量模的联系。

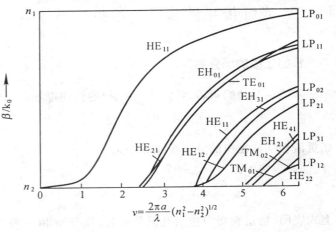

图 4-42　$\beta/k_0 \sim f(v)$ 曲线图

弱导入近似得出的基模 LP$_{01}$ 模,相当于矢量 HE$_{11}$ 模,截止时,$w=0$,$u=0$,即归一化频率 $v$ 也等于零,相应于 $\lambda=\infty$,因此 LP$_{01}$ 模没有低频截止,任何频率都可以传播。图 4-42 给出了归一化传播常数 $\beta/k_0$ 与归一化频率 $v=\frac{2\pi a}{\lambda}(n_1^2-n_2^2)^{1/2}$ 之间的关系,由图可见,LP$_{01}$ 模截止在零点,而低阶模 LP$_{11}$ 以及 LP$_{02}$ 等截止在 $v=2.405$ 或更高。这表明,要获得光纤中的单模传播,$v$ 值应小于 2.405。

### 2. 传导模的功率分布

在光纤中传播的光能量主要集中于纤芯中,小部分在包层中传输或逸出光纤壁外。计算各传导模在纤芯和包层中传输功率的相对分配,可以看出光能量在纤芯内的集中程度。

由式(4.5.19)可知,在纤芯中传输的功率是

$$P_{mn}^{1}=\int_0^u\left[\frac{J_m\left(\frac{ur}{a}\right)}{J_m(u)}\right]^2\cdot2\pi r\mathrm{d}r=\frac{2\pi a^2}{J_m^2(u)}\int_0^1 J_m(ux)x\mathrm{d}x$$

$$=\pi a^2[1-\overline{J}_m(u)] \tag{4.5.35}$$

式中　　$$\overline{J}_m=\frac{J_{m-1}(u)\cdot J_{m+1}(u)}{J_m^2(u)} \tag{4.5.36}$$

在包层中传输的功率为

$$P_{mn}^{1}=\int_0^\infty\left[\frac{-K_m\left(\frac{wr}{a}\right)}{K_m(u)}\right]^2\cdot2\pi r\mathrm{d}r=2\pi a^2 K_m^{-2}(w)\int_1^\infty K_m^2(wx)x\mathrm{d}x$$

$$=\pi a^2[\overline{K}_m(w)-1] \tag{4.5.37}$$

式中　　$$\overline{K}_m(w)=\frac{K_{m-1}(w)\cdot K_{m+1}(w)}{K_m^2(w)} \tag{4.5.38}$$

总功率为纤芯和包层中的功率之和,即

$$P_{mn}=P_{mn}^{1}+P_{mn}^{1}=-\pi a^2\overline{J}_m(u)+\pi a^2\overline{K}_m(w)=\pi a^2\frac{v^2}{u^2}\overline{K}_m(w) \tag{4.5.39}$$

纤芯内功率与总功率之比（波导效率）

$$\eta_{mn}=\frac{P_{mn}^{\mathrm{I}}}{P_{mn}}=\frac{\pi a^2[1-\overline{J_m}(w)]}{\pi a^2\frac{\nu^2}{u^2}\overline{K_m}(w)}=\frac{w^2}{u^2}\left[1-\frac{1}{\overline{J_m}(u)}\right]\qquad(4.5.40)$$

包层内的功率与总功率之比为

$$\frac{P_{mn}^{\mathrm{I}}}{P_{mn}}=1-\eta=\frac{u^2}{\nu^2}\left[\frac{-\overline{K_m}(w)^{-1}}{\overline{K_m}(w)}\right]\qquad(4.5.41)$$

在远离截止时，$w\to\infty,\nu\to\infty,u\ll\nu,\overline{J_m}$ $(u)\to\infty$。所以，$\eta_{mn}\to1$，说明功率基本上集中于纤芯里。

在接近截止或截止时，$w\to0,\overline{J_m}(u)=0,u$ $\approx\nu$，这时，

$$\overline{K_m}(w)=\begin{cases}\infty & m=0、1\\[1mm]\dfrac{m}{m-1} & m>1\end{cases}\qquad(4.5.42)$$

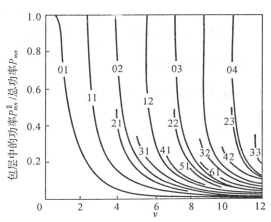

图 4-43　$LP_{mn}$模的功率分配

这表明，截止时，对于 $m=0$、1 的低阶模，光能量都集中在包层中，而对于 $m\geqslant2$ 的传导模，在截止或接近截止时，纤芯里的功率与包层中的相等或更大。图 4-43 给出 $LP_{mn}$模中纤芯和包层功率分配与 $\nu$ 的关系曲线。图示表明，纤芯中的功率随 $\nu$ 的增加而增加。例如，对于 $LP_{01}$模，当 $\nu=1$ 时，约有 $70\%$ 功率在包层中，而当 $\nu=2.4$ 时，约有 $84\%$ 的功率在纤芯中传输。

# 第六节　阶跃折射率光纤的色散特性和光纤的损耗

光纤的两项最重要的特性是损耗和色散，光纤的损耗将影响光导信息的传输距离，而光纤的色散特性会影响到传输码速和信息容量。因此，对这两项特性的分析，对于光纤的应用，特别是在光通信中的应用是至关重要的。

## 一、阶跃折射率光纤的色散特性

因为不同的模群和不同工作波长的光信号，在光纤中将有不同的传播群速度，也即是产生色散。色散使输入的光信号在传输过程中产生畸变，表现为光脉冲宽度的展宽，特别是光通信码率较高的数字传输中，引起码间干扰，增加误码率，而限制了通信容量。光纤色散包括模间色散和模内色散两种。

模间色散存在于多模光纤中，单模光纤不存在模间色散。在多模光纤中，不同模群的群速 $\nu_g$ 不同，各个导模在光纤中传输所需的时间 $\tau_0$ 也各不相同，从而导致光脉冲的变形。变形的程度与各传导模所携带的功率比例以及各传导模沿光纤的传输损耗有关，并不是由频率不同所引起的。

模内色散又称波长色散，它包括材料色散和波导色散，模内色散是指由于入射光信号频率

不单一而引起某一传导模的各频率分量不同而产生的色散。模内色散可用$\frac{\mathrm{d}\tau_0}{\mathrm{d}\lambda}\cdot\Delta\lambda$来描述。致使导模内色散的原因主要有两个方面:

(1)入射的光脉冲信号具有一定的带宽和线宽,而材料的折射率$n$是波长$\lambda$的非线性函数,即$\frac{\mathrm{d}n}{\mathrm{d}\lambda}$不能等于零,因而产生"材料色散";

(2)光脉冲信号的带宽使得传导模内有不同的频率分量,传导模的传播常数$\beta$是$\lambda$的函数,在不同频率下,$\beta$不同,群速也不同,因而引起色散,称为"波导色散"。

在多模阶跃折射率光纤中,模间色散远大于模内色散,而对于单模光纤,仅存在模内色散。

### 1. 单模阶跃折射率光纤的模内色散

光脉冲在长度为$L$的光纤中传播的传播时间称为群时延,并记作$\tau_g$,它为

$$\tau_g = L\frac{\mathrm{d}\omega}{\mathrm{d}\beta} = \frac{L}{\tau}\frac{\mathrm{d}\beta}{\mathrm{d}k_0} \tag{4.6.1}$$

根据式(4.5.15),上式可写成

$$\tau_g = \frac{L}{c}\frac{\nu}{k_0}\frac{\mathrm{d}\beta}{\mathrm{d}\nu} \tag{4.6.2}$$

令

$$b = \left(\frac{\omega}{\nu}\right)^2 = 1 - \left(\frac{u}{\nu}\right)^2 \tag{4.6.3}$$

将式(4.5.14)代入式(4.6.3),并由弱导入近似条件,即$n_1^2 - n_2^2 \ll 1$,$\beta - n_1 k_0 \ll 1$,得到如下关系式

$$b \approx \frac{\frac{\beta}{n_2 k_0} - 1}{\frac{n_1}{n_2} - 1}$$

由此得

$$\beta = \left(\frac{(n_1 - n_2)b}{n_2} + 1\right)n_2 k_0$$
$$\approx (\Delta \cdot b + 1)n_1 k_0 \tag{4.6.4}$$

因此有

$$\frac{\mathrm{d}\beta}{\mathrm{d}\nu} = \frac{\mathrm{d}(n_1 k_0)}{\mathrm{d}\nu} + \frac{\mathrm{d}}{\mathrm{d}\nu}(b\Delta n_1 k_0) \tag{4.6.5}$$

因为相对折射率差$\Delta$很小,其微商更小而可忽略,所以有

$$\frac{\mathrm{d}}{\mathrm{d}\nu}(b\Delta n_1 k_0) = \sqrt{\Delta}\frac{\mathrm{d}}{\mathrm{d}\nu}(b\sqrt{\Delta}n_1 k_0)$$
$$= \frac{\sqrt{\Delta}}{\sqrt{2}\cdot a}\frac{\mathrm{d}(\nu b)}{\mathrm{d}\nu} \tag{4.6.6}$$

由这些关系式,可把时延写成

$$\tau_g = \tau_m + \tau_w \tag{4.6.7}$$

其中,$\tau_m$表示材料引起的时延,$\tau_m$的计算式为

$$\tau_m = \frac{L}{C}\frac{\nu}{k_0}\frac{\mathrm{d}(n_1 k_0)}{\mathrm{d}k_0} = \frac{L}{C}\frac{\mathrm{d}(n_1 k_0)}{\mathrm{d}k_0} \tag{4.6.8}$$

而$\tau_w$称为波导时延,有

$$\tau_w = \frac{L}{C}\frac{\nu}{k_0}\frac{\sqrt{\Delta}}{\sqrt{2}\cdot a}\frac{\mathrm{d}(\nu b)}{\mathrm{d}\nu} = \frac{L}{c}n_1\Delta\frac{\mathrm{d}(\nu b)}{\mathrm{d}\nu} \tag{4.6.9}$$

式(4.6.9)中的微商$\dfrac{\mathrm{d}(\nu b)}{\mathrm{d}\nu}$可由特征方程(4.5.25)加以计算,即

$$\frac{\mathrm{d}(\nu b)}{\mathrm{d}\nu}=b\left[1-\frac{2J_m^2(u)}{J_{m-1}(u)J_{m+1}(u)}\right]=b\left[1-\frac{2}{\overline{J}_m(u)}\right]=b\left[1+\frac{\dfrac{2u^2}{w^2}}{\overline{K}_m(w)}\right] \qquad (4.6.10)$$

因此,波导时延对每个传导模均不相同。在远离截止处,$b\to 1$,而$\overline{J}_m(u)\to\infty$。这表明,在$\nu\to\infty$时,对应所有模式,$\dfrac{\mathrm{d}(\nu b)}{\mathrm{d}\nu}$都接近于1。

**2. 光纤的色散特性**

在多模光纤中,由许多传导模分担的光脉冲所分解的许多脉冲,在波导时延表示式(4.6.9)所决定的不同时刻到达接收端而形成模间色散。可以利用上面的分析结果估算模间色散所引起的时延差。

对于工作在远离截止的低阶模来说,$\dfrac{\mathrm{d}(\nu b)}{\mathrm{d}\nu}\to 1$,而对工作于接近截止的高阶模来说,$w\to 0$,$u\approx\nu$,在$m>1$的情况下,$\overline{K}_m(w)=\overline{K}_m(0)\to\dfrac{m}{m-1}$。这样

$$\frac{\mathrm{d}(\nu b)}{\mathrm{d}\nu}=b\left[1+\frac{2(\dfrac{u}{w})^2}{\overline{K}_m(w)}\right]=\frac{\omega^2}{v^2}\left[1+2\frac{u^2}{\omega^2}\frac{m-1}{m}\right]=\frac{2(m-1)}{m}$$

因此,具有最大波导延迟和最小波导延迟模式间的时延差为

$$\tau=\frac{L}{c}n_1\Delta(\frac{2(m-1)}{m}-1)=\frac{L}{c}(n_1-n_2)(1-\frac{1}{m})$$

当$m$很大时,有

$$\tau=\frac{L}{c}(n_1-n_2) \qquad (4.6.11)$$

这个结果与射线分析法中的式(4.4.21)的结果相一致。

现在分析考虑到光源带宽情况下的光纤色散情况。设光源的带宽不很宽,为$\delta_f$,则这个光源输出的光脉冲通过长度为$L$的光纤后,产生的时延差

$$\tau=L\cdot 2\pi\delta_f\frac{\mathrm{d}}{\mathrm{d}\omega}(\frac{\mathrm{d}\beta}{\mathrm{d}\omega})_{\omega=\omega_0} \qquad (4.6.12)$$

如前所述,$\tau=\tau_m+\tau_w$,其中,$\tau_m$为由材料延迟引起的时延差,它的计算式为

$$\tau_m=\frac{L}{c}2\pi\delta_f\frac{\mathrm{d}}{\mathrm{d}\omega}\left[\frac{\mathrm{d}(n_1k_0)}{\mathrm{d}k_0}\right]=\frac{L}{c}\frac{\delta_f}{f_0}k_0\frac{\mathrm{d}^2}{\mathrm{d}k_0^2}(n_1k_0) \qquad (4.6.13)$$

材料色散是材料的折射率随光的波长变化而引起的。像纯$SiO_2$在$1.27\mu m$处无色散现象,$B_2O_3\cdot SiO_2$、$GeO_2\cdot B_2O_3\cdot SiO_2$在$\lambda=1.3\mu m$处无色散,同时损耗最小。

由波导延迟产生的时延差

$$\tau_w=\frac{L}{c}n_1\Delta\frac{\mathrm{d}}{\mathrm{d}\omega}\left[\frac{\mathrm{d}(\nu b)}{\mathrm{d}\nu}\right]\cdot 2\pi\delta_f=\frac{L}{c}\frac{\delta_f}{f_0}\nu(n_1-n_2)\frac{\mathrm{d}^2}{\mathrm{d}\nu_0^2}(\nu b) \qquad (4.6.14)$$

如果$\nu$在$2.0\sim 2.4$之间,即单模传输,则$\nu\dfrac{\mathrm{d}^2}{\mathrm{d}\nu^2}(\nu b)$在$0.01\sim 0.02$之间,$(n_1-n_2)$一般在0.015量级上,因此,单模传输中,波导色散一般均小于材料色散。

## 二、光纤的损耗

损耗是表征光纤通信介质质量最重要的指标。光纤的损耗可分为吸收损耗和散射损耗两

类。各类损耗都与波长密切相关,因此通常都用损耗－波谱曲线来讨论光纤的损耗特性。

**1.吸收损耗**

光纤的吸收损耗又可分为本征吸收损耗、杂质吸收损耗和原子缺陷吸收损耗。

(1)本征吸收损耗

本征吸收是物质的固有吸收,它是组分原子振动所产生的吸收,构成光纤的基本材料在紫外波长区和红外波长区有明显的吸收带。紫外区的本征吸收通常都小于瑞利散射产生的损耗。对于锗硅玻璃材料($GeO_2 \cdot SiO_2$),紫外区的吸收损耗随 $GeO_2$ 含量的增加而增高。

红外区的本征吸收与 $SiO_2$ 固有的振动吸收谱有关,纯 $SiO_2$ 有三个固有的振动频率,波长分别在 $9.1\mu m$、$12.5\mu m$ 和 $21\mu m$,其谐波振动频率的尾部可延伸到 $1.5\sim1.7\mu m$,这就形成了石英光纤工作波长的上限。

在掺入 $GeO_2$、$P_2O_5$ 或 $B_2O_3$ 后,与 $SiO_2$ 形成组合谐振,情况将发生明显变化。掺入的 Ge($GeO_2$)原子比 Si 重,最低的振动波长由 $9.1\mu m$ 增加到 $11.0\sim11.4\mu m$。掺 $B_2O_3$ 后,使最低的振动波长降到 $7.2\sim7.9\mu m$,其二次谐波对 $1\sim2\mu m$ 波长的损耗有明显的影响。掺 $P_2O_5$ 的光纤,因 P-O 键的基本振动波长在 $3.8\mu m$,其二次谐波吸收峰在纯 $SiO_2$ 和 P—O 键之间,因此其浓度增大时,对小于 $2\mu m$ 波长的损耗有影响。在图 4-44 中给出了磷硅材料和锗硅材料的损耗($D$)-波谱曲线,其中 $1.4\mu m$ 的吸收峰是 OH 杂质吸收引起的。从光纤损耗角度看,两种材料各有缺点,它们都不能在光纤通信使用的波段($0.8\sim1.6\mu m$)范围内获得低损耗。图 4-45 给出了三元组合材料——锗磷硅($GeO_2 \cdot P_2O_5 \cdot SiO_2$)损耗($D$)～波谱曲线,这种材料具有更优越的本征吸收损耗特性。

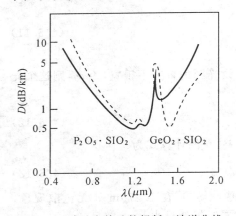
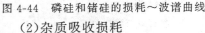

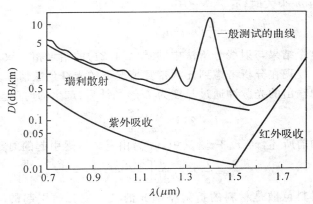

图 4-44　磷硅和锗硅的损耗～波谱曲线　　　　图 4-45　锗磷硅光纤的损耗～波谱曲线

(2)杂质吸收损耗

玻璃中的杂质金属离子是导致光纤的杂质吸收损耗的主要原因,主要的杂质金属离子是 $Cu^{2+}$、$V^{3+}$、$Cr^{3+}$、$Mn^{3+}$、$Fe^{2+}$、$CO^{2+}$ 和 $Ni^{2+}$ 等,它们的吸收峰主要位于可见和近红外区域。为使光纤在工作波长区域中的损耗降低到 $20dB/km$ 以下,金属杂质的含量,如 $Fe^{2+}$、$Cu^{2+}$、$V^{3+}$、$Cr^{3+}$ 分别不得超过 8、9、18 和 8ppb。在图 4-45 上有关的杂质是 $OH^-$ 根,当原料经过多次提炼后,金属杂质吸收几乎完全消除,这时 $OH^-$ 离子的吸收成为一种主要的杂质吸收损耗。$OH^-$ 离子在 0.95、1.24 和 $1.39\mu m$ 几个波长附近呈现吸收峰,这些都是 $OH^-$ 在 $2.37\mu m$ 基频振动和 $SiO_2$ 晶格振动的组合频带。

（3）原子缺陷吸收损耗

原子缺陷吸收是由于玻璃受热过程或经受射线照射而引起的。例如，普通玻璃纤维受到 30Gr 的 $\gamma$ 辐射，可能引起高达 20000dB/km 的损耗。适当选择玻璃材料，可使光纤不受辐照的影响。例如，掺 $GeO_2$ 的 $SiO_2$，对于 4300Gr 的辐射，仅在 $0.82\mu m$ 处产生 16dB/km 的损耗。

## 2. 散射损耗

物质散射中最重要的是本征散射，也称为瑞利散射，它是由玻璃熔制过程中造成的密度不均匀而产生的折射率不均匀所引起的散射。瑞利散射与波长的四次方成反比。瑞利散射引起的损耗

$$A = \frac{C_1}{\lambda \Delta}(1 + C_2 \Delta) \tag{4.6.15}$$

式中，$\lambda$ 是工作波长，$C_1$ 和 $C_2$ 是与材料有关的常数，$\Delta$ 是纤芯与包层的相对折射率差。

对于 $GeO_2 \cdot SiO_2$ 多模光纤，$C_1 = 0.8$，$C_2 = 100$；$P_2O_5 \cdot SiO_2$ 多模光纤的 $C_1 = 0.8$，$C_2 = 42$；$GeO_2 \cdot SiO_2$ 单模光纤的 $C_1 = 0.63$，$C_2 = 180 \pm 35$。瑞利散射损耗随工作波长的增加而快速减小。

当光纤的结构存在缺陷，如纤芯的直径有起伏，界面粗糙、凹凸不平，就会引起对传导模的附加损耗，称之为波导散射损耗。按照波动理论，一种模式由于界面的起伏，会产生其他模式和辐射模式，这种模式的转换就将产生附加的损耗，即波导散射损耗。

在强大电场作用下，光纤会呈现非线性，从而可能诱发起或激发起受激拉曼散射和受激布里渊散射，这些也将引起光纤的散射损耗。此外，光纤的弯曲也会产生辐射损耗，一般认为，如光纤的弯曲曲率半径超过 10cm，弯曲辐射损耗可以忽略。

# 第五章

# 光辐射的调制

激光束具有良好的时间、空间相干性以及小的发散度和高的亮度,且光波频率远高于微波频率,因此利用激光束能进行保密性好的长距离、大容量的信息传递。光辐射的调制是指改变光波的振幅、强度、频率、位相、偏振等参量使之载携信息的技术过程,它在光通信、光信息处理、光测量和控制等方面有着十分重要的作用。

## 第一节 光辐射在晶体中的传播

### 一、晶体学基础

#### 1. 空间点阵、晶胞、晶系

晶体具有规则的几何外形,是晶体由构造基元(原子、分子或离子团)规则排列的结果。组成、排列、取向都完全一致的无数个构造基元的中心组成了空间点阵。从任意一个阵点出发,向它邻近的阵点作出三个不相平行的矢量 $a$、$b$、$c$,以这三个矢量为重复周期,可以作出点阵中所有的阵点,这三个矢量称为点阵的基矢(也称晶轴)。由三个线性无关的基矢为棱构成的平行六面体称为晶胞。将表征晶胞的形状和大小的晶轴 $a$、$b$、$c$ 和各晶轴间的夹角(称为轴角)$\gamma$、$\alpha$、$\beta$ 合称为晶胞参数,如图 5-1 所示。晶胞可以采取的、充满整个空间的形状有七种,据此将晶体划分为七个晶系,列于表 5-1。

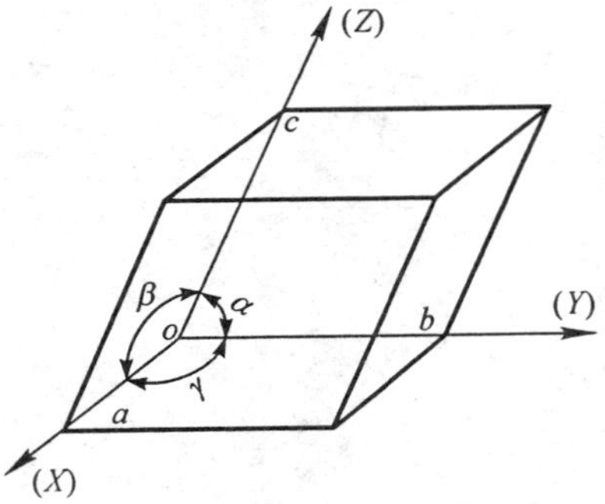

图 5-1 点阵参数(晶胞参数)

表 5-1　晶系的划分

| 晶　系 | 晶轴长度 | 轴角大小 |
|---|---|---|
| 三斜晶系 | $a\neq b\neq c$ | $\alpha\neq\beta\neq\gamma\neq90°$ |
| 单斜晶系 | $a\neq b\neq c$ | $\alpha=\gamma=90°\quad\beta\neq90°$ |
| 正交晶系 | $a\neq b\neq c$ | $\alpha=\beta=\gamma=90°$ |
| 四方晶系 | $a=b\neq c$ | $\alpha=\beta=\gamma=90°$ |
| 三方晶系* | $a=b=c$ | $\alpha=\beta=\gamma\neq90°$ |
| 六方晶体 | $a=b\neq c$ | $\alpha=\beta=90°\quad\gamma=120°$ |
| 立方晶系 | $a=b=c$ | $\alpha=\beta=\gamma=90°$ |

\* 米勒定向法

**2. 晶棱指数与晶面指数**

在空间点阵中,任意两个阵点的连线称为晶列,平行移动使之通过基矢坐标原点,晶列的方向由晶列指数$[u\ v\ w]$表示,并有

$$r=ua+vb+wc \tag{5.1.1}$$

其中,$u$、$v$、$w$ 取互质整数。

由于晶棱必然平行于晶体中某一晶列的方向,因此晶棱的符号,即晶棱指数也可用$[u$、$v$、$w]$表示。例如$[100]$代表 $a$ 方向,$[0\bar{1}0]$代表与 $b$ 相反方向,$[111]$代表立方晶体对角线方向。

晶面是晶体点阵的面网在宏观形态上的反映,晶面符号用$(h\ k\ l)$来标记,$(h\ k\ l)$称为晶面指数或米勒(Miller)指数,其中 $h$、$k$、$l$ 是该晶面与 $a$、$b$、$c$ 轴截距倒数的互质整数。例如$(010)$在四方晶系和立方晶系中表示与$[010]$方向垂直的晶面。晶体的切型就是用晶面指数和晶棱指数来表示的。

**3. 晶体的对称性**

(1)晶体的对称性、对称变换和对称要素

晶体因方向不同而表现出性质差异的特性,称为晶体的各向异性。与各向异性并存的是晶体的对称性。晶体的外形在自身的不同方位上自相重合或晶体的结构在不同位置上有规则地重复出现,称为晶体的对称性。晶体的对称性包括微观对称性和宏观对称性,而后者是前者的宏观反映,因此晶体的宏观物理性质受相应的晶体宏观对称性的制约。

晶体的对称性是通过某种变换或操作实现的,这种变换或操作称为对称变换或对称操作。在对称操作中,那些假想的、不动的几何要素(点、线、面)称为对称要素。晶体中的对称操作和对称要素也分为宏观和微观两类,晶体的宏观物理性质只与宏观对称要素有关。

(2)晶体的宏观对称要素

晶体的宏观对称要素分为以下四类:

① 对称中心

它是一个假想的定点,其相应的对称变换称为倒反。若把对称中心作为坐标原点,则对称中心的作用是将点$(X、Y、Z)$变换到点$(-X、-Y、-Z)$。如果某个晶体具有对称中心,则该晶体的每一个晶面都有一个与它反向平行的、相对于对称中心等距离的对应晶面。

② 对称面(镜面)

它是一个假想平面,其相应的对称变换称为反映。如果某个晶体有对称面,则该对称面把

晶体分为互成镜像的两个等同部分。

③ 旋转轴(对称轴)

它是一条假想直线,其相应的对称变换称为旋转。一个晶体如果绕此轴线旋转 $360°/n$($n$ 为正整数)能够自相重合,则称此晶体具有 $n$ 次旋转轴。由于受内部点阵构造的限制,晶体只可能有 1、2、3、4 及 6 次旋转轴。

④ 旋转倒反轴

这是一种复合的对称要素,它是一条假想的直线和此直线上的一个定点。相应的对称操作为绕此轴线旋转 $360°/n$ 后,紧接着对此轴线上的一个定点进行倒反。若晶体经过此番操作后能够自相重合,则称此晶体具有 $n$ 次旋转倒反轴。与旋转轴一样,在晶体中也只能存在 1、2、3、4 及 6 次旋转倒反轴。

晶体的宏观对称要素及其表示符号列于表 5-2 中。

**表 5-2　晶体宏观对称要素及其符号**

| 对 称 要 素 | | 图示符号 | 熊夫利符号 | 国际符号 | 习惯符号 |
|---|---|---|---|---|---|
| 对称中心(对称心) | | 无 | $C_i$ | $\bar{1}C$ | |
| 对称面(镜面) | | 直线或圆 | $C_s$ | $m$ | $P$ |
| 旋转轴 | 1 次旋转轴(1 次轴) | 无 | $C_1$ | 1 | $L^1$ |
| | 2 次旋转轴(2 次轴) | ● | $C_2$ | 2 | $L^2$ |
| | 3 次旋转轴(3 次轴) | ▲ | $C_3$ | 3 | $L^3$ |
| | 4 次旋转轴(4 次轴) | ◆ | $C_4$ | 4 | $L^4$ |
| | 6 次旋转轴(6 次轴) | ⬢ | $C_6$ | 6 | $L^6$ |
| 旋转倒反轴 | 1 次旋转倒反轴(等于对称中心) | 无 | $C_i(\equiv S_2)$ | $\bar{1}$ | $C$ |
| | 2 次旋转倒反轴(等于与轴垂直的对称面) | 与对称面图示符号同 | $C_s(\equiv S_1)$ | $\bar{2}(\equiv m)$ | $P$ |
| | 3 次旋转倒反轴(等于 3 次轴加对称中心) | ▲ | $C_{3i}(\equiv S_6)$ | $\bar{3}=3+\bar{1}$ | $L_i^3$ |
| | 4 次旋转倒反轴(包含 2 次轴) | ◈ | $S_4$ | $\bar{4}$ | $L_i^4$ |
| | 6 次旋转倒反轴(等于 3 次轴加上垂直于该轴的对称面) | ⬢ | $C_{3h}(\equiv S_3)$ | $\bar{6}\left(\equiv \dfrac{3}{m}\right)$ | $L_i^6$ |

(3)晶类、晶系和晶族

① 晶类及其符号

在表 5-2 所列的四类晶体宏观对称要素中,共有八种基本的(或独立的)宏观对称要素:$\bar{1}$、$m$、1、2、3、4、6 和 $\bar{4}$。这八种基本的宏观对称要素共有 32 种不同类型的组合,即 32 种点群\*。对应于晶体,则是 32 种宏观对称类型,即 32 种晶类\*。在 32 种晶类中,只有 12 种晶类有对称中心,在表 5-3 中这 12 种晶类符号下划有横杠,以示区别。

---

\* 因为有限图形的所有宏观对称要素是共点的,即在所有对称操作时,总有一点是保持不动的,所以称宏观对称要素的可能组合为点群。

通常用熊夫利(Schöflies)符号和国际符号表示 32 种晶类,中间用"—"分开(见表 5-3)。在文献交流中,以国际符号较为常用。国际符号不仅能表示出晶类中有哪些对称要素,还能表示出它们在空间的方向。国际符号只写出各种晶类的几种基本对称要素,由此还可推出其他的对称要素。

在晶体学中,还用极射赤平投影形象地表示晶体的晶面角、对称要素和轴系。

② 晶系和晶族

根据各晶类的对称特点,将 32 种晶类分成七个晶系。还根据晶体是否有高次轴(即 3、4、6 次旋转轴或旋转倒反轴)以及高次轴的数目(是一个还是多个),将七个晶系分为三大晶族。这种划分与按晶体光学性质分类(光学均质体、单轴晶、双轴晶)是对应的。各晶族、晶系的划分及其对称特点,列于表 5-3 中。

**表 5-3　晶系与晶族的划分**

| 晶族 | 晶系 | 对称特点(特征对称要素) | | 所属晶类 |
|---|---|---|---|---|
| 低级晶族<br>(双轴晶) | 三斜晶系 | 无高次轴 | 只有 1 次轴(旋转轴或旋转倒反轴) | $C_1-1,C_i-\bar{1}$ |
| | 单斜晶系 | | 只有一个 2 次轴(旋转轴或旋转倒反轴) | $C_2-2,C_s-m,$<br>$C_{2h}-2/m$ |
| | 正交(斜方)晶系 | | 有三个互相垂直的 2 次轴(旋转轴或旋转倒反轴) | $D_2-222,C_{2v}-mm2,$<br>$D_{2h}-mmm$ |
| 中级晶族(单轴晶) | 四方晶系 | 只有一个高次轴 | 唯一的高次轴为 4 次轴(旋转轴或旋转倒反轴) | $C_4-4,S_4-\bar{4},C_{4h}-4/m,$<br>$D_4-422,C_{4v}-4mm,$<br>$D_{2d}-\bar{4}2m,D_{4h}-4/mmm$ |
| | 三方晶系 | | 唯一的高次轴为 3 次轴(旋转轴或旋转倒反轴) | $C_3-3,C_{3i}-\bar{3},$<br>$D_3-32,C_{3v}-3m$<br>$D_{3d}-\bar{3}m$ |
| | 六方晶系 | | 唯一的高次轴为 6 次轴(旋转轴或旋转倒反轴) | $C_6-6,C_{3h}-\bar{6},C_{6h}-6/m,$<br>$D_6-622,C_{6v}-6mm,$<br>$D_{3h}-\bar{6}m2,D_{6h}-6/mmm$ |
| 高级晶族(光学均质体) | 立方晶系 | 高次轴多于一个 | 在立方体对角线方向有四个 3 次轴 | $T-23,T_h-m3,$<br>$O-432,T_d-\bar{4}3m,$<br>$O_h-m3m$ |

## 4. 坐标轴的选择规则

(1)晶轴的选择

要描述晶体,必须先确定晶轴,晶轴选定后,晶胞参数也随之确定,并可根据选定的晶轴来标记晶棱和晶面。

各晶系晶轴的选取,是按一定的规则进行的,即晶轴与各晶系的特征对称要素之间有确定的关系(对某些晶系,除了考虑特征对称要素外,有时还需引入一些附加规则)。按照这样的规则,就有可能对属于同一晶系的所有晶类使用同一套晶轴,并体现出该晶系晶胞参数的特征

（轴率 $a:b:c$ 和轴角 $\alpha$、$\beta$、$\gamma$）。

（2）晶体物理参考轴的选择

为了便于用矩阵或张量的形式描述各类晶体的物理性质，通常采用另一套坐标系 $X_1$、$X_2$、$X_3$（这三个轴满足右手螺旋规则）。这套坐标系称为晶体物理参考轴。在各个晶系中，$X_1$、$X_2$、$X_3$ 的选择与相应晶轴 $a$、$b$、$c$ 的关系必须遵循有关规定，从而完全确定物理参考轴 $X_1$、$X_2$、$X_3$ 相对于对称要素的位置。

各个晶系的晶轴与物理参考轴的选择，列于表 5-4 中。

表 5-4　晶轴与物理参考轴的选择

| 晶　系 | 国际符号 | 晶　轴 | | | | 物理参考轴 | | |
|---|---|---|---|---|---|---|---|---|
| | | $c$ | $a$ | $b$ | $d$ | $X_1$ | $X_2$ | $X_3$ |
| 三斜晶系 $a\neq b\neq c$ $\alpha\neq\beta\neq\gamma,\beta>90°$ | $1$ $\bar{1}$ | 直立 | 后前倾 | 左右倾 | | 在 $ac$ 面内指向 $a$ | $\perp(010)$ | $c$ |
| 单斜晶系 $a\neq b\neq c$ $\alpha=\gamma=90°,\beta>90°$ | $2$ $m$ $2/m$ | 取 $\perp b$ 轴的平面内两个相交的晶棱方向为 $c$、$a$ 轴 | | $2$ $1/m$ $2$ | | $\perp(100)$ | $b$ | $c$ |
| 正交晶系 $a\neq b\neq c$ $\alpha=\beta=\gamma=90°$ | $222$ $mm2$ $mmm$ | $2$ $2$ $2$ | $2$ $1/m$ $2$ | $2$ $1/m$ $2$ | | $a$ | $b$ | $c$ |
| 四方晶系 $a=b\neq c$ $\alpha=\beta=\gamma=90°$ | $4$ $\bar{4}$ $4/m$ $422$ $4mm$ $\bar{4}2m$ $4/mmm$ | $4$ $\bar{4}$ $4$ $4$ $4$ $\bar{4}$ $4$ | $4$ $\bar{4}$ 取 $\perp4$ 次轴的两个正交的晶棱方向为 $a$、$b$ 轴 $2$ $1/m$ $2$ $2$ | | | $a$ | | $c$ |
| 三方晶系* $a=b=d\neq c$ $\alpha=\beta=90°\ \gamma=120°$ | $3$ $\bar{3}$ $32$ $3m$ $\bar{3}m$ | $3$ $\bar{3}$ $3$ $3$ $\bar{3}$ | $3$ $\bar{3}$ 取 $\perp c$ 轴的三个互成120°的晶棱方向为 $a$、$b$、$d$ 轴 $2$ $1/m$ $2$ | $2$ $1/m$ $2$ | $2$ $1/m$ $2$ | $a$ | | $c$ |
| 六方晶系 $a=b=d\neq c$ $\alpha=\beta=90°,\gamma=120°$ | $6$ $\bar{6}$ $6/m$ $622$ $6mm$ $\bar{6}m2$ $6/mmm$ | $6$ $\bar{6}$ $6$ $6$ $6$ $\bar{6}$ $6$ | $6$ $\bar{6}$ 取 $\perp c$ 轴的三个互成120°的晶棱方向为 $a$、$b$、$d$ 轴 $2$ $1/m$ $2$ $2$ | $2$ $1/m$ $2$ $2$ | $2$ $1/m$ $2$ $2$ | $a$ | | $c$ |
| 立方晶系 $a=b=c$ $\alpha=\beta=\gamma=90°$ | $23$ $m3$ $432$ $\bar{4}3m$ $m3m$ | $2$ $2$ $4$ $\bar{4}$ $4$ | $2$ $2$ $4$ $\bar{4}$ $4$ | $2$ $2$ $4$ $\bar{4}$ $4$ | | $a$ | $b$ | $c$ |

\* 布拉维定向法

## 二、光辐射在晶体中的传播

### 1. 单色平面波

微分形式的麦克斯韦方程组是

$$\begin{cases} \nabla \times \boldsymbol{E} = -\dfrac{\partial \boldsymbol{B}}{\partial t} \\[2mm] \nabla \times \boldsymbol{H} = \dfrac{\partial \boldsymbol{D}}{\partial t} + \boldsymbol{J} \\[2mm] \nabla \cdot \boldsymbol{D} = \rho \\[2mm] \nabla \cdot \boldsymbol{B} = 0 \end{cases} \qquad (5.1.2)$$

式中，$\boldsymbol{E}$ 和 $\boldsymbol{H}$ 分别代表电场强度矢量和磁场强度矢量，$\boldsymbol{D}$ 和 $\boldsymbol{B}$ 分别代表电感应强度矢量和磁感应强度矢量，$\rho$ 是电荷密度，$\boldsymbol{J}$ 是电流密度矢量。

结合物质方程

$$\begin{cases} \boldsymbol{J} = \sigma \boldsymbol{E} \\[1mm] \boldsymbol{D} = \varepsilon \boldsymbol{E} \\[1mm] \boldsymbol{B} = \mu \boldsymbol{H} \end{cases} \qquad (5.1.3)$$

式中，$\sigma$、$\varepsilon$ 和 $\mu$ 分别是介质的电导率、介电系数和磁导率。

光波是一种电磁波，光波在介质中的传播过程可以用麦克斯韦方程组和物质方程来描述。在透明非磁性各向同性介质中，$\varepsilon$ 和 $\mu$ 都是常数，也无传导电流和自由电荷，因而麦克斯韦方程组简化为

$$\begin{cases} \nabla \times \boldsymbol{E} = -\mu \dfrac{\partial \boldsymbol{H}}{\partial t} \\[2mm] \nabla \times \boldsymbol{H} = \varepsilon \dfrac{\partial \boldsymbol{E}}{\partial t} \\[2mm] \nabla \cdot \boldsymbol{E} = 0 \\[2mm] \nabla \cdot \boldsymbol{H} = 0 \end{cases} \qquad (5.1.4)$$

由这组方程可得

$$\begin{cases} \nabla^2 \boldsymbol{E} = \dfrac{1}{v^2} \dfrac{\partial^2 \boldsymbol{E}}{\partial t^2} \\[2mm] \nabla^2 \boldsymbol{H} = \dfrac{1}{v^2} \dfrac{\partial^2 \boldsymbol{H}}{\partial t^2} \end{cases} \qquad (5.1.5)$$

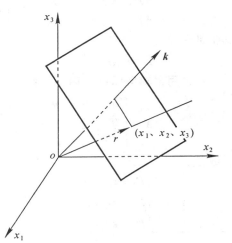

图 5-2　波阵面(等相面)

这一组波动微分方程表明光波以波动的形式在介质中传播，传播的速度为 $v$。

容易证明，这个单色平面波可写为

$$\begin{bmatrix} \boldsymbol{E} \\ \boldsymbol{D} \\ \boldsymbol{H} \end{bmatrix} = \begin{bmatrix} \boldsymbol{E}_0 \\ \boldsymbol{D}_0 \\ \boldsymbol{H}_0 \end{bmatrix} \exp[i(\omega t - \boldsymbol{k} \cdot \boldsymbol{r})] \qquad (5.1.6)$$

式中，$E_0$、$D_0$、$H_0$ 分别为 $\boldsymbol{E}$、$\boldsymbol{D}$、$\boldsymbol{H}$ 的振幅，$[i(\omega t - \boldsymbol{k} \cdot \boldsymbol{r})]$ 为波的位相，$\omega = 2\pi\nu$ 为角频率，$\boldsymbol{k}$ 为波矢量，$\boldsymbol{r}$ 为空间任意一点$(x_1, x_2, x_3)$的位置矢量，如图 5-2 所示。

由式(5.1.6)可以得出如下算符关系：

$$\begin{cases} \dfrac{\partial}{\partial t} \rightarrow i\omega \\[2mm] \nabla \rightarrow -ik \end{cases} \tag{5.1.7}$$

因此，可把方程组(5.1.4)表示成

$$\begin{cases} k \times E = \mu\omega H \\ k \times H = -\varepsilon\omega E = -\omega D \\ k \cdot E = 0 \\ k \cdot H = 0 \end{cases} \tag{5.1.8}$$

由方程组(5.1.8)可知，三个矢量 $k$、$E$ 和 $H$ 构成正交三矢族，表明在各向同性介质中传播的单色平面波的电场和磁场相互垂直，并且两者都垂直于传播方向。

### 2. 晶体的极化率张量和介电系数张量

电磁波通过介质时，电场和磁场分别引起介质的电极化和磁极化，分别描述介质电极化强度 $P$ 和电感应强度矢量 $D$ 之间的关系及磁化强度 $M$ 和磁感应强度 $H$ 之间的关系是

$$\begin{cases} D = \varepsilon E = \varepsilon_0 E + P \\ B = \mu_0(H + M) \end{cases} \tag{5.1.9}$$

研究光辐射在晶体中的传播时，只涉及非磁性和不导电的介质，因而 $M = 0$。

电极化中表示束缚电荷的另一种形式是

$$P = (\varepsilon - \varepsilon_0)E = \varepsilon_0 \chi E \tag{5.1.10}$$

此式给出了电极化强度 $P$ 与外加电场 $E$ 之间的比率关系，比率因子 $\chi$ 称为电极化率(或电极化系数)，

$$\chi = \frac{\varepsilon}{\varepsilon_0} - 1 \tag{5.1.11}$$

在各向同性介质中，$\chi$ 是一个标量。但是在各向异性晶体中，电极化的大小和方向都与外加电场的方向和大小有关，因此式(5.1.10)中的 $\chi$ 需用张量 $\chi$ 取代。则有

$$\begin{bmatrix} P_1 \\ P_2 \\ P_3 \end{bmatrix} = \varepsilon_0 \begin{bmatrix} \chi_{11} & \chi_{12} & \chi_{13} \\ \chi_{21} & \chi_{22} & \chi_{23} \\ \chi_{31} & \chi_{32} & \chi_{33} \end{bmatrix} \begin{bmatrix} E_1 \\ E_2 \\ E_3 \end{bmatrix} \tag{5.1.12}$$

其张量形式为

$$P = \varepsilon_0 \chi E \tag{5.1.13}$$

当选用主轴坐标系* 时，张量

$$\chi = \begin{bmatrix} \chi_{11} & 0 & 0 \\ 0 & \chi_{22} & 0 \\ 0 & 0 & \chi_{33} \end{bmatrix}$$

于是有

$$\begin{cases} P_1 = \varepsilon_0 \chi_{11} E_1 \\ P_2 = \varepsilon_0 \chi_{22} E_2 \\ P_3 = \varepsilon_0 \chi_{33} E_3 \end{cases} \tag{5.1.14}$$

---

* 根据晶体物理中的诺埃曼原则，在除三斜和单斜晶系以外的晶体中，光率体的三个主轴应与晶体中的物理参考轴取向一致。

这三个方向称为晶体的主介电轴。

根据方程组(5.1.9)第一式,得出沿主介电轴有

$$\begin{cases} D_1 = \varepsilon_0(1+\chi_{11})E_1 = \varepsilon_{11}E_1 = \varepsilon_1 E_1 \\ D_2 = \varepsilon_0(1+\chi_{22})E_2 = \varepsilon_{22}E_2 = \varepsilon_2 E_2 \\ D_3 = \varepsilon_0(1+\chi_{33})E_3 = \varepsilon_{33}E_3 = \varepsilon_3 E_3 \end{cases} \tag{5.1.15}$$

写成张量形式为

$$\boldsymbol{D} = \boldsymbol{\varepsilon}\boldsymbol{E} \tag{5.1.16}$$

式中,$\boldsymbol{\varepsilon}$ 是介电系数张量。

各晶族的介电系数张量列于表 5-5 中。

表 5-5　各晶族的介电系数张量

| 低级晶族<br>(三斜、单斜、正交晶系) | 中级晶族<br>(四方、三方、六方晶系) | 高级晶族(立方晶系) |
|:---:|:---:|:---:|
| $\begin{bmatrix} \varepsilon_1 & 0 & 0 \\ 0 & \varepsilon_2 & 0 \\ 0 & 0 & \varepsilon_3 \end{bmatrix}$ | $\begin{bmatrix} \varepsilon_1 & 0 & 0 \\ 0 & \varepsilon_1 & 0 \\ 0 & 0 & \varepsilon_3 \end{bmatrix}$ | $\begin{bmatrix} \varepsilon & 0 & 0 \\ 0 & \varepsilon & 0 \\ 0 & 0 & \varepsilon \end{bmatrix}$ |

### 3. 单色平面波在晶体中的传播(解析法)

设在晶体中传播一单色平面波,把方程组(5.1.8)中第一式代入第二式并消去 $\boldsymbol{H}$,得

$$\boldsymbol{D} = -\frac{1}{\mu\omega^2}\boldsymbol{k} \times (\boldsymbol{k} \times \boldsymbol{E})$$

注意:因为是在晶体中,上式中隐含的 $\boldsymbol{D}$ 与 $\boldsymbol{E}$ 之间不再是标量 $\varepsilon$ 的关系,而应该是张量 $\boldsymbol{\varepsilon}$ 的关系。

因为 $\boldsymbol{k} = k\boldsymbol{K} = \dfrac{\omega}{c}n\boldsymbol{K}$,式中 $\omega$ 是角频率,光速 $c = \dfrac{1}{\sqrt{\varepsilon_0\mu_0}}$($\varepsilon_0$、$\mu_0$ 分别为真空中的介电系数和磁导率),$n$ 是折射率($n = \dfrac{c}{V_k}$),$\boldsymbol{K}$ 是 $\boldsymbol{k}$ 方向的单位矢量。又因为晶体是非磁性介质,有 $\mu \approx \mu_0$,所以上式又可写为

$$\boldsymbol{D} = -\frac{n^2}{\mu_0 c^2}\boldsymbol{K} \times (\boldsymbol{K} \times \boldsymbol{E}) = -\varepsilon_0 n^2 \boldsymbol{K} \times (\boldsymbol{K} \times \boldsymbol{E}) \tag{5.1.17}$$

应用矢量恒等式

$$\boldsymbol{A} \times (\boldsymbol{B} \times \boldsymbol{C}) = \boldsymbol{B}(\boldsymbol{A} \cdot \boldsymbol{C}) - \boldsymbol{C}(\boldsymbol{A} \cdot \boldsymbol{B})$$

式(5.1.17)可改写成

$$\boldsymbol{D} = \boldsymbol{\varepsilon}\boldsymbol{E} = \varepsilon_0 n^2 [\boldsymbol{E} - \boldsymbol{K}(\boldsymbol{K} \cdot \boldsymbol{E})] \tag{5.1.18}$$

由相对主介电系数 $\varepsilon_{ri} = \dfrac{\varepsilon_i}{\varepsilon_0} = n_i^2$,$\varepsilon_i$ 是主介电系数,$n_i$ 是主折射率,则可以把上式写成普适于晶体三个主轴上的分量形式:

$$n_i^2 E_i = n^2 [E_i - K_i(\boldsymbol{K} \cdot \boldsymbol{E})] \quad (i=1,2,3) \tag{5.1.19}$$

展开并移项,得

$$\begin{cases} [n_1^2 - n^2(1-K_1^2)]E_1 + n^2 K_1 K_2 E_2 + n^2 K_1 K_3 E_3 = 0 \\ n^2 K_2 K_1 E_1 + [n_2^2 - n^2(1-K_2^2)]E_2 + n^2 K_2 K_3 E_3 = 0 \\ n^2 K_3 K_1 E_1 + n^2 K_3 K_2 E_2 + [n_3^2 - n^2(1-K_3^2)]E_3 = 0 \end{cases} \tag{5.1.20}$$

这是晶体中光波的电场振动矢量应满足的一个齐次线性方程组。如果晶体的三个主折射率 $n_1$、$n_2$、$n_3$ 和光波单位波矢方向 $K(K_1$、$K_2$、$K_3)$ 已知,就可由该方程组求得光波的折射率以及相应的电场振动矢量。为从式(5.1.20)中求得 $E$ 的非零解,要求此式的系数行列式为零,即

$$\begin{vmatrix} n_1^2-(1-K_1^2)n^2 & n^2K_1K_2 & n^2K_1K_3 \\ n^2K_2K_1 & n^2-(1-K_2^2)n^2 & n^2K_2K_3 \\ n^2K_3K_1 & n^2K_3K_2 & n_3^2-(1-K_3^2)n^2 \end{vmatrix}=0$$

展开此式,得

$$n^4(n_1^2K_1^2+n_2^2K_2^2+n_3^2K_3^2)-n^2[n_2^2n_3^2(K_2^2+K_3^2)+n_3^2n_1^2(K_3^2+K_1^2)$$
$$+n_1^2n_2^2(K_1^2+K_2^2)]+n_1^2n_2^2n_3^2=0 \tag{5.1.21}$$

这是一个 $n^2$ 的二次方程,此方程表明了光波折射率的平方与光波单位波矢 $K$ 的关系。一般情况下,如果单位波矢方向 $K$ 已知,则由这个方程可解得 $n^2$ 的两个不相等的实根 $n'^2$ 和 $n''^2$。将它们分别代入式(5.1.20),就可解得电场振动矢量的两组比值 $(E'_1:E'_2:E'_3)$ 和 $(E''_1:E''_2:E''_3)$。根据式(5.1.16),又可求得相应的 $(D'_1:D'_2:D'_3)$ 和 $(D''_1:D''_2:D''_3)$。这样就求得了与单位波矢方向 $K(K_1$、$K_2$、$K_3)$ 对应的两个光波的折射率 $n'$、$n''$ 及其振动矢量方向。由上分析可得到这样的结论:在晶体中,对于给定的单位波矢方向 $K$,允许有两种偏振光波传播,这两种偏振光波有着不同的光波折射率(不同的相速度)、不同的振动方向和光线方向。

以上就是对晶体双折射的解析法描述。下面以单轴晶为例,具体阐明其中的双折射现象。

根据表5-5,单轴晶的主折射率是 $n_1=n_2=n_o,n_3=n_e$,对于主轴 $x_3$,介电系数张量具有旋转对称的性质,所以主轴 $x_1$ 和 $x_2$ 是可以任意选择的。假设单位波矢方向为

$$K(K_1、K_2、K_3)=K(0、\sin\theta、\cos\theta)$$

即 $K$ 位于 $x_2x_3$ 平面内,$K$ 与 $x_3$ 轴夹角为 $\theta$,则式(5.1.21)变为

$$(n^2-n_o^2)[n^2(n_o^2\sin^2\theta+n_e^2\cos^2\theta)-n_o^2n_e^2]=0$$

由此式解得

$$n'=n_o$$
$$n''=n_e(\theta)=\left(\frac{n_o^2n_e^2}{n_o^2\sin^2\theta+n_e^2\cos^2\theta}\right)^{1/2} \tag{5.1.22}$$

这表明在单轴晶中,对于给定的单位波矢方向 $K$,存在两种不同折射率的光波。一种光波的折射率 $n_o$ 与 $K$ 的方向无关,是寻常光波,即 $o$ 光波,与此对应的是寻常光线,即 $o$ 光线。另一种光波的折射率 $n_e(\theta)$ 随 $K$ 的方向而定,是非常光波,即 $e$ 光波,与此对应的是非常光线,即 $e$ 光线。

下面来确定这两个光波的振动方向。先把 $n'^2=n_o^2$ 代入式(5.1.20),解析后得 $E_1=E_o\neq0$,$E_o\perp K,D_o/\!/E_o,t_o/\!/K,t_o$ 为 $o$ 光线方向。再把式(5.1.22)代入式(5.1.20),解析后得 $E_1=0$,$D_e\cdot K=0,E_e\cdot t_e=0,t_e$ 为 $e$ 光线方向,$D_e$ 与 $E_e$ 不同向,从而 $K$ 与 $t_e$ 也不同向,$E_e$、$D_e$、$K$ 和 $t_e$ 位于 $x_2x_3$ 平面,此平面与 $o$ 光的振动方向($E_o$ 及 $D_o$)垂直。

在单轴晶中,与给定的单位波矢方向 $K$ 对应的 $o$ 光和 $e$ 光诸矢量的关系,如图5-3所示。在该图中,$e$ 光的光线方向 $t_e$ 与单位波矢方向 $K$ 的夹角 $\alpha$ 称为走离角(Walk-off Angle),通过简单的推导可得

$$\mathrm{tg}\alpha=\left(1-\frac{n_o^2}{n_e^2}\right)\frac{\mathrm{tg}\theta}{1+\frac{n_o^2}{n_e^2}\mathrm{tg}^2\theta}=\frac{1}{2}n_e^2(\theta)\left(\frac{1}{n_o^2}-\frac{1}{n_e^2}\right)\sin2\theta \tag{5.1.23}$$

稍加分析可知,在单轴晶中,当波矢方向沿 $x_3$ 轴(光轴)时,就不产生双折射。

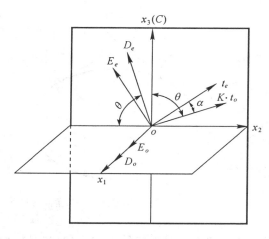 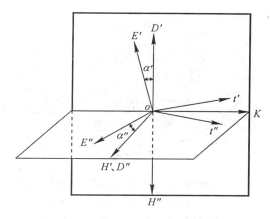

图 5-3 单轴晶中,与 $K$ 对应的两个光波的各矢量　图 5-4 双轴晶中,与 $K$ 对应的两个光波的各矢量

在双轴晶中,约定三个主折射率 $n_1 < n_2 < n_3$。对于给定的单位波矢方向 $K$,具体求解式 (5.1.20),可以求得两个不相等的折射率 $n'$ 和 $n''$ 以及相应的振动矢量方向,进而得出这两种光波的各矢量(求解过程从略)。其结果如图 5-4 所示。该图中 $\alpha'$ 和 $\alpha''$ 分别为这两个光波的走离角。双轴晶中的光波都是非常光波。

**4. 光学示性曲面**

较之用前述的解析法,光学示性曲面可以迅速而又直观地描述光波在晶体中传播的双折射现象。下面介绍在光电子技术中常用的两种光学示性曲面:光率体(折射率椭球)和折射率面。

(1)光率体

电磁波传播的能量密度方程是

$$W = \frac{1}{2}(E \cdot D + H \cdot B) \tag{5.1.24}$$

为研究光波中电能密度的传播,并在主轴坐标系中,应是

$$W_e = \frac{1}{2} E \cdot D = \frac{1}{2}\left( \frac{D_1^2}{\varepsilon_1} + \frac{D_2^2}{\varepsilon_2} + \frac{D_3^2}{\varepsilon_3} \right) = \frac{1}{2\varepsilon_0}\left( \frac{D_1^2}{n_1^2} + \frac{D_2^2}{n_2^2} + \frac{D_3^2}{n_3^2} \right)$$

在不考虑光波在晶体中传播被吸收的情况下,可取 $C = 2\varepsilon_0 W_e$,$C$ 为大于零的常数。再令 $x_1$、$x_2$、$x_3$ 分别为 $D_1/\sqrt{C}$、$D_2/\sqrt{C}$、$D_3/\sqrt{C}$,则得到光率体方程为

$$\frac{x_1^2}{n_1^2} + \frac{x_2^2}{n_2^2} + \frac{x_3^2}{n_3^2} = 1 \tag{5.1.25}$$

该椭球的三个半轴分别等于相应的主折射率。

光率体具有的重要功能是:可以形象地给出晶体中与给定的波矢 $k$ 相联系的两种偏振光波的折射率 $n'$、$n''$,振动方向 $D'$、$D''$ 及 $E'$、$E''$,光线方向 $t'$、$t''$ 和走离角 $\alpha'$、$\alpha''$,现分述于下:

① 从光率体的坐标原点 $o$ 出发,向任意方向作一直线 $oP$ 代表波矢方向 $k$(图 5-5)。然后,垂直于该直线并通过 $o$ 作光率体的中心截面。该截面是一个椭圆,其短、长半轴长度 $oA$ 和 $oB$ 分别等于波矢沿 $oP$ 的两个光波的折射率 $n'$ 和 $n''$;$oA$、$oB$ 的方向分别代表这两个线偏振光波的振动方向 $D'$ 和 $D''$。

② 由图 5-4 可知,同一偏振光波的 $D$、$E$、$K$、$t$ 是共面的。作包含同一偏振光波的波矢方向 $k$ 和振动方向 $D$ 的平面,该平面与光率体相交,一般情况下得到的是一个椭圆,如图 5-6 所示。

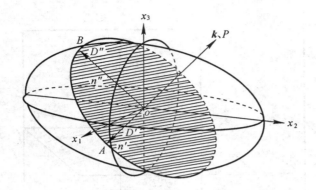

图 5-5　由光率体求解给定波矢方向　　　　图 5-6　光波的 $D$、$E$、$k$、$t$ 各矢量间的关系
　　　　上两个偏振波的折射率和 $D$ 的方向

过 $D$ 的矢径的端点，作光率体的切面，则该切面的法线方向就是感生矢量 $E$ 的方向（也可根据下述得出的光线方向 $t$，再求得相应的 $E$ 方向）。在此椭圆内，光线的方向 $t$ 和 $D$ 互为共轭半径[*]。也就是说，$D$ 的共轭半径方向就是相应的光线方向 $t$。由于 $E$ 与 $t$ 垂直，$D$ 与 $E$ 和 $k$ 与 $t$ 的夹角，即走离角 $\alpha$ 可由光率体求得

$$\cos\alpha=\frac{n_2^2n_3^2l_1^2+n_1^2n_3^2l_2^2+n_1^2n_2^2l_3^2}{(n_2^4n_3^2l_1^2+n_1^4n_3^4l_2^2+n_1^4n_2^4l_3^2)^{1/2}} \tag{5.1.26}$$

这就是双轴晶中偏振光波走离角的表达式，式中 $l_1$、$l_2$、$l_3$ 为该偏振光波 $D$ 矢径在主轴坐标系中的方向余弦。对于单轴晶，则有

$$n_1=n_2=n_o,n_3=n_e,$$
$$l_1=0,l_2=\cos\theta,l_3=\sin\theta$$

式中，$\theta$ 为 $k$ 与光轴 $x_3$ 的夹角。

　　于是由式（5.1.26）就可求得单轴晶中 $e$ 光波走离角的表达式为式（5.1.23）。

　　根据光率体的几何性质，也可以求得单轴晶中 $e$ 光波的折射率表达式为式（5.1.22）。

　　（2）折射率面

　　折射率面定义为这样一个曲面：它的矢径 $r=nk$，即矢径方向平行于某个给定的波矢方向 $k$，矢径长度等于相应两个偏振光波的折射率。

　　由于双折射，在 $k$ 方向上一般有两个不同的折射率，因此，折射率面是一个双层面。

　　根据折射率面的定义和光率体方程式（5.1.25）可以写出折射率面在三个主轴截面 $x_2x_3$、$x_3x_1$、$x_1x_2$ 上的方程分别为

$$\begin{cases}(x_2^2+x_3^2-n_1^2)\left[\dfrac{x_2^2}{n_3^2}+\dfrac{x_3^2}{n_2^2}-1\right]=0\\[2mm](x_3^2+x_1^2-n_2^2)\left[\dfrac{x_3^2}{n_1^2}+\dfrac{x_1^2}{n_3^2}-1\right]=0\\[2mm](x_1^2+x_2^2-n_3^2)\left[\dfrac{x_1^2}{n_2^2}+\dfrac{x_2^2}{n_1^2}-1\right]=0\end{cases} \tag{5.1.27}$$

由式（5.1.27）可知，在三个主轴截面上，都由一个圆和一个椭圆套接而成。由于 $n_1<n_2<n_3$，因此，只有在 $x_3x_1$ 面上圆和椭圆是相交的（图 5-7）。通过中心把交点（颊窝）连接起来，两连线就是双轴晶的第一类光轴 $c_1$、$c_2$。

---

　　[*]　当椭圆的一个半径平行于另一半径在椭圆交点处的切线时，这两个半径互为共轭半径。

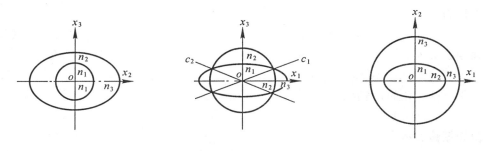

图 5-7　双轴晶折射率面的主轴截面

对于单轴晶,$n_1 = n_2 = n_o$、$n_3 = n_e$。因此式(5.1.27)变为

$$\begin{cases} x_1^2 + x_2^2 + x_3^2 = n_o^2 \\ \dfrac{x_1^2 + x_2^2}{n_e^2} + \dfrac{x_3^2}{n_o^2} = 1 \end{cases} \tag{5.1.28}$$

方程组(5.1.28)第一式是一个半径为 $n_o$ 的球面,第二式是一个长、短半径分别为 $n_o$、$n_e$ 的旋转椭球面。这两个面在 $x_3$ 轴处相接,$x_3$ 轴就是该单轴晶的光轴。

折射率面具有的重要功能是:可以形象地给出晶体中与给定的波矢 $k$ 相联系的两种偏振光波的折射率 $n'$、$n''$,光线方向 $t'$、$t''$ 和走离角 $\alpha'$、$\alpha''$。图 5-8 为负单轴晶的折射率面。与 $x_3$ 轴夹角为 $\theta$ 的波矢 $k$ 与折射率面相交时,得到的两个矢径长度分别表示 $k$ 方向的两个偏振光波的折射率 $n_o$、$n_e(\theta)$;过这两个矢径的端点,作折射率面的切面,则这两个切面的法线方向就是两个偏振光波相应的光线方向 $t_o$、$t_e$;在图中,$t_o \parallel k$,$t_e$ 与 $k$ 的夹角 $\alpha$ 就是 $e$ 光波的走离角。用图 5-8,可求得 $n_e(\theta)$ 与式(5.1.22)一致,还可求得 $\tan\alpha$ 与式(5.1.23)一致。

在研究某些非线性光学现象(如倍频效应)时,用折射率面解析是很方便的。

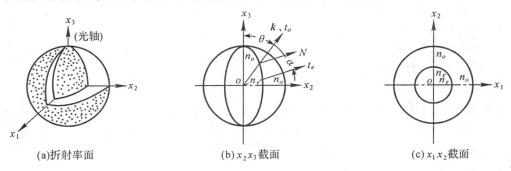

(a)折射率面　　　　(b)$x_2 x_3$ 截面　　　　(c)$x_1 x_2$ 截面

图 5-8　负单轴晶折射率面

# 第二节　光辐射调制的基本概念与分类

激光作为传递信息的有效工具,首先需要解决的问题是如何将信息加载到激光辐射上去。把欲传输的信息加载到激光辐射上的过程,称为激光调制,把完成这一过程的装置称作激光调制器。而由已调制的激光辐射还原出所加载信息的过程称为解调。其中,激光只起载携低频信号的作用,所以称之为载波,而把低频信号称为调制信号,被调制的激光称为调制光。尽管由于激光频率远高于无线电波频率,导致调制器件发生了质的变化,但有关调制的概念仍然相同。

与无线电波的调制类似,激光调制有连续的调幅、调频、调相及脉冲调制等方式。若激光瞬

时电场表示为

$$E(t) = A_0\cos(\omega_0 t + \varphi_0) \tag{5.2.1}$$

瞬时光强度定义为电场的平方,表示为

$$I(t) = A_0^2\cos^2(\omega_0 t + \varphi_0) \tag{5.2.2}$$

调制信号是余弦变化的,表示为

$$a(t) = A_m\cos\omega_m t \tag{5.2.3}$$

则调幅激光振荡表示为

$$E_A(t) = A_0[1 + M_A\cos\omega_m t]\cos(\omega_0 t + \varphi_0) \tag{5.2.4}$$

调频激光振荡表示为

$$E_F(t) = A_0\cos[\omega_0 t + M_F\sin\omega_m t + \varphi_0] \tag{5.2.5}$$

调相激光振荡表示为

$$E_P(t) = A_0\cos[\omega_0 t + M_P\sin\omega_m t + \varphi_0] \tag{5.2.6}$$

强度调制光强表示为

$$I(t) = \frac{A_0^2}{2}[1 + M_I\cos\omega_m t]\cos^2(\omega_0 t + \varphi_0) \tag{5.2.7}$$

以上各表示式中,$M_A$、$M_F$、$M_P$、$M_I$ 分别为调幅系数、调频系数、调相系数、强度调制系数。由于光接收器(探测器)一般都是直接响应所接收到的光信息的强度变化,所以激光调制多采用强度调制,如图 5-9 所示。由于强度调制器和幅度调制器在结构上没有什么区别,所以有人就将强度调制称作幅度调制。由于调频和调相的表示形式是相同的,即调频和调相在改变载波相角上的效果是等效的,因此统称调频和调相为角度调制,但须切记:调频系数和调相系数的性质不同,而且调频和调相在方法上和调制器的结构上也是不同的。激光脉冲调制与无线电波脉冲调制类似,有图 5-10 所示的脉冲调幅(PAM)、脉冲强度调制(PIM)、脉冲调频(PFM)、脉冲调位(PPM)及脉冲调宽(PWM),此外还有脉冲编码调制。

　　激光调制根据调制器与激光器的关系,可以分为内调制和外调制两类。内调制是指加载调制信号是在激光振荡的过程中进行的,以调制信号规律控制改变激光振荡的参数,从而使激光输出特性受到调制。外调制则是在激光形成以后加载调制信号,其方法是在谐振腔外的激光光路上放置调制器,在调制器上加调制信号,使调

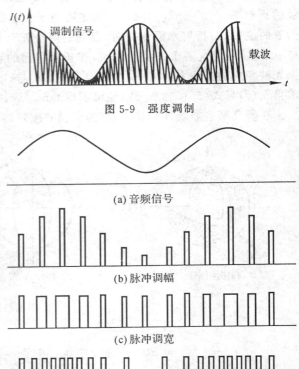

图 5-9　强度调制

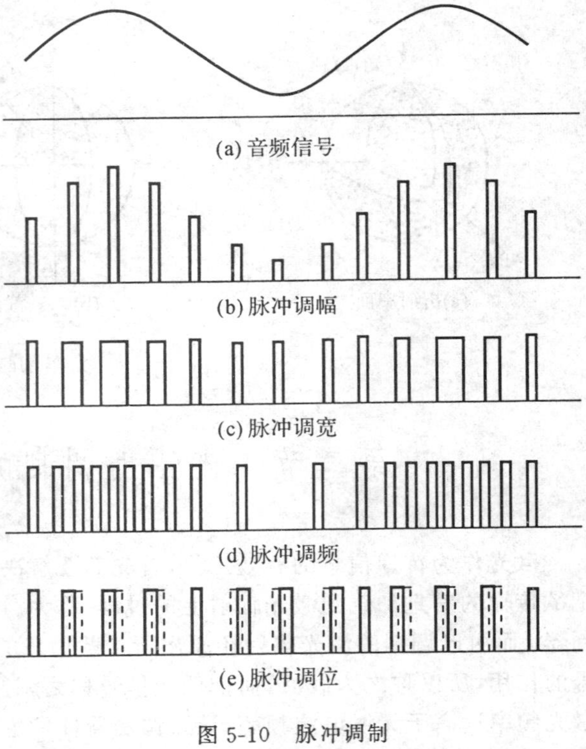

(a) 音频信号

(b) 脉冲调幅

(c) 脉冲调宽

(d) 脉冲调频

(e) 脉冲调位

图 5-10　脉冲调制

器的某些物理特性发生相应的变化,当激光通过时即可达到调制的目的。所以,外调制并不改变激光器的参数,而是改变已经输出的激光参数(强度、频率、相位等)。

在光通信等实际应用中,为了提高抗干扰能力,经常采用副载波光强度调制方式。这种调制方式是先将欲传递的低频信号对一高频副载波进行频率调制,然后用调制后的副载波对光进行强度调制,使光的强度按照副载波信号发生变化。因为调频信号是对频率变化产生的响应,对幅度变化不敏感,所以在传输过程中,因大气抖动及其它扰动所产生的起伏,对传递的信息影响不大,从而提高了抗干扰能力。

根据工程实际需要的不同,经常采用的调制方法有机械调制、电光调制、声光调制、磁光调制及电源调制。广义说来,激光束偏转技术也属于调制范畴,即方向调制。限于篇幅,下面只讨论电光调制、声光调制和磁光调制。

## 第三节 光辐射的电光调制

### 一、电光效应

#### 1. 线性电光效应的描述

在外加电场的作用下,本来是各向同性的介质也可以产生双折射现象,而本来有双折射性质的晶体,其双折射性质也要发生变化,这就是电光效应。折射率的改变与所加外电场大小成正比的电光效应称为线性电光效应(一次电光效应)或普克尔(Pockels)效应。只有那些不具有对称中心的晶体才能产生线性电光效应。一些光学上各向同性的晶体、液体或气体,在强电场作用下会变成光学各向异性体,而且外加电场引起的折射率的改变与电场强度的平方成正比,这种电光效应称为二次电光效应或克尔(Kerr)效应。本小节仅分析实际应用较多的线性电光效应。利用电光效应可以方便地实现对光辐射的调制。

晶体的折射率可以用光率体来描述。光率体的一般表达式为

$$\beta_{ij}x_i x_j = 1 \qquad (\beta_{ij} = \frac{1}{n_{ij}^2}, ^* \qquad i、j = 1、2、3) \tag{5.3.1}$$

将上式展开,得

$$\beta_{11}x_1^2 + \beta_{12}x_1 x_2 + \beta_{13}x_1 x_3 + \beta_{21}x_2 x_1 + \beta_{22}x_2^2$$
$$\beta_{23}x_2 x_3 + \beta_{31}x_3 x_1 + \beta_{32}x_3 x_2 + \beta_{33}x_3^2 = 1 \tag{5.3.2}$$

如果知道了 $\beta_{ij}$,就可利用主轴变换法,求出该光率体的形状、大小和取向。

经主轴变换后,式(5.3.2)变为

$$\beta'_1 x_1'^2 + \beta'_2 x_2'^2 + \beta'_3 x_3'^2 = 1$$

式中,$x'_1$、$x'_2$、$x'_3$ 为与光率体主轴一致的坐标轴,$\beta'_1$、$\beta'_2$、$\beta'_3$ 为光率体的主参数。

设晶体未加能引起折射率变化的外因时光率体方程为

---

\* SI 单位制中,介电不渗透系数张量 $B_{ij} = \frac{1}{\varepsilon_0 n_{ij}^2}$。此处的 $\beta_{ij} = \frac{1}{n_{ij}^2}$ 也是一个二阶量,应该指出折射率本身不是张量,它随方向的变化是由介电系数张量(或介电不渗透系数张量)决定的。

$$\beta_{ij}^0 x_i x_j = 1 \qquad (5.3.3)$$

经主轴化后，上式的系数简化为

$$\beta_{11}^0 = \beta_1^0, \quad \beta_{22}^0 = \beta_2^0, \quad \beta_{33}^0 = \beta_3^0, \quad \beta_{23}^0 = \beta_{31}^0 = \beta_{12}^0 = 0$$

在晶体上加上电场后，光率体将发生畸变而需用式(5.3.2)来描述，也可改写为

$$(\beta_{ij}^0 + \Delta\beta_{ij}) x_i x_j = 1 \qquad (5.3.4)$$

应该指出，在讨论晶体的电光效应时，必须考虑晶体的力学状态，即晶体是处于自由状态（应力为零）还是处于受夹状态（应变为零）。如果晶体处于自由状态，由于反压电效应，静电场将引起晶体的应变，而晶体的应变通过弹光效应反过来又会使折射率发生改变。因此在自由状态晶体中，测量到的电光效应实际上已经包括了弹光效应的影响。纯粹的电光效应只能在无应变晶体中产生。

在自由状态晶体中观察到的电光效应可以写为

$$\Delta\beta_{ij} = (\gamma_{ijk} + p_{ijrs} d_{krs}) E_k = \gamma_{ijk}^T E_k \qquad (5.3.5)$$

式中，$\gamma_{ijk}$ 是真电光系数，括号中第二项是由弹光效应给出的；$\gamma_{ijk}^T$ 称为自由晶体的电光系数。

测量 $r_{ijk}^T$ 方法是，可在晶体上加上高频交变电场，此时电场频率高于晶体的共振频率，晶体基本上不发生应变，测得的电光系数为真电光系数。通常 $pd$ 约比 $\gamma$ 小一个数量级以上，因此晶体的真电光系数要比自由晶体的电光系数小，但小得并不太多。在一些对电光系数的数值要求并不十分精确的场合，就把 $\gamma_{ijk}^T$ 当作电光系数。本小节中讨论的都是真电光系数，并为简单起见，$\gamma_{ijk}^T$ 都写成 $\gamma_{ijk}$。由此，可把线性电光效应表达为

$$\Delta\beta_{ij} = \beta_{ij} - \beta_{ij}^0 = \gamma_{ijk} E_k \qquad (5.3.6)$$

并把加电场后光率体方程的系数中各个相应分量的变化表示为

$$\Delta\beta_{11} = \beta_{11} - \beta_1^0 \qquad\qquad \Delta\beta_{23} = \beta_{23} = \beta_{32}$$
$$\Delta\beta_{22} = \beta_{22} - \beta_2^0 \qquad\qquad \Delta\beta_{31} = \beta_{31} = \beta_{13}$$
$$\Delta\beta_{33} = \beta_{33} - \beta_3^0 \qquad\qquad \Delta\beta_{12} = \beta_{12} = \beta_{21}$$

在式(5.3.6)中，$\gamma_{ijk}$ 是三阶张量，因为 $\beta_{ij}$ 是对称二阶张量，$\beta_{ij} = \beta_{ji}$。因此，对于任何 $E_k$，$\Delta\beta_{ij} = \Delta\beta_{ji} = \Delta\beta_m$，故可得出 $\gamma_{ijk} = \gamma_{jik} = \gamma_{mk}$，$\gamma_{ijk}$ 的独立分量数由 27 个减少至 18 个，简化下标约定于下：

| 张量表示 $(ij)$ | 11 | 22 | 33 | 23　32 | 31　13 | 12　21 |
|---|---|---|---|---|---|---|
| 矩阵表示 $(m)$ | 1 | 2 | 3 | 4 | 5 | 6 |

式(5.3.2)可以相应地写为

$$\beta_1 x_1^2 + \beta_2 x_2^2 + \beta_3 x_3^2 + 2\beta_4 x_2 x_3 + 2\beta_5 x_3 x_1 + 2\beta_6 x_1 x_2 = 1 \qquad (5.3.7)$$

式(5.3.6)可以写成下列矩阵形式：

$$\Delta\beta_m = \gamma_{mk} E_k \quad (m=1、2、\cdots、6, \ k=1、2、3) \qquad (5.3.8)$$

或写成

$$\begin{pmatrix} \Delta\beta_1 \\ \Delta\beta_2 \\ \Delta\beta_3 \\ \Delta\beta_4 \\ \Delta\beta_5 \\ \Delta\beta_6 \end{pmatrix} = \begin{pmatrix} \beta_1 - \beta_1^0 \\ \beta_2 - \beta_2^0 \\ \beta_3 - \beta_3^0 \\ \beta_4 \\ \beta_5 \\ \beta_6 \end{pmatrix} = \begin{pmatrix} \gamma_{11} & \gamma_{12} & \gamma_{13} \\ \gamma_{21} & \gamma_{22} & \gamma_{23} \\ \gamma_{31} & \gamma_{32} & \gamma_{33} \\ \gamma_{41} & \gamma_{42} & \gamma_{43} \\ \gamma_{51} & \gamma_{52} & \gamma_{53} \\ \gamma_{61} & \gamma_{62} & \gamma_{63} \end{pmatrix} \begin{pmatrix} E_1 \\ E_2 \\ E_3 \end{pmatrix} \qquad (5.3.9)$$

实际上由于晶体的对称性，$\gamma_{11}、\gamma_{12}、\cdots、\gamma_{63}$ 这 18 个电光系数中只有少数几个不为零，并且

某些系数是相等的。一些常用的晶体的电光系数矩阵列于表 5-6，相应的电光系数值见表 5-7。

**表 5-6　电光系数矩阵**

| 晶　体 | 对称性 | 电光系数矩阵 | 晶　体 | 对称性 | 电光系数矩阵 |
|---|---|---|---|---|---|
| BaTiO₃ | $4mm$ | $\begin{bmatrix} 0 & 0 & \gamma_{13} \\ 0 & 0 & \gamma_{13} \\ 0 & 0 & \gamma_{33} \\ 0 & \gamma_{42} & 0 \\ \gamma_{42} & 0 & 0 \\ 0 & 0 & 0 \end{bmatrix}$ | KH₂PO₄ | $\overline{4}2m$ | $\begin{bmatrix} 0 & 0 & 0 \\ 0 & 0 & 0 \\ 0 & 0 & 0 \\ \gamma_{41} & 0 & 0 \\ 0 & \gamma_{41} & 0 \\ 0 & 0 & \gamma_{63} \end{bmatrix}$ |
| GaAs, CdTe | $\overline{4}3m$ | $\begin{bmatrix} 0 & 0 & 0 \\ 0 & 0 & 0 \\ 0 & 0 & 0 \\ \gamma_{41} & 0 & 0 \\ 0 & \gamma_{41} & 0 \\ 0 & 0 & \gamma_{41} \end{bmatrix}$ | LiNbO₃ LiTaO₃ | $3m$ | $\begin{bmatrix} 0 & -\gamma_{22} & \gamma_{13} \\ 0 & \gamma_{22} & \gamma_{13} \\ 0 & 0 & \gamma_{33} \\ 0 & \gamma_{42} & 0 \\ \gamma_{42} & 0 & 0 \\ -\gamma_{22} & 0 & 0 \end{bmatrix}$ |
| CdS | $6mm$ | $\begin{bmatrix} 0 & 0 & \gamma_{13} \\ 0 & 0 & \gamma_{13} \\ 0 & 0 & \gamma_{33} \\ 0 & \gamma_{42} & 0 \\ \gamma_{42} & 0 & 0 \\ 0 & 0 & 0 \end{bmatrix}$ | LiIO₃ | $6$ | $\begin{bmatrix} 0 & 0 & \gamma_{13} \\ 0 & 0 & \gamma_{13} \\ 0 & 0 & \gamma_{33} \\ \gamma_{41} & \gamma_{51} & 0 \\ \gamma_{51} & -\gamma_{41} & 0 \\ 0 & 0 & 0 \end{bmatrix}$ |

**表 5-7　一些晶体的线性电光系数**

| 晶　体 | 波　长 ($\mu m$) | 线性电光系数值 ($10^{-12}$m/V) | 折　射　率 |
|---|---|---|---|
| BaTiO₃ | 0.546 | $(S)\gamma_{42}=820$ <br> $(S)\gamma_{13}=8.0$ <br> $(S)\gamma_{33}=23$ | $n_o=2.437$ <br><br> $n_e=2.356$ |
| KH₂PO₄ (KDP) | 0.546 <br><br> 0.633 | $(T)\gamma_{41}=8.6$ <br> $(T)\gamma_{63}=10.6$ <br> $(T)\gamma_{41}=8$ <br> $(T)\gamma_{63}=11$ | $n_o=1.5115$ <br> $n_e=1.4698$ <br> $n_o=1.5074$ <br> $n_e=1.4669$ |
| GaAs | 0.9 <br> 1.15 <br> 10.6 | $\gamma_{41}=1.1$ <br> $(T)\gamma_{41}=1.43$ <br> $(T)\gamma_{41}=1.6$ | $n_o=3.60$ <br> $n_o=3.43$ <br> $n_o=3.34$ |
| CdTe | 1.0 <br> 3.39 <br> 10.6 | $(T)\gamma_{41}=4.5$ <br> $(T)\gamma_{41}=6.8$ <br> $(T)\gamma_{41}=6.8$ | $n_o=2.84$ <br> $n_o=2.60$ <br> $n_o=2.60$ |

续表 5-7

| 晶　体 | 波　长 (μm) | 线性电光系数值 $(10^{-12}\text{m/V})$ | | 折 射 率 |
|---|---|---|---|---|
| LiNbO$_3$ (LN) | 0.633 | $(T)\gamma_{13}=9.6$ <br> $(T)\gamma_{22}=6.8$ <br> $(T)\gamma_{33}=30.9$ <br> $(T)\gamma_{42}=32.6$ | $(S)\gamma_{13}=8.6$ <br> $(S)\gamma_{22}=3.4$ <br> $(S)\gamma_{33}=30.8$ <br> $(S)\gamma_{42}=28$ | $n_o=2.286$ <br> $n_e=2.200$ |
| | 3.39 | | $(S)\gamma_{13}=6.5$ <br> $(S)\gamma_{22}=3.1$ <br> $(S)\gamma_{33}=28$ <br> $(S)\gamma_{42}=23$ | $n_o=2.136$ <br> $n_e=2.073$ |
| LiTaO$_3$ | 0.633 | $(T)\gamma_{13}=8.4$ <br> $(T)\gamma_{33}=30.5$ <br> $(T)\gamma_{22}=-0.2$ <br> $(T)\gamma_{42}=22$ | $(S)\gamma_{13}=7.5$ <br> $(S)\gamma_{33}=33$ <br> $(S)\gamma_{22}=1$ <br> $(S)\gamma_{42}=20$ | $n_o=2.176$ <br> $n_e=2.180$ |
| | 3.39 | | $(S)\gamma_{33}=27$ <br> $(S)\gamma_{13}=4.5$ <br> $(S)\gamma_{42}=15$ <br> $(S)\gamma_{22}=0.3$ | $n_o=2.060$ <br> $n_e=2.065$ |
| CdS | 1.15 | $(T)\gamma_{31}=3.1$ <br> $(T)\gamma_{33}=3.2$ <br> $(T)\gamma_{42}=2.0$ | | $n_o=2.320$ <br> $n_e=2.336$ |
| | 10.6 | $(T)\gamma_{13}=2.45$ <br> $(T)\gamma_{33}=2.75$ <br> $(T)\gamma_{42}=1.7$ | | $n_o=2.226$ <br> $n_e=2.239$ |

注:$(T)$表示低频电场测得的系数,$(S)$表示高频电场测得的系数。

### 2. KDP 类晶体的线性电光效应

KDP 类晶体是指 KH$_2$PO$_4$（KDP）、KD$_2$PO$_4$（KD$^*$P）、NH$_4$H$_2$PO$_4$（ADP）等属于 $\overline{4}2m$ 晶类的负单轴晶,它们的外形见图 5-11。

由式(5.3.7)和式(5.3.9),并查表 5-6 可写出 KDP 晶体在外加电场作用下的光率体方程是

$$\frac{x_1^2}{n_o^2}+\frac{x_2^2}{n_o^2}+\frac{x_3^2}{n_e^2}+2\gamma_{41}E_1x_2x_3+2\gamma_{41}E_2x_3x_1+2\gamma_{63}E_3x_1x_2=1$$

$$(5.3.10)$$

设外加电场沿晶体光轴 $x_3$ 方向($E_1=E_2=0$、$E_3\neq0$),由于线性电光效应使 KDP 晶体变成双轴晶,利用主轴变换法,可以求出加上电场后的感应光率体方程为

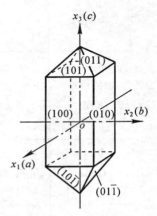

图 5-11　KDP 类晶体的外形

$$\frac{x_1'^2}{(n_o-\frac{1}{2}n_o^3\gamma_{63}E_3)^2}+\frac{x_2'^2}{(n_o+\frac{1}{2}n_o^3\gamma_{63}E_3)^2}+\frac{x_3'^2}{n_e^2}=1 \tag{5.3.11}$$

感应光率体绕 $x_3$ 轴转动了 $45°(x_3'$ 仍与 $x_3$ 重合),这个转动角度与电场大小无关,但转动方向与电场方向(符号)有关;感应主折射率 $n_1'$、$n_2'$ 的变化量为 $\frac{1}{2}n_o^3\gamma_{63}E_3(n_3'$ 仍为 $n_e$)。光性的改变示意于图 5-12。

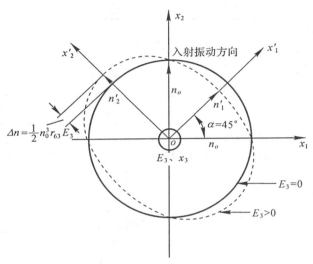

图 5-12 $\gamma_{63}$ 纵向效应

下面再进一步分析当光波以不同的方向入射于 KDP 晶体所产生的两种电光效应。

(1)$\gamma_{63}$ 纵向电光效应

设 $E /\!/ x_3$,入射光波矢 $k /\!/ x_3$,入射光振动方向与 $x_1'$、$x_2'$ 呈 $45°$,如图 5-13 所示。此时晶体的切割方式称 Z 切。光波进入晶体后,将在 $x_1'$ 和 $x_2'$ 方向上分解成两个偏振态,它们的振幅相等,但折射率分别为 $n_o-\frac{1}{2}n_o^3\gamma_{63}E_3$ 和 $n_o+\frac{1}{2}n_o^3\gamma_{63}E_3$。若晶体在 $x_3'$ 方向上的通光长度为 $l$,这两个偏振光波出射晶体时,由于电场 $E_3$ 的作用,形成相位差

$$\Gamma=\frac{2\pi}{\lambda}\big[(n_o+\frac{1}{2}n_o^3\gamma_{63}E_3)-(n_o-\frac{1}{2}n_o^3\gamma_{63}E_3)\big]\cdot l$$
$$=\frac{2\pi}{\lambda}n_o^3\gamma_{63}E_3\cdot l=\frac{2\pi}{\lambda}n_o^3\gamma_{63}V_3 \tag{5.3.12}$$

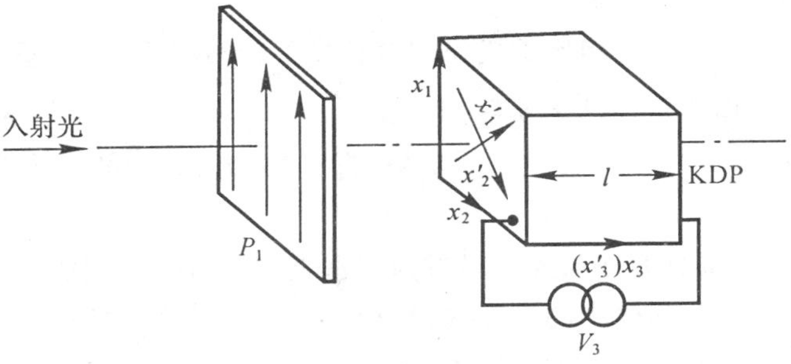

图 5-13 KDP 类晶体纵向运用布置

式中,$V_3$ 是施加在晶体 $x_3$(即 $x_3'$)方向上的电压。

当相位差 $\Gamma=\pi$ 时，这两个偏振光波出射晶体时仍合成为线偏振光，但偏振方向已相对于入射偏振光的偏振方向(即 $P_1$ 方向)旋转了90°，这是令人感兴趣的现象。令式(5.3.12)的 $\Gamma=\pi$，此时所需的电压称为半波电压，记为 $V_\pi$ 或 $V_{\lambda/2}$：

$$V_\pi = \frac{\lambda}{2n_o^3\gamma_{63}} \tag{5.3.13}$$

此时的 $V_\pi$ 与晶体通光长度 $l$ 无关。KDP 类晶体的半波电压列于表 5-8。

**表 5-8  KDP 类晶体的半波电压**

| 晶 体 | 电光系数 $\gamma_{63}$ (cm/V) | $\lambda=5600$ Å | | 6328 Å | | $1.06\mu m$ | |
|---|---|---|---|---|---|---|---|
| | | $n_o$ | $V\frac{\lambda}{2}$(V) | $n_o$ | $V\frac{\lambda}{2}$(V) | $n_o$ | $V\frac{\lambda}{2}$(V) |
| ADP | $8.5\times10^{-10}$ | 1.53 | 10000 | 1.53 | 12000 | 1.51 | 16000 |
| KDP | $10.6\times10^{-10}$ | 1.51 | 8000 | 1.51 | 10000 | 1.49 | 14000 |
| KD*P | $26.4\times10^{-10}$ | 1.52 | 3000 | 1.51 | 3500 | 1.49 | 5000 |

由于电场施加方向与光传播方向一致(都沿 $x_3$ 方向)，上述线性电光效应称为 KDP 晶体的 $\gamma_{63}$ 纵向电光效应。

(2) $\gamma_{63}$ 的横向电光效应

设电场施加方向仍沿 $x_3$，入射光波矢 $k$ 沿 $x'_1$(或 $x'_2$)方向，并使起偏器 $P_1$ 的起偏方向与 $x_3$(即 $x'_3$)、$x'_2$(或 $x'_1$)呈45°，如图 5-14 所示。此时晶体的切割方式称 45°—Z 切，该偏振光进入晶体后，沿感应主轴 $x'_3$、$x'_2$ 分解成两个等幅的偏振分量，它们所对应的折射率分别为 $n_e$ 和 $n_o+\frac{1}{2}n_o^3\gamma_{63}E_3$。若晶体在 $x'_1$ 方向上的通光

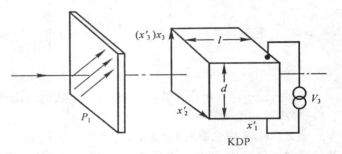

图 5-14  KDP 类晶体横向运用布置

长度为 $l$，晶体上电极的间隔(即晶体在 $x_3$ 方向上的厚度)为 $d$，则这两个偏振分量出射晶体后，由于感应折射率不等导致的相位差

$$\Gamma = \frac{2\pi}{\lambda}\left[(n_o+\frac{1}{2}n_o^3\gamma_{63}E_3)-n_e\right]\cdot l = \frac{2\pi}{\lambda}(n_o-n_e)\cdot l + \frac{\pi}{\lambda}n_o^3\gamma_{63}V_3\frac{l}{d} \tag{5.3.14}$$

与式(5.3.12)相比，式(5.3.14)包含了由自然双折射($n_o-n_e$)造成的相位差和由电光效应引起的相位差。而后者 $\frac{\pi}{\lambda}n_o^3\gamma_{63}V_3\frac{l}{d}$ 相比于式(5.3.12)多了($\frac{l}{d}$)因子。如果适当地增加 $\frac{l}{d}$，就有可能增强电光效应的作用而降低晶体上所需的电压。

由于在这种布置中，光传播方向垂直于电场的施加方向，此种线性电光效应称为 KDP 晶体的 $\gamma_{63}$ 横向电光效应。

在横向效应中，由于电场方向与光传播方向是垂直的，因而也就没有纵向效应中电极制作的困难。但由于横向效应与晶体中的自然双折射有关，因此易受温度的影响。实验表明，KDP 的 $\Delta(n_e-n_o)/\Delta T$ 为 $-1.1\times10^{-5}/℃$，此值虽小，但对相位差影响颇大。例如，对于波长为 $0.6328\mu m$ 的光，长 30mm 的 KDP 晶体，温度引起的相位变化约为 $\pi/℃$。如果要求相位变化不超过 20 毫弧度，则晶体必须严格恒温，其温控精度须在 0.005℃以内，要做到这一点是相当困

难的。为了克服这一缺点,在应用横向效应时,常采用两块性能和尺寸都相同的晶体进行补偿

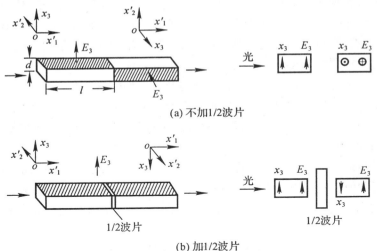

(a) 不加1/2波片

(b) 加1/2波片

图 5-15　$\gamma_{63}$横向效应的两种补偿方式

的办法。常用的两种补偿方法如图 5-15 所示。这两种方法可根据用途不同进行选择,但补偿的原理和结果是相同的。经过补偿以后的相位差为

$$\Gamma = \frac{2\pi}{\lambda} n_o^3 \gamma_{63} E_3 \cdot l = \frac{2\pi}{\lambda} n_o^3 \gamma_{63} V_3 \frac{l}{d} \qquad (5.3.15)$$

式中,$V_3$ 为 $x_3$ 方向所加的电压,$d$ 为电场方向晶体的厚度,$l$ 为光传播方向上单块晶体的长度。

由式(5.3.15)可知,用上述方法进行补偿时,两块晶体的自然双折射互相抵消,而两块晶体中由电场引起的相位差则相加。这样,只要保持两块晶体温度相等(或同步地改变),就可避免温度对相位差的影响。

根据式(5.3.15),当 $\Gamma = \pi$ 时,半波电压为

$$V_\pi = \left( \frac{\lambda}{2n_o^3 \gamma_{63}} \right) \frac{d}{l} \qquad (5.3.16)$$

括号内即为纵向半波电压。晶体的几何因子($\frac{d}{l}$)称为横纵比。

由式(5.3.16)可知,减小 $\frac{d}{l}$ 可以降低半波电压,这是横向效应的最大优点。但是进行补偿时,要求两块晶体的长度严格相等。对 KDP 而言,长度相差 0.1mm,则温度改变 1℃时,相位差变化量为 0.6 度(对波长为 0.6328μm 的光)。

### 3. 电光晶体材料简介

电光效应在工程技术中,尤其是在光电子技术中,有着广泛的应用。利用二次电光效应(克尔效应)制成的器件,称为克尔盒。利用晶体的线性电光效应(普克尔效应)制成的器件,称为普克尔盒。克尔盒的应用虽较普克尔盒要早,但是由于所用材料的克尔系数较小,故所需电压远较使用普克尔盒高;而且如硝基苯等几种常用的液体是有毒的,因此在大多数实际应用(如激光通信、激光雷达、激光显示、光学数据处理等)中普克尔盒已代替了克尔盒。

对于用来制作普克尔盒的电光晶体材料,除要求电光效应强(半波电压要低)以外,还需综

合考虑其它方面的要求,如对使用光波段要有较高的透过率、光学均匀性好、耐压高、对光波和调制波的损耗小、折射率随温度的变化较小、化学性质稳定、机械性能好、易于获得高光学质量的大尺寸晶体等。在已开发的电光晶体中,几乎没有一种晶体能全部满足上述要求。比较常用或有发展前途的有:在可见和近红外区主要有 KDP 类晶体(特别是 KD*P)、LiTaO₃、LiNᵦO₃、KTN 等;在中红外区有 GaAs、CuCl、CdTe 等。

KDP 类晶体是在水溶液中生长的,是易于获得大尺寸、高光学质量的晶体。除了 KD*P 以外,价格都较低,消光比高、抗光性强,透光范围约为 $0.2\sim1.5\mu m$(而 KD*P 的红外透光范围可达 $2.15\mu m$),但易潮解,较软(硬度约 2.4),加工较困难,使用中须有防潮措施。KDP 类晶体是应用最广泛的电光晶体。

LiNᵦO₃(LN)是一种属于 3m 晶类的负单轴晶。透光范围为 $0.4\sim5\mu m$,不易潮解,硬度为 4,易加工,使用方便。它的电光系数大,折射率也较大,故半波电压较低,是一种常用的电光晶体。其缺点是抗光性差,光学均匀性不及 KDP 类晶体。LN 用作电光晶体时的常用布置列于表 5-9。

表 5-9　铌酸锂晶体的电光效应

| 电场和光矢量施加方向 | 光 // $x_3$ | | $E \parallel x_3$,光 $\perp x_3$ |
|---|---|---|---|
| | $E \parallel x_1$ | $E \parallel x_2$ | |
| 光率体感应主轴方向 | $x'_3$ 偏离 $x_3$ 一微小角度,$x'_1$、$x'_2$ 与 $x_1$、$x_2$ 呈 45°角 | $x'_3$ 偏离 $x_3$ 一微小角度,$x'_1$、$x'_2$ 基本与 $x_1$、$x_2$ 重合 | $x'_1$、$x'_2$、$x'_3$ 重合于 $x_1$、$x_2$、$x_3$ 且仍保持单轴晶 |
| 相位延迟 $\Gamma$ | $\Gamma=\dfrac{2\pi}{\lambda}n_o^3\gamma_{22}V_1\dfrac{l}{d}$ | $\Gamma=\dfrac{2\pi}{\lambda}n_o^3\gamma_{22}V_2\dfrac{l}{d}$ | $\Gamma=\dfrac{2\pi}{\lambda}(n_o-n_e)l+\dfrac{\pi}{\lambda}n_o^3$ $\gamma_c V_3\dfrac{l}{d}$ 其中 $\gamma_c$ 为有效电光系数 $\gamma_c=0.9\gamma_{33}-\gamma_{13}$ |

GaAs、CuCl、CdTe 等晶体属于 $\overline{4}3m$ 晶类,在通常情况下是光学各向同性的。它们的电光系数 $\gamma_{41}=\gamma_{52}=\gamma_{63}\neq0$,能透红外光波,适用于 $CO_2$ 之类的红外激光调制。

## 二、电光振幅(或强度)调制

### 1. 电光振幅(或强度)调制

图 5-16 是利用 KDP 类晶体 $\gamma_{63}$ 纵向运用的振幅(或光强)调制器的示意图,它是在图 5-13 的基础上,加了一块与起偏器 $P_1$ 正交的检偏器 $P_2$,构成通常称为的普克尔盒。

根据偏振光干涉原理(见"物理光学"),当两偏振器的偏振方向正交,而且与插入晶体的快、慢轴夹角都呈 45°,沿光轴传播的光束的光强透过率为

$$I_\perp/I_0=\sin^2\frac{\pi(\Delta n)l}{\lambda}=\sin^2\frac{\Gamma}{2}=\frac{1}{2}(1-\cos\Gamma) \tag{5.3.17}$$

式中,$\Gamma$ 为晶体内二个偏振光波的相位差。

如果转动检偏器,使其偏振方向平行于起偏器 $P_1$ 的偏振方向,则光强透过率为

$$I_\parallel/I_0=\cos^2\frac{\Gamma}{2} \tag{5.3.18}$$

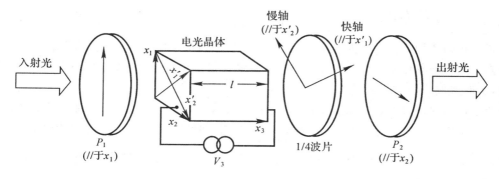

图 5-16　KDP 类晶体 $\gamma_{63}$ 纵向运用的振幅(或光强)调制器示意图

设插入的晶体为 KDP $\gamma_{63}$ 纵向运用的电光晶体,且 KDP 晶体 $x_3$ 轴沿系统轴线安置,式 (5.3.17)及式(5.3.18)中的 $\Gamma$ 即为式(5.3.12)所表示的相位差

$$\Gamma = \frac{2\pi}{\lambda} n_o^3 \gamma_{63} V_3$$

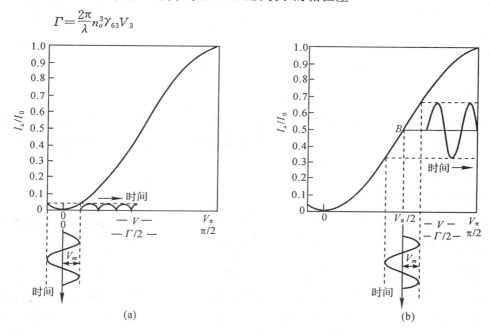

图 5-17　电光调制器的光强透过率及输出光强随电场的变化(设起偏方向与检偏方向正交)

当电光晶体上所施加的电压是正弦变化时:$V_3 = V_m \sin\omega_m t$,由式(5.3.17)得,光强为 $I_0$ 的激光束(偏振方向为 $P_1$)通过正交偏振光干涉的普克尔盒后,光强被调制电场调制为

$$I_\perp = I_0/2\left[1 - \cos\left(\frac{2\pi}{\lambda} n_o^3 \gamma_{63} V_m \sin\omega_m t\right)\right] = \frac{I_0}{2}\left[1 - \cos(\nu\sin\omega_m t)\right] \tag{5.3.19}$$

式中

$$\nu = \frac{2\pi}{\lambda} n_o^3 \gamma_{63} V_m = \pi \frac{V_m}{V_\pi} \tag{5.3.20}$$

其中,$V_\pi$ 为半波电压,由式(5.3.13)决定。

利用一类贝塞尔函数 $\cos(\delta\sin\omega t)$ 以及 $\sin(\delta\sin\omega t)$ 有如下展开式:

$$\cos(\delta\sin\omega t) = J_0(\delta) + 2J_2(\delta)\cos2\omega t + 2J_4(\delta)\cos4\omega t + \cdots \tag{5.3.21}$$

$$\sin(\delta\sin\omega t) = 2J_1(\delta)\sin\omega t + 2J_3(\delta)\sin3\omega t + \cdots \tag{5.3.22}$$

因此式(5.3.19)可展开为

$$I_\perp = \frac{I_0}{2}\{[1-J_0(\nu)]-2J_2(\nu)\cos 2\omega_m t - 2J_4(\nu)\cos 4\omega_m t - \cdots\} \tag{5.3.23}$$

该式说明出射该调制器后的光强被二倍电场频率所调制,并且存在高阶偶次谐波分量,后者称为失真。这一现象可从图 5-17 看出:透过率曲线在 $\Gamma=0$ 的附近区域是对称的,但非线性非常明显,从而造成式(5.3.23)所示的调制效果。

为了改善失真度,我们可以选择透过率曲线线性较好的工作点进行调制,图 5-17(b)中的 $B$ 点正是所希望的工作点。移动工作点至 $B$,通常有二种方式:其一,在调制晶体上除了施加调制信号电压外,再附加一恒定的、使相位延迟 $\frac{\pi}{2}$(或光程差 $\frac{\lambda}{4}$)的直流偏压 $V_{\frac{\pi}{2}}$(或 $V_{\frac{\lambda}{4}}$);其二,在调制器的光路中,晶体的前或后位置上,插入一块 $\frac{\lambda}{4}$ 波片(如图 5-16 所示),其快、慢轴分别与 $x'_1$,$x'_2$ 轴重合,使 $x'_1$,$x'_2$ 偏振方向上的两个偏振分量间形成一个预置的 $\frac{\pi}{2}$ 相位延迟。此时,式(5.3.17)可改写为

$$I_\perp / I_0 = \frac{1}{2}\left[1-\cos\left(\frac{\pi}{2}+\nu\sin\omega_m t\right)\right] = \frac{1}{2}[1+\sin(\nu\sin\omega_m t)] \tag{5.3.24}$$

当 $\nu$ 较小时,即调制电压峰值 $V_m$ 远小于半波电压 $V_\pi$ 时,上式可简写为

$$I_\perp / I_0 \approx \frac{1}{2}[1+\nu\sin\omega_m t] \tag{5.3.25}$$

该式说明光强度被调制电场的频率所调制,调制的深度由 $\nu$ 决定。当 $\nu$ 较大时,我们可根据式(5.3.22)对式(5.3.24)展开,发现强度变化中也会含有失真量,但却是振幅量较小的高阶奇次谐波。

### 2. 电光振幅(或强度)调制器的电性能

对于电光振幅(或强度)调制,总是希望在较小的电源驱动功率下获得高的调制频率以及足够宽的调制带宽。为此在选择和设计调制器时,必须考虑其电性能。

以上对电光调制的分析,均认为在光波通过晶体全长 $l$ 的渡越时间($\tau_d = l/\frac{c}{n}$)内,调制信号电压在晶体各处的分布相等,因而光波在晶体各部位所获得的相位延迟也都相同。这种工作状态的取得至少必须满足:晶体的尺寸要小于调制信号在晶体中的半个波长这一条件。满足这一条件的调制器就可认为是电路中的一个集总元件,故称为集总型调制器。

集总型调制器对调制信号来说,可以等效为一个电容。一块电光晶体,在相互平行的一对界面上加上平板电极后,就构成一个平板电容,其电容量是

$$C_0 = \varepsilon_i \frac{A}{d} = \varepsilon_0 \varepsilon_{ri} \frac{A}{d} \tag{5.3.26}$$

式中,$\varepsilon_i$、$\varepsilon_{ri}$ 分别是晶体在加电场方向上的介电系数和相对介电系数,$\varepsilon_0$ 是真空中的介电常数($8.86 \times 10^{-12}$F/m),$A$ 是平板电极面积,$d$ 是电极间距(即晶体厚度)。

此外,晶体介质还有一定的电阻 $R_0$。把调制信号源考虑进去,其等效电路如图 5-18 所示,图中 $V_m$ 是调制信号电压,$R_s$ 是信号源的内阻。

作用于电光晶体上的有效电压

$$V = \left(\frac{V_m}{\frac{1}{R_0}+i\omega C_0}\right)\bigg/\left(R_s + \frac{1}{\frac{1}{R_0}+i\omega C_0}\right)$$

$$= \frac{V_m R_0}{R_0 + R_s + i\omega C_0 R_0 R_s} \tag{5.3.27}$$

其模与 $V_m$ 的比值是

$$K = \frac{|V|}{V_m} = \frac{R_0}{[(R_0 + R_s)^2 + (\omega C_0 R_s R_0)^2]^{1/2}}$$

通常 $R_0 \gg R_s$，因而上式可简化为

$$K = \frac{1}{[1 + (\omega C_0 R_s)^2]^{1/2}} \tag{5.3.28}$$

其频率特性如图 5-19 所示。这种结构只适用于低频信号调制，调制频率不超过几兆赫。

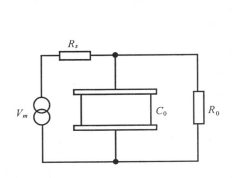

图 5-18　电光调制器的等效电路

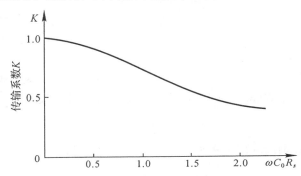

图 5-19　电光调制器的频率特性

为了满足高频调制的要求，可在电极两端并联一个电感 $L$，这时的等效电路见图 5-20(a)，图中 $R$ 为 $R_0$ 及电感中电阻的等效值，可解得

$$K' = \frac{|V|}{V_m} = \frac{1}{[1 + R_s^2 (\omega C_0 - \frac{1}{\omega L})^2]^{1/2}} \tag{5.3.29}$$

其频率特性见图 5-20(b)。

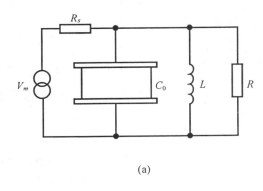

(a)

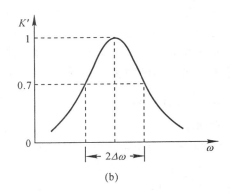

(b)

图 5-20　高频电光调制器的等效电路和频率特性

由此可见，当调制频率 $\omega = \omega_0 = \frac{1}{(LC_0)^{1/2}}$ 时，$K' = 1$。合理选择电感 $L$，可使调制频率达到较高的数值，但是，并联谐振的频宽为

$$2\Delta\omega = \frac{1}{RC_0} \tag{5.3.30}$$

若 $R$ 在几十到几百兆欧，而 $C_0$ 为几个微微法的量级，则 $\Delta f$ 只有几十千赫，这只能是窄带调制。

由以上分析可知,调制频率要高和调制带宽要宽的要求往往是不能同时满足的,这是集总型调制器的主要缺点。在既要求调制频率高,又要求调制带宽足够宽的特殊应用中,则须采用行波调制,如图 5-21 所示。因调制波与光波以相同速度在晶体中传播,其调制带宽可达数千兆赫。

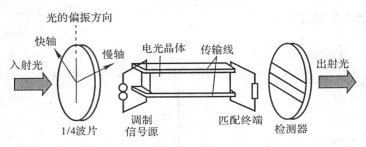

图 5-21　行波调制器结构

由式(5.3.30)可得并联谐振时的调制带宽为

$$2\Delta f_m = \frac{1}{2\pi RC_0} \qquad (5.3.31)$$

并设调制峰值电压为 $V_m$,则集总型调制器的驱动功率为

$$P = \frac{1}{2}\frac{V_m^2}{R} = 2\Delta f_m \cdot \pi C_0 V_m^2 \qquad (5.3.32)$$

当所需调制带宽及调制深度确定以后,降低集总型调制器驱动功率的途径是降低调制峰值电压以及减少晶体电容等。具体措施如下:

(1)采用横向电光调制器

利用如图 5-15 所示的 KDP 类晶体 $\gamma_{63}$ 横向效应的补偿方式,前后分别加起偏器、检偏器,作成横向电光调制器,根据式(5.3.16),可以使调制电压降低 $\frac{d}{l}$ 倍。对于具有自然双折射因子的其他切型或其他电光晶体,同样可以利用自然双折射补偿方式,作成横向电光调制器。如铌酸锂(LiNbO₃)晶体 $E\mathbin{/\mkern-5mu/} x_3$、光$\perp x_3$ 的横向运用(列在表 5-9 中)。

用于高频调制的上述横向电光调制器,在保证高斯光束能有效通过的条件下,其两块晶体都该有尽可能小的通光口径 $d^2$(如 0.25mm²),以保证在较短的晶体长度 $l$ 下仍保持足够小的横纵比($\frac{d}{l}$)。因为 $l$ 小就意味着晶体电容小($C_0 = 2\varepsilon_0\varepsilon_{ri}\frac{d\cdot l}{d} = 2\varepsilon_0\varepsilon_{ri}l$),从而增加调制带宽并降低驱动功率。

(2)采用纵向串接式电光调制器

该方案是采用 $N$ 块纵向运用的电光晶体在光学上串联而在电学上并联的方法使调制电压降低 $N$ 倍。其原理和结构如图 5-22 所示。由同一长条 KD*P 晶体加工成 $N$ 块纵向运用的KD*P 晶体,偶数块相对于奇数块旋转 90°,它们的 $x_3$ 轴取向一致,而电场逐块反向。由于电路上并联,每块晶体上施加的电场强度均为 $E_3$,当光通过 $N$ 块晶体时,总的相位延迟是各块晶体中产生的相位延迟的叠加($\Sigma\Gamma = N\Gamma_3 = \frac{2\pi}{\lambda}n_0^3\gamma_{63}V_3N$),从而使半波电压下降 $N$ 倍。为了避免透过率过低或电容过大,一般 $N$ 取 4～6 为宜。这种方案由于是 $\gamma_{63}$ 纵向运用,调制稳定度非常高,最适宜于激光相位测距仪中。

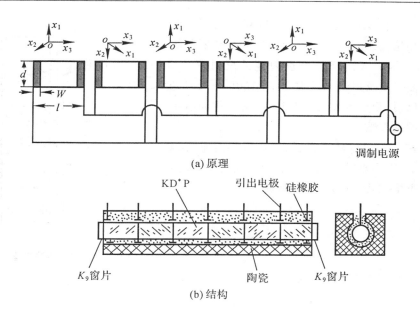

(a) 原理

(b) 结构

图 5-22　纵向串接电光调制器

## 三、电光相位调制

图 5-23 为电光调制器对光波相位调制的原理图。与光强调制布置(图 5-16)不同的是,图 5-23 中的起偏方向平行于 KDP 的 $x'_1$ 轴,并在系统中不存在检偏器。由于入射至 KDP 晶体的

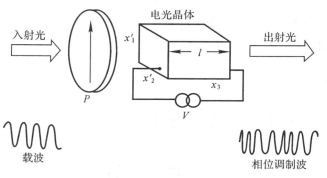

图 5-23　相位调制器工作原理

光波偏振方向平行于 $x'_1$ 方向,根据式(5.3.11)知,该光波所对应的折射率 $n_o - \frac{1}{2}n_o^3\gamma_{63}E_3$。设晶体的通光长度为 $l$,及电场为 $E_3 = E_m\sin\omega_m t$,并令入射光场在晶体入射面($x_3=0$)处的波动光场 $E_\lambda = A\cos\omega t$,则光通过晶体后的光场

$$E_{出} = A\cos\left[\omega t - \frac{\omega}{c}\left(n_o - \frac{1}{2}n_0^3\gamma_{63}E_m\sin\omega_m t\right)l\right]$$

略去无调制意义的常数相位项 $\frac{\omega}{c}n_o l$,并同样引入参数 $\nu = \frac{2\pi}{\lambda}n_o^3\gamma_{63}E_m l$,上式可改写为

$$E_{出} = A\cos\left[\omega t + \frac{1}{2}\nu\sin\omega_m t\right] \tag{5.3.33}$$

该式清楚地表示了光的相位被调制电场所调制。

利用非对称的法布里-珀罗腔可以用小的调制电压得到高的相位调制系数。非对称的法布里-珀罗腔的结构示于图 5-24。入射面介质反射镜的反射率 $r<100\%$，而背面介质反射镜的反射率 $r=100\%$。入射光在腔内来回反射，相当于增加了晶体的厚度，因而有可能提高相位调制系数。

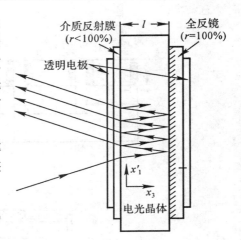

设光束在晶体中传播无损耗，光束以接近垂直镜面的方向入射，则不难推得入射光与反射光之比，即整个非对称法布里-珀罗腔的反射系数是

$$R=\mathrm{e}^{i\psi}=\frac{-\sqrt{r}+\exp(-i2\phi)}{1-\sqrt{r}\exp(-i2\phi)} \tag{5.3.34}$$

其中

图 5-24　非对称法布里-珀罗腔

$$\phi=\frac{\omega l}{c}n'_i=\frac{\omega l}{c}n_o-\frac{\omega}{2c}n_o^3\gamma_{63}V_m \tag{5.3.35}$$

式中，$V_m=E_m l$。

反射波的相位移

$$\psi=-2\arctan\left(\frac{1+\sqrt{r}}{1-\sqrt{r}}\mathrm{tg}\phi\right) \tag{5.3.36}$$

可以看到，当入射面的 $r\rightarrow0$ 时，$\psi\rightarrow2\phi$，这正是光束在晶体中一个来回引起的相移。

如果适当对电光晶体偏置，使没有调制电压 $V_m$ 时的 $\phi=m\pi$，则相位 $\psi$ 就是相位调制系数，即

$$M_p=\psi=2\arctan\left[\frac{1+\sqrt{r}}{1-\sqrt{r}}\mathrm{tg}\left(\frac{\omega}{2c}n_o^3\gamma_{63}V_m\right)\right]$$

在 $V_m$ 很小时，上式可化简为

$$M_p=2\frac{\omega}{2c}n_o^3\gamma_{63}V_m\frac{1+\sqrt{r}}{1-\sqrt{r}} \tag{5.3.37}$$

与式(5.3.33)相比，可见 $M_p$ 提高了 $2\frac{1+\sqrt{r}}{1-\sqrt{r}}$ 倍。

## 第四节　光辐射的声光调制

### 一、声光效应

光波经过具有超声场作用的介质时被衍射的现象就是声光效应。声波是弹性波，介质中存在弹性波就意味着介质中存在着时间、空间周期变化的弹性应变，造成介质内密度(从光学观点看是折射率)呈时间、空间的周期性变化，其空间周期就是超声波波长 $\Lambda_s$，如图 5-25 所示。折射率的变化可表示为

$$\Delta n(z、t)=\Delta n\sin[\omega_s t-k_s z] \tag{5.4.1}$$

式中，$\omega_s$ 和 $k_s$ 的比值就是超声波在介质中的传播速度 $v_s$。

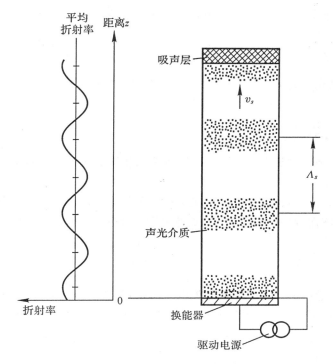

图 5-25　声光器件及声波在声光介质中传播时形成声光栅示意图(当 $t=$ 某特定值时)

根据弹光效应的分析,可以求得声场引起的折射率变化的幅值 $\Delta n$ 与介质应变的关系是

$$\Delta n = -\frac{1}{2} n^3 p S \qquad\qquad (5.4.2)$$

式中,$p$ 为介质的应变弹光系数,$S$ 为应变。

上述折射率变化的结果,使得存在超声波的介质可看作为一块位相光栅(光栅常数为 $\Lambda_s$)。当一束平行光通过此种介质时,就会产生衍射,同时使光强重新分布。

声光效应可分为两种类型,即喇曼-奈斯(Raman-Nath)衍射和布喇格(Bragg)衍射。

布喇格声光衍射是指声频很高,声光作用长度 $L$ 较大,且光束与声波前间以一定角度斜入射时所产生的声光效应。为了解释这一效应,我们可近似地把周期性声场中的密度压缩层(稠密层)看成一系列部分反射的平面镜,这些反射镜以间隔声波长 $\Lambda_s$ 为距离平行安置。若声波是行波,则镜列阵以声速 $v_s$ 沿镜法线方向移动(如图 5-26 所示),入射光经这些反射层反射。

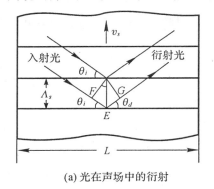

(a) 光在声场中的衍射　　　　　　　(b) 动量三角形

图 5-26　布喇格衍射原理图

欲使反射光能达到相干叠加,从图 5-26 中可以看出,光程差 $\overline{FE}+\overline{EG}$ 必须等于光波长 $\lambda$。所以,入射角 $\theta_i$ 应满足:

$$\overline{FE}+\overline{EG}=2\,\overline{FE}=2\Lambda_s\sin\theta_i=\lambda$$

当 $\theta_i$ 角很小时,上式经整理得 $\theta_i\approx\dfrac{\lambda}{2\Lambda_s}$,且入射角 $\theta_i$ 等于衍射角 $\theta_d$。我们称满足干涉增强的入射角为布喇格角

$$\theta_B=\sin^{-1}\frac{\lambda}{2\Lambda_s}\approx\frac{\lambda}{2\Lambda_s} \tag{5.4.3}$$

式(5.4.3)称为布喇格衍射条件。式中 $\lambda$、$\theta_B$ 均指声光介质中的光波长和布喇格角。布喇格声光衍射只出现 0 级和 1 级衍射。

为了达到强烈的衍射效果,希望光束能穿过尽可能多的声波波阵面。假设每条入射光线至少要求穿过两个声阵面,则就对声光作用长度也即电-声换能器的长度 $L$ 提出要求,如图 5-26(a)所示。$L$ 应满足如下条件:

$$L\geqslant\frac{\Lambda_s}{\theta_B}\approx\frac{2\Lambda_s^2}{\lambda} \tag{5.4.4}$$

式(5.4.4)是表示判别布喇格衍射是否强烈的依据,称布喇格判据。

以上是从光波的相干叠加的原理说明布喇格声光作用的现象。我们也可以从声-光相互作用时的量子观点得到证明。入射光子的能量为 $\hbar\omega_i$,动量为 $\hbar k$,其中 $\hbar=\dfrac{h}{2\pi}$,$h$ 为普朗克常数,而声子的能量为 $\hbar\omega_s$,动量为 $\hbar k_s$。声-光相互作用后,使得一个入射光子和一个声子淹没的同时产生一个衍射光子(其能量为 $\hbar\omega_d$,动量为 $\hbar k_d$)。在这过程中,若同时满足能量、动量守恒法则,则有最大的相互作用效率:

$$\hbar\omega_d=\hbar\omega_i\pm\hbar\omega_s$$
$$\hbar k_d=\hbar k_i\pm\hbar k_s$$

从而得

$$\nu_d=\nu_i\pm f_s \tag{5.4.5}$$
$$k_d=k_i\pm k_s \tag{5.4.6}$$

以上两式表示:(a)衍射光的频率相对入射光频有一频移,频移量恰为声频 $f_s$。(b)相互作用的三个波矢量满足图 5-26(b)所示的动量作用三角形条件。

由于 $\omega_i\gg\omega_s$,故 $|k_d|\approx|k_i|$,根据 $|k|=\dfrac{2\pi}{\lambda}$,以及图 5-26(b),我们仍可获得式(5.4.3)的条件。

通过求解光波在介质中受到超声波作用时的麦克斯韦方程组,可以求得零级光和一级衍射光的光强,它们分别为

$$I_0=I_i\cos^2\left(\frac{\nu}{2}\right) \tag{5.4.7}$$

$$I_d=I_i\sin^2\left(\frac{\nu}{2}\right) \tag{5.4.8}$$

两式中 $\nu$ 为光波通过声光介质时产生的附加相移,即

$$\nu=\frac{2\pi}{\lambda_0}\Delta n\frac{L}{\cos\theta_B}$$

由式(5.4.2)以及应变 $S$ 与超声强度 $I_s$ 之间的如下关系便可求得 $\Delta n$

$$S=\left(\frac{2I_s}{\rho v_s^3}\right)^{1/2} \tag{5.4.9}$$

式中，$\rho$ 为介质密度，$v_s$ 为声速，$I_s=\dfrac{P_s}{HL}$，$P_s$ 为超声功率，$H$、$L$ 分别为换能器的宽度和长度（$HL$ 即为声柱的截面尺寸），把以上关系式代入式(5.4.8)得到布喇格声光衍射的衍射光强

$$I_d=I_i\sin^2\left[\frac{\pi}{\sqrt{2}}\frac{1}{\lambda_0\cos\theta_B}\sqrt{\frac{L}{H}M_2P_s}\right] \qquad (5.4.10)$$

式中，$\lambda_0$ 为真空中的光波长，$M_2$ 为声光介质的品质因数，它反映了声光介质把声功率转变到折射率变化的能力，其值为

$$M_2=\frac{p^2n^6}{\rho v_s^3} \qquad (5.4.11)$$

式中，$p$ 为应变弹光系数，$n$ 为折射率，$\rho$ 为密度，$v_s$ 为声速。

以上讨论了行波声场中的布喇格声光衍射，并未涉及到入射光及衍射光的偏振态。实际上，上述讨论是指入射光、衍射光为同一偏振态，因为我们假定了 $|k_d|=|k_i|$，即 $n_d=n_i$。通常把这类声光衍射称为正常布喇格声光衍射。若声光衍射的结果导致入射光与衍射光的偏振态不一致，则称为异常布喇格声光衍射。

另一种声光效应是喇曼-奈斯声光衍射。此时，换能器长度 $L$ 较小，或者声频较低，一般有 $L\leqslant\dfrac{\Lambda_s^2}{2\lambda}$，且在使用时，往往使光波垂直声波前法线（声波矢）入射。光波经过这种器件衍射后，它将产生多级（或称"序"）衍射光束。各级衍射光在远场的角分布为

$$\sin\theta_d=\pm m\frac{\lambda}{\Lambda_s} \qquad (5.4.12)$$

式中，$\theta_d$，$\lambda$ 分别为声光介质中的衍射角和光波长，$\Lambda_s$ 为声波长，$m$ 为衍射级（$m$ 为大于等于零的整数）。

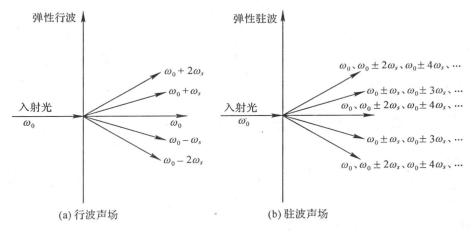

图 5-27 喇曼-奈斯声光衍射中的光频移

如图 5-27 所示，各级衍射光都有确定的频移 $(\omega_d)_{\pm m}=\omega_0\pm m\omega_s$，其中 $(\omega_d)_{\pm m}$ 为正或负 $m$ 级衍射光角频率，$\omega_0$ 为入射光角频率，$\omega_s$ 为声波角频率。而第 $m$ 序衍射光（包括 $+m$，$-m$ 两束衍射光）的光强为

$$I_m=2J_m^2(\nu) \qquad (5.4.13)$$

式(5.4.13)已对入射光强作了归一化处理，$J_m(\nu)$ 是宗量为 $\nu=\dfrac{2\pi}{\lambda}\Delta nL$ 的一类贝塞尔函数，$\Delta n$ 为声场引起的折射率变化的幅值。零级光（即未衍射而出射的光束）光强为 $J_0^2(\nu)$，在归一化的条件下，显然有

$$J_0^2(\nu) + 2\Sigma J_m^2(\nu) = 1 \qquad (5.4.14)$$

同样，上述讨论限于行波声场。当声波传播至声光介质上界面，被无吸收地按原程反射，且声柱高度恰恰等于声半波长的整数倍，则将在声光介质中形成声的驻波场。驻波场的喇曼-奈斯衍射与行波声场相比存在着一个重要的区别，这就是每级衍射光的频移不再是单纯的比例于衍射级次的频移，如图 5-27(b) 所示。以零级光为例，其频率中包含有入射光频 $\omega_0$，以及 $\omega_0 \pm 2\omega_s$，$\omega_0 \pm 4\omega_s$ 等。换言之，零级光的振幅被二倍的声频所调制，其中含有幅度不太大的（条件是声强较弱）偶数高阶谐波成分。

表 5-10 列出常用声光介质的声学、光学特性，以及常用换能器材料的特性。

**表 5-10(a)　常用声光介质性能一览表**

| 材　料 | 透光范围 (μm) | 光波波长 (μm) | 密度 $\rho$ g·cm$^{-3}$ | 声　波 | | 声　损耗 $\Gamma$ [2] | 光　波 | | $M_2$ (10$^{-18}$s$^3$·g$^{-1}$) |
|---|---|---|---|---|---|---|---|---|---|
| | | | | 模 [1] 和传播方向 | 声速(10$^5$·cm·s$^{-1}$) | | 偏振方向 [3] | 折射率 $n$ | |
| 熔石英 | 0.2~4.5 | 0.63 | 2.2 | $L$ | 5.96 | 12 | ⊥ | 1.457 | 1.51 |
| 重火石玻璃 ZF$_6$ | 0.38~1.8 | 0.63 | 4.8 | $L$ | 3.8 | | 任　意 | 1.72 | 5.5 |
| 重火石玻璃 ZF$_2$ | 0.38~1.8 | 0.63 | 4.1 | $L$ | 3.8 | | 任　意 | 1.67 | 3.8 |
| 水 | 0.2~0.9 | 0.63 | 1 | $L$ | 1.49 | 2400 | 任　意 | 1.33 | 126 |
| 钼酸铅(PbMoO$_4$) | 0.42~5.5 | 0.63 | 6.95 | $L$[001] | 3.66 | 15 | ⊥或∥[100] | 2.26 或 2.39 | 26.3 |
| 二氧化碲(TeO$_2$) | 0.35~5 | 0.63 | 5.99 | $S$[110] | 0.616 | 290 | 异　常 Bragg 衍射 | 2.26 | 793 |
| 砷化镓(GaAs) | 1~11 | 1.15 | 5.34 | L[110] | 5.15 | 30 | ∥ | 3.37 | 104 |

注：① $L$ 表示纵波模式，$S$ 为切变模式；②声损耗单位为 dB/cm·GHz$^2$；③∥，⊥分别表示平行和垂直于声波矢量。

**表 5-10(b)　常用换能器材料性能一览表**

| 材　　料 | 密度 $\rho$(g·cm$^{-3}$) | 模 [1] | 晶　面 | 机电耦合系数 $k$ | 介电常数 | 频率常数(GHz·μm) | 声阻抗 (10$^5$g·cm$^{-2}$·s$^{-1}$) |
|---|---|---|---|---|---|---|---|
| SiO$_2$ | 2.65 | ⊥ | $x$ | 0.098 | 4.58 | 2.87 | 15.2 |
| | | $S$ | $y$ | 0.137 | 4.58 | 1.925 | 10.2 |
| LiNbO$_3$ | 4.64 | ⊥ | 36°$y$ | 0.49 | 38.6 | 3.65 | 33.9 |
| | | $S$ | 163°$y$ | ●0.62 | 42.9 | 2.24 | 20.8 |

## 二、声光调制

前面已扼要介绍了声光效应的原理。作为声光调制器来说，无论是喇曼-奈斯型衍射还是布喇格型衍射，主要采取两种工作方式。一种是用零级光作为输出，另一种是用一级衍射光束作为输出。如驻波声场的喇曼-奈斯衍射，往往利用零级光输出，其零级光强（或振幅）被二倍声频调制，调制深度随声功率而变化，这种器件已成功地应用于激光相位测距。除了上述应用外，大部分声光调制器均采用行波声场的布喇格型声光调制器，此时往往利用衍射效率很高的一级衍射光。

行波声场声光调制器由声光介质、电-声换能器、吸声装置及驱动电源四部分组成。

声光介质是声和光相互作用的场所，式(5.4.10)表明，品质因数 $M_2$ 大的声光介质具有高的衍射效率。市售声光调制的声光介质有熔融石英、重火石玻璃、钼酸铅晶体等。前两种材料的 $M_2$ 都较小，但光学均匀性好，尤其是熔融石英具有很小的温度系数，它们往往被应用于谐振腔内的声光调制器。钼酸铅晶体的 $M_2$ 值大，在可见光区和近红外区透明，光学均匀性比较好，是腔外调制声光器件的主要材料之一。

电-声换能器是利用反压电效应,在外电场作用下产生机械振动形成超声波辐射,起着把调制电信号转换成声信号的作用。根据声振动的模式,电-声换能器可分纵向形变模式和切变模式两种。通常所用的产生纵向反压电形变的电-声换能器材料是 $x$ 切石英晶体和 $36°y$ 切铌酸锂晶体等。换能器一般都很薄,若要求的谐振声频 $f_{s0}$ 确定后,工作于基频振动的晶体静态(即无电场,压力等作用下)的厚度 $l_0$ 应等于谐振频率 $f_{s0}$ 处的半波长,即

$$l_0 = \frac{1}{2}(v_s/f_{s0}) \tag{5.4.15}$$

式中,$v_s$ 为声速,称 $(v_s/2)$ 为压电晶体的频率常数,它可以从表 5-10(b) 中查得。

衡量换能器材料性能的一个主要参数是机电耦合系数 $k$,$k^2$ 表征晶体产生反压电形变的机械能与晶体内储存的电能之比。换能器材料的机电耦合系数 $k$ 高,表示它有高的电-声转换效率。另一方面,还必须注意换能器能否将声有效地传递到声光介质中去。如同光波在两种媒质界面上的反射、透射一样,声波也将在换能器和声光介质的界面上产生传递过程中的损耗。为了减少这种损耗,换能器的声阻抗(声阻抗定义为密度、速度积)应尽可能接近声光介质的声阻抗。

实际上,在声光介质和换能器之间均有键合层和电极层,它们把两者可靠地粘结在一起,并起电极作用。同时,应考虑怎样设计才能将声能以最小的损耗传递到声光介质中去,常用的键合材料是铟。图 5-28 示出频率为 300MHz 能激发声纵波的一种典型的换能器结构,它以锗单晶作声光介质,以 $36°y$ 切的铌酸锂(LN)晶体作换能器。

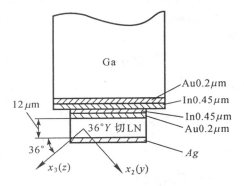

图 5-28 一种定型的声光调制器的换能器结构

如同一切调制器有确定的调制带宽一样,声光调制器也有自己的带宽。下面扼要介绍仅由声波在介质中以有限的速度传播时对调制带宽的限制。声波以比光波慢得多的速度(一般为每秒数千米)在介质中传播。因此,声波通过宽度为 $w$ 的光束需要较长的渡越时间 $\tau$,$\tau = w/v_s$,从而使得整个光束截面的光强度变化对于声波强度变化的响应不可能是即时的。这就对最高的调制频率 $f_{smax}$ 带来限制。一般认为

$$f_{smax} = k \cdot \frac{1}{\tau} \tag{5.4.16}$$

式中,$k$ 为接近于 1 的比例常数。

为了缩短渡越时间,提高频率响应速度,一方面在选择声光介质时,不仅要考虑品质因数 $M_2$ 的大小,还要考虑声光介质应有较大的声速,这和 $M_2$ 的要求有些矛盾,因此引入另一个品质因数 $M_1$($M_1 = nv_s^2 M_2$),表征该声光材料的高频声光调制性能。另一方面,在高频调制的场合中,应使入射光束以很小的束径 $w$ 通过声光介质,使渡越时间尽可能减少。不过,光束宽度也不能无限减小,应使在光束宽度 $w$ 内能容纳足够多的声波扰动层,才能有强的衍射效应。另一值得注意的问题是,光束发散角由于束径 $w$ 减小而增加了,为了在整个光束角宽度下都能较好地满足布喇格条件,也应使声波束有相应的发散角。使声束角增加的方法之一是基于声波的衍射效应,使换能器的长度 $L$ 相应减小,提高声波衍射束角。

由式(5.4.8)可知,对于一级衍射有

$$\frac{I_d}{I_i} = \sin^2\left(\frac{\nu}{2}\right)$$

比较此式与式(5.3.17)可知,声光调制与电光强度调制有着完全相同的函数关系和相同的调制曲线关系。若调制信号较小和在合适的工作点条件下,可以实现无失真的强度调制。当调制信号较小时,式(5.4.10)还可用如下近似式表示:

$$\frac{I_d}{I_i} \approx \frac{\pi^2 L M_2}{2\lambda_0^2 H} P_s \tag{5.4.15}$$

可见一级衍射光强与超声功率 $P_s$ 成正比,而 $P_s$ 又正比于调制电源的功率 $P_E$,设 $P_s = \eta P_E$,$\eta$ 为电声功率的转换效率,于是有

$$I_d = I_i \frac{\pi^2 L M_2}{2\lambda_0^2 H} \eta P_E = I_i K P_E \tag{5.4.16}$$

式中,$K$ 是与声光调制器设计有关的常数。

这样,使 $P_E$ 按调制信号规律变化时,一级衍射光强 $I_d$ 将随调制信号的规律变化。

声光调制器的另一种重要应用是实现光的频移。式(5.4.5)表示行波声场布喇格衍射时的一级衍射光相对于入射光的频率有一频移,频移量恰为声频 $f_s$。将声功率恒定,声频为 $f_s$ 的声场加在这种调制器上,一级衍射光的光强被稳定在某一水平上,且频率相对于零级光的频率移动了 $f_s$。我们可以利用零级光和一级衍射光进行干涉,做成外差式干涉系统,这种干涉系统抗干扰能力强,零漂影响小,而被广泛应用于动态干涉检测中。

## 第五节　光辐射的磁光调制

### 一、法拉第效应

与电场使晶体产生电光效应相似,磁场也能使晶体产生各向异性。当光束通过处于磁场中的晶体时,其偏振面会发生旋转,这种现象称为法拉第效应。

由原子物理学中有关反常塞曼效应的原理可知,在磁场作用下,物质的吸收谱线会发生分裂,分裂出来的两条谱线是对称分布于原谱线位置的,且这两条谱线的偏振面旋转方向是相反的,一条为左旋偏振光,另一条则为右旋偏振光。而谱线位置的移动量 $\Delta\nu$ 是正比于磁场强度 $H$ 的。在物理学中定义介质的折射率随波

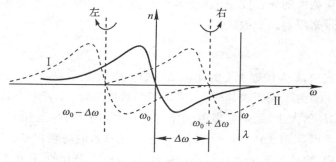

图 5-29　介质的色散曲线

长发生突变的区域为反常色散区,物质的反常色散区是对称分布于吸收谱线位置的。既然在磁场作用下出现物质对左旋偏振光和右旋偏振光吸收谱线位置的不同偏移,因而也就出现了物质反常色散区位置的不同偏移。图 5-29 夸大地表示了物质在磁场作用下折射率曲线变化的情况。曲线 I 表示左旋偏振光的折射率曲线,曲线 II 表示右旋偏振光的折射率曲线。图中粗实线表示无磁场作用时物质的色散曲线。

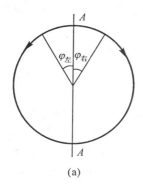 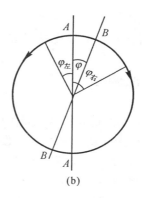

图 5-30 偏振光通过磁光介质时偏振面的转动

一束波长为 λ 的偏振光,其偏振面为 $AA$,如图 5-30 所示,我们可以把此偏振光看作是对称于 $AA$ 平面的两束左旋及右旋偏振光的合成。假设此偏振光射入某一旋光物质,此旋光物质对左旋偏振光和右旋偏振光的折射率是不同的。在图 5-29 中,角频率 ω(或波长 λ)所对应的折射率分别为 $n_左$ 与 $n_右$,设平面偏振光在磁光介质中传播的距离为 $l$,则左、右旋两圆偏振光的相位差为

$$\Delta\varphi = \frac{2\pi}{\lambda}(n_左 - n_右)l$$

由图 5-30(b)可以看出,原偏振光的偏振面通过磁光介质后的转角

$$\varphi = \frac{\Delta\varphi}{2} = \frac{\pi}{\lambda}(n_左 - n_右)l \tag{5.5.1}$$

由图 5-29 可以看出,$(n_左 - n_右)$ 近似地与谱线分裂的位移量 Δω 成正比[*]。而 Δω 又与外磁场强度 $H$ 成正比,故有 $(n_左 - n_右) = \alpha H$,其中 α 为比例系数,则有

$$\varphi = \frac{\pi}{\lambda}\alpha H l = K H l \tag{5.5.2}$$

式中,$K = \frac{\pi}{\lambda}\alpha$ 对一定波长是一个常数,称为范德特(Verdet)常数。

几种典型材料的范德特常数列在表 5-11 中。

表 5-11 几种典型材料的范德特(Verdet)常数($K$)值

| 材 料 名 称 | 范德特常数($K$)(rad/cm·Gs)[**] |
|---|---|
| 钻 石 | $3.72 \times 10^{-6}$ |
| 石 英 | 4.82 |
| 钡冕玻璃 | 6.40 |
| 重火石玻璃 | 25.60 |
| KCl | 8.35 |
| CaF | 2.54 |
| ZnS | 65.20 |

[*] 范特将常数($K$)是用 $\lambda = 0.5893\mu m$(钠 D 线)的偏振光在室温 1 高斯的磁场下,通过 1cm 材料测得的旋转角(弧度)。

[*] 近似条件是:$\omega\omega_c \ll |\omega_0^2 - \omega^2|$,其中 $\omega_0$ 为谐振频率,$\omega_c$ 为回旋频率。

[**] 在 CGS 制中,磁场强度的单位是高斯,符号为 Gs;在国际单位制(SI)中,磁强度的单位是特斯拉,符号为 T。它们之间的换算关系是 $1T \approx 10^4 Gs$。

式(5.5.2)表明,法拉第效应引起入射光偏振面旋转,其旋转角与沿光束传播方向的磁场强度和磁光介质的通光长度成正比。

## 二、磁光调制

图 5-31 是利用法拉第效应设计的线性磁光调制器的原理图。磁光介质置于激光的传输光路上,环绕在磁光介质上的线圈中通以与调制信号电压成正比的电流 $I$。为了获得线性调制,在磁光介质上还加一垂直于光传播方向的恒定磁场。根据法拉第效应可知,入射光偏振面的转角 $\varphi$ 正比于调制信号,如在磁光介质两端设置起偏器和检偏器时,类似于电光调制,就可以把按调制信号变化的偏振面的旋转转化为光的强度调制。

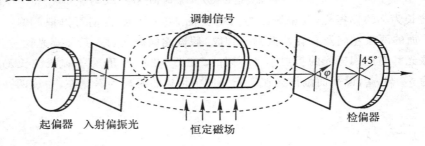

图 5-31　磁光调制器示意图

磁光调制有所需要功率低、受外界温度影响小等优点。但是目前这种调制方式主要还局限于红外波段的应用,即对于从 1 微米到 5 微米的波段范围内可以实现磁光调制。为了使磁光器件能有效地工作,应当使介质对光的吸收尽量小,并使光偏振面的旋转角尽可能大,因此实用上常常采用一些合成的铁磁晶体材料(如 YIG 或掺入 25％Ga 的 YIG)。当波长小于 $1\mu m$ 时,因为晶体的光吸收损耗太大,尚不能付诸实际应用。所以欲将磁光调制能应用在小于 1 微米的波段,必须探寻新的低损耗、高效能材料。

# 第六章

# 光辐射的非线性光学频率变换

为了得到各种波长的相干辐射,以适应各种应用的需要,如同激光调谐技术,非线性光学调谐技术一直也是激光领域内的研究热点之一。近十几年来,由于一批新型优质非线性晶体的发现,使用这些非线性晶体的非线性光学频率变换得以迅速发展,各种倍频激光器的产品化和广泛应用以及光学参量振荡器付诸实用被认为是有代表性的例子。

在非线性晶体中,除了极化强度对感应电场的线性响应以外,还有与感应电场呈非线性响应的极化强度。非线性响应能使几个频率不同的光场之间发生能量转换,其主要应用:$(a)$产生二次谐波——角频率为 $\omega$ 的光波,通过非线性晶体的传播,把一部分能量转换成角频率为 $2\omega$ 的光波;$(b)$参量振荡——角频率为 $\omega_3$ 的泵浦波在非线性晶体中同时引起角频率分别为 $\omega_1$ 和 $\omega_2$ 的振荡,其中 $\omega_1+\omega_2=\omega_3$;$(c)$频率上转换——角频率为 $\omega_1$ 的低频弱光信号和角频率为 $\omega_2$ 的强激光通过非线性晶体混频,相干转换成角频率更高的 $\omega_3$ 光信号,其中 $\omega_3=\omega_1+\omega_2$。

## 第一节　非线性光学基础

### 一、非线性极化与非线性系数 $d_{in}$

光波是光频电磁波。介电晶体的光极化绝大部分是由于外围弱束缚的价电子受到光频电场的作用而发生位移所造成的。设价电子的密度为 $N$,价电子偏离平衡位置的距离为 $x$,则极化强度为

$$P(t)=-Nex(t) \tag{6.1.1}$$

式中,$e$ 为电子电荷。

由于电子发生位移 $x$,其相应的位能可表示为

$$U(x)=\frac{1}{2}m\omega_0^2 x^2+\frac{1}{3}mDx^3+\cdots \tag{6.1.2}$$

式中,$m$ 为电子质量,$\omega_0$、$D$ 等均为比例常数(通常 $\omega_0^2\gg D\gg\cdots$)。作用到电子上的恢复力

$$F=-\frac{\partial U(x)}{\partial x}=-(m\omega_0^2 x+mDx^2+\cdots) \tag{6.1.3}$$

由此可见,正向位移($x>0$)引起的恢复力大于相等负位移($x<0$)引起的恢复力。因此可以推

断,如果作用于电子上的力是正向的($E<0$),则电子所受的恢复力大,位移小,感应的极化强度也小;反之,如果作用于电子上的力是负向的($E>0$),则电子所受的恢复力小,位移大,感应的极化强度也大。

介质的光极化可以用如下标量的非线性关系式表示

$$P=\varepsilon_0[\chi^{(1)}E+\chi^{(2)}E^2+\chi^{(3)}E^3+\cdots] \tag{6.1.4}$$

式中,$\varepsilon_0$ 是真空中介电常数,$\chi^{(1)}$ 是线性极化率,$\chi^{(2)}$、$\chi^{(3)}$ 分别是二阶、三阶非线性极化率。

对于有对称中心的晶体,因为 $U(x)=U(-x)$,因此 $U(x)$ 只含有 $x$ 的偶次项,而作用到电子上的恢复力无偶次项,因此极化强度 $P$ 的偶次项为零,或者说,式(6.1.4)中的 $\chi^{(2)}$、$\chi^{(4)}$、$\cdots$ 偶次极化率为零。

如果二次非线性介质处于光频电场 $E=E_0\cos\omega t$ 内,就会发生明显不同于正弦关系的极化,此时

$$P=\varepsilon_0\chi^{(1)}E_0\cos\omega t+\varepsilon_0\chi^{(2)}E_0^2\cos^2\omega t$$
$$=\varepsilon_0\chi^{(1)}E_0\cos\omega t+\frac{1}{2}\varepsilon_0\chi^{(2)}E_0^2\cos 2\omega t+\frac{1}{2}\varepsilon_0\chi^{(2)}E_0^2 \tag{6.1.5}$$

就得到如图 6-1 所示的三个极化分量,即恒定的极化分量、随基频和倍频变化的极化分量。

极化的非线性响应导致了不同频率光场之间的相互作用和转换,从而产生了令人感兴趣的非线性光学现象。非线性光学已成为一个非常活跃并具有重大应用价值的研究领域。

由二阶非线性极化率 $\chi^{(2)}$ 导致的二阶非线性光学效应是发现最早、了解最充分、又可能是最重要的非线性光学现象。通过对已广泛应用的光的二次谐波产生(Second Harmonic Generation 缩写为 SHG)即光倍频的介绍,可以为进一步了解其他非线性光学现象提供必要的基础和良好的启示。

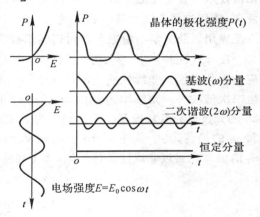

图 6-1　二次非线性介质的极化特性

考虑式(6.1.4)的前两项以及 $E_1=E_1(0)\cos\omega_1 t$、$E_2=E_2(0)\cos\omega_2 t$、$E=E_1+E_2$,可以推出此时的极化波有下列不同频率的分量组成:

$$P_{NL}^{(2)}=P^{\omega_1}+P^{\omega_2}+P^{2\omega_1}+P^{2\omega_2}+P^{\omega_1+\omega_2}+P^{\omega_1-\omega_2}+P^0 \tag{6.1.6}$$

即极化波中不仅含有 $\omega_1$、$\omega_2$ 的分量,同时还出现了倍频、和频($\omega_1+\omega_2$)、差频($\omega_1-\omega_2$)及直流分量。若令 $\omega_3=\omega_1+\omega_2$,当 $\omega_1=\omega_2=\omega$ 时,有 $\omega_3=2\omega$,$\omega_3$ 的极化扰动源则辐射频率为 $\omega_3$ 的光波。因此强基频光波通过非线性介质后,有可能以较高的效率转换成倍频光波。

为了进一步描述非线性极化与感应光频电场在形式上的联系,我们可以求解电子运动方程 $F=m\ddot{x}$,即

$$m\frac{d^2x(t)}{dt^2}+m\sigma\frac{dx(t)}{dt}+m[\omega_0^2x(t)+Dx^2(t)]=-\frac{eE^{(\omega)}}{2}(e^{i\omega t}+e^{-i\omega t}) \tag{6.1.7}$$

式中,$m$ 为电子质量,$e$ 为电子电荷,等式左边第一项为电子受力,第二项为阻尼力,第三项为恢复力,等式右边项为感应光频电场作用力。从而得到可用非线性系数,即二次极化率张量 $[d_{ijk}^{(2\omega)}]$ 来描述上述关系:

$$P_i^{(2\omega)}=[d_{ijk}^{(2\omega)}]E_j^{(\omega)}\cdot E_k^{(\omega)} \qquad i、j、k=1、2、3 \tag{6.1.8}$$

式中，$[d_{ijk}^{(2\omega)}]$是三阶张量，应有 $3^3$ 个分量。

　　由于张量$[d_{ijk}^{(2\omega)}]$对于下标 $jk$ 和 $kj$ 是对称的，因此$[d_{ijk}^{(2\omega)}]$是一个 $3\times6$ 的矩阵，即有

$$P_i^{(2\omega)}=d_{in}(E^{(\omega)}\cdot E^{(\omega)})n \quad i=1、2、3, \ n=1、2、3、4、5、6 \tag{6.1.9}$$

考虑到晶体内的基频光可能有不同的偏振态而分别记为 $E^{(\omega)'}$ 和 $E^{(\omega)''}$，则在主轴坐标系中，以矩阵形式表示上式为

$$
\begin{bmatrix} P_1^{(2\omega)} \\ P_2^{(2\omega)} \\ P_3^{(2\omega)} \end{bmatrix}=
\begin{bmatrix} d_{11} & d_{12} & d_{13} & d_{14} & d_{15} & d_{16} \\ d_{21} & d_{22} & d_{23} & d_{24} & d_{25} & d_{26} \\ d_{31} & d_{32} & d_{33} & d_{34} & d_{35} & d_{36} \end{bmatrix}
\begin{bmatrix} E_1^{(\omega)'}\cdot E_1^{(\omega)''} \\ E_2^{(\omega)'}\cdot E_2^{(\omega)''} \\ E_3^{(\omega)'}\cdot E_3^{(\omega)''} \\ E_2^{(\omega)'}\cdot E_3^{(\omega)''}+E_2^{(\omega)''}\cdot E_3^{(\omega)'} \\ E_3^{(\omega)'}\cdot E_1^{(\omega)''}+E_3^{(\omega)''}\cdot E_1^{(\omega)'} \\ E_1^{(\omega)'}\cdot E_2^{(\omega)''}+E_1^{(\omega)''}\cdot E_2^{(\omega)'} \end{bmatrix} \tag{6.1.10}
$$

　　具有对称中心的晶类，所有的 $d_{in}$ 分量均为零。其他晶类都有各自特有的不为零的 $d_{in}$ 分量，随晶类对称性的提高，$d_{in}$ 分量个数减少，且属同一晶类的各种晶体其 $d_{in}$ 的大小也各异。表 6-1 示出常用非线性晶体的 $d_{in}$ 及其他特性。

## 二、非线性相互作用的基本方程（耦合波方程）

　　当考虑介质非线性极化时，麦克斯韦方程可写成

$$\nabla\times H=\frac{\partial}{\partial t}D \tag{6.1.11}$$

$$\nabla\times E=-\mu\frac{\partial}{\partial t}H \tag{6.1.12}$$

以及

$$D=\varepsilon_0 E+P \tag{6.1.13}$$

$$P=\varepsilon_0\chi^{(1)}E+P_{NL} \tag{6.1.14}$$

以上诸式中，忽略了介质对电磁波的吸收损耗。式(6.1.14)中的 $\chi^{(1)}$ 为线性极化率，$P_{NL}$ 表示极化的非线性部分。

　　将式(6.1.13)、式(6.1.14)代入式(6.1.11)，得到

$$\nabla\times H=\varepsilon\frac{\partial}{\partial t}E+\frac{\partial}{\partial t}P_{NL} \tag{6.1.15}$$

其中，$\varepsilon=\varepsilon_0(1+\chi^{(1)})$，对式(6.1.12)两边取旋度后结合式(6.1.15)，并应用矢量运算恒等式

$$\nabla\times\nabla\times E=\nabla(\nabla\cdot E)-\nabla^2 E$$

以及 $\nabla\cdot E=0$，则得到非线性波动方程

$$\nabla^2 E=\mu\varepsilon\frac{\partial^2}{\partial t^2}E+\mu\frac{\partial^2}{\partial t^2}P_{NL} \tag{6.1.16}$$

为运算方便，采用标量表达式

$$\nabla^2 E=\mu\varepsilon\frac{\partial^2}{\partial t^2}E+\mu\frac{\partial^2}{\partial t^2}P_{NL} \tag{6.1.17}$$

为简化对问题的讨论并使讨论的结果普遍适用，假设 $P_{NL}$ 平行于 $E$，又假设角频率分别为 $\omega_1$、$\omega_2$ 和 $\omega_3$ 的三个单色平面波在非线性介质中都沿 $z$ 方向传播。这三个波是

### 表 6-1　常用非线性晶体的特性

| 晶体 | 对称类型 | 透明波段 (μm) | 折射率(20℃) 波长(μm) | $n_o$ | $n_e$ | 非线性系数 $d_{in}$ $(10^{-12}\text{m/V})$ | 破坏阈值 波长(μm) | $\Delta t_p$(ns) | $I$ $(\text{GW/cm}^2)$ | 线性吸收系数 波长(μm) | $\alpha$ $(\text{cm}^{-1})$ | 倍频基波波长(μm) | 匹配角(°) | 匹配型式 | 匹配温度(℃) | 接受温度 $(2\delta T\cdot L)$(℃·cm) | 接受角 $(2\delta\theta\cdot L)$(mr·cm) |
|---|---|---|---|---|---|---|---|---|---|---|---|---|---|---|---|---|---|
| $KH_2PO_4$ (KDP) | $\bar{4}2m$ | 0.2~1.5 | 0.347 | 1.54 | 1.49 | $d_{14}=d_{25}\approx d_{36}$ | 0.6943 | 20 | 0.4 | 0.78 | 0.024 | 1.06 | 41(I) | I | 23 | 3.5 | 1.0 |
|  |  |  | 0.53 | 1.51 | 1.47 | $d_{36}=0.43(1.06\mu m)$ | 0.53 | 0.2 | 17 | 0.89 | 0.015 | 1.06 | 59(II) | II | 23 |  |  |
|  |  |  | 0.694 | 1.51 | 1.47 |  | 1.06 | 0.2 | 23 | 1.06 | 0.03 | 0.946 | 47 | I | 23 |  |  |
|  |  |  | 1.06 | 1.49 | 1.46 |  |  |  |  |  |  | 0.53 | 50.6 | I |  |  |  |
|  |  |  |  |  |  |  |  |  |  |  |  | 0.6943 | 90 | I |  |  |  |
|  |  |  |  |  |  |  |  |  |  |  |  | 0.56~0.77 | 66~45 | I | −13.7 |  |  |
| $KD_2PO_4$ (KD*P) | $\bar{4}2m$ | 0.2~2.15 | 0.347 | 1.53 | 1.49 | $d_{36}=0.40(1.06\mu m)$ | 1.06 | 10 | 0.5 | 0.53 | 0.005 | 1.06 | 37 | I | 20 | 6.7 | 1.7 |
|  |  |  | 0.53 | 1.51 | 1.47 |  | 1.06 | 0.25 | 6 | 1.06 | 0.005 | 1.06 | 53.5 | II | 23 |  |  |
|  |  |  | 0.694 | 1.50 | 1.48 |  |  |  |  |  |  | 0.532 | 90 | I | 40.6 |  |  |
|  |  |  | 1.06 | 1.49 | 1.46 |  |  |  |  |  |  | 0.6943 | 52 | I | 25 |  |  |
| $NH_4H_2PO_4$ (ADP) | $\bar{4}2m$ | 0.2~1.5 | 0.265 | 1.59 | 1.54 | $d_{36}=0.53(1.06\mu m)$ | 1.06 | 60 | 0.5 | 0.79 | 0.03 | 1.06 | 42 | I | 23 | 0.8 | 32 |
|  |  |  | 0.347 | 1.55 | 1.50 |  |  |  |  | 0.86 | 0.038 | 0.53 | 90 | I | 50 |  |  |
|  |  |  | 0.53 | 1.53 | 1.48 |  |  |  |  | 1.06 | 0.1 | 0.6943 | 62 | I | 23 |  |  |
|  |  |  | 0.694 | 1.52 | 1.48 |  |  |  |  |  |  | 0.56~0.63 | 70~85 | I | 20 |  |  |
|  |  |  | 1.06 | 1.51 | 1.47 |  |  |  |  |  |  | 0.4965 | 90 | I | −93.2 |  |  |
|  |  |  |  |  |  |  |  |  |  |  |  | 0.5017 | 90 | I | −68.4 |  |  |
|  |  |  |  |  |  |  |  |  |  |  |  | 0.5145 | 90 | I | −10.2 |  |  |
| $CsH_2AsO_4$ (CDA) | $\bar{4}2m$ | 0.26~1.43 | 0.347 | 1.60 | 1.57 | $d_{36}=0.40(1.06\mu m)$ | 0.53 | 10 | 0.6 | 1.06 | 0.04 | 1.06 | 83.5~87 | I | 61~63 | 5.8 | 70 |
|  |  |  | 0.532 | 1.57 | 1.55 |  | 1.06 | 10 | 0.5 |  |  | 1.06 | 90 | I | 20 |  |  |
|  |  |  | 0.694 | 1.56 | 1.54 |  | 1.06 | 0.007 | >4 |  |  | 1.06 | 90 | I | 46 |  |  |
|  |  |  | 1.064 | 1.55 | 1.53 |  |  |  |  |  |  |  |  |  |  |  |  |
| $CsD_2AsO_4$ (CD*A) | $\bar{4}2m$ | 0.27~1.66 | 0.347 | 1.59 | 1.57 | $d_{36}=0.40(1.06\mu m)$ | 1.06 | 12 | >0.26 | 1.06 | 0.02 | 1.06 | 90 | I | ~100 | 6 | 70 |
|  |  |  | 0.532 | 1.57 | 1.55 |  |  |  |  |  |  | 1.06 | 79 | I | >23 |  |  |
|  |  |  | 0.694 | 1.56 | 1.54 |  |  |  |  |  |  |  |  |  |  |  |  |
|  |  |  | 1.06 | 1.55 | 1.53 |  |  |  |  |  |  |  |  |  |  |  |  |

续表 6-1a

| 晶体 | 对称类型 | 透明波段(μm) | 折射率(20℃) 波长(μm) | $n_o$ | $n_e$ | 非线性系数 $d_{in}$ (10⁻¹² m/V) | 破坏阈值 波长(μm) | $\Delta t_p$(ns) | $I$(GW/cm²) | 线性吸收系数 波长(μm) | $\alpha$(cm⁻¹) | 倍频基波波长(μm) | 匹配角(°) | 匹配型式 | 匹配温度(℃) | 接受温度 $(2\delta T \cdot L)$(℃·cm) | 接受角 $(2\delta\theta \cdot L)$(mr·cm) |
|---|---|---|---|---|---|---|---|---|---|---|---|---|---|---|---|---|---|
| RbH₂PO₄ (RDP) | $\overline{4}2m$ | 0.22~1.4 | 0.347 | 1.53 | 1.50 | $d_{36}=0.40(1.06\mu m)$ | 0.943 | 10 | 0.2 | 0.3547 | 0.015 | 0.6943 | 67 | I | 20 | | |
| | | | 0.532 | 1.51 | 1.48 | | 1.06 | 12 | >0.3 | 0.5321 | 0.01 | 1.064 | 50.6(I) 83(II) | I, II | 20 | | |
| | | | | | | | | | | 1.064 | 0.04 | 0.6276~0.6370 | 90 | I | 20~98 | | |
| RbH₂AsO₄ (RDA) | $\overline{4}2m$ | 0.26~1.46 | 0.347 | 1.60 | 1.55 | $d_{36}=0.39(0.6943\mu m)$ | 0.694 | 10 | 0.35 | 0.3547 | 0.05 | 0.6943 | 80 | I | 20 | | 40 |
| | | | 0.694 | 1.55 | 1.50 | | | | | 0.5321 | 0.03 | 0.6943 | 90 | I | 96.5 | 3.3 | |
| | | | | | | | | | | 1.064 | 0.35 | 1.064 | 80 | I | 25 | | |
| LiIO₃ (LI) | 6 | 0.31~5.5 | 0.347 | 1.98 | 1.82 | $d_{15}=d_{24}\approx d_{31}=d_{32}$, $d_{15}=5.53(1.06\mu m)$, $d_{33}\approx -5.6(1.06\mu m)$ | 0.347 | 10 | 0.05 | 0.347 | 0.3 | 0.6943 | 52 | I | 23 | | 0.6 |
| | | | 0.532 | 1.90 | 1.75 | | 0.53 | 15 | 0.04 | 1.06 | 0.06 | 1.06 | 29.4 | I | | | |
| | | | 0.694 | 1.88 | 1.73 | | 0.53 | 0.015 | 7 | | | | | | | | |
| | | | 1.064 | 1.86 | 1.72 | | 1.06 | 20 | 0.06 | | | | | | | | |
| LiNbO₃ (LN) | $3m$ | 0.4~5 | 0.53 | 2.33 | 2.23 | $d_{15}=d_{24}\approx d_{31}=d_{32}$, $d_{22}=-d_{21}=-d_{16}$, $d_{15}=5.45(1.06\mu m)$, $d_{22}=2.76(1.06\mu m)$, $d_{33}=-27(1.06\mu m)$ | 0.53 | 15 | 0.01 | 0.8~2.6 | 0.08 | 1.15 | 90 | I | 169~281 | 0.6 | 50 |
| | | | 0.694 | 2.28 | 2.19 | | 0.53 | 0.007 | >10 | | | 1.064 | 90 | I | −8~165 | | |
| | | | 1.06 | 2.23 | 2.16 | | 1.06 | 30 | 0.12 | | | | | | | | |
| | | | | | | | 1.06 | 0.003 | >10 | | | | | | | | |
| Ag₃AsS₃ | $3m$ | 0.6~13 | 0.694 | 2.96 | 2.69 | $d_{15}=11.3(10.6\mu m)$, $d_{22}=18.0(10.6\mu m)$ | 0.694 | 14 | 0.003 | 0.694 | 0.2 | 10.6 | — | I | | | |
| | | | 1.06 | 2.82 | 2.53 | | 1.06 | 18 | 0.02 | 1.06 | 0.1 | | | | | | |
| | | | 10.6 | 2.70 | 2.50 | | 10.6 | 220 | 0.05 | 9.2 | 0.29 | | | | | | |
| | | | | | | | | | | 10.6 | 0.45 | | | | | | |
| Ag₃SbS₃ | $3m$ | 0.7~14 | 1.06 | 2.86 | 2.67 | $d_{15}=8.38(10.6\mu m)$, $d_{22}=9.22(10.6\mu m)$ | 1.06 | 17.5 | 0.02 | 10.6 | 0.5 | 2.06 | 24~30 | I | | | |
| | | | 10.6 | 2.73 | 2.61 | | 10.6 | 200 | 0.05 | 0.75~13.5 | <1 | 2.7~2.9 | | | | | |
| | | | | | | | | | | | | 10.6 | | | | | |
| AgGaS₂ | $\overline{4}2m$ | 0.5~13 | 0.53 | 2.65 | 2.62 | $d_{36}=13.4(10.6\mu m)$ | 0.59 | 500 | 0.002 | 0.6~12 | <0.09 | 10.6 | 67.5 | I | | | |
| | | | 0.694 | 2.52 | 2.47 | | 0.625 | 500 | 0.003 | | | 3.39 | 33 | I | | | |
| | | | 1.06 | 2.45 | 2.40 | | 0.6943 | 10 | 0.02 | | | | | | | | |
| | | | 5.3 | 2.39 | 2.34 | | 1.06 | 35 | 0.025 | | | | | | | | |
| | | | 10.6 | 2.34 | 2.29 | | 10.6 | 200 | 0.025 | | | | | | | | |

续表 6-1b

| 晶体 | 对称类型 | 透明波段 (μm) | 折射率(20℃) 波长 (μm) | $n_o$ | $n_e$ | 非线性系数 $d_{in}$ $(10^{-12}\mathrm{m/V})$ | 破坏阈值 波长 (μm) | $\Delta t_p$ (ns) | $I$ (GW/cm²) | 线性吸收系数 波长 (μm) | $\alpha$ (cm⁻¹) | 倍频基波波长 (μm) | 匹配角 (°) | 匹配型式 | 匹配温度 (℃) | 接受温度 $(2\delta T \cdot L)$ (℃·cm) | 接受角 $(2\delta\theta \cdot L)$ (mr·cm) |
|---|---|---|---|---|---|---|---|---|---|---|---|---|---|---|---|---|---|
| AgGaSe | $\bar{4}2m$ | 0.71~18 | 1.06 | 2.7 | 2.68 | $d_{36}=33.1(10.6\mu m)$ | 10.6 | 200 | >0.002 | | | 10.6 | 57.5 | I | 23 | | |
| | | | 5.3 | 2.61 | 2.58 | | | | | | | | | | | | |
| | | | 10.6 | 2.59 | 2.56 | | | | | | | | | | | | |
| ZnGeP₂ | $\bar{4}2m$ | 0.74~12 | 1.06 | 3.23 | 3.28 | $d_{36}=75.4(10.6\mu m)$ | 1.06 | 30 | 0.003 | 1 | 3 | | | | | | |
| | | | 5.3 | 3.11 | 3.15 | | | | | 3.5 | 0.4 | | | | | | |
| | | | 10.6 | 3.07 | 3.11 | | | | | 10.6 | 0.9 | | | | | | |
| CdGeAs₂ | $\bar{4}2m$ | 2.4~18 | 5.3 | 3.53 | 3.62 | $d_{36}=234(10.6\mu m)$ | 10.6 | 160 | 0.04 | 9~11 | 0.23 | 10.6 | 52(I) | I | 23 | | |
| | | | 10.6 | 3.50 | 3.59 | | | | | 2.4~9 | >0.23 | 10.6 | 35°(I) | I | −196 | | |
| | | | | | | | | | | 11~18 | >0.23 | | | | | | |
| GaSe | $\bar{6}2m$ | 0.65~18 | 0.694 | 2.98 | 2.72 | $d_{22}=-d_{16}=-d_{21}$ | 0.694 | 25 | 0.02 | 0.7 | <0.3 | 10.6 | 12.6 | | | | |
| | | | 1.06 | 2.91 | 2.57 | $d_{22}=54.5(10.6\mu m)$ | 1.06 | 10 | 0.035 | 1.06 | <0.25 | 5.3 | 10.2 | | | | |
| | | | 5.3 | 2.83 | 2.46 | | | | | | | 2.36 | 18.6 | | | | |
| | | | 10.6 | 2.81 | 2.44 | | | | | | | | | | | | |
| CdSe | $6mm$ | 0.75~20 | 1.06 | 2.54 | 2.56 | $d_{15}=d_{24}\approx d_{31}=d_{32}$ | 1.833 | 300 | 0.03 | 4 | 0.04 | 10.6 | | | | | |
| | | | 2.36 | 2.46 | 2.48 | $d_{15}=18.0(10.6\mu m)$ | 2.36 | 30 | 0.05 | 10.6 | 0.016 | 5.3 | | | | | |
| | | | 10.6 | 2.43 | 2.44 | | | | | 16 | 0.72 | 2.36 | | | | | |
| HgS | $32$ | 0.63~13.5 | 0.63 | 2.83 | 3.15 | $d_{11}=-d_{12}=-d_{26}$ | 1.06 | 17 | 0.04 | 0.63 | 1.7 | 10.6 | 20.8 | I | 23 | | |
| | | | 1.06 | 2.70 | 2.99 | $d_{11}=50.3(10.6\mu m)$ | | | | 0.67 | 1.4 | | | | | | |
| | | | 5.3 | 2.63 | 2.88 | | | | | 5.3 | 0.032 | | | | | | |
| | | | 10.6 | 2.60 | 2.85 | | | | | 10.6 | 0.073 | | | | | | |
| Se | $32$ | 0.7~21 | 1.06 | 2.79 | 3.61 | $d_{11}=96.3(10.6\mu m)$ | 10.6 | 190 | 0.045 | 5.3 | 1.4 | 10.6 | 5.5 | I | 23 | | |
| | | | 10.6 | 2.64 | 3.48 | | | | | 10.6 | 1.09 | | | | | | |
| Te | $32$ | 3.8~32 | 5.3 | 4.86 | 6.30 | $d_{11}=649(10.6\mu m)$ | | | | 5.3 | 1.32 | 10.6 | 14(I) | I, II | 23 | | |
| | | | 10.6 | 4.80 | 6.25 | $d_{11}=574(28\mu m)$ | | | | 10.6 | 0.96 | 10.2 | 20(II) | | 23 | | |
| | | | 14 | 4.78 | 6.23 | | | | | | | | | | | | |
| | | | 28 | 4.71 | 6.18 | | | | | | | | | | | | |
| β—BaB₂O₂ (BBO) | $3$ | 0.19~3 0.19~3 | 1.064 | 1.66 | 1.54 | $d_{11}=-d_{12}=-d_{16}$ | 1.064 | 7.5 | 2 | | | 1.064 | 21 | I | 23 | | 1.2 |
| | | | 0.532 | 1.67 | 1.55 | $d_{22}=-d_{21}=-d_{16}=d_{32}$ | 0.6943 | 0.02 | 10 | | | 0.6943 | 35 | I | 23 | | |
| | | | 0.3547 | 1.70 | 1.58 | $d_{15}=d_{24}\approx d_{31}=d_{32}$ $d_{11}=1.78(1.079\mu m)$ | | | | | | 0.532 | 48 | I | 23 | | |
| | | | 0.2660 | 1.78 | 1.62 | $d_{22}=d_{31}=0.13$ $(1.079\mu m)$ | | | | | | | | | | | |

续表 6-1c

| 晶体 | 对称类型 | 透明波段 (μm) | 折射率(20℃) 波长(μm) | $n_x$ / $n_o$ | $n_y$ | $n_z$ / $n_e$ | 非线性系数 $d_{in}$ $(10^{-12}\,m/V)$ | 破坏阈值 波长(μm) | $\Delta t_p$ (ns) | $I$ (GW/cm²) | 线性吸收系数 波长(μm) | $\alpha$ (cm⁻¹) | 倍频基波波长(μm) | 匹配角(°) | 匹配型式 | 匹配温度(℃) | 接受温度 $(2\delta T \cdot L)$ (℃·cm) | 接受角 $(2\delta\theta \cdot L)$ (mr·cm) |
|---|---|---|---|---|---|---|---|---|---|---|---|---|---|---|---|---|---|---|
| (NH₂)₂CO (Urea) | 42m | 0.21~1.4 | 1.064 | 1.48 | | 1.58 | $d_{36}=1.4(0.476\mu m)$ | 1.064 | — | 5 | | | 0.532 | 58.4 | I | 23 | | |
| | | | 0.532 | 1.49 | | 1.60 | | 0.532 | | 3 | | | 0.694 | 57.6 | I | 23 | | |
| | | | 0.3547 | 1.52 | | 1.62 | | | | | | | | | | | | |
| | | | 0.266 | 1.56 | | 1.67 | | | | | | | | | | | | |
| 以下为双轴晶体 | | | 波长(μm) | $n_x$ | $n_y$ | $n_z$ | | | | | | | | | | | | |
| KTiOPO₄ (KTP) | mm2 | 0.35~4.0 | 0.5 | 1.787 | 1.797 | 1.898 | $d_{31}\approx5.8\ d_{24}\approx6.8$ | 1.06 | 20 | 0.16 | 1.06 | ~0.01 | 1.06 | | I | 23 | >50 | 50 |
| | | | 1.0 | 1.740 | 1.749 | 1.831 | $d_{32}\approx4.5\ d_{33}\approx12$ | | | | 0.53 | ~0.01 | 1.06 | | II | 23 | >50 | 50 |
| | | | 1.5 | 1.725 | 1.736 | 1.818 | $d_{15}\approx5.4(1.06\mu m)$ | | | | | | | | | | | |
| C₆H₄(NH₂)(NO₂) (mNA) | mm2 | 0.53~1.45 | 0.450 | — | — | 1.875 | $d_{31}=d_{15}=37$ | 1.06 | 25 | >0.2 | 1.06 | 1.2~5 | 1.06 | | I | 23 | | |
| | | | 0.546 | 1.705 | 1.740 | 1.870 | $d_{32}=d_{24}=1$ | | | | 0.53 | | 1.06 | | II | 23 | | |
| | | | 0.590 | 1.685 | 1.725 | — | $d_{33}=37$ | | | | | | | | | | | |
| | | | 0.656 | 1.67 | 1.71 | 1.86 | | | | | | | | | | | | |
| | | | 1.06 | 1.61 | 1.65 | 1.85 | | | | | | | | | | | | |
| Ba₂NaNb₅O₁₅ (BNN) | mm2 | 0.38~6.0 | 0.4579 | 2.428 | 2.427 | 2.293 | $d_{15}=d_{31}=d_{32}=13.1$ | 1.06 | | 0.04 | 1.06 | ~0.01 | 1.064 | 90($\phi=0$) | I | ~100 | 0.6 | 50 |
| | | | 0.4880 | 2.399 | 2.397 | 2.273 | $d_{24}=12.4$ | | | | | | 1.064 | 15 | I | | | |
| | | | 0.5017 | 2.388 | 2.386 | 2.265 | $d_{33}=18$ | | | | | | | | | | | |
| | | | 0.532 | 2.367 | 2.366 | 2.250 | | | | | | | | | | | | |
| | | | 1.064 | 2.258 | 2.257 | 2.170 | | | | | | | | | | | | |
| HIO₃ | 222 | 0.3~1.6 | 0.532 | 1.855 | 1.983 | 2.012 | $d_{14}=d_{25}=d_{36}$ | | 0.6943 | 1 | | | 1.064 | 41.5 ($\phi=0$) | I | | | |
| | | | 1.064 | 1.813 | 1.928 | 1.951 | $d_{14}=4.5$ | | | | | | 1.064 | 60.0 ($\phi=0$) | I | | | |
| | | | | | | | | | | | | | | 24($\phi=0$) 38($\phi90$) | II | | | |
| LiB₃O₅ (LBO) | mm2 | 0.16~2.6 | 1.06 | 1.566 | 1.590 | 1.606 | $d_{33}=0.06$ | 1.054 | 1.3 | 18.9 | | | 1.064 | 10.7 | I | 112 | 9 | 114 |
| | | | 0.532 | 1.579 | 1.607 | 1.621 | $d_{32}=1.28$ | | | | | | 1.064 | 19.7 | II | | 4 | 164 |
| | | | 0.355 | 1.597 | 1.629 | 1.644 | $d_{31}=-0.96$ | | | | | | 1.064 | 90($\phi=0$) | I | | | 104 |

$$\begin{cases} E^{(\omega_1)}(z,t)=\dfrac{1}{2}[E_1(z)e^{i(\omega_1 t-k_1 z)}+C\cdot C] \\[2mm] E^{(\omega_2)}(z,t)=\dfrac{1}{2}[E_2(z)e^{i(\omega_2 t-k_2 z)}+C\cdot C] \\[2mm] E^{(\omega_3)}(z,t)=\dfrac{1}{2}[E_3(z)e^{i(\omega_3 t-k_3 z)}+C\cdot C] \end{cases} \qquad (6.1.18)$$

式中，$C\cdot C$ 表示复数共轭项，它们合成的瞬时场为

$$E(z,t)=E^{(\omega_1)}(z,t)+E^{(\omega_2)}(z,t)+E^{(\omega_3)}(z,t) \qquad (6.1.19)$$

将此式代入式(6.1.17)，可以得出三个方程，每个方程只含有三个角频率中的一个，它们分别描述 $\omega_1$、$\omega_2$ 和 $\omega_3$ 的光场变化。先讨论 $\omega_1$ 的光场，并限于最有实际意义的情况（即 $\omega_1=\omega_3-\omega_2$）。分别考察式(6.1.17)两边：

左边与 $\omega_1$ 有关的部分为

$$\nabla^2 E^{(\omega_1)}(z,t)=\frac{\partial^2}{\partial z^2}E^{(\omega_1)}(z,t)=\frac{\partial^2}{\partial z^2}\cdot\frac{1}{2}[E_1(z)e^{i(\omega_1 t-k_1 z)}+C\cdot C]$$

$$=\frac{1}{2}\left[2\frac{\partial}{\partial z}E_1(z)\frac{\partial}{\partial z}e^{i(\omega_1 t-k_1 z)}+E_1(z)\frac{\partial^2}{\partial z^2}e^{i(\omega_1 t-k_1 z)}\right.$$

$$\left.+e^{i(\omega_1 t-k_1 z)}\frac{\partial^2}{\partial z^2}E_1(z)+C\cdot C\right]$$

式中，$E_1(z)$ 表示角频率为 $\omega_1$ 的光波振幅在非线性介质中随传播距离的变化，假设 $E_1(z)$ 对 $z$ 是缓变函数，则可略去上式中的第三项，故得

$$\nabla^2 E^{(\omega_1)}(z,t)=-\frac{1}{2}\left\{[k_1^2 E_1(z)+2ik_1\frac{\partial}{\partial z}E_1(z)]e^{i(\omega_1 t-k_1 z)}+C\cdot C\right\} \qquad (6.1.20)$$

再考察式(6.1.17)右边第二项与 $\omega_1$ 有关的部分，回顾式(6.1.9)，则有

$$\mu\frac{\partial^2}{\partial t^2}P_{NL}=\mu d\frac{\partial^2}{\partial t^2}E\cdot E$$

而有关 $\omega_1(\omega_1=\omega_3-\omega_2)$ 角频率的非线性极化必然是 $E^{(\omega_3)}(z,t)$ 和 $E^{*(\omega_2)}(z,t)$ 相互作用的结果，故得

$$\mu\frac{\partial^2}{\partial t^2}P_{NL}=\mu d\cdot\frac{1}{2}\left\{\frac{\partial^2}{\partial t^2}E_3(z)E_2^*(z)e^{i[(\omega_3-\omega_2)t-(k_3-k_2)z]}+C\cdot C\right\} \qquad (6.1.21)$$

因此，式(6.1.17)整个右边与 $\omega_1$ 有关的部分是

$$\mu\varepsilon\frac{\partial^2}{\partial t^2}E+\mu\frac{\partial^2}{\partial t^2}P_{NL}$$

$$=\mu\varepsilon_1\frac{\partial^2}{\partial t^2}E^{(\omega_1)}(z,t)+\mu d\cdot\frac{1}{2}\left\{\frac{\partial^2}{\partial t^2}E_3(z)E_2^*(z)e^{i[(\omega_3-\omega_2)t-(k_3-k_2)z]}+C\cdot C\right\}$$

$$=-\omega_1^2\mu\varepsilon_1\cdot\frac{1}{2}[E_1(z)e^{i(\omega_1 t-k_1 z)}+C\cdot C]$$

$$-\omega_1^2\mu d\cdot\frac{1}{2}\left\{E_3(z)E_2^*(z)e^{i[\omega_1 t-(k_3-k_2)z]}+C\cdot C\right\} \qquad (6.1.22)$$

令式(6.1.20)等于式(6.1.22)，并且两边同时除以 $-ik_1 e^{i(\omega_1 t-k_1 z)}$，又考虑到波矢模 $k$ 有关系式 $k_i^2=\omega_i^2\mu\varepsilon_i(i=1、2、3)$，则得

$$\frac{dE_1(z)}{dz}=-\frac{i}{2}\omega_1\sqrt{\frac{\mu}{\varepsilon_1}}dE_2^*(z)E_3(z)e^{-i(k_3-k_2-k_1)z} \qquad (6.1.23)$$

同理，可求得 $\omega_2$、$\omega_3$ 的光场变化分别为

$$\frac{dE_2(z)}{dz}=-\frac{i}{2}\omega_2\sqrt{\frac{\mu}{\varepsilon_2}}dE_1^*(z)E_3(z)e^{-i(k_3-k_2-k_1)z} \qquad (6.1.24)$$

$$\frac{\mathrm{d}E_3(z)}{\mathrm{d}z} = -\frac{i}{2}\omega_3\sqrt{\frac{\mu}{\varepsilon_3}}dE_1(z)E_2(z)\mathrm{e}^{-i(k_1+k_2-k_3)z} \tag{6.1.25}$$

表示 $\omega_2$ 光场变化的式(6.1.24)还可表示为

$$\frac{\mathrm{d}E_2^*(z)}{\mathrm{d}z} = \frac{i}{2}\omega_2\sqrt{\frac{\mu}{\varepsilon_2}}dE_1(z)E_3^*(z)\mathrm{e}^{-i(k_1+k_2-k_3)z} \tag{6.1.26}$$

在式(6.1.23)至式(6.1.26)中,$\varepsilon_1$、$\varepsilon_2$ 和 $\varepsilon_3$ 分别表示在三个频率时的介电常数,当 $\omega_1$、$\omega_2$ 和 $\omega_3$ 的光波同向传播时,$\varepsilon_1\approx\varepsilon_2\approx\varepsilon_3$。这三个方程就是描述非线性参量相互作用的基本方程,即耦合波方程。不同频率的光场通过非线性系数 $d$ 相互耦合,表示不同频率的光波在非线性介质中传播时,导致相互作用和能量转换。显然,当光强很弱时,即在线性光学中,只有线性极化,而 $d=0$,则各频率的光波在介质中彼此独立传播。

耦合波方程组是倍频、和频、参量放大及参量振荡的理论基础。

# 第二节　光倍频(SHG)原理与技术

## 一、光倍频(SHG)原理

### 1. 倍频效率 $\eta_{SHG}$

在光倍频中,三个光场($\omega_1$、$\omega_2$、$\omega_3$)中:$\omega_1=\omega_2=\omega$,而 $\omega_3=2\omega$,此时式(6.1.25)可写成

$$\frac{\mathrm{d}E^{(2\omega)}(z)}{\mathrm{d}z} = -i\omega\sqrt{\frac{\mu}{\varepsilon}}d[E^{(\omega)}(z)]^2\mathrm{e}^{i\Delta kz} \tag{6.2.1}$$

其中

$$\Delta k = k^{(2\omega)} - 2k^{(\omega)} \tag{6.2.2}$$

为了简化分析,假设角频率为 $\omega$ 的输入光场转换到倍频光场所引起的功率衰减是微弱的,即可以近似地认为 $E^{(\omega)}(z)$ 是常数 $E^{(\omega)}$,同时假设无 $2\omega$ 的光场输入(即 $E^{(2\omega)}(0)=0$),则基频光通过长度为 $l$ 的非线性晶体后,在输出端的倍频光振幅为

$$E^{(2\omega)}(l) = \int_0^l \frac{\mathrm{d}E^{(2\omega)}(z)}{\mathrm{d}z}\mathrm{d}z = -i\omega\sqrt{\frac{\mu}{\varepsilon}}d[E^{(\omega)}]^2\frac{\mathrm{e}^{i\Delta kl}-1}{i\Delta k} \tag{6.2.3}$$

输出的倍频光强正比于

$$E^{(2\omega)}(l)\cdot E^{(2\omega)*}(l) = \frac{\mu}{\varepsilon_0}\frac{\omega^2 d^2}{n^2}[E^{(\omega)}]^4 l^2\frac{\sin^2(\Delta kl/2)}{(\Delta kl/2)^2} \tag{6.2.4}$$

式中,利用了折射率 $n^2=\varepsilon/\varepsilon_0$ 的关系。

若输入基频光束的截面积为 $A$,光功率为 $P^{(\omega)}$,则基频光强 $I^{(\omega)}$,亦即基频光功率密度 $P^{(\omega)}/A$ 与场强 $E^{(\omega)}$ 有如下关系

$$I^{(\omega)} = \frac{P^{(\omega)}}{A} = \frac{1}{2}\sqrt{\frac{\varepsilon}{\mu}}|E^{(\omega)}|^2 \tag{6.2.5}$$

从而由式(6.2.4)得到倍频光的光强转换效率(即倍频效率)为

$$\eta_{SHG} = \Gamma^2 l^2\frac{\sin^2(\Delta kl/2)}{(\Delta kl/2)^2} = \Gamma^2 l^2\mathrm{sinC}^2(\Delta kl/2) \tag{6.2.6}$$

其中

$$\Gamma^2 l^2 = \left(\frac{\mu}{\varepsilon_0}\right)^{3/2} \frac{2\omega^2 d^2 l^2}{n^3} \frac{P^{(\omega)}}{A} \qquad (6.2.7)$$

从式(6.2.6)、式(6.2.7)可看出:

① $\eta_{SHG} \propto P^{(\omega)}/A$;

② $\eta_{SHG} \propto d^2$(实际应用及计算时,需以有效非线性系数 $d_e$ 取代非线性系数 $d$);

③ $\eta_{SHG} \propto l^2$(其实有光孔相干长度 $l_a$ 及 $\eta_{SHG}$ 饱和两方面的限制);

④ 特别要注意的是 $\eta_{SHG}$ 受到相位因子 $sinC^2(\Delta kl/2)$ 的强烈影响,只有当 $\Delta k = 0$ 时,该相位因子达到极大值 1。$\Delta k = 0$ 称为相位匹配条件。

式(6.2.6)是从基频光的场强衰减很小的条件下推得的。换言之,式(6.2.6)仅适用于小信号、弱转换场合。高转换情况下的转换效率,当 $\Delta k = 0$ 时可以推导得如下结果

$$\eta_{SHG} = \frac{I^{(2\omega)}(l)}{I^{(\omega)}(0)} = \tanh^2(\Gamma l) \qquad (6.2.8)$$

式中,$\Gamma l$ 的定义已由式(6.2.7)表示,$I^{(\omega)}(0)$ 为输入基频光强,$I^{(2\omega)}(l)$ 为输出倍频光强。图 6-2 表示式(6.2.8)所表达的关系。

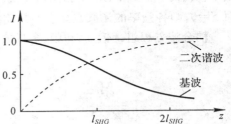

图 6-2　当 $\Delta k = 0$ 时的大信号倍频效率曲线

### 2. 相位匹配条件(PM 条件)

当入射基频光波与倍频晶体相互作用时,基频光波传播到那里,线性极化波和倍频极化波也同时在那里产生。光在介质中的传播是极化波扰动的结果,倍频极化波辐射的就是倍频光波。由于介质存在的固有色散,在正常色散区有 $v^{(2\omega)} < v^{(\omega)}$ 的规律,使得由倍频极化波辐射的倍频光波的传播速度慢于基频光波和同步的倍频极化波的传播速度。这种速度上的差别,导致不同时刻、在晶体不同部位辐射的倍频光波传到晶体出射面时存在相位差(如图 6-3 所示),造成相位失配 $\Delta k \neq 0$,以致倍频光干涉相消而使 $\eta_{SHG}$ 急剧下降。

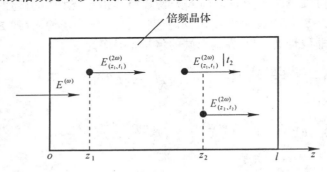

图 6-3　倍频光相位失配示意图

根据式(6.2.6)进一步分析,当 $\Delta k \neq 0$ 时,倍频光输出功率 $P^{(2\omega)}$ 将沿晶体长度方向呈周期性变化,如图 6-4 所示,变化的周期为 $2\pi/\Delta k$。由此图可知,从倍频晶体 $z = 0$ 的入射端面起算,当入射基波行进至距离 $oz = \pi/\Delta k$ 处,倍频输出功率达到第一个极大值,这个距离定义为相干长度 $l_c$,并利用关系 $k = \omega n/C$,则有

$$l_c = \frac{\pi}{\Delta k} = \frac{\pi}{k^{(2\omega)} - 2k^{(\omega)}} = \frac{\lambda^{(\omega)}}{4[n^{(2\omega)} - n^{(\omega)}]} \qquad (6.2.9)$$

式中，$\lambda^{(\omega)}$是基频光束在自由空间中的波长。

如果 $\lambda^{(\omega)}=1\mu m$，$n^{(2\omega)}-n^{(\omega)}=10^{-2}$，则 $l_c=$ 25$\mu m$。联系式(6.2.6)可知，如此短的晶体，$\eta_{SHG}$ 及 $P^{(2\omega)}$肯定很低。而在相位匹配条件下，即 $\Delta k=0$ 时，增加晶体长度，将大大提高 $\eta_{SHG}$ 和 $P^{(2\omega)}$，由此可见相位匹配的重要性。

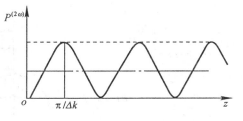

图 6-4　$\Delta k\neq 0$ 时 $P^{(2\omega)}$的变化

改写式(6.2.2)为

$$\Delta k=k^{(2\omega)}-[k^{(\omega)'}+k^{(\omega)''}] \tag{6.2.10}$$

式中，$k^{(\omega)'}$、$k^{(\omega)''}$分别是基频光在晶体中可能存在的两个偏振态的波矢量模，显然 $\Delta k=0$ 的条件是应使

$$k^{(2\omega)}=k^{(\omega)'}+k^{(\omega)''} \tag{6.2.11}$$

顾及波矢模的定义，分别将 $k^{(\omega)'}=n^{(\omega)'}\omega/C$、$k^{(\omega)''}=n^{(\omega)''}\omega/C$ 以及 $k^{(2\omega)}=2n^{(2\omega)}\omega/C$ 代入式(6.2.11)，得到相位匹配的条件为

$$n^{(2\omega)}=\frac{1}{2}[n^{(\omega)'}+n^{(\omega)''}] \tag{6.2.12}$$

式中，$n^{(2\omega)}$、$n^{(\omega)'}$、$n^{(\omega)''}$分别为倍频光波和两个基频偏振光波相应的折射率。

如果基波在晶体中仅存在一个偏振态，其相应的折射率为 $n^{(\omega)}$，则相位匹配条件式(6.2.12)应改写为

$$n^{(2\omega)}=n^{(\omega)} \tag{6.2.13}$$

称满足式(6.2.13)的相位匹配方式为 I 类相位匹配。

如果基波在单轴晶中存在两个偏振态，其寻常光折射率为 $n_o^{(\omega)}$，非常光折射率为 $n_e^{(\omega)}(\theta)$（其中 $\theta$ 表示基波矢与光轴的夹角），则实现相位匹配的条件是

$$n^{(2\omega)}=\frac{1}{2}[n_o^{(\omega)}+n_e^{(\omega)}(\theta)] \tag{6.2.14}$$

称满足式(6.2.14)的相位匹配方式为 II 类相位匹配。

常用的相位匹配方法有角度相位匹配和 90°相位匹配。

### 3. 角度相位匹配及有效非线性系数 $d_e$

角度相位匹配是利用晶体的双折射来补偿正常色散而实现相位匹配的一种方法。常用折射率面来描述角度相位匹配条件和相应的几何布置关系。图 6-5 是负单轴晶实现角度相位匹配的示意图，在其折射率面的主截面中，表示了利用晶体的双折射特性，实现 I 类和 II 类相位匹配的情况。对于正单轴晶，同样可以在其折射率面的主截面中，表示实现 I 类和 II 类相位匹配的情况。基于以上描述，可将正、负单轴晶的相位匹配条件归纳于表 6-2 中。表中的"偏振性质"是指倍频过程的光子转换，如负单轴晶第一类相位匹配时，其倍频过程是两个频率为 $\omega$ 的寻常光光子转换成一个频率为 $2\omega$ 的非常光光子，通常记为 $o+o\rightarrow e$ 或 $ooe$。表 6-2 中的 $\theta_m$ 是光波在晶体中的传播方向和单轴晶光轴的夹角，取此夹角能实现相位匹配条件，称 $\theta_m$ 为相位匹配角。

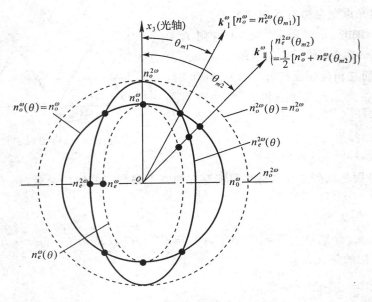

图 6-5　负单轴晶实现相位匹配示意图

表 6-2　单轴晶的相位匹配条件

| 晶体种类 | 第Ⅰ类相位匹配 | | 第Ⅱ类相位匹配 | |
|---|---|---|---|---|
| | 偏振性质 | 相位匹配条件 | 偏振性质 | 相位匹配条件 |
| 正单轴晶 | $e+e\rightarrow o$ | $n_e^{\omega}(\theta_m)=n_o^{2\omega}$ | $o+e\rightarrow o$ | $\frac{1}{2}[n_o^{\omega}+n_e^{\omega}(\theta_m)]=n_o^{2\omega}$ |
| 负单轴晶 | $o+o\rightarrow e$ | $n_o^{\omega}=n_e^{2\omega}(\theta_m)$ | $e+o\rightarrow e$ | $\frac{1}{2}[n_e^{\omega}(\theta_m)+n_o^{\omega}]=n_e^{2\omega}(\theta_m)$ |

根据式(5.1.22),有

$$\frac{1}{[n^{\omega}(\theta)]^2}=\frac{\cos^2\theta}{(n_o^{\omega})^2}+\frac{\sin^2\theta}{(n_e^{\omega})^2} \tag{6.2.15}$$

及

$$\frac{1}{[n^{2\omega}(\theta)]^2}=\frac{\cos^2\theta}{(n_o^{2\omega})^2}+\frac{\sin^2\theta}{(n_e^{2\omega})^2} \tag{6.2.16}$$

结合表 6-2 所列的相位匹配条件,可以求得单轴晶的匹配角计算公式:

负单轴晶的第Ⅰ类方式匹配角

$$(\theta_m^{\rm I})_{\text{负}}=\sin^{-1}\left[\left(\frac{n_e^{2\omega}}{n_o^{\omega}}\right)^2\frac{(n_o^{2\omega})^2-(n_o^{\omega})^2}{(n_o^{2\omega})^2-(n_e^{2\omega})^2}\right]^{1/2} \tag{6.2.17}$$

正单轴晶的第Ⅰ类方式匹配角

$$(\theta_m^{\rm I})_{\text{正}}=\sin^{-1}\left[\left(\frac{n_e^{\omega}}{n_o^{2\omega}}\right)^2\frac{(n_o^{\omega})^2-(n_o^{2\omega})^2}{(n_o^{\omega})^2-(n_e^{\omega})^2}\right]^{1/2} \tag{6.2.18}$$

负单轴晶的第Ⅱ类方式匹配角

$$(\theta_m^{\rm I\hspace{-0.1em}I})_{\text{负}}=\sin^{-1}\left\{\frac{[2n_o^{2\omega}/n_e^{2\omega}(\theta_m)+n_o^{\omega}]^2-1}{(n_o^{2\omega}/n_e^{2\omega})^2-1}\right\}^{1/2} \tag{6.2.19}$$

正单轴晶的第Ⅱ类方式匹配角

$$(\theta_m^{\rm I\hspace{-0.1em}I})_{\text{正}}=\sin^{-1}\left\{\frac{[n_o^{\omega}/(2n_o^{2\omega}-n_o^{\omega})]^2-1}{(n_o^{\omega}/n_e^{\omega})^2-1}\right\}^{1/2} \tag{6.2.20}$$

常用倍频晶体的匹配角数值已列在表 6-1 中。

　　从图 6-5 不难看出，以 $\theta_m$ 为半锥角的圆锥面上都能实现相位匹配。但欲获得最佳的倍频效率，在所用晶体的切型和磨制时，除了要求满足相位匹配角 $\theta_m$ 以外，还须取最合适的方位角 $\varphi$（$\varphi$ 是指波矢在 $x_1ox_2$ 平面内的投影与 $ox_1$ 轴的夹角）。通过下面对有效非线性系数的推导和分析就可以明白这一道理。

　　由于倍频效应与基波在倍频晶体中传播的角度（$\theta$、$\varphi$）有关，所以非线性极化强度也与角度（$\theta$、$\varphi$）有关，可以写成如下标量关系

$$P^{(2\omega)} = d_e E^{(\omega)'} \cdot E^{(\omega)''} \tag{6.2.21}$$

式中，$d_e$ 是与（$\theta$、$\varphi$）有关的一个系数，称为有效非线性系数。我们以 KDP 类单轴晶为例，来说明 $d_e$ 的求法。

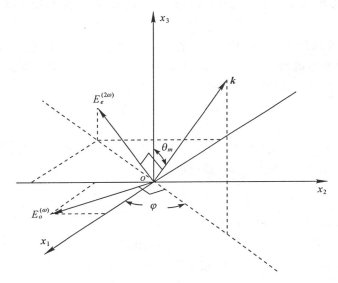

图 6-6　$ooe$ 中各矢量关系示意图

　　先求 $ooe$ 的 $d_e$。如图 6-6 所示，由光率体的性质可知，基波 $o$ 光的电矢量 $\boldsymbol{E}_o^{(\omega)} \perp ko  x_3$ 主截面，$\boldsymbol{E}_o^{(\omega)}$ 在 $x_1$、$x_2$、$x_3$ 三轴上的投影分别是

$$\begin{bmatrix} E_{01}^{(\omega)} \\ E_{02}^{(\omega)} \\ E_{03}^{(\omega)} \end{bmatrix} = \begin{bmatrix} E_0^{(\omega)}\sin\varphi \\ -E_0^{(\omega)}\cos\varphi \\ 0 \end{bmatrix} = E_0^{(\omega)}\begin{bmatrix} \sin\varphi \\ -\cos\varphi \\ 0 \end{bmatrix} \tag{6.2.22}$$

对于 KDP 晶体，倍频极化波可由式（6.1.10）写出：

$$\begin{bmatrix} P_1^{(2\omega)} \\ P_2^{(2\omega)} \\ P_3^{(2\omega)} \end{bmatrix} = \begin{bmatrix} 0 & 0 & 0 & d_{14} & 0 & 0 \\ 0 & 0 & 0 & 0 & d_{14} & 0 \\ 0 & 0 & 0 & 0 & 0 & d_{36} \end{bmatrix} \begin{bmatrix} \sin^2\varphi \\ \cos^2\varphi \\ 0 \\ 0 \\ 0 \\ -\sin 2\varphi \end{bmatrix} E_o^{(\omega)} \cdot E_o^{(\omega)} \tag{6.2.23}$$

于是有

$$P_1^{(2\omega)} = 0, \quad P_2^{(2\omega)} = 0, \quad P_3^{(2\omega)} = -d_{36}\sin 2\varphi [E_o^{(\omega)}]^2$$

因为 $ooe$ 产生的倍频光是 $e$ 光，其波矢方向与基波波矢同向，忽略走离角 $\alpha^{2\omega}$ 的微小影响，可以

认为倍频生成 $e$ 光的振动方向 $\boldsymbol{E}_e^{(2\omega)}$ 与其波矢方向垂直。而我们关心的是与 $\boldsymbol{E}_e^{(2\omega)}$ 同向的 $\boldsymbol{P}_e^{(2\omega)}$ 的量值，只要把 $P_1^{(2\omega)}$、$P_2^{(2\omega)}$ 及 $P_3^{(2\omega)}$ 投影到 $\boldsymbol{P}_e^{(2\omega)}$ 方向上并取代数和，即得

$$P_e^{(2\omega)}=[-\cos\theta\cos\varphi,\ -\cos\theta\sin\varphi,\ \sin\theta]\begin{bmatrix}P_1^{(2\omega)}\\P_2^{(2\omega)}\\P_3^{(2\omega)}\end{bmatrix} \tag{6.2.24}$$

把式(6.2.23)代入式(6.2.24)则得

$$P_e^{(2\omega)}=-d_{36}\sin\theta_m\sin2\varphi\big[E_o^{(\omega)}\big]^2 \tag{6.2.25}$$

式中，$E_o^{(\omega)}$ 是基频 $o$ 光电场强度。

于是有效非线性系数 $d_e=-d_{36}\sin\theta_m\sin2\varphi$。由此可知，为了获得最大的 $\eta_{SHG}$，除要求匹配角 $\theta_m$ 必须符合以外，为使 $d_e$ 最大，还必须使 $\varphi=45°$。这便是 KDP 类晶体作第 I 类相位匹配时必须满足的角度要求。

若用第 II 类相位匹配方式 $oee$，则基波 $o$ 光的电矢量表达式仍为式(6.2.22)。而基波 $e$ 光的电矢量 $\boldsymbol{E}_e^{(\omega)}$，当忽略走离角 $\alpha''$ 的微小影响时，可以认为 $\boldsymbol{E}_e^{(\omega)}\perp\boldsymbol{k}$，则 $E_e^{(\omega)}$ 是

$$\begin{bmatrix}E_{e1}^{(\omega)}\\E_{e2}^{(\omega)}\\E_{e3}^{(\omega)}\end{bmatrix}=\begin{pmatrix}-E_e^{(\omega)}\cos\theta_m\cos\varphi\\-E_e^{(\omega)}\cos\theta_m\sin\varphi\\E_e^{(\omega)}\sin\theta_m\end{pmatrix} \tag{6.2.26}$$

把式(6.2.22)及式(6.2.26)代入式(6.1.10)，得到相应的三个分量 $P_1^{(2\omega)}$、$P_2^{(2\omega)}$、$P_3^{(2\omega)}$，再将这三个分量投影到 $\boldsymbol{P}_e^{(2\omega)}$ 方向上并取代数和，最后可得

$$P_e^{(2\omega)}=\frac{1}{2}(d_{14}+d_{36})\sin2\theta_m\cos2\varphi E_o^{(\omega)}\cdot E_e^{(\omega)} \tag{6.2.27}$$

当克莱曼(Kleinman)近似关系成立时有

$$P_e^{(2\omega)}=d_{14}\sin2\theta_m\cos2\varphi E_o^{(\omega)}\cdot E_e^{(\omega)}=d_{36}\sin2\theta_m\cos2\varphi E_o^{(\omega)}\cdot E_e^{(\omega)} \tag{6.2.28}$$

显然，为了获得最大的 $\eta_{SHG}$，对于第 II 类相位匹配，在切割和磨制 KDP 类晶体时，应同时满足 $\theta_m$ 和 $\varphi=0$ 或 $90°$。

倍频晶体两类相位匹配中，四种倍频作用过程的有效非线性系数的具体算式分别由以下四个公式来表示：

$$ooe:d_e=(-\cos\theta\cos\varphi,\ -\cos\theta\sin\varphi,\ \sin\theta)(d_{in})\begin{bmatrix}\sin^2\varphi\\\cos^2\varphi\\0\\0\\0\\-\sin2\varphi\end{bmatrix} \tag{6.2.29}$$

$$oee:d_e=(-\cos\theta\cos\varphi,\ -\cos\theta\sin\varphi,\ \sin\theta)(d_{in})\begin{bmatrix}-\dfrac{1}{2}\cos\theta\sin2\varphi\\\dfrac{1}{2}\cos\theta\sin2\varphi\\0\\-\sin\theta\cos\varphi\\\sin\theta\sin\varphi\\\cos\theta\cos2\varphi\end{bmatrix} \tag{6.2.30}$$

$$eeo: d_e = (\sin\varphi, -\cos\varphi, 0)(d_{in}) \begin{pmatrix} \cos^2\theta\cos^2\varphi \\ \cos^2\theta\sin^2\varphi \\ \sin^2\theta \\ -\sin2\theta\sin\varphi \\ -\sin2\theta\cos\varphi \\ \cos^2\theta\sin2\varphi \end{pmatrix} \quad (6.2.31)$$

$$oeo: d_e = (\sin\varphi, -\cos\varphi, 0)(d_{in}) \begin{pmatrix} -\frac{1}{2}\cos\theta\sin2\varphi \\ \frac{1}{2}\cos\theta\sin2\varphi \\ 0 \\ -\sin\theta\cos\varphi \\ \sin\theta\sin\varphi \\ \cos\theta\cos2\varphi \end{pmatrix} \quad (6.2.32)$$

由上述四个公式算得 13 类晶体的 $d_e$ 值,列在表 6-3 中。

**表 6-3　13 类晶体的 $d_e$ 值**

| 晶　　类 | $e+e\rightarrow o$(正单晶 I 类)<br>$e+o\rightarrow e$(负单晶 II 类) | $o+e\rightarrow o$(正单晶 II 类)<br>$o+o\rightarrow e$(负单晶 I 类) |
|---|---|---|
| 6 与 4 | 0 | $d_{15}\sin\theta_m, d_{31}\sin\theta_m$ |
| 622 与 422 | 0 | 0 |
| 6mm 与 4mm | 0 | $d_{15}\sin\theta_m$ |
| $\bar{6}$m2 | $d_{22}\cos^2\theta_m\cos3\varphi$ | $-d_{22}\cos\theta_m\sin3\varphi$ |
| 3m | $d_{22}\cos^2\theta_m\cos3\varphi$ | $d_{15}\sin\theta_m-d_{22}\cos\theta_m\sin3\varphi$ |
| $\bar{6}$ | $\cos^2\theta_m(d_{11}\sin3\varphi+d_{22}\cos3\varphi)$ | $\cos\theta_m(d_{11}\cos3\varphi-d_{22}\sin3\varphi)$ |
| 3 | $\cos^2\theta_m(d_{11}\sin3\varphi+d_{22}\cos3\varphi)$ | $d_{15}\sin\theta_m+\cos\theta_m(d_{11}\cos3\varphi-d_{22}\sin3\varphi)$ |
| 32 | $d_{11}\cos^2\theta_m\sin3\varphi$ | $d_{11}\cos\theta_m\cos3\varphi$ |
| $\bar{4}$ | $\sin2\theta_m(d_{14}\cos2\varphi-d_{15}\sin2\varphi)$ | $-\sin\theta_m(d_{14}\cos2\varphi+d_{15}\cos2\varphi)$ |
| $\bar{4}$2m | $d_{36}(\sin2\theta_m\cos2\varphi)$ | $-d_{36}\sin\theta_m\sin2\varphi$ |

　　当倍频晶体及相位匹配方式确定后,为了减少反射损失和便于调整,总使基频光正入射晶体表面,所以在切割和磨制晶体时,使其晶面法线方向与光轴的夹角为 $\theta_m$。图 6-7 是负单轴晶 I 类倍频时晶体的布置和基频光、倍频光的能流方向。

　　据上所述,角度相位匹配是简易可行的倍频方式,在倍频技术及其他二次效应器件中被广泛应用。然而这种倍频方式有以下缺陷:

　　(1)光孔效应

　　角度相位匹配仅使基频光和倍频光的波矢方向一致,但并不意味着二者的能流方向一致。

由光率体可知,只有当波矢方向与光轴的夹角为 0°和 90°时,能流方向与波矢方向才一致。故当 $\theta \doteq \theta_m$ 时,在整个晶体长度中,$o$ 光与 $e$ 光的能流方向不一致,从而削弱倍频效果。这种现象称之为光孔效应。光孔效应对于第 I 类匹配方式还不太严重。但对第 II 类匹配方式,由于基频光本身包含的 $o$ 光与 $e$ 光的能流方向就分离,光孔效应就显得严重了。

如图 6-7 所示,设基频光光束宽度为 $a$,其能流方向进入晶体后方向不变,而倍频光($e$ 光)的能流方向与前者偏离 $\alpha^{2\omega}$ 角。$\alpha^{2\omega}$ 为倍频光的走离角,基频光和倍频光在晶体内交叠的水平距离 $L_a$ 称为光孔相干长度,则由三角关系得

$$L_a = a/\mathrm{tg}\alpha^{2\omega} \tag{6.2.33}$$

其中

$$\mathrm{tg}\alpha^{2\omega} = \frac{1}{2}(n_o^\omega)^2\left[\frac{1}{(n_o^{2\omega})^2} - \frac{1}{(n_e^{2\omega})^2}\right]\sin 2\theta_m \tag{6.2.34}$$

KDP、LiNbO₃(LN)、LiIO₃(LI)对 1.06μm 激光倍频时的走离角可由式(6.2.34)算得,分别为 $\alpha_{\text{KDP}}^{2\omega} = 1.8°$,$\alpha_{\text{LN}}^{2\omega} = 1°$,$\alpha_{\text{LI}}^{2\omega} = 4°$。

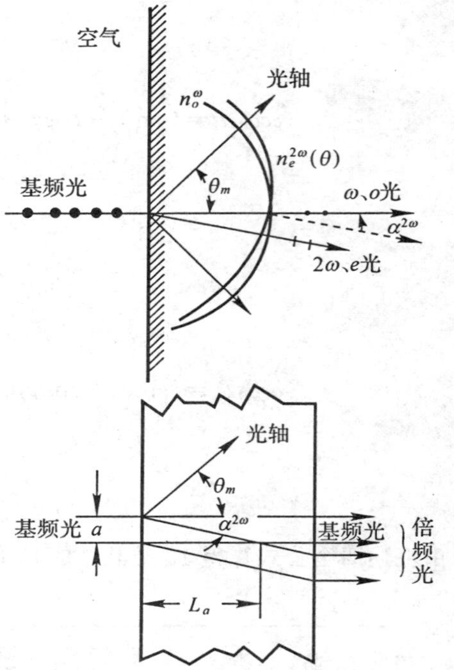

图 6-7 负单轴晶 I 类倍频的晶体布置和基频光、倍频光的能流方向

光孔效应使晶体内沿途激发的倍频光在晶体出射面处互相错开,导致晶体各处产生的倍频光不能相干加强,从而大大削弱了基波向二次谐波的转换作用。

(2)基频光发散引起相位失配

基频光都会有一定的发散,这将造成偏离相位匹配角 $\theta_m$,其偏离量用 $\Delta\theta$ 表示,称为相位匹配半角宽度。显然,不同晶体对不同波长的基频光,对 $\Delta\theta$ 的容限是不同的。我们以负单轴晶第 I 类匹配方式为例,来说明对 $\Delta\theta$ 的容限。

根据式(6.2.6),相位失配度为

$$\frac{\Delta kl}{2} = \frac{\omega l}{c}\left[n_e^{2\omega}(\theta) - n_o^\omega\right] \tag{6.2.35}$$

上式说明,相位失配度是 $\theta$ 的函数。利用式(6.2.13)及 $n_e^{2\omega}(\theta_m) = n_o^\omega$,把 $n_e^{2\omega}(\theta)$ 在 $\theta \approx \theta_m$ 时展开成泰勒级数 $f(\theta) = f(\theta_m) + \frac{f'(\theta_m)}{1!}(\theta - \theta_m) + \cdots$,并取级数的头二项,则

$$\frac{\Delta kl}{2} = -\frac{\omega l}{c}\sin(2\theta_m)\frac{(n_e^{2\omega})^{-2} - (n_o^{2\omega})^{-2}}{2(n_o^\omega)^{-2}}(\theta - \theta_m)$$
$$= 2\beta(\theta - \theta_m) = 2\beta\Delta\theta \tag{6.2.36}$$

此式表明,相位失配 $\Delta kl/2$ 随 $\Delta\theta$ 作线性变化,故之角度相位匹配也称为临界相位匹配。而当 $\Delta k \neq 0$、$\Delta kl/2 = \pi/2$ 时 $P^{(2\omega)}$ 最大,则令式(6.2.36)等于 $\pi/2$,则得

$$\Delta\theta = \frac{\lambda^\omega}{2l(n_e^{2\omega} - n_o^{2\omega})\sin 2\theta_m} \tag{6.2.37}$$

式中,$2\Delta\theta$ 为相位匹配角宽度,也称基频光束的接受角,它表示基频光光束发散角的容限。

由式(6.2.6)与式(6.2.7)可知,为提高 $\eta_{\text{SHG}}$,可提高基频光功率密度,为此,可采用基频光聚焦的方法,但聚焦将引起大的发散。同时,小的束宽会减小光孔相干长度 $L_a$,所以有一个最

佳的聚焦条件。

### 4. 90°相位匹配

由某些非线性晶体的 $d_e$ 值（如 KDP 类晶体，$ooe:d_e=-d_{36}\sin\theta_m\sin2\varphi$）说明，当 $\theta_m\rightarrow90°$ 时，对相位匹配的基频光束的接受角 $2\Delta\theta$ 的限制可以放宽，且此时走离角 $\alpha^{2\omega}\rightarrow0$，即临界相位匹配方式的缺点可用匹配角 $\theta_m\rightarrow90°$ 使之减至最小。某些非线性晶体的 $e$ 光比 $o$ 光受温度的影响更大，因此，可以用控制晶体的温度使 $n_e^{2\omega}=n_o^\omega$ 而实现 90°相位匹配，或称之为非临界相位匹配，其中非临界相位匹配温度用 $T_m$ 表示。常用晶体对不同波长的基频光的相位匹配温度的数值可查阅表 6-1。

### 5. 高斯光束的倍频

在以上的分析中采用了基频光为平面波的模型，实际的光学二次谐波的产生采用聚焦的高斯光束，如图 6-8 所示。

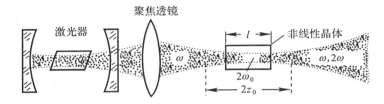

图 6-8　用聚焦的高斯光束产生二次谐波

入射高斯光束的特性可用共焦参数 $z_0$ 表示，由第一章中有关高斯光束的讨论得知，它等于光束腰部到光束截面积两倍于束腰面积处的距离。如果，$z_0\gg l$，那么光束的截面积以及入射波的强度在晶体中近似与 $z$ 无关，于是可利用平面波的结果写出

$$|E^{(2\omega)}(\gamma)|^2=\frac{\mu}{\varepsilon_0}\frac{\omega^2 d_e^2}{n^2}|E^{(\omega)}(\gamma)|^4 l^2\frac{\sin^2\left(\frac{\Delta kl}{2}\right)}{\left(\frac{\Delta kl}{2}\right)^2} \qquad (6.2.38)$$

式中 $E^{(\omega)}(\gamma)$ 具有基波高斯光束的形式，即

$$E^{(\omega)}(\gamma)=E_0\exp\left(-\frac{\gamma^2}{w_0^2}\right) \qquad (6.2.39)$$

把式 (6.2.39) 代入式 (6.2.38)，并注意到

$$P^{(\omega)}=\frac{1}{2}\sqrt{\frac{\varepsilon}{\mu}}\int_A|E^{(\omega)}|^2\mathrm{d}x\mathrm{d}y$$

$$=\sqrt{\frac{\varepsilon}{\mu}}E_0^2\left(\frac{\pi w_0^2}{4}\right) \qquad (6.2.40)$$

可得

$$\frac{P^{(2\omega)}}{P^{(\omega)}}=2\left(\frac{\mu}{\varepsilon_0}\right)^{3/2}\frac{\omega^2 d_e^2 l^2}{n^3}\left(\frac{P^{(\omega)}}{\pi w_0^2}\right)\frac{\sin^2\left(\frac{\Delta kl}{2}\right)}{\left(\frac{\Delta kl}{2}\right)^2} \qquad (6.2.41)$$

式中

$$n^3\approx[n^{(\omega)}]^2 n^{(2\omega)}$$

式(6.2.41)和式(6.2.6)是相同的,不过应当注意它是在 $z_0 \gg l$ 的条件下推导的结果。根据式(6.2.41),在一个长度为 $l$ 的晶体中,对于给定的输入功率 $P^{(\omega)}$,其输出的倍频功率 $P^{(2\omega)}$ 随 $w_0$ 的减小而增加,直到 $z_0$ 变得可以和 $l$ 相比拟。进一步减小 $w_0$ 和 $z_0$ 将使光束在晶体内发散,因而降低了光强,从而减少了所产生的二次谐波。所以合理的情形是将光束聚焦到 $2z_0 = l$,这时

$$w_0^2 = \frac{\lambda^{(\omega)} l}{2\pi n}$$

称为共焦聚焦。在这种情况下

$$\frac{P^{(2\omega)}}{P^{(\omega)}} = \frac{4}{\lambda^{(\omega)}} \left(\frac{\mu_0}{\varepsilon_0}\right)^{3/2} \frac{\omega^2 d_\varepsilon^2 l}{n^2} P^{(\omega)} \frac{\sin^2\left(\frac{\Delta k l}{2}\right)}{\left(\frac{\Delta k l}{2}\right)^2} \tag{6.2.42}$$

比较高斯光束共焦解式(6.2.42)与平面波解式(6.2.6),我们发现对于 $\eta_{SHG}$ 来说,前者与晶体长度 $l$ 成线性关系,而后者则与 $l^2$ 成正比。

式(6.2.42)和式(6.2.6)都表明,要获得高的转换效率,基波的功率密度必须很大,这样的功率密度一般是不可能从连续的激光器中获得的。但是,如果把非线性晶体放在激光器谐振腔内,情况就不同了,因谐振腔内部的光强 $(1-\gamma)$ 部分输出,腔内的光强要比输出的约强 $1/(1-\gamma)$ 倍。假若镜面的反射率 $\gamma \approx 1$,那么腔内的光强就比输出的强很多倍。因此,可以预料,把非线性晶体放在激光腔内,转换效率要高得多。

我们知道,连续的激光器在给定的泵浦条件下,输出镜的透射率有个最佳值,这时输出功率最大。如果用一个对角频率 $\omega$ 具有 $100\%$ 的反射率而对角频率 $2\omega$ 全透射的镜面代替激光腔原有的输出镜,并在谐振腔内放置非线性晶体,如图6-9所示,那么当激光束每穿过非线性晶体一次由 $\omega$ 到 $2\omega$ 的转换效率恰好等于最佳透射率时,激光器仍将工作在最佳状态。只不过以前的功率损耗是作为输出从输出镜发射出去,而现在的功率损耗转换成了二次谐波。这相当于激光器原先所提供的输出功率全部转换成二次谐波输出,从这个意义上讲,可以说达到了 $100\%$ 的转换效率。

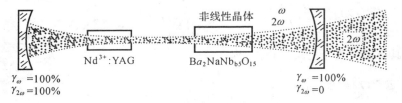

图6-9 在激光谐振腔内产生二次谐波

对于 $\omega$ 的激光振荡来说,部分功率转换成倍频功率相当于一种损耗,可以把它等效成由一个等效透射率 $T'$ 的输出镜所造成的,$T'$ 就等于转换效率。按照式(6.2.6)有

$$T' = \frac{P^{(2\omega)}}{P^{(\omega)}} = 2\left(\frac{\mu}{\varepsilon_0}\right)^{3/2} \frac{\omega^2 d_\varepsilon^2 l^2}{n^3} \frac{\sin^2\left(\frac{\Delta k l}{2}\right)}{\left(\frac{\Delta k l}{2}\right)^2} \frac{P^{(\omega)}}{A} = k P^{(\omega)} \tag{6.2.43}$$

$k$ 称为非线性耦合系数,它除了与晶体长度 $l$、有效非线性系数 $d_\varepsilon$ 有关外,还与光束截面积和相位失配 $\Delta k$ 有关。因此,可以通过改变聚焦(调整光腔)、调整晶体的取向来改变 $k$,使 $k$ 达到最佳的耦合条件。

## 二、二阶非线性光学材料

光倍频技术是围绕如何充分提高转换效率开展研究的。选择有效非线性系数 $d_e$ 大、品质因素 $d_e^2/n^3$ 大的材料作为倍频晶体是首要考虑的因素；在工作波长（或波段）对基频光、倍频光都有较小的透明度且吸收小；在工作波长（或波段）可以实现相位匹配，能实现 90°相位匹配当然更好；有较高的光损伤阈值（即破坏阈值）；能制成足够尺寸、光学均匀性好的晶体；易于光学加工；物化性能稳定，使用方便。下面介绍几种常用的非线性晶体：

### 1. KDP（磷酸二氢钾）类晶体

KDP（磷酸二氢钾）类晶体是铁电体，属 $\overline{4}2m$ 晶类，具有较高的破坏阈值，适合于高功率下使用。也有几种晶体在一定波长范围内可实现 90°相位匹配，但 $d_e$ 较低，$\eta_{SHG}$ 不高（30%～70%）。这类晶体易潮解，使用时必须设计防潮密封盒。

### 2. LiNbO₃（铌酸锂）晶体

LiNbO$_3$（铌酸锂）晶体是铁电体，属 3m 晶类，具有较高的非线性系数，不潮解，其相位匹配角 $\theta_m$ 易受温度变化的影响。在高功率工作时，容易产生光致折射率不均匀（这种损坏是可逆的，当晶体温度高于 180℃时，会自行消失）。其不可逆光损伤阈值也相当低（例如对 $0.53\mu m$ 的辐射，其表面破坏阈值约为 $10MW/cm^2$）。因此这种晶体仅适用于中小功率倍频用。作为倍频器，它可以在 $1\sim3.8\mu m$ 波长范围内实现 90°相位匹配。顺便提及，利用 LiNbO$_3$ 作光参量振荡器已获得 $0.55\sim3.65\mu m$ 及 $1.4\sim4.4\mu m$ 的可调谐波长（分别用 Nd：YAG 激光器的二次谐波与基波作泵浦源）。

### 3. α-LiIO₃（碘酸锂）晶体

α-LiIO$_3$（碘酸锂），属 6 晶类，有较大的双折射，可用作倍频和光参量振荡器材料，其破坏阈值较高，$\theta_m$ 受温度变化影响小。但这种晶体不能进行 90°相位匹配。此外，它易潮解，使用时须放入干燥盒或浸入适当的油中。

### 4. Ba₂NaNb₅O₁₅（铌酸钡钠）晶体

Ba$_2$NaNb$_5$O$_{15}$（铌酸钡钠），属 mm2 晶类。该晶体不易产生光致折射率变化的损伤，它的非线性系数约为 LiN$_b$O$_3$ 的 3 倍，对 $1.06\mu m$ 波长，可实现 90°相位匹配。然而不能制成足够大尺寸、高光学性能的晶体。它的破坏阈值也较低（对 $1.06\mu m$，为 $40MW/cm^2$），适宜于作低功率的倍频。

### 5. 半导体非线性材料

LiNbO$_3$ 和 LiIO$_3$ 由于受晶体本身吸收的限制，工作波长小于 $5\mu m$。对于更长波长的倍频，或产生更长可调谐波长的光参量振荡器必须用半导体材料。半导体非线性材料透明区的长波极限在 $10\sim20\mu m$ 范围。Te（碲）及 Se（硒）属 32 晶类，可作红外倍频材料，如对 $10.6\mu m$ 波长的倍频。尽管它们的非线性系数都很高，但是由于晶体本身存在的问题以及在非线性作用过程中引起的吸收与损耗，倍频效率都不高。Ag$_3$AsS$_3$（淡红银矿）及 Ag$_3$SbS$_3$（深红银矿）属 3m 晶类,这两种晶体主要用于 $10.6\mu m$ 的倍频及频率上转换。也有报导用 $Ag_3AsS_3$ 以 $1.06\mu m$ 辐射作泵浦获得 $1.22\sim8.5\mu m$ 的可调谐波长参量振荡输出。这两种晶体的表面损伤阈值都不高（对 $10.6\mu m$、$200ns$ 脉冲,约为 $0.05GW/cm^2$）。同属 3m 晶类的 $Tl_3AsS_3$,其透明区为 $1.26\sim17\mu m$,非线性系数约为 $Ag_3AsS_3$ 的 3.3 倍,表面损伤阈值约为 $32MW/cm^2$,可作 $10.6\mu m$ 波长的倍频。CdSe（硒化镉）、GaSe（硒化镓）和 HgS（硫化汞）为二元半导体材料,这些晶体可用作 $10.6\mu m$ 波长的倍频及频率上转换。GaSe 还可作为红外参量振荡器的材料。此外,还有三元半导体材料,如 $AgGaS_2$、$AgGaSe$、$CdGeAs_2$、$ZnGeP_2$,有较高的非线性系数,可作为红外非线性光学材料。然而这些晶体要生长成足够尺寸高光学质量的晶体尚有困难。

## 6. 有机非线性晶体

十几年前发现了大量有机非线性晶体,其中有一些有很高的非线性光学系数。然而大多数有机材料的物化性较差。广泛应用的还不多。较有应用前景的有以下两种:尿素,分子式为 $(NH_2)_2CO$,属 $\bar{4}2m$ 晶类;偏硝基苯胺（mNA）,分子式为 $C_6H_4(NH_2)(NO_2)$,属 mm2 晶类。

## 7. 新型非线性光学材料

非线性光学材料的发展趋势主要有三个方向,其一是向短波长方向上发展,产生紫外和远紫外波段的谐波转换;其二是向长波长方向上发展,提供从可见一直到红外的可调谐相干辐射;其三是找到非线性系数更大,抗光性更好的非线性晶体,此中,非线性双轴晶的开发尤其为人们重视。颇有应用前景的新型非线性晶体是 1976 年由美国杜邦公司发明,以后飞利浦公司、中国山东大学晶体所与北京人工晶体所也生长得很好的 KTP 晶体,以及在 80 年代中、后期由中国科学院福建物质结构研究所研制成功的 BBO 晶体和 LBO 晶体。现扼要介绍如下:

(1)磷酸钛氧钾:$KTiOPO_4$、简称 KTP,属 mm2 晶类。目前可提供的晶体净尺寸约 $10mm\times10mm\times15mm$。它的非线性系数大（为 KDP $d_{36}$ 的十倍以上）,光损伤阈值高（$>160MW/cm^2$）,能在 $0.35\sim4.5\mu m$ 范围内透光,相位匹配角宽度大,折射率的温度系数极小,不潮解,导热性和化学稳定性好（900℃以下很稳定）,容易抛光及镀膜,能在较宽的温度范围内实现 I、II 类相位匹配。就其综合性能而言,是一种全能型高效倍频材料,尤其适合对 YAG 激光的各种倍频,对 $1.064\mu m\rightarrow0.532\mu m$ 的最佳相位匹配（$\theta_m=90°$、$\varphi=23.6°$）。

(2)偏硼酸钡:$\beta$-$BaB_2O_4$、简称 BBO,属 3 晶类。

目前可提供的晶体净尺寸约 $15mm\times15mm\times15mm$。它的透明区为 $0.19\sim3\mu m$,非线性系数 $d_{11}$ 约为 KDP $d_{36}$ 的 4 倍、易于加工和镀膜,化学稳定性较好,但会轻度潮解,具有大的双折射率及低的色散,在室温下至少能在 $0.21\sim1\mu m$ 的宽波段内实现相位匹配,光损伤阈值高达 $2GW/cm^2$（波长为 $1.064\mu m$、脉宽为 $7.5ns$）,对 $1.064\mu m$ 的波长已获得 60% 以上的倍频效率,是一种在紫外波段很有应用前途的非线性晶体。

(3)硼酸锂:$LiB_3O_5$、简称 LBO,属 mm2 晶类。目前可提供的晶体净尺寸约为 $10mm\times10mm\times15mm$,其透明区为 $0.16\sim2.6\mu m$,非线性系数 $d_{32}$ 约为 KDP 的 $d_{36}$ 的 3 倍,光学质量高,化学物理性能好。光损伤阈值很高（对波长 $1.054\mu m$、脉宽 $1.3ns$,能量密度达 $24.6J/cm^2$、功率密度达 $18.9GW/cm^2$）。可以大接受角与小走离角对 Nd：YAG 激光的倍频、三倍频实现 I、II 类相位匹配,沿 a 轴的非临界相位匹配温度 $T_m=112℃$,在室温时倍频相位匹配受其小双折射率限制。LBO 是一种用于高效倍频、三倍频、从紫外到红外宽光谱区内和频、混频很有前途的非线性晶体。对于 Nd：YGA 激光的倍频、三倍频的转换效率可超过 60%。同时,LBO

也是 Na：YAG 激光的倍频光、三倍频光作泵浦光的参量振荡器的最佳候选材料。LBO 还有波导、晶体光纤等应用。

各种常用非线性晶体的特性列于表 6-1 中。

## 三、光倍频技术实施要点

综合前面的讨论,对光倍频技术可归纳以下实施要点:

(1)选用倍频性能优良,光学质量好,光损伤阈值高,化学、物理性能稳定,加工、镀膜、使用方便的倍频晶体。

(2)因为非线性光学现象只有在强光下才能得以充分显示,因此提高基波功率密度是提高 $\eta_{SHG}$ 的重要先决条件之一。

(3)倍频必须满足相位匹配条件(体现在 $\theta_m$),在切割和磨制倍频晶体时,不仅要满足 $\theta_m$,还应保证 $d_e$ 最大的方位角 $\varphi$。最好能实现 90°相位匹配,从而放宽对基波光束接受角的限制,并可适当增加倍频晶体非线性相互作用的长度 $l$。

(4)由于 $\eta_{SHG}$ 对相位因子非常敏感,因此在调整倍频器时,对 $\theta_m$ 角的调节应当很仔细,且调节灵敏度要高。入射的基波光束必须有极好的方向性,否则会导致整个光束束宽内不能同时实现相位匹配,从而大大降低倍频效率。因为晶体的折射率是温度的函数,温度的变化必然会导致匹配角需重新修正,所以使用性能良好的倍频器是将倍频晶体安置在恒温槽内的。

(5)倍频晶体应该有适当的非线性相互作用区域,即适当的通光口径和适当的通光长度 $l$。式(6.2.6)与式(6.2.7)表示 $l$ 长会增加倍频效率,实际上,$l$ 受着两方面的限制:首先受光孔效应的限制,如图 6-7 所示,当倍频光在基频光的全通光口径内,由于走离角 $\alpha^{2\omega}$ 而在光孔相干长度 $l_a$ 处脱离基频光时,再加长 $l$ 对倍频光强不会再有提高;其次,当大信号倍频时,如图 6-2 所示,当倍频效率已经足够高而达到饱和状态时(即 $l=2l_{SHG}$ 时,$\eta_{SHG}\sim100\%$),再加长 $l$,反而由于吸收损耗以及微小失配的影响,会使 $\eta_{SHG}$ 下降。

(6)为了提高连续激光器的倍频效率,可以采用腔内倍频的形式,如图 6-9 所示。对内腔倍频激光器而言,一般要求有高的基波功率和谐波功率,有好的输出光束质量及稳定性。具体应考虑以下因素及要求:①基波激光器有大的模体积及好的模式;②倍频晶体有高的转换效率、高的光损伤阈值;③倍频晶体置于基波谐振腔中具有小的腰斑处;④倍频后光束具有小的发散角及好的稳定性。此外,还应考虑偏振特性、时间特性等。

除了整体结构及光路配置外,内腔倍频激光器的核心及关键问题是倍频晶体与基波谐振腔的设计两大问题。为提高产生二次谐波的转换效率,应选择非线性系数大和破坏阈值高的非线性晶体。对于 YAG 及 YLF 激光倍频,目前最佳晶体为 KTP 及 LBO,前者非线性系数大,但其光损伤阈值低于 LBO。一般纳秒($10^{-9}$s)量级脉宽时主要使用 KTP,皮秒($10^{-12}$s)量级脉宽时则使用 LBO(或 KTP)。由于倍频晶体置于谐振腔内,所以倍频所采用的相位匹配类型(Ⅰ类或Ⅱ类)、临界相位匹配或非临界相位匹配、走离角 $\alpha^{2\omega}$ 大小、偏振特性等均十分重要。特别要注意的是光损伤阈值,为提高二次谐波功率,在一定基波状况及选定倍频晶体后,减小倍频晶体处基波束腰,从而提高基波功率密度是一种十分有效的措施。不过随之出现的是晶体的光损伤阈值问题。在追求高功率的内腔倍频激光器中,晶体的各种形式的破坏将是十分严重并应予特别重视的问题。这些破坏包括内部破坏及表面破坏。造成这两种破坏的原因、破坏状态不同,解决的办法也不同。基频光谐振腔的设计则直接影响倍频光功率及光束质量。

利用 KTP 晶体的内腔倍频 YAG 激光器,其倍频输出可达几十瓦,利用 LBO 锁模 YAG 激光倍频输出可超过 5 瓦。

# 第三节　光参量放大与振荡

光参量振荡器是利用非线性晶体的混频特性实现光学频率变换的器件,光参量振荡器(Optical Parametric Oscillator,简称 OPO)是指参与非线性频率变换中有一个或两个频率具有振荡特性,即单谐振光参量振荡器(SRO)或双谐振光参量振荡器(DRO)。而光参量放大器(Optical Parametric Amplifier,简称 OPA)仅指对信号光进行放大的器件,前者一般有谐振腔,而后者则没有谐振腔。一些文献中把 OPO 及 OPA 统称为 OPG(Optical Parametric Generation)。

## 一、光参量放大

从对二次谐波产生的讨论中可知,非线性介质在二次谐波产生的过程中并不参与能量的净交换,沿用电子学中同类问题的习惯名称,把非线性介质并不参与能量的净交换却能使光波的频率发生变化的作用称为参量交换作用。非线性光学效应也可放大微弱的光信号,这就是光频参量放大。这种放大器的基本结构是,角频率 $\omega_1$ 的输入信号和角频率为 $\omega_3$ 的泵浦波一起投射到非线性晶体上,在放大 $\omega_1$ 信号波的同时,还有角频率为 $\omega_3 - \omega_1$ 的第三个波产生。在参量放大器的理论中,这个伴随产生的第三个波叫做空闲波。

参量放大的过程与二次谐波产生基本上类似,主要的区别是功率流的方向。在二次谐波产生过程中,功率从低频 $\omega$ 的场流向 $2\omega$ 的场。而在参量放大过程中,功率是从高频 $\omega_3$ 的场流向低频 $\omega_1$ 和 $\omega_2 = \omega_3 - \omega_1$ 的场。在 $\omega_1 = \omega_2$ 的特殊情况下,参量放大恰好与二次谐波产生的过程相反。

为了分析方便,引入一个新的变量 $A$,它由下式定义

$$A_i = \sqrt{\frac{n_i}{\omega_i}} E_i \qquad i = 1、2、3 \tag{6.3.1}$$

式中,$n_i$ 是角频率 $\omega_i$ 时的折射率。

非线性介质的 $\varepsilon_i = \varepsilon_0 n_i^2$、$\mu \approx \mu_0$,角频率为 $\omega_i$ 的波的单位面积的功率是

$$\frac{P_i}{A} = \frac{1}{2}\sqrt{\frac{\varepsilon_0}{\mu_0}} n_i |E_i|^2 = \frac{1}{2}\sqrt{\frac{\varepsilon_0}{\mu_0}} \omega_i |A_i|^2 \tag{6.3.2}$$

单位面积功率流与光子通量密度 $N_i$(单位时间通过单位面积的光子数)的关系是

$$\frac{P_i}{A} = \frac{N_i h \omega_i}{2\pi} = \frac{1}{2}\sqrt{\frac{\varepsilon_0}{\mu_0}} |A_i|^2 \omega_i \tag{6.3.3}$$

所以 $|A_i|^2$ 与频率为 $\frac{\omega_i}{2\pi}$ 的光子通量密度成正比。

采用了新的变量 $A_i$,式(6.1.23)、(6.1.26)与(6.1.25)可改写成

$$\begin{cases} \dfrac{\mathrm{d}A_1}{\mathrm{d}z} = -\dfrac{i}{2}\gamma A_2^* A_3 \exp(-i\Delta kz) \\[3mm] \dfrac{\mathrm{d}A_2^*}{\mathrm{d}z} = \dfrac{i}{2}\gamma A_1 A_3^* \exp(i\Delta kz) \\[3mm] \dfrac{\mathrm{d}A_3}{\mathrm{d}z} = -\dfrac{i}{2}\gamma A_1 A_2 \exp(i\Delta kz) \end{cases} \tag{6.3.4}$$

其中

$$\gamma = d\left(\frac{\mu_0}{\varepsilon_0}\frac{\omega_1\omega_2\omega_3}{n_1 n_2 n_3}\right)^{1/2} \tag{6.3.5}$$

由此可见，$A_i$ 代替 $E_i$ 的优点是使式(6.3.4)中只含有单一的耦合系数 $\gamma$。

设振幅为 $A_1(0)$、$A_2(0)$ 和 $A_3(0)$，角频率为 $\omega_1$、$\omega_2$ 和 $\omega_3$ 的三个波在 $z=0$ 处入射到非线性晶体上，同时假定 $\omega_1+\omega_2=\omega_3$，$\Delta k = k_3 - k_2 - k_1 = 0$，信号波 $\omega_1$ 的场和空闲波 $\omega_2$ 的场在传播过程中将不断增大。如果认为信号波和空闲波从泵浦波吸收的功率与泵浦波的输入功率相比可忽略不计，则式(6.3.4)就简化成

$$\begin{cases} \dfrac{\mathrm{d}A_1}{\mathrm{d}z} = -i\,\dfrac{g}{2}A_2^* \\[3mm] \dfrac{\mathrm{d}A_2^*}{\mathrm{d}z} = i\,\dfrac{g}{2}A_1 \\[3mm] \dfrac{\mathrm{d}A_3}{\mathrm{d}z} = 0 \end{cases} \tag{6.3.6}$$

其中

$$g = \gamma A_3(0) = \left(\frac{\mu_0}{\varepsilon_0}\frac{\omega_1\omega_2}{n_1 n_2}\right)^{1/2} dE_3(0) \tag{6.3.7}$$

在满足 $A_1(z=0) = A_1(0)$、$A_2(z=0) = A_2(0)$ 和 $A_3(z=0) = A_3^*(0)$ 初始条件下，式(6.3.6)的解是

$$\begin{cases} A_1(z) = A_1(0)\mathrm{ch}\left(\dfrac{gz}{2}\right) - iA_2^*(0)\mathrm{sh}\left(\dfrac{gz}{2}\right) \\[3mm] A_2^*(z) = A_2^*(0)\mathrm{ch}\left(\dfrac{gz}{2}\right) + iA_1(0)\mathrm{sh}\left(\dfrac{gz}{2}\right) \end{cases} \tag{6.3.8}$$

(6.3.8)式描述了相位匹配条件下信号波和空闲波的增长情况。在参量放大时，输入的是信号波 $\omega_1$ 和泵浦波 $\omega_3$，这种情况下 $A_2(0)=0$。于是，信号功率的放大倍数是

$$\frac{A_1(z)A_1^*(z)}{A_1(0)A_1^*(0)} = \mathrm{ch}^2\left(\frac{gz}{2}\right) \xrightarrow[gz\gg1]{} \frac{1}{4}\exp(gz) \tag{6.3.9}$$

光参量放大估算例：为了解参量放大可得到的增益大小，考虑由行波泵浦抽运的 $LiNbO_3$ 晶体的情况，将下列数据用于式(6.3.7)：$\mu_0 = 4\pi\times10^{-7}\mathrm{H/m}$，$\varepsilon_0 = 8.854\times10^{-12}\mathrm{F/m}$，$\nu_1 = \nu_2 = 3\times10^{14}\mathrm{Hz}(\lambda_1=\lambda_2=1\mu\mathrm{m})$，$\nu_3 = 6\times10^{14}\mathrm{Hz}$，$n_1 = n_2 \approx n_3 = 2.2$（见表6-1），$d_{31} \approx 5.5\times10^{-12}\mathrm{m/V}$（见表6-1）、$P_3/A = 5\times10^6\mathrm{W/cm^2}$，利用式(6.3.2)换算成 $E_3 = 4.13\times10^6\mathrm{V/m}$，可得 $g \approx 0.7\mathrm{cm^{-1}}$。这就说明，即使在高密度泵浦功率下，参量放大的增益也是不高的。因此参量放大效应主要用来获得参量振荡，而不是作为放大的手段。

假若相位匹配条件得不到满足，则式(6.3.4)变成

$$\begin{cases} \dfrac{\mathrm{d}A_1}{\mathrm{d}z} = -i\,\dfrac{g}{2}A_2^* \exp(-i\Delta kz) \\[3mm] \dfrac{\mathrm{d}A_2^*}{\mathrm{d}z} = i\,\dfrac{g}{2}A_1 \exp(i\Delta kz) \end{cases} \tag{6.3.10}$$

其解是

$$
\begin{cases}
A_1(z)\exp\left(i\,\dfrac{\Delta kz}{2}\right)=A_1(0)\left[\mathrm{ch}(bz)+\dfrac{i\Delta k}{2b}\mathrm{sh}(bz)\right]\\
\qquad\qquad\qquad\qquad -i\,\dfrac{g}{2b}A_2^*(0)\mathrm{sh}(bz)\\
A_2^*(z)\exp\left(-i\,\dfrac{\Delta kz}{2}\right)=A_2^*(0)\left[\mathrm{ch}(bz)-\dfrac{i\Delta k}{2b}\mathrm{sh}(bz)\right]\\
\qquad\qquad\qquad\qquad +i\,\dfrac{g}{2b}A_1(0)\mathrm{sh}(bz)
\end{cases}
\tag{6.3.11}
$$

式中

$$
b=\frac{1}{2}\left[g^2-(\Delta k)^2\right]^{1/2}
\tag{6.3.12}
$$

式(6.3.12)表明,增益系数 $b$ 是 $\Delta k$ 的函数,如果 $g<\Delta k$,则式(6.3.11)中的 ch 和 sh 函数分别变为

$$
\begin{cases}
\sin\left\{\dfrac{1}{2}\left[(\Delta k)^2-g^2\right]^{1/2}z\right\}\\
\cos\left\{\dfrac{1}{2}\left[(\Delta k)^2-g^2\right]^{1/2}z\right\}
\end{cases}
\tag{6.3.13}
$$

$\omega_1$ 和 $\omega_2$ 的波的幅值将作为距离 $z$ 的函数起伏,不可能得到放大。解决相位匹配的方法和二次谐波的产生一样,可利用单轴晶体中非常光的相速度对传播方向的依赖关系来达到。例如在负单轴晶体中,可将信号波和空闲波作寻常光,把泵浦波作外加的非常光,利用

$$
\frac{1}{n_e^2(\theta)}=\frac{\cos^2\theta}{n_o^2}+\frac{\sin^2\theta}{n_e^2}
$$

的关系和 $k^{(\omega)}=\left(\dfrac{\omega}{c}\right)n^{(\omega)}$,当所有三个波都沿与 $x_3$(光)轴成 $\theta_m$ 角的方向传播时,相位匹配条件就得到满足,并有

$$
\begin{aligned}
n_e^{(\omega_3)}(\theta_m)&=\left[\left(\frac{\cos\theta_m}{n_o^{(\omega_3)}}\right)^2+\left(\frac{\sin\theta_m}{n_e^{(\omega_3)}}\right)^2\right]^{-1/2}\\
&=\frac{\omega_1}{\omega_3}n_o^{(\omega_1)}+\frac{\omega_2}{\omega_3}n_o^{(\omega_2)}
\end{aligned}
\tag{6.3.14}
$$

## 二、光参量振荡

上面所讨论的参量放大,除非泵浦功率非常强,否则不可能得到高的增益。其所以引起人们的兴趣,是因它能引起参量振荡。

如果像图 6-10 所示那样,把非线性晶体置于对信号波或空闲波,或者对两者都是共振的光谐腔中,那么在阈值泵浦强度相应于参量增益刚好与信号波及空闲波的损耗相平衡时的值时,参量的增益会引起信号频率或空闲频率的振荡。这种参量振荡的重要性在于它能把作为泵浦的激光器的输出功率转换成信号频率和空闲频率的相干输出,而且能在很宽的频率范围内连续调谐。

信号波和空闲波在光谐振腔内来回反射,必定要引起损耗,包括在镜面处的不完全的反射、在非线性晶体表面和镜面上的衍射损耗以及在非线性晶体中的吸收和散射损耗,这些损耗在前面的讨论中略去了。考虑到损耗,可把式(6.3.6)改写成

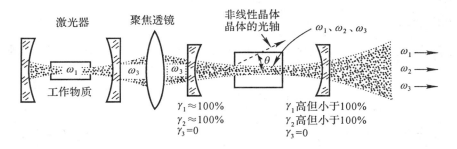

图 6-10　光参量振荡器

$$\begin{cases} \dfrac{\mathrm{d}A_1}{\mathrm{d}z} = -\dfrac{1}{2}\alpha_1 A_1 - i\,\dfrac{1}{2}g A_2^* \\[2mm] \dfrac{\mathrm{d}A_2^*}{\mathrm{d}z} = -\dfrac{1}{2}\alpha_2 A_2^* + i\,\dfrac{1}{2}g A_1 \end{cases} \qquad (6.3.15)$$

式中，$\dfrac{1}{2}\alpha_1$ 和 $\dfrac{1}{2}\alpha_2$ 分别代表信号波和空闲波的损耗系数，为了形式上的对称，采用了 $\dfrac{1}{2}$ 这个系数。

当参量增益高到足以克服损耗时，产生稳态振荡，这时

$$\frac{\mathrm{d}A_1}{\mathrm{d}z} = \frac{\mathrm{d}A_2^*}{\mathrm{d}z} = 0$$

即

$$\begin{cases} -\dfrac{\alpha_1}{2}A_1 - i\,\dfrac{g}{2}A_2^* = 0 \\[2mm] i\,\dfrac{g}{2}A_1 - \dfrac{\alpha_2}{2}A_2^* = 0 \end{cases} \qquad (6.3.16)$$

若式(6.3.16)中的系数行列式等于零，则有 $A_1$ 和 $A_2^*$ 的非零解，由此得

$$g^2 = \alpha_1 \alpha_2 \qquad (6.3.17)$$

这就是参量振荡的阈值条件。

### 1. 自洽法求解起振条件

下面用自洽法分析起振条件，采用的模型如图 6-11 所示。为了简单起见，假定非线性晶体

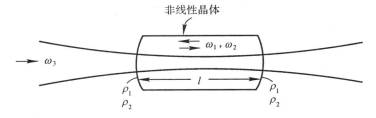

图 6-11　晶体参量振荡器

加工成光腔形式，其端面对信号波和空闲波的反射系数 * 分别是 $\rho_1$ 和 $\rho_2$，同时对泵浦波又是透明的。用列矢量

---

　*　复数场的反射系数为 $\rho_1$、$\rho_2$，它们与镜面反射率的关系是 $|\rho_i|^2 = \gamma_i$

$$A(z)=\begin{bmatrix} A_1(z)\exp(-ik_1z) \\ A_2^*(z)\exp(ik_2z) \end{bmatrix} \tag{6.3.18}$$

表示任意平面 $z$ 处的信号场和空闲场。根据式(6.3.11)，$A(z)$ 传输通过长度 $l$ 的非线性晶体后，

$$A(l)=\begin{bmatrix} [\mathrm{ch}(bl)+\dfrac{i\Delta k}{2b}\mathrm{sh}(bl)]\exp[-i(k_1+\dfrac{\Delta k}{2})l] & -i\dfrac{g}{2b}\mathrm{sh}(bl)\exp[-i(k_1+\dfrac{\Delta k}{2})l] \\ i\dfrac{g}{2b}\mathrm{sh}(bl)\exp[i(k_2+\dfrac{\Delta k}{2})l] & [\mathrm{ch}(bl)-\dfrac{i\Delta k}{2b}\mathrm{sh}(bl)]\exp[i(k_2+\dfrac{\Delta k}{2})l] \end{bmatrix}\times A(0)$$

$$\tag{6.3.19}$$

根据自洽条件，矢量 $A(z)$ 在腔内来回一周后不变，从图 6-12 可以看到，这个条件就是

$$A_e=A_a \tag{6.3.20}$$

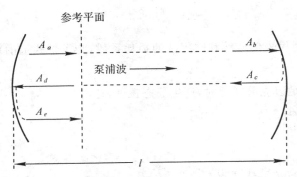

图 6-12　用自洽法求起振条件的模型

$A_e$ 可由 $A_a$ 乘四个传输矩阵得到，其中两个矩阵反映左边和右边反射镜上的反射，一个矩阵反映光束从右到左的传输(没有增益)，一个矩阵考虑到光波从左到右得到的增益。假定相位匹配，则

$$A_e=\begin{bmatrix} \rho_1 & 0 \\ 0 & \rho_2^* \end{bmatrix}\begin{bmatrix} \exp(-ik_1l) & 0 \\ 0 & \exp(ik_2l) \end{bmatrix}\begin{bmatrix} \rho_1 & 0 \\ 0 & \rho_2^* \end{bmatrix}$$

$$\times \begin{bmatrix} \mathrm{ch}(\dfrac{1}{2}gl)\exp(-ik_1l) & -i\mathrm{sh}(\dfrac{1}{2}gl)\exp(-ik_1l) \\ i\mathrm{sh}(\dfrac{1}{2}gl)\exp(ik_2l) & \mathrm{ch}(\dfrac{1}{2}gl)\exp(ik_2l) \end{bmatrix}A_a$$

$$=\begin{bmatrix} \mathrm{ch}(\dfrac{1}{2}gl)\rho_1^2\exp(-i2k_1l) & -i\mathrm{sh}(\dfrac{1}{2}gl)\rho_1^2\exp(-i2k_1l) \\ i\mathrm{sh}(\dfrac{1}{2}gl)(\rho_2^*)^2\exp(i2k_2l) & \mathrm{ch}(\dfrac{1}{2}gl)(\rho_2^*)^2\exp(i2k_2l) \end{bmatrix}A_a \tag{6.3.21}$$

把自洽条件写成

$$A_e=MA_a$$

其中

$$M=\begin{bmatrix} \mathrm{ch}(\dfrac{1}{2}gl)\rho_1^2\exp(-i2k_1l) & -i\mathrm{sh}(\dfrac{1}{2}gl)\rho_1^2\exp(-i2k_1l) \\ i\mathrm{sh}(\dfrac{1}{2}gl)(\rho_2^*)^2\exp(i2k_2l) & \mathrm{ch}(\dfrac{1}{2}gl)(\rho_2^*)^2\exp(i2k_2l) \end{bmatrix} \tag{6.3.22}$$

要有非零解，则必须

$$\det|M-I|=0$$

式中 $I$ 是单位矩阵。由此可解得

$$\left[ \text{ch}(\frac{1}{2}gl)\rho_1^2\exp(-i2k_1l)-1 \right]\left[ \text{ch}(\frac{1}{2}gl)(\rho_2^*)^2\exp(i2k_2l)-1 \right]$$

$$= \text{sh}^2(\frac{1}{2}gl)\rho_1^2(\rho_2^*)^2\exp[i2(k_2-k_1)l] \tag{6.3.23}$$

考察式(6.3.23)可以看到,当左边两项都为实数时,阈值增益 $g_t$ 最小,才能形成参量振荡,这相应于以下条件:

$$\begin{cases} -\varphi_1+2k_1l=2m\pi \\ -\varphi_2+2k_2l=2s\pi \end{cases} \tag{6.3.24}$$

式中,$m$ 和 $s$ 为整数,$\varphi_1$ 和 $\varphi_2$ 分别决定于

$$\begin{cases} \rho_1^2=r_1\exp i\varphi_1 \\ \rho_2^2=r_2\exp i\varphi_2 \end{cases} \tag{6.3.25}$$

这个条件就是说信号波 $\omega_1$ 和空闲波 $\omega_2$ 的振荡频率对应于光学谐振腔的两个纵模。

若式(6.3.24)的条件得到满足,则式(6.3.23)就简化成

$$(r_1+r_2)\text{ch}(\frac{1}{2}gl)-r_1r_2=1 \tag{6.3.26}$$

对于高反射率的镜面,$r_1\approx1$,$r_2\approx1$,而 $\text{ch}(\frac{1}{2}gl)\approx1+\frac{1}{8}g^2l^2$,这样式(6.3.26)就变成

$$g_tl=2\sqrt{(1-r_1)(1-r_2)} \tag{6.3.27}$$

利用式(6.3.7)并用光强来表示泵浦波的场强:

$$I_3=\frac{1}{2}\sqrt{\frac{\varepsilon_0}{\mu_0}}n_3^2E_3^2$$

可由式(6.3.27)得到泵浦波的阈值光强

$$I_{3t}=\left(\frac{\varepsilon_0}{\mu_0}\right)^{3/2}\frac{n_1n_2n_3(1-r_1)(1-r_2)}{2\omega_1\omega_2l^2d^2} \tag{6.3.28}$$

光参量振荡的泵浦阈值光强估算:我们来估算图 6-10 所示那种参量振荡器的泵浦阈值光强,它采用 LiNbO$_3$ 晶体,并利用下列一组数据:$1-r_1=1-r_2=2\times10^{-2}$(即 $\omega_1$ 和 $\omega_2$ 每穿过镜面一次的总损耗为 2%)、$\lambda_1=\lambda_2=1\mu m$、$l=1cm$(晶体长度)、$n_1=n_2\approx n_3=2.2$,$d_{31}\approx5.5\times10^{-12}$ m/V,则由式(6.3.28)可得 $I_{3t}\approx4.5\times10^3 W/cm^2$。这是即使连续激光器也容易达到的强度,由此可知,将光参量振荡作为产生新光学频率的相干辐射的手段是颇有吸引力的。

## 2. 光参量振荡的频率调谐

与激光器不同,参量振荡器与受激跃迁无关。因此它能在很宽的频率范围内调谐。振荡器的信号波、空闲波和泵浦波在发生振荡时必须满足相位匹配条件

$$k_3=k_1+k_2$$

或者利用 $k=\frac{\omega}{c}n$ 的关系,满足

$$n_3\omega_3=n_1\omega_1+n_2\omega_2 \tag{6.3.29}$$

晶体的折射率 $n_1$、$n_2$ 和 $n_3$,一般来说与晶体的取向(对于非常波)、温度、压强和电场等因素有关。从式(6.3.29)来看,可控制这些影响折射率的因素中任何一个来调谐参量振荡器的振荡频率。

以改变晶体取向为例来讨论参量振荡的调谐问题,即转向调谐问题。泵浦波为非常波,信

号波和空闲波是寻常波。在某一个晶体取向 $\theta_0$ 时,发生角频率 $\omega_{10}$ 和 $\omega_{20}$ 的振荡,这时相应的折射率为 $n_{10}$、$n_{20}$ 和 $n_{30}$,并有

$$n_{30}(\theta_0)\omega_3 = n_{10}\omega_1 + n_{20}\omega_2 \tag{6.3.30}$$

的关系。我们要求出当取向角有一个小的改变 $\Delta\theta$ 时 $\omega_1$ 和 $\omega_2$ 的变化。

当晶体取向角由 $\theta_0$ 变到 $\theta_0 + \Delta\theta$ 时,会发生下列一些变化:

$$\omega_3 \rightarrow \omega_3（泵浦角频率不变）$$
$$n_{30} \rightarrow n_{30} + \Delta n_3$$
$$n_{10} \rightarrow n_{10} + \Delta n_1$$
$$n_{20} \rightarrow n_{20} + \Delta n_2$$
$$\omega_{10} \rightarrow \omega_{10} + \Delta\omega_1$$
$$\omega_{20} \rightarrow \omega_{20} + \Delta\omega_2 = \omega_{20} - \Delta\omega_1$$

因为在 $\theta = \theta_0 + \Delta\theta$ 时,仍需满足式(6.3.30),即

$$\omega_3(n_{30} + \Delta n_3) = (\omega_{10} + \Delta\omega_1)(n_{10} + \Delta n_1) + (\omega_{20} - \Delta\omega_1)(n_{20} + \Delta n_2)$$

略去二级项 $\Delta n_1 \Delta\omega_1$ 和 $\Delta n_2 \Delta\omega_2$,得

$$\Delta\omega_1 = \frac{\omega_3 \Delta n_3 - \omega_{10}\Delta n_1 - \omega_{20}\Delta n_2}{n_{10} - n_{20}} \tag{6.3.31}$$

泵浦波是非常波,所以相应的折射率与取向角 $\theta$ 有关,即

$$\Delta n_3 = \frac{\partial n_3}{\partial \theta}\Big|_{\theta_0} \Delta\theta \tag{6.3.32}$$

信号波和空闲波是寻常波,它们的折射率只与频率有关:

$$\begin{cases} \Delta n_1 = \dfrac{\partial n_1}{\partial \omega}\Big|_{\omega_{10}} \Delta\omega_1 \\[2mm] \Delta n_2 = \dfrac{\partial n_2}{\partial \omega}\Big|_{\omega_{20}} \Delta\omega_2 \end{cases} \tag{6.3.33}$$

把上述两式用于式(6.3.31),结果是

$$\frac{\partial \omega_1}{\partial \theta} = \frac{\omega_3\left(\dfrac{\partial n_3}{\partial \theta}\right)}{(n_{10} - n_{20}) + \left[\omega_{10}\left(\dfrac{\partial n_1}{\partial \omega}\right) - \omega_{20}\left(\dfrac{\partial n_2}{\partial \omega}\right)\right]} \tag{6.3.34}$$

这就是振荡频率随晶体取向而变化的关系式。

利用

$$\frac{1}{n^2(\theta)} = \frac{\cos^2\theta}{n_o^2} + \frac{\sin^2\theta}{n_e^2}$$

以及 $\mathrm{d}(1/x^2) = -(2/x^3)\mathrm{d}x$ 可得

$$\frac{\partial n_3}{\partial \theta} = -\frac{n_3^3}{2}\sin 2\theta\left[\left(\frac{1}{n_e^{(\omega_3)}}\right)^2 - \left(\frac{1}{n_o^{(\omega_3)}}\right)^2\right] \tag{6.3.35}$$

把它代入式(6.3.34)得

$$\frac{\partial \omega_1}{\partial \theta} = \frac{-\dfrac{1}{2}\omega_3 n_{30}^2\left[\left(\dfrac{1}{n_e^{(\omega_3)}}\right)^2 - \left(\dfrac{1}{n_o^{(\omega_3)}}\right)^2\right]\sin 2\theta}{(n_{10} - n_{20}) + \left(\omega_{10}\dfrac{\partial n_1}{\partial \omega} - \omega_{20}\dfrac{\partial n_2}{\partial \omega}\right)} \tag{6.3.36}$$

图 6-13 中画出了一条在 $NH_4H_2PO_4$(ADP)中信号和空闲频率 $\omega_1 = \omega_2 = \dfrac{\omega_3}{2}$ 时对 $\theta$ 变化的实验曲线,同时用虚线画出了按式(6.3.36)的二次近似计算的理论曲线。

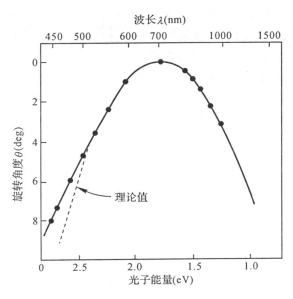

图 6-13　ADP 的 $\omega_1 = f(\theta)$ 曲线

用类似的方法可以确定振荡频率与其他物理变量（如温度）的调谐关系。

光参量振荡器既是非线性光学频率变换的器件，又是波长可调谐的相干光源，具有调谐范围宽（从可见到红外）、结构简单及工作可靠等特点。随着一些新型而又高效的非线性晶体的开发，OPO 以其宽调谐范围、高效率、高重复率、高分辨率及小型固体化等特点日益引起国际光学界的重视。近几年已推出了几种宽调谐、窄线宽及高效率的 OPO 产品，与钛宝石可调谐激光器以及半导体泵浦的固体激光器形成当前激光器件的几个热点。

OPO 的发展历史是与光学谐波产生以及非线性晶体的发展分不开的。早在上世纪 60 年代，先在脉冲泵浦下实现了 OPO，稍后又成功地获得了连续运转的 OPO。1970 年前后，国际上探索了各种 OPO 的结构，获得了大的调谐范围、窄的光谱线宽及均匀调谐，泵浦源为各种固体激光器及其谐波，所用的非线性晶体有 KDP、ADP、LiNbO$_3$ 及 Ba$_2$NaNb$_5$O$_{15}$（BNN）等，调谐方式有温度、角度及电光调谐等。DRO 的最大调谐范围为 $0.684 \sim 2.36 \mu m$。SRO 在效率及光谱特性方面优于 DRO，但调谐范围窄，线宽约为 1nm，而 DRO 可实现单模工作。这一阶段在理论上建立了完善的参量互作用理论。

20 世纪 80 年代后至 90 年代初，非线性晶体研究的重大突破，使 OPO 进入了实用的阶段。这些晶体有 KTP、BBO、LBO、KTA（KTiOAsO$_4$）、MgO：LN（MgO：LiNbO$_3$）、AgGaSe$_2$ 及 AgGaS$_2$。在这一阶段，OPO 的运转方式有脉冲、连续及锁模运转，有多模也有单模工作，泵浦源已遍及固体、气体、染料、准分子等激光器，参量光脉冲宽度从连续到几百 ns，几个 ns 到几个 ps，还有进入 fs（$10^{-15}$s）量级的。由于泵浦源的性能及质量，直接影响参量光的转换效率、线宽及光束质量等，所以提高及改进泵浦激光的性能是十分关键的。

近几年来，人们采用不同的泵浦波长、不同的非线性晶体及调谐方式，已实现的调谐范围为 $0.4 \sim 16 \mu m$，谱线宽度一般达几个波数，再通过线宽压窄技术已达到 $10^{-3}$ 波数。参量光的峰值功率可达 $10^3 \sim 10^6$W（调 Q 激光泵浦时）、$10^7$W（锁模激光泵浦时）及 $10^{-2} \sim 10^{-1}$W（连续激光泵浦时）。转换效率从百分之几到 60% 左右。一般说来，单模、窄线宽、窄脉宽及高峰值功率脉冲泵浦的 OPO 转换效率较高。此外在同步泵浦、光学频率综合技术及压缩态研究方面也有不少进展。

　　光参量振荡器是一种有很大潜力的宽调谐的固体相干辐射源。目前它的发展主要趋势是：扩展波段（尤其是红外波段）；改进泵浦源的性能与泵浦方式，提高参量转换效率；利用线宽压窄技术压缩线宽；提高非线性材料的品质因素，寻求新型非线性材料；采用新的泵浦源；研制四光子参量振荡和 ps 级、fs 级光参量振荡等，前者属于升频变换，扩展紫外波段，后者属于超短脉冲调谐。

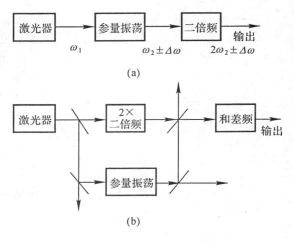

图 6-14　组合调谐

　　光参量振荡器的另一发展趋势是组合调谐，图 6-14 给出了两个例子。类似于电子学中的频率综合技术，OPO 与倍频、和频、差频甚至受激喇曼散射、染料或固体可调谐激光光源等组合起来，构成多种方式调谐，可望在远紫外到远红外（如 $0.2\sim20\mu m$）范围内得到调谐激光输出。

　　光参量振荡器的发展还朝着小型化多功能连续参量光输出的方向发展。因为调 Q 脉冲泵浦的 OPO，在其频率确定性上存在一定的极限限制，所以连续泵浦的 SRO 是人们一直努力的方向。

　　用半导体激光泵浦 YAG 激光器，稳定性好，体积小，进行倍频、三倍频可产生短波长的泵浦光，并运用高平均功率晶体，如 Mg：$LiNbO_3$、KTP 等，可望实现低阈值、宽调谐、连续波输出的 OPO，这样整体将会做得非常小，为各方面的应用带来极大的便利。

　　内腔 OPO 已经被成功地应用在激光雷达扫描仪上。OPO 还越来越多地应用于光化学与光谱学等方面，反过来也不断对 OPO 提出新的要求，促进其发展。

　　目前由于高峰值功率、窄线宽、超短脉冲激光技术的发展，人们已可以用其直接泵浦非线性晶体，而不采用振荡的方式，产生足够高效率的可调谐参量放大，这可克服由于振荡腔片镀膜波段窄、投资高的缺点，这是参量互作用发展的一个重要分支，其中要特别注意的是其破坏阈值的问题。

　　表 6-4 列出了根据综合文献整理的实际光学参量振荡器选例的有关数据，未列入新近研制的 ps、fs 量级的光参量振荡器。

表 6-4　实际光参量振荡器选例

| 泵浦激光 | 非线性晶体 | 输出功率和脉冲宽度 | 转换效率 | 调谐范围 | 调谐方式 |
|---|---|---|---|---|---|
| 钕玻璃二次和三次谐波 $0.53\mu m$ 和 $0.35\mu m$ | KDP | 100kW(20ns) | 3% | $\lambda 0.957\sim1.06\mu m$（$0.53\mu m$ 泵浦）<br>$\lambda 1.178\sim1.06\mu m$<br>$\lambda 0.48\sim0.58\mu m$（$0.35\mu m$ 泵浦）<br>$\lambda 0.96\sim1.16\mu m$ | 角度调谐 |
| Nd：YAG 四次谐波 $0.266\mu m$ | ADP | 100kW(2ns) | 25% | $\lambda 0.42\sim0.73\mu m$ | 温度调谐 |
| Nd：YAG 二次谐波 $0.532\mu m$ | CDA | 30%~60% | | $\lambda 0.854\sim1.41\mu m$ | 温度调谐 50~70℃ |
| Nd：YAG $1.06\mu m$ | $LiNbO_3$ | 0.1~1MW (~15ns) | ~40% | $\lambda 1.4\sim4.4\mu m$ | |

**续表 6-4**

| 泵浦激光 | 非线性晶体 | 输出功率和脉冲宽度 | 转换效率 | 调谐范围 | 调谐方式 |
|---|---|---|---|---|---|
| Nd：YAG 二次谐波 0.472、0.532、0.579、0.635$\mu$m | LiNbO$_3$ | 0.1～10kW（～200ns） | ～45% | $\lambda$0.55～3.65$\mu$m | |
| 红宝石 0.6943$\mu$m | LiNbO$_3$ | 0.25MW（脉冲） | 4.5% | $\lambda_s$1.05～1.2$\mu$m $\lambda_i$1.64～2.05$\mu$m | 角度调谐 |
| 钕玻璃二次谐波 0.53$\mu$m | $\alpha$-HIO$_3$ LiIO$_3$ | 10MW（20ns） | 10% | $\lambda$0.68～2.4$\mu$m | |
| 红宝石 0.6943$\mu$m | LiIO$_3$ | 100kW（15ns） | 10% | $\lambda$1.1～1.9$\mu$m | |
| 红宝石二次谐波 0.347$\mu$m | LiIO$_3$ | 10kW（5ns） | 8% | $\lambda$0.415～2.1$\mu$m | |
| Nd：YAG1.833$\mu$m | CdSe | ～1kW（100ns） | 40% | $\lambda_s$2.20～2.23$\mu$m $\lambda_i$9.8～10.4$\mu$m | 角度调谐 |
| HF 2.87$\mu$m | CdSe | 800W（～300ns） | 10% | $\lambda_s$4.3～4.5$\mu$m $\lambda_i$8.1～8.3$\mu$m | |
| Nd：CaWO$_4$1.065$\mu$m | Ag$_3$AsS$_3$ | 100W（25ns） | 0.1% | $\lambda$1.22～8.5$\mu$m | |
| 多模 Nd：YAG 二次谐波 0.532$\mu$m | BNN | 0.1W（脉冲） | 0.8% | $\lambda_s$0.948～1.06$\mu$m $\lambda_i$1.214～1.072$\mu$m | 温度调谐 |
| Nd：YAG 二次谐波 0.532$\mu$m | KTP | ～330kW（15ns） | 36% | $\lambda$1.2～1.4$\mu$m | 角度调谐 |
| Nd：YAG 二次谐波 0.532$\mu$m | BBO | 1.6MW（脉冲） | 30% | $\lambda$0.68～2.4$\mu$m | 角度调谐 |
| Na：YAG 三次谐波 0.355$\mu$m | LBO | | 14% | $\lambda$0.54～1.03$\mu$m | 角度调谐 |
| 单频氩离子 0.5145$\mu$m | LiNbO$_3$ | 150MW（连续） | 60%（环形腔） | $\lambda_s$0.66～0.7$\mu$m $\lambda_i$2.32～1.94$\mu$m | |

# 第四节　频率上变换

　　参量的频率变换有频率上变换和频率下变换之分，频率上变换（Frequency Up-conversion）是利用非线性晶体中参量相互作用，将一个低频 $\omega_1$ 的信号和高强度激光束 $\omega_2$ 相混合，变换成角频率较高的 $\omega_3$ 的信号，其中

$$\omega_3 = \omega_1 + \omega_2$$

　　实验装置见图 6-15，$\omega_1$ 和 $\omega_2$ 光束经半透明镜结合起来以接近平行的方式穿过长度为 $l$ 的非线性晶体。

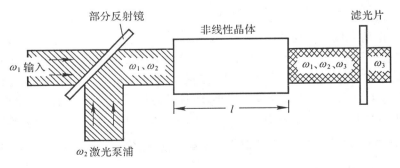

图 6-15　频率上变换实验装置

现在从式(6.3.4)着手对频率上变换进行分析。在实际情况下,起源作用的泵浦波采用激光,它比被变换的信号辐射强得多,因此在变换过程中的损耗可略去,选泵浦波的相位为零,使 $A_2(0)=A_2^*(0)$,由式(6.3.4)有

$$\begin{cases} \dfrac{dA_1}{dz}=-i\,\dfrac{g}{2}\,A_3 \\[2mm] \dfrac{dA_3}{dz}=-i\,\dfrac{g}{2}\,A_1 \end{cases} \tag{6.4.1}$$

式中,$g=rA_2$,利用式(6.3.5)及式(6.3.1)得

$$g=\sqrt{\dfrac{\mu_0}{\varepsilon_0}\dfrac{\omega_1\omega_3}{n_1n_3}}\,dE_2 \tag{6.4.2}$$

其中,$E_2$ 是泵浦波的电场幅值。

式(6.4.1)的通解是

$$\begin{cases} A_1(z)=A_1(0)\cos\left(\dfrac{g}{2}z\right)-iA_3(0)\sin\left(\dfrac{g}{2}z\right) \\[2mm] A_3(z)=A_3(0)\cos\left(\dfrac{g}{2}z\right)-iA_1(0)\sin\left(\dfrac{g}{2}z\right) \end{cases} \tag{6.4.3}$$

在频率上变换中,$A_3(0)=0$,这时有

$$\begin{cases} |A_1(z)|^2=|A_1(0)|^2\cos^2\left(\dfrac{g}{2}z\right) \\[2mm] |A_3(z)|^2=|A_1(0)|^2\sin^2\left(\dfrac{g}{2}z\right) \end{cases} \tag{6.4.4}$$

因此有

$$|A_1(z)|^2+|A_3(z)|^2=|A_1(0)|^2$$

可以看到,在频率上变换过程中,信号功率逐渐变换成和频的信号功率。

因为 $|A_i(z)|^2$ 与频率为 $\dfrac{\omega_i}{2\pi}$ 的光子通量密度成正比,所以可把式(6.4.4)重写成

$$\begin{cases} P_1(z)=P_1(0)\cos^2\left(\dfrac{g}{2}z\right) \\[2mm] P_3(z)=\dfrac{\omega_3}{\omega_1}P_1(0)\sin^2\left(\dfrac{g}{2}z\right) \end{cases} \tag{6.4.5}$$

因此,在长度为 $l$ 的晶体中,转换效率是

$$\dfrac{P_3(l)}{P_1(0)}=\dfrac{\omega_3}{\omega_1}\mathrm{tg}^2\left(\dfrac{g}{2}l\right) \tag{6.4.6}$$

大多数情况下转换效率是很低的,$gl\ll1$,并利用式(6.4.2)及式(6.3.2)得

$$\dfrac{P_3(l)}{P_1(0)}\approx\dfrac{\omega_3}{\omega_1}\dfrac{g^2l^2}{4}=\dfrac{\omega_3^2 l^2 d^2}{2n_1n_2n_3}\left(\dfrac{\mu_0}{\varepsilon_0}\right)^{3/2}\left(\dfrac{P_2}{A}\right) \tag{6.4.7}$$

式中,$A$ 为相互作用区域的截面积。

频率上变换的转换效率估算例:考虑将 $CO_2$ 激光器 $10.6\mu m$ 激光输出与 Nd∶YAG 激光器 $1.06\mu m$ 激光输出进行和频,从而升频变换为 $0.96\mu m$ 的辐射。选择淡红银矿晶体($Ag_3AsS_3$),它对上述三个频率成分吸收很小,而且又能满足相位匹配条件。采用下列数据:$P_2(\lambda=1.06\mu m)/A=10^4\mathrm{W/cm^2}$、$l=1\mathrm{cm}$、$n_1\approx n_2\approx n_3=2.6$、式(6.4.7)中 $d$ 应取 $d_e$,负单轴晶 $Ag_3AsS_3$ 的 $d_e\approx9\times10^{-12}\mathrm{m/V}$(保守地取表 6-1 给出的 $d_{22}$ 的 $\dfrac{1}{2}$),由式(6.4.7)可得

$$\dfrac{P_3(\lambda=0.96\mu m,\,l=1\mathrm{cm})}{P_1(\lambda=10.6\mu m,\,l=0)}\approx4\times10^{-4}$$

频率上变换的主要实用价值是用于对红外辐射的探测。对于把红外波段很弱的信号或很弱的图像上变换到可见或近红外光波段($\lambda < 1\mu m$)，这是一种非常重要的技术。虽然上变换的转换效率很低，但在可见或近红外光波段有比较灵敏的探测器和摄像器件，因此可以高的探测能力来补偿上变换效率低的不足。而利用红外探测器件检测红外信号，不仅效能较低，而且需要低温冷却，使用很不方便。

# 第七章

# 光辐射探测

光电子学是一门发展迅速的学科,它已在国防和科学技术、工农业生产以及日常生活诸方面得到愈来愈广泛的应用。在这些应用领域中都不可避免地涉及到把光辐射及其携带的信息转换成容易处理的电信号的问题,即光辐射的探测问题。

严格地说,光辐射探测系统是由信息源,传输介质和接收系统组成。接收光学系统把信息源光辐射和背景及其它杂散光经传输介质一起会聚在光探测器上。光辐射所携带的信息,例如光谱能量分布、辐射通量、光强分布、温度分布等由光探测器转变成电信号测量出来,经电子线路处理后,可供分析、记录、存储或直接显示,从而识别被测目标的种类、形状、大小及目标在空间的位置、运动速度,或者获得被测目标清晰的图像。光探测器是实现光电转换的关键部件,它的性能好坏对整个光辐射探测的质量起着至关重要的作用。

光辐射的探测方法可分为直接探测法(非相干探测)和光外差探测法(相干探测)。在直接探测法中,光探测器直接响应光波的强度;在外差探测法中它既可以响应光波的强度(幅度)变化,亦可响应光波的频率和相位变化。外差探测获得的信息量比直接探测要多,且有更高得多的信噪比,但外差探测系统比较复杂,且只能用于相干性能好的激光系统中。而直接探测在技术和装置上都相对简单,因此有着更广泛的应用。

## 第一节 光探测概述

### 一、光探测器分类

光探测器是把光辐射能(紫外、可见光和红外光辐射)转变为电信号的器件。光探测器的种类很多,分类的方法也各不相同。按用途可分成成像探测器及非成像探测器,若以光谱响应分,则可分为紫外光辐射探测器、可见光和近红外光辐射探测器、中红外和远红外探测器等。从结构分,还可以分为单元、多元和阵列光探测器。按工作转换机理来分类,则可分为光子探测器(光电探测器)和热探测器两大类。

光子探测器可直接把光辐射能变换成电信号,它的工作原理是基于光电效应,不需要如热探测器那样经过加热物体的中间过程,因此反应速度快。光子探测器指入射在光探测器上的光辐射能,它以光子的形式与光子探测器材料内受束缚的电子相互作用,从而逸出表面或释放出自由电子和自由空穴来参与导电的器件。常用的光子探测器有以下几类:

### 1. 光电子发射探测器

当光辐射照射在某些金属氧化物或半导体表面上时,如果光子能量足够大,就能使材料内束缚能级上的电子逸出表面发射到"真空"中而成为自由电子,这种现象叫做光电子发射效应或外光电效应。常用的单元探测器有光电管和光电倍增管,成像器件有变像管,像增强器和真空摄像管。大部分光电子发射探测器只对可见光灵敏,时间常数很短,可获得很高的灵敏度,可被用于微弱光的探测,亦可将超快速的光学现象记录下来,开拓人眼对不可见辐射的接收能力。

### 2. 光电导探测器

若光辐射照射在半导体材料上,当深入到材料内部的光子能量足够大时,则会使材料体内一些电子和空穴从原来不导电的束缚状态转变成能导电的自由状态,从而引起电导率的变化,称为光电导效应。利用这个原理制成的探测器为光电导探测器。

光电导探测器分为多晶薄膜型和单晶型。薄膜型光电导探测器品种较少,常用的有 PbS 和 PbSe,PbS 适用于 $1\sim3.6\mu m$ 波段,PbSe 适用于 $1.5\sim5.8\mu m$。单晶型光导探测器又可分为本征型和掺杂型两类。本征型有 InSb(锑化铟),它可用于 $1\sim5\mu m$ 波段;还有 HgCdTe(碲镉汞),适用于 $2\sim16\mu m$。掺杂型的 Ge:Hg 探测器也适用于 $8\sim14\mu m$ 波段。

### 3. 光伏探测器

在半导体 P-N 结及其附近区域吸收能量足够大的光子后,在结区及结的附近释放出少数载流子(电子—空穴对),它们在结区附近靠扩散进入结区,而在结区内则受内电场的作用,电子漂移到 N 区,空穴漂移到 P 区。结果使 N 区带负电荷,P 区带正电荷,产生光电电动势,此现象称为光生伏特效应。对 PN 结加反向偏压工作时,形成光电二极管。光伏型探测器包括同质结型,异质结型和肖特基型,它也有单元器件,阵列器件和摄像器件之分。单元器件有光电池、光电二极管、雪崩光电二极管、PIN 管、光电晶体管等,多元器件有光电二极管列阵(线阵和面阵)等。

### 4. 热探测器

吸收光辐射能后热探测器会产生温升,伴随着温升而发生某些物理性质的变化,如产生温差电动势(温差电效应)、电阻率变化(测辐射热计效应)、自发极化强度变化(热释电效应)、气体体积和压强变化等。测量这些变化就可以测出它们吸收光辐射的能量和功率等参数。利用其中一种物理变化就可以制成一种类型的热探测器:利用温差电效应制成热电偶;利用电阻率变化的有热敏电阻或电阻测辐射热计;利用气体压强变化的高莱管和利用热释电效应的热释电探测器。

热释电探测器的优点是:不需制冷就能在室温下工作,比光子探测器有更宽的光谱响应范围,可在 X 射线和毫米波段使用。与其他热探测器(时间常数为 $1\sim0.01fs$)比较具有高频响应(时间常数可达 $1\mu s$)。热释电探测器有单元和列阵器件之分,列阵器件分线阵、坐标和面阵三种。广泛用于光辐射(激光)功率和能量测量、激光模式、跟踪和制导、位置探测、红外和毫米波成像等。虽然在成像方面能达到热成像系统要求的性能指标,但还达不到致冷的光子探测器的性能。

## 二、光辐射探测器的特性和参数

由于光辐射探测器的种类很多,且各类器件的工作原理和变换性质有所不同,因此需要有一些统一的模型和术语来分析和评价光辐射探测器件的特性和技术性能指标。

### 1. 静态特性

光辐射探测器在输入量(光辐射量)对时间 $t$ 的各阶导数为零的静态条件下,输出量和输入量之间可用一代数方程来表示,即

$$y = a_0 + a_1 x + a_2 x^2 + \cdots + a_n x^n \tag{7.1.1}$$

式中,$x$ 为输入量,$y$ 为输出量,$a_0$ 为探测器暗输出,$a_1$ 为探测器的响应率,$a_2$、$a_3$、$\cdots$、$a_n$ 为非线性项的待定系数。

式(7.1.1)的关系亦可用以输入量 $x$ 为横坐标,输出量 $y$ 为纵坐标的曲线来表示,称为光探测器的静态特性曲线。可以定义一些常用的参数,来描述光探测器的静态特性。

(1)非线性度

非线性度是表征光探测器输出—输入特性曲线偏离所选定的拟合直线的程度,通常用相对误差来表示。即

$$e_L = \pm \frac{\Delta L_{\max}}{Y_{F,S}} \times 100\% \tag{7.1.2}$$

式中,$\Delta L_{\max}$ 为输出平均值与拟合直线间最大偏差,$y_{F,S}$ 为理论满量程输出值。

由于选定拟合直线不同,计算得到非线性度的数值也就不同。可以光探测器的理论特性曲线作为拟合直线,亦可按最小二乘法原理求取拟合直线。

(2)响应度

响应度表示单位输入辐射通量(功率)时的输出量,用 $R$ 表示,即

$$R = \frac{i}{\Phi_e} \tag{7.1.3}$$

式中,$\Phi_e$ 为入射的光辐射通量,$i$ 为引起的响应量,它可以是电流或电压(A/W 或 V/W)。

响应度是光探测器静态特性曲线上的斜率。早先曾把响应度叫做灵敏度,其实质是相同的。由于光探测器将光辐射能转换成电信号时,对于不同波长,其转换的效果不同,因此引进光谱响应度[$R(\lambda)$]来分析和评价光电转换的光谱特性。其计算式为

$$R(\lambda) = \frac{\mathrm{d}i(\lambda)}{\mathrm{d}\Phi_e(\lambda)} \tag{7.1.4}$$

式中,$\Phi_e(\lambda)$ 为输入的光谱辐射通量。

光谱响应度与波长的关系曲线称为光谱响应曲线。光谱响应曲线的最高点为峰值响应度,其对应波长为峰值波长,光谱响应曲线有上、下限波长,其长波限也叫截止波长,它指响应度下降到峰值响应度 0.5 倍所对应的波长。

(3)量子效率

量子效率表示探测器单位时间输出的光电子数 $n$ 与单位时间入射的光子数 $n_{ph}$ 的比值,即单个光子产生的光电子数:

$$\eta(\lambda) = \frac{n}{n_{ph}} \tag{7.1.5}$$

可以证明 $\eta(\lambda)$ 和光谱响应率 $R(\lambda)$ 有对应关系,量子效率越高,相应的光谱灵敏度越高,两者关系是

$$\eta(\lambda) = 1.24 \times 10^{-6} \frac{R(\lambda)}{\lambda} \tag{7.1.6}$$

(4)最小可探测功率和探测度

若以一定频率变化的光辐射入射到光探测器上,使光探测器输出信号电压的有效值 $V_s$ 等于噪声均方值电压值 $V_n$ 时,所对应的入射光功率称为等效噪声功率 NEP,它是可探测的最小功率。即

$$\text{NEP} = \frac{P_s}{V_s/V_n} = V_n/R \tag{7.1.7}$$

这里 $P_s$ 是入射辐射功率,$V_s/V_n$ 称为信噪比。由于信号等于噪声时很难测出信号,一般在高信号电平测量,再根据上述公式计算 NEP。等效噪声功率 NEP 愈小,表示探测器的探测能力越好,因此可将 NEP 的倒数定义为探测度(率)

$$D = \frac{1}{\text{NEP}} = \frac{V_s/V_n}{P_s} = \frac{R}{V_n}$$

来表示光探测器探测弱信号的能力。由于 NEP 与探测器的灵敏面积 $A$ 及测量系统带宽 $\Delta f$ 乘积的平方根成正比,为便于比较不同探测器的性能,引出归一化探测度:

$$D^* = \frac{(A \cdot \Delta f)^{1/2}}{\text{NEP}} = D(A \cdot \Delta f)^{1/2} = \frac{R}{V_n}(A \cdot \Delta f)^{1/2} \tag{7.1.8}$$

当 $A$ 的单位为 $cm^2$,$\Delta f$ 单位为 Hz,$V_n$ 的单位为 V,$R$ 的单位为 V/W,则 $D^*$ 的单位为 $cm \cdot Hz^{1/2} \cdot W^{-1}$。通常在 $D^*$ 后附以测量条件,例如 $D^*(500K, 900, 5)$ 表示用 500K 黑体,调制频率 900Hz,测量系统噪声带宽 5Hz 测量得的值。

## 2. 动态特性

光探测器的动态特性是反映它对于随时间变化的输入量的响应特性,可以通过测量输出量随时间变化的关系是否与输入量随时间变化一致来分析其动态误差。由于实际测试时输入量千差万别,且事先往往不知道,所以通常采用输入"标准"信号的方法进行分析,进而确定若干评定动态特性的参数。常用正弦信号和阶跃信号来分析光探测器的频率响应和阶跃输入响应特性。

研究光探测器动态响应特性时,一般都忽略探测器的非线性和随机变化等复杂因素,这样就可以用线性常系数微分方程来作为光探测器动态模型,通过求解微分方程分清暂态响应和稳态响应,也可以运用拉氏变换将时域的微分方程转换成复频域的传递函数来分析光探测器动态响应特性。一般,光探测器可看作零阶、一阶环节的动态响应特性。零阶环节的微分方程为

$$y = \frac{b_0}{a_0}x = kx \tag{7.1.9}$$

零阶环节输出量的幅值总与输入量成确定的比例关系,又称比例环节,是一种与频率无关的环节。一阶环节的微分方程为

$$a_1 \frac{\mathrm{d}y}{\mathrm{d}t} + a_0 y = b_0 x \tag{7.1.10}$$

假定光探测器输入量为辐射通量 $\Phi_e(t)$，输出量为电流信号 $i(t)$，再令

$$\tau=a_1/a_0, S_0=b_0/a_0$$

于是式(7.1.10)可改写为

$$\tau\frac{\mathrm{d}i}{\mathrm{d}t}+i(t)=S_0\Phi_e(t) \tag{7.1.11}$$

这里 $S_0$ 即响应曲线的渐近线，即稳定时的响应。如果输入信号是阶跃信号，即 $\Phi_e(t)=1$，得到微分方程(7.1.11)的解为

$$i_t(t)=S_0[1-\exp(-\frac{t}{\tau})] \tag{7.1.12}$$

其响应曲线如图 7-1 所示。当响应时间为 $T_s$ 时的动态误差为

$$e_d=S_0-S_0[1-\exp(-T_s/\tau)]=\exp(-\frac{T_s}{\tau})$$

当 $T_s=3\tau$ 时，$e_d=0.05$；当 $T_s=5\tau$ 时，动态误差为 $e_d=0.007$。由此可见，一阶环节输入阶跃信号在 $t>5\tau$ 后可认为已接近稳态。

由式(7.1.12)中可见，若 $t=\tau$，则 $i_t(t)=0.63S_0$，由此我们定义 $\tau$ 为光探测器的时间常数，它表示，在阶跃函数作用下，光探测器输出响应到达 63% 的稳态值时所需要的时间。

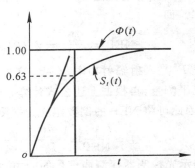

图 7-1　一阶系统阶跃响应曲线

如果输入光辐射是简谐信号：

$$\Phi(t)=\Phi_0\exp(-i\omega t)$$

式中，$\omega$ 为光调制频率。

将上式代入微分方程(7.1.11)，可求得

$$i(t)=\frac{\Phi_0 S_0}{\sqrt{1+(\omega\tau)^2}}\exp[i(\omega t+\theta)] \tag{7.1.13}$$

由此可见：当 $\omega=0$ 时，输出有极大值 $i_{max}=\Phi_0 S_0$；当 $\omega$ 增大时输出幅度下降，当 $\omega=\frac{1}{\tau}$ 时，输出幅度下降到最大值的 $\frac{1}{\sqrt{2}}$，此时的频率 $\omega$ 称为光探测器的截止频率，而 $\tau$ 亦可称为响应时间。

## 三、光辐射探测噪声

光辐射探测系统是光电信息的变换、传输及处理的系统，除光探测器外，还有各种光学、机械和电子系统，整个系统在工作时总会受到无用信号的干扰。例如光电变换中光电子随机起伏的干扰及背景光的干扰等。任何叠加在信号上不希望有的随机扰动或干扰统称为噪声。它主要来自两方面：(a)来自系统外部，通常由电、磁、机械等因素所引起，如电源 50Hz 干扰、工业设备电火花干扰等，它们具有一定的规律性，采取适当措施(如屏蔽、滤波、远离噪声源等)可将其减小或消除；(b)来自系统内部，材料、器件或固有的物理过程的自然扰动，例如，任何导体中带电粒子无规则运动引起的热噪声、光探测过程中光子计数统计引起的散粒噪声等。由于噪声总是与有用信号混在一起，因而影响对信号特别是微弱信号的正确探测。一个光探测系统的极限探测能力往往是由系统的噪声所限制，因此减小和消除噪声的影响至关重要。

**1. 噪声功率谱密度**

噪声是一种随机信号,因此在任何时刻都无法确定它的瞬时值,但是某些噪声遵循一定的统计分布规律。例如热噪声(高斯白噪声),其实测波形及概率分布如图 7-2 所示。热噪声幅度服从高斯正态分布,$P(V)$ 曲线下的面积代表各事件发生的概率,噪声波形集中在零电平附近,高于或低于这个电平的噪声瞬时值概率等于 0.5(总概率为 1)。从长时间看,噪声电压时间平均值一定为零,无法描述噪声大小,所以只能采用长周期测定其均方值的方法。对于平稳随机过程,通常先计算噪声电流 $I_n(t)$(或电压 $V_n$)的平方值,然后将其对时间作平均。即

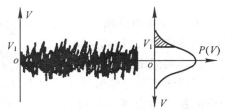

图 7-2 热噪声波形及其振幅高斯分布图

$$\overline{V_n^2} = \overline{[V_n(t)]^2} \tag{7.1.14}$$

$$\overline{I_n^2} = \overline{[I_n(t)]^2} \tag{7.1.15}$$

上述二式也表示在单位电阻($1\Omega$)上消耗的功率,因此常把 $\overline{I_n^2}$,$\overline{V_n^2}$ 称为噪声功率。即

$$\overline{V_n^2} = P_n = \frac{1}{T}\int_{-\frac{T}{2}}^{\frac{T}{2}} V_n^2(t)\mathrm{d}t \tag{7.1.16}$$

式中,$I_n(t)$ 为噪声电流,$V_n(t)$ 为噪声电压,$P_n$ 为噪声功率。

描述噪声最有效的方法是用功率谱,即把时域上的噪声特性变换到频域上,并分析噪声功率的频谱特性。即

$$V_n(\omega) = \int_{-\infty}^{\infty} V_n(t)\mathrm{e}^{-j\omega t}\mathrm{d}t \tag{7.1.17}$$

$$V_n(t) = \frac{1}{2\pi}\int_{-\infty}^{\infty} V_n(\omega)\mathrm{e}^{j\omega t}\mathrm{d}t \tag{7.1.18}$$

实际测量时不可能在无限长时间中进行,而是取一段对于 $V(t)$ 变化间隔足够长的时间 $T$,并使 $\frac{T}{2} \geqslant t \geqslant -\frac{T}{2}$,于是,上式改写为

$$V_n(\omega) = \int_{-\frac{T}{2}}^{\frac{T}{2}} V_n(t)\mathrm{e}^{-j\omega t}\mathrm{d}t \tag{7.1.19}$$

由于

$$V_n^2(t) = V_n(t)V_n^*(t) \tag{7.1.20}$$

噪声平均功率

$$P_n = \overline{V_n^2(t)} = \frac{1}{T}\int_{-\frac{T}{2}}^{\frac{T}{2}} V_n^2(t)\mathrm{d}t$$

$$= \frac{1}{T}\int_{-\frac{T}{2}}^{\frac{T}{2}} V_n(t)\left[\frac{1}{2\pi}\int_{-\infty}^{\infty} V_n(\omega)\mathrm{e}^{j\omega t}\mathrm{d}\omega\right]^*\mathrm{d}t$$

交换积分顺序,可得

$$P_n = \overline{V_n(t)^2} = \frac{1}{2\pi T}\int_{-\infty}^{\infty} |V_n(\omega)|^2\mathrm{d}\omega \tag{7.1.21}$$

令

$$S_n(\omega) = \frac{|V_n(\omega)|^2}{2\pi T} \tag{7.1.22}$$

把 $S_n(\omega)$ 称作为 $V_n(t)$ 的功率谱密度。这样,噪声平均功率可表达为

$$P_n = \overline{V_n^2(t)} = \int_{-\infty}^{\infty} S_n(\omega)\mathrm{d}\omega \tag{7.1.23}$$

### 2. 热噪声

由于导体内载流子无规则地热运动,所引起的噪声称为热噪声,又称琼斯噪声。

假设将无电感、无电容而温度均为 $T$ 的两个电阻用一理想无损耗的传输线连接起来,如图7-3所示。每个电阻都产生噪声,并将其功率的一部分传给另一个电阻。由于它们处于相同的温度,平衡时每个电阻得到

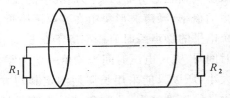

图 7-3　理想传输线连接的两个电阻

的能量等于它所送出的能量。在带宽 $\Delta f$ 内,两个电阻 $R_1$ 和 $R_2$ 产生的噪声功率分别为 $|V_{n1}(f)|^2 \Delta f$ 及 $|V_{n2}(f)|^2 \Delta f$,$R_1$ 产生而在 $R_2$ 上消耗的噪声功率为

$$P_{n2} = |V_{n1}(f)|^2 \Delta f \frac{R_2}{(R_1 + R_2)^2} \tag{7.1.24}$$

同理,$R_2$ 产生而在 $R_1$ 上消耗的功率为

$$P_{n1} = |V_{n2}(f)|^2 \Delta f \frac{R_1}{(R_1 + R_2)^2} \tag{7.1.25}$$

在热平衡时,$P_{n1} = P_{n2}$。如果两个电阻与传输线特性阻抗 $R$ 相匹配,这就是满足最大功率传输条件。此时,一个电阻所输送的全部功率将完全被另一个电阻吸收。能量均分定理表明,单位自由度的能量为 $KT/2$($K$ 为玻尔兹曼常数,$T$ 为绝对温度)。沿传输线传送的电磁能量有两个自由度,对应每个振动模式的两个偏振面。因此每个振动模式能量为 $KT$。若将一根长线 $L$ 视为一根弦,它振动波形中有基波和谐波,它们对应各种波长,即 $L = n\frac{\lambda}{2}$,这里 $n$ 为整数,$\lambda$ 为波长。单位带宽中振动模式(频率)数目为 $2L/v$,$v$ 为传播速度。平衡时,单位带宽中传输线所储存的能量为 $\left(\frac{2L}{v}\right)\Delta f\, KT$。每一传递方向带有这一能量的一半,则每秒内传送给每个电阻的能量为

$$\frac{1}{2}\left(\frac{v}{L}\right)\left(\frac{2L}{v}\Delta f\, KT\right) = KT\Delta f$$

它表示一个电阻传送给另一电阻的平均功率,即式(7.1.24)和式(7.1.25)中的 $P_{n2}$ 和 $P_{n1}$。当 $R_1 = R_2$,

$$P_n = \frac{|V_n(f)|^2 \Delta f}{4R} = KT\Delta f \tag{7.1.26}$$

因此

$$\overline{V_n^2} = |V_n(f)|^2 \Delta f = 4KTR\Delta f \tag{7.1.27}$$

由此可见,热噪声功率与频率无关,它在所有频率上都有均匀的谱密度,因此也叫白噪声。热噪声的功率谱密度为 $|V_n(f)|^2 = 4KTR$。用电流表示热噪声功率,即

$$\overline{I_n^2} = \frac{4KT\Delta f}{R} \tag{7.1.28}$$

### 3. 散粒噪声

在光探测器中,每个载流子便是形成光电流的最小基元。照射在探测器上的光子起伏及光

生载流子流动的不连续性和随机性而形成载流子起伏变化,由此引起的噪声称散粒噪声。图7-4 所示为光电管工作原理和随机出现的光电子脉冲示意图。

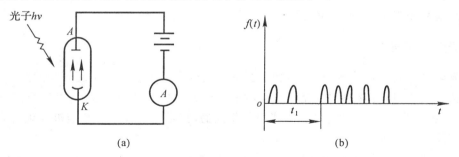

图 7-4　(a) 光电管工作示意图,(b) 随机出现的光电子脉冲

一个电子从阴极到阳极的运动形成一个电流脉冲。如果电子到达距阴极 $x$ 处时,在阴极和阳极上感应电荷分别为

$$Q_{阴} = \frac{e(d-x)}{d}$$

$$Q_{阳} = \frac{ex}{d}$$

这里 $e$ 是电子电荷,$d$ 为阴极到阳极距离。于是单个电子形成的电流脉冲 $f(t)$ 为

$$f(t) = \frac{\mathrm{d}Q}{\mathrm{d}t} = \frac{e}{d}\frac{\mathrm{d}x}{\mathrm{d}t} = \frac{e}{d}v(t) = \frac{e}{\tau} \tag{7.1.29}$$

式中,$v$ 是电子运动速度,$\tau$ 是电子从阴极到阳极的渡越时间。

光电管内由大量随机出现的单个电子脉冲组成阳极电流,电子脉冲出现的时刻 $t_i$ 是随机量,因此在观察时间 $T$ 内,管内电流为

$$I(t) = \sum_{i=1}^{N_T} f(t - t_i) \quad 0 \leqslant t \leqslant T \tag{7.1.30}$$

$f(t)$ 的傅氏变换为 $F(\omega)$。$f(t-t_i)$ 的傅氏变换:

$$F_i(\omega) = \int_{-\infty}^{\infty} f(t - t_i)\mathrm{e}^{-j\omega t}\mathrm{d}t = \mathrm{e}^{-j\omega t_i}F(\omega) \tag{7.1.31}$$

$$I(\omega) = \sum_{i=1}^{N_T} F_i(\omega) \tag{7.1.32}$$

平均噪声功率

$$P_n = \overline{I^2(t)} = \frac{1}{2\pi T}\int_{-\infty}^{\infty} |I(\omega)|^2 \mathrm{d}\omega \tag{7.1.33}$$

$$|I(\omega)|^2 = \Big[\sum_{i=1}^{N_T} F(\omega)\mathrm{e}^{-j\omega t_i}\Big]\Big[\sum_{i=1}^{N_T} F^*(\omega)\mathrm{e}^{j\omega t_i}\Big] = N_T|F(\omega)|^2$$

式中,$N_T$ 为观察时间 $T$ 内总的电子脉冲数,$N_T = \overline{N} \cdot T$,$\overline{N}$ 即单位时间内平均发射的电子数。

所以

$$|I(\omega)|^2 = \overline{N}T|F(\omega)|^2$$

得

$$\overline{I^2(t)} = \int_{-\infty}^{\infty} \frac{\overline{N}T|F(\omega)|^2}{2\pi T}\mathrm{d}\omega \tag{7.1.34}$$

由于

$$F(\omega) = \int_{-\infty}^{\infty} f(t)\mathrm{e}^{-j\omega t}\mathrm{d}t = \int_{-\infty}^{\infty} \frac{e}{\tau}\mathrm{e}^{-j\omega t}\mathrm{d}t = \int_{0}^{\tau} e/\tau \cdot \mathrm{e}^{-j\omega t}\mathrm{d}t = e$$

将 $F(\omega)=e$,并用 $\omega=2\pi f$ 代入式(7.1.34),得

$$\overline{I^2(t)} = 2\overline{N}e^2\Delta f = 2Ie\Delta f \tag{7.1.35}$$

这里,$I=Ne$,是光电二极管的平均电流。散粒噪声的功率谱密度为 $S_n(\omega)=Ie/\pi$,或 $S_n(f)=2eI$。现散粒噪声的谱密度为常数,与频率无关,只与带宽有关,因此也是"白"噪声。散粒噪声与器件平均电流成正比,属于有偏压噪声。

### 4. 产生-复合噪声

在光电导材料所做成的器件中,除了要考虑载流子由于吸收光子受到激发产生的载流子数的随机起伏外,还要考虑到载流子在运动中复合的随机性,它们对噪声都有贡献,这种噪声称为产生-复合噪声,在本质上与散粒噪声是相同的,都是由于载流子数随机变化引起,但具体表达式不同。

设一个载流子由于吸收光子而受到激发成为光生载流子,其持续时间为 $\tau_e$(即复合寿命,是随机变量)。它在外电路产生的感应电流脉冲为

$$f(t)=\begin{cases} \dfrac{e\,\overline{v}}{d} & 0\leqslant t\leqslant \tau_e \\ 0. & t<0 \quad t>\tau_e \end{cases}$$

式中,$\overline{v}$ 为载流子平均漂移速度,$d$ 为光电导体极间长度。

要求出其噪声功率谱密度,需先求得电流脉冲的傅里叶变换,即

$$F(\omega,\tau_e)=\frac{e\,\overline{v}}{d}\int_0^{\tau_e}e^{-j\omega t}dt=\frac{e\,\overline{v}}{d}[1-e^{-j\omega\tau_e}]$$

$$|F(\omega,\tau_e)|^2=F(\omega,\tau_e)F^*(\omega,\tau_e)$$

$$=\frac{e^2\overline{v}^2}{\omega^2 d^2}[2-e^{-j\omega\tau_e}-e^{j\omega\tau_e}]$$

因为 $\tau_e$ 是随机量,对于 $\overline{N}$ 个光电子脉冲,它们的 $\tau_e$ 大小不同,总的功率谱密度应该是在不同 $\tau_e$ 值下的叠加,即对 $\overline{N}$ 个光电脉冲所有可能的 $\tau_e$ 作统计平均,得

$$|F(\omega)|^2=\int_0^{\infty}|F(\omega,\tau_e)|^2 g(\tau_e)d\tau_e \tag{7.1-36}$$

这里载流子的复合概率 $g(\tau)=\dfrac{1}{\tau}e^{-\tau_e/\tau}$,

$$|F(\omega)|^2=\int_0^{\infty}\frac{e^2\overline{v}^2}{\omega^2 d^2}[2-e^{-j\omega\tau_e}-e^{j\omega\tau_e}]\frac{1}{\tau}e^{-\tau_e/\tau}d\tau_e$$

$$=\frac{2e^2\overline{v}^2\tau^2}{d^2(1+\omega^2\tau^2)} \tag{7.1.37}$$

产生 — 复合噪声本质上是散粒噪声,由式(7.1.34)有

$$\overline{I^2(t)}=\int_{-\infty}^{\infty}\frac{\overline{N}T|F(\omega)|^2}{2\pi T}d\omega=\int_0^{\infty}\frac{2\overline{N}T|F(2\pi f)|^2}{2\pi T}\cdot 2\pi df$$

$$=\int_0^{\infty}2\overline{N}|F(2\pi f)|^2 df \tag{7.1.38}$$

因此功率谱密度

$$S_n(f)=2\overline{N}|F(\omega)|^2 \tag{7.1.39}$$

将式(7.1.37)代入式(7.1.39),得

$$S_n(f)=2\overline{N}\frac{2e^2\overline{v}^2\tau^2}{d^2(1+\omega^2\tau^2)} \tag{7.1.40}$$

由于 $\overline{v}=d/\tau_d$,这里 $\tau_d$ 为载流子在电场作用下渡越电极间的时间;考虑到载流子产生与复合,每秒种产生的平均载流子数 $\overline{N}=(\overline{I}/e)(\tau_d/\tau)$,又由于 $\omega\tau\leqslant 1$,上式简化为

$$S_n(f) = 4\overline{N}e^2(\tau/\tau_d)^2 = 4Ie(\tau/\tau_d)^2 \tag{7.1.41}$$

产生 — 复合($g$-$r$)噪声功率为：

$$I_n^2(t) = \int_0^\infty 4Ie(\tau/\tau_d)^2 \mathrm{d}f = 4eIG\Delta f \tag{7.1.42}$$

这里令 $G = \tau/\tau_d$，通常称为光导探测器的内增益。由此可见，产生-复合噪声除和探测器平均电流 $I$ 及工作带宽 $\Delta f$ 有关外，还和载流子的平均寿命 $\tau$ 和渡越时间 $\tau_d$ 的比值有关。

**5. 低频噪声（$1/f$ 噪声）**

低频噪声的特点是噪声功率谱密度与频率成反比，低频噪声均方值可用经验公式表示为

$$I_{nf}^2 = k\frac{I^b\Delta f}{f^a} \tag{7.1.43}$$

式中，$k$ 为比例系数，它与制造工艺，表面状态和器件尺寸有关，$a$ 与器件材料有关，通常在 0.8 ~1.3 之间，大部分材料可近似取为 1，$b$ 与流过的电流有关，通常可取为 2，$f$ 及 $\Delta f$ 分别为探测器工作频率。

低频噪声主要出现在 1kHz 以下的低频区，工作频率大于 1kHz 以上，与其他噪声相比可忽略不计。

# 第二节　　光辐射探测器工作原理

## 一、光电导探测器

半导体材料受光照射时，由于吸收光能量而形成非平衡载流子，因而导致材料电导率增大，这种现象称为光电导效应。利用这种效应做成的光探测器称为光电导探测器，亦叫光敏电阻。由于半导体材料结构不同，光电导探测器可分成单晶和多晶两种类型。在单晶光电导探测器中又因吸收机构不同而分为本征型和杂质（非本征）型光电导探测器。

### 1. 本征光电导探测器

在光电导材料两端涂上电极，并加以电压，如图 7-5 所示。设材料的长、宽和高分别为 $L$、$W$ 和 $D$。在无光照时，常温下材料具有一定的热激发载流子浓度，因此其暗电导率

$$\sigma_0 = e(n_0\mu_n + p_0\mu_p) \tag{7.2.1}$$

式中：$e$ 为电子电荷量；$(n_0、p_0)$，$(\mu_n、\mu_p)$ 分别为材料热平衡电子浓度、空穴浓度和电子迁移率、空穴迁移率。若照射光电导探测器的光子能量

$$h\nu > E_g \tag{7.2.2}$$

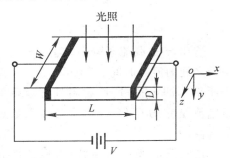

图 7-5　光导探测器工作原理

如果产生的光生载流子浓度分别为 $\Delta n$（电子）和 $\Delta p$（空穴），则材料的电导率

$$\sigma = e(n_0 + \Delta n)\mu_n + e(p_0 + \Delta p)\mu_p \tag{7.2.3}$$

光电导

$$\Delta\sigma=\sigma-\sigma_0$$

$$\Delta\sigma=e(\Delta n\mu_n+\Delta p\mu_p)$$

光电导材料加电压后,光生载流子在外电场作用下形成电流,其短路电流密度 $J=\Delta\sigma\cdot E$,这里 $E$ 为电场强度,$V=E\cdot L$。于是,通过探测器的电流

$$I=WDJ=WD\frac{V}{L}(\Delta n\mu_n+\Delta p\mu_p)$$

在本征吸收中 $\Delta n=\Delta p$,则上式简化为

$$I=WD\frac{V}{L}e\Delta p(\mu_n+\mu_p) \tag{7.2.4}$$

光电导材料在光照下不断产生光生载流子,同时也不断地复合。假设光照均匀,探测器厚度有限,所加电场是均匀的,则光生载流子的变化率为

$$\frac{\partial(\Delta p)}{\partial t}=g-\frac{\Delta p}{\tau} \tag{7.2.5}$$

式中,$g$ 为光生载流子产生率。如果光照为恒定光,则 $\partial(\Delta p)/\partial t=0$,则

$$\Delta p=\tau g_0$$

其中,$g_0$ 为稳态产生率,其值为

$$g_0=\frac{1}{LWD}\frac{P_s}{h\nu}\eta$$

式中,$P_s$ 为入射光功率;$\eta$ 为量子效率,它表示入射一个光子所能产生的光电子数的概率。

如果光照强度是随时间变化的正弦函数,则产生率 $g$ 也是时间的函数 $g(t)$,用 $g(t)$ 替代式(7.2.5)中 $g$,并解这个微分方程,得

$$|\Delta p|=\frac{g_0\tau}{\sqrt{1+\omega^2\tau^2}} \tag{7.2.6}$$

式中,如 $\omega=0$,$\Delta p=\tau g_0$,即为恒定光照的表达式。组合式(7.2.4)和式(7.2.6),可求得本征光电导探测器的短路输出电流,即

$$I=\frac{P_s}{h\nu}\eta eG\frac{1}{\sqrt{1+\omega^2\tau^2}} \tag{7.2.7}$$

式中,$G=\dfrac{\tau}{T_d}$。

$$T_d=\frac{L^2}{(\mu_n+\mu_p)V}$$

这里,$\tau$ 是载流子寿命,$T_d$ 是载流子在两极之间的渡越时间。$P_s\eta e/h\nu$ 为单位时间内所得到的电荷量,而材料外部获得的短路电流是它的 $G$ 倍,$G$ 称为倍增系数或内部增益。

在实际的光探测系统中,通常把光电导探测器等效为一个有源二端网络,如图7-6所示。图中:$I_p$ 为光电流;$R_d$,$C_d$ 为光电导探测器等效内阻和电容;$R_i$,$C_i$ 为放大器等效输入电阻和电容。光电导探测器受光照时的亮电阻与无光照时的暗电阻之比约为 $10^{-2}\sim10^{-6}$ 数量级,这个比值越小,探测器的灵敏度就越高。

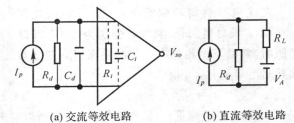

(a) 交流等效电路          (b) 直流等效电路

图 7-6   光电探测器等效有源二端网络

由直流等效电路我们可计算短路电流和开路电压等。如果光电导探测器外电路短路(即

$R_L \ll R_d$），则输出电流

$$I_{sc} = \frac{e\eta}{h\nu} P_s G \tag{7.2.8}$$

此时光电导探测器等效于一个内阻很大的恒流源。当外电路近似开路时，即 $R_L \gg R_d$，此时开路电压

$$V_{oc} = I_p R_L = G \frac{e\eta}{h\nu} P_s R_L \tag{7.2.9}$$

此时探测器等效为一个内阻为零的恒压源。当 $R_L = R_d$ 时

$$V = I_p \frac{R_L R_d}{R_L + R_d} = \frac{1}{2} I_p R_L \tag{7.2.10}$$

通常称这种情况为匹配工作状态，这时光电导探测器输出电功率最大，光电变换效率最高。

　　当光电导探测器在高频运用时，还必须计算 $C_d, C_i$ 对输出电流和电压的影响。由于半导体对光吸收是非线性的，在入射光较弱时，光电流与入射光功率可视为线性关系。光功率过大，将出现非线性，使用时必须注意这个问题。

### 2. 非本征光电导探测器

　　非本征光电导探测器工作原理与本征光电导探测器类似，只是非本征（杂质）激发的光电导探测器光生载流子浓度 $\Delta n \neq \Delta p$，在 n 型中 $\Delta n \gg \Delta p$，在 p 型中 $\Delta p \gg \Delta n$，因此它们的光电导分别为

$$\Delta \sigma_n = e \Delta n \mu_n$$

$$\Delta \sigma_p = e \Delta p \mu_p$$

类似前面的分析方法，可得到 n 型和 p 型光电导探测器光电流表达式。

　　常用的单晶光电导探测器中，本征型的有碲镉汞（HgCdTe）、锑化铟（InSb）、磅锡铅（PbSnTe）等，杂质型有锗掺汞（Ge：Hg）、锗掺镓（Ge：Ga）及硅掺砷（Si：As）等。

### 3. 多晶光电导探测器

　　多晶光电导探测器是用多晶半导体材料制成的薄膜型器件，所谓多晶半导体指许多不同导电类型的半导体（n 型或 p 型）组成。主要有 PbS，PbSe 和 PbTe 等，它们的长波限分别为 $3\mu m$，$5\mu m$ 和 $4\mu m$，其中 PbS 响应率和探测率都很高，并可工作在室温（300K）、中温（~195K）及低温（77K），因而获得较广泛应用，是近红外 $2\mu m$ 的波段探测的主要器件。

　　图 7-7 是 PbS 多晶结构示意图。PbS 薄膜由晶粒和晶粒间层组成。在未氧化前，PbS 薄膜由于硫的缺位，为具有正电中心（施主）的 n 型半导体。在氧化处理中，由于氧化层中过多的氧原子形成具有负电中心（受主）的 p 区。晶粒（n 区）和晶粒间层（p 区）相互交叉，在各个晶粒交界面形成一个个 p-n 结，产生内部电场，引起能带弯曲，如图 7-8 所示，其内电场将阻止多数载流子扩散，只有那些能量足以超过相应势垒的载流子才能在外电场作用下起导电作用。因此说，多晶光电导探测器的暗阻值非常大。

　　当光照 PbS 薄膜时，若光子能量大于 PbS 禁带宽度，则将产生本征激发，位于结面两侧扩散长度内的光生载流子（p 区电子和 n 区空穴）在结电场作用下将向相反方向漂移而中和掉部分势垒电荷，使势垒高度降低，提高了载流子迁移率，即产生光电导。其大小反映了入射光功率的大小。PbS 薄膜的暗电导率

$$\sigma_0 = p_0 e \mu_p$$

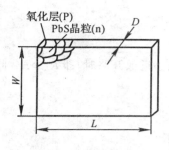

图 7-7 多晶结构图

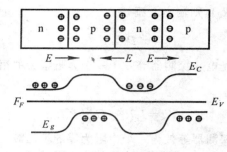

图 7-8 多晶半导体能带

光照时电导率

$$\sigma = e(p_0 + \Delta p)(\mu_{p0} + \Delta\mu_p)$$

光电导

$$\Delta\sigma = \sigma - \sigma_0 = \Delta p e \mu_{p0} + p_0 e \Delta\mu_p$$

若引入系数

$$K = \frac{\Delta\mu_p}{\mu_{p0}} \Big/ \frac{\Delta p}{p_0}$$

$K$ 表示势垒变化对电导率的影响,则光电导

$$\Delta\sigma = e\mu_p(1+K)\Delta p \tag{7.2.11}$$

光生载流子 $\Delta p$ 从式(7.2.5)求解,推导过程同单晶光电导探测器推导过程一样,得光电流

$$I = e\frac{P_s}{h\nu}\eta\frac{G^1}{\sqrt{1+(\omega\tau)^2}} \tag{7.2.12}$$

其中,$G^1 = (1+K)\mu_p\tau/L^2$ 为多晶光电导探测器内增益。温度对多晶光电导的影响很大,薄膜所处温度越高,热激发载流子越多,将降低势垒高度,光激发后势垒降低释放的载流子相应也少,光电导就小。在低温条件下,热激发载流子少,受光激发后光电导大。因此降低使用温度,既增大光电导,又降低器件噪声,从而提高器件的探测率。

光电导探测器的品种很多,每一种都有特定的波段,组合起来从可见光到远红外,几乎覆盖了供所有大气窗口用的波段。表 7-1 列出常用光电导探测器性能参数。

表 7-1　几种常用光电导探测器性能参数

| 材　　料 | 工作温度 (K) | 长波限 ($\mu m$) | 峰值波长 ($\mu m$) | 探测度($cm \cdot Hz^{\frac{1}{2}} \cdot W^{-1}$) | | 响应时间 (s) |
|---|---|---|---|---|---|---|
| | | | | $D^*$ | $D_\lambda^*$ | |
| CdS | 300 | 0.8 | 0.555 | 响应度 50A/1m | | $1\sim140\times10^{-3}$ |
| CdSe | 300 | 0.9 | $\sim0.7$ | 响应度 50A/1m | | $\sim20\times10^{-3}$ |
| PbS | 300 | 3.5 | 2.4 | $(3\sim10)\times10^{10}$ | $1.5\times10^{11}$ | $(1\sim3)\times10^{-4}$ |
| PbS | 195 | 4 | 2.8 | | | |
| PbS | 77 | 4.5 | 3.2 | | | |
| PbSe | 300 | 4.5 | 4.0 | | $1\times10^{10}$ | $2\times10^{-6}$ |
| PbSe | 195 | 5.5 | 4.5 | | $3\times10^{10}$ | $30\times10^{-6}$ |
| PbSe | 77 | 7.5 | | | $2\times10^{10}$ | $40\times10^{-6}$ |
| InSb | 300 | 7.5 | 6 | | $1.2\times10^{9}$ | $2\times10^{-8}$ |
| InSb | 77 | 5.5 | 5 | | $4.3\times10^{10}$ | $10^{-6}$ |
| $Pb_{0.83}Sn_{0.17}Te$ | 77 | 11 | 10.6 | | $6.6\times10^{8}$ | $10^{-8}$ |

**续表 7-1**

| 材　　　料 | 工作温度 (K) | 长波限 (μm) | 峰值波长 (μm) | 探测度(cm·Hz$^{\frac{1}{2}}$·W$^{-1}$) $D^*$ | $D_\lambda^*$ | 响应时间 (s) |
|---|---|---|---|---|---|---|
| Pb$_{0.8}$Sn$_{0.2}$Te | 77 | 15 | 14 | | $1\times10^8$ | $10^{-8}$ |
| Hg$_{0.8}$Cd$_{0.2}$Te | 190 | 14 | 10.6 | $1\times10^8$ | | $5\times10^{-8}$ |
| Hg$_{0.8}$Cd$_{0.2}$Te | 77 | | | | $3\times10^{10}$ | |
| Hg$_{0.72}$Cd$_{0.28}$Te | 300 | 3～5 | | | $0.5\times10^{10}$ | |
| | 77 | ～4.8 | | | $2\times10^{11}$ | $10^{-8}$ |
| Hg$_{0.01}$Cd$_{0.30}$Te | 300 | 1～3 | | | $4\times10^{11}$ | $<10^{-8}$ |
| Ge：Cu | 4.2 | 27 | 23 | $(2～4)\times10^{10}$ | | $3\times10^{-6}$ |
| Ge：Ag | 27 | 14 | 11 | $4\times10^{10}$ | | $1\times10^{-6}$ |
| Ge：Au | 77 | 9 | 6 | $(0.3～3)\times10^{10}$ | | $3\times10^{-8}$ |
| Ge：In | 5 | 100 | 90 | $8\times10^{10}$ | | $<10^{-6}$ |
| Ge：Zn | $<10$ | 40 | | $2\times10^{10}$ | | $<5\times10^{-6}$ |
| Ge：Cd | 25 | 22 | 20 | $4\times10^{10}$ | | $4\times10^{-8}$ |
| Ge：Ga | 4.2 | ～150 | ～104 | $6.8\times10^{10}$ | | $4\times10^{-8}$ |
| Ge：B | 4.2 | ～150 | ～106 | $4.8\times10^{10}$ | | $10^{-6}$ |

# 二、光伏探测器

当 p-n 结受到光照时,材料对光子的本征吸收和非本征吸收都将产生光生载流子,光生电子—空穴对被内建电场分开,形成光生电动势,称为光生伏特效应。用光伏效应做成的光伏器件的类型很多,有 PN 结型(包括 PIN 管和雪崩管),肖特基型和异质结型等并获得了广泛的应用。

## 1. 光伏探测器工作原理

光照 PN 结时,只要光子能量大于禁带宽度,将破坏原来热平衡载流子状态,光生多数载流子(p 区的光生空穴,n 区的光生电子)被 PN 结的势垒阻挡,不能通过结区。光生少数载流子(p 区电子,n 区空穴)以及结区产生的电子—空穴对,在结场作用下分开,光生电子漂移到 n 区,光生空穴漂移到 p 区。PN 结处于开路时,使 n 区获得附加负电荷,p 区获得附加正电荷,PN 结形成光生电压 $V_s$,光生电压与原来内建电场方向相反,降低了 PN 结势垒高度。相当于在 PN 结两端加正向电压 $V_s$,这个正向电压使 p 区空穴和 n 区电子向对方扩散,形成正向注入电流。这个正向电流

$$I_+=I_{so}(e^{eV/KT}-1) \qquad\qquad (7.2.13)$$

当光伏探测器受光照时,流过 PN 结的电流有光电流 $I_p$ 和光生电压作用下的 PN 结正向电流 $I_+$,两部分电流方向相反,因此流经外电路的总电流

$$I=I_{so}(e^{eV/KT}-1)-I_p \qquad\qquad (7.2.14)$$

这里 $I_{so}$ 为 PN 结反向饱和电流。

图 7-9 为光照 PN 结器件工作原理图,图 7-10 为光照 PN 结伏安特性。从图 7-10 的光照伏安特性可知:无光照时为一简单二极管整流特性曲线,光照时相当于无光照的曲线按比例下移。图中:第一象限为 PN 结正向偏置,正向电流远大于光电流,无光探测意义;第三象限为反

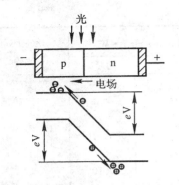

图 7-9  光照 PN 结工作原理

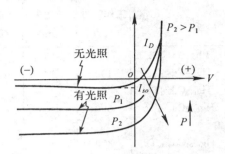

图 7-10  光照 $PN$ 结伏安特性

向偏置,光电流大于暗电流,光伏探测器多工作在这个区域;第四象限中,外加偏压为零,流过光伏探测器的仍是反向光电流,但输出电流与电压出现明显的非线性,这时光伏探测器输出电压(即探测器外电路负载电阻 $R_L$ 上的电压)由式(7.2.13)可求得

$$V = \frac{KT}{e} \ln\left(\frac{I_p - I}{I_{so}} - 1\right)$$

光伏器件开路,得到开路电压

$$V_{oc} = \frac{KT}{e} \ln\left(\frac{I_p}{I_{so}} - 1\right) \qquad (7.2.15)$$

若 PN 结短路,即 $V = 0$,求得短路电流

$$I_{sc} = -I_p = \frac{e\eta}{h\nu} P_s \qquad (7.2.16)$$

式中,$V_{oc}$ 和 $I_{sc}$ 是光伏探测器的重要参量,两者都随光强的增大而增大,$I_{sc}$ 随光强增加线性增加,而 $V_{oc}$ 按对数规律增加。

图 7-11 示出了光伏探测器等效电路。

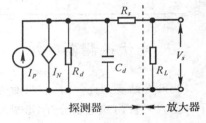

图 7-11  光伏探测器等效电路

### 2. 常用光伏探测器

常用光伏器件主要有硅光电池、各种类型的光电二极管和光电三极管。硅光电池的作用是把光能转换成电能,它的制造工艺和光电二极管不同,虽然也可以用作光信号探测,但性能差。国际上通常不把硅光电池归入光电探测器类。光电二极管在微弱和快速探测光信号方面有非常重要的作用。随着光电子技术的发展,近年来出现了许多性能优良的光电二极管,如 PIN 管,雪崩光电二极管(APD)、肖特基光电二极管、异质结型光伏器件等。

(1)扩散型光电二级管

普通 PN 结光电二极管有两种基本结构,如图 7-12 所示,其中图(a)为 n 型单晶硅及硼扩散工艺,称 p$^+$n 结构,图(b)是采用单晶硅及磷扩散工艺,称 n$^+$p 结构。光电二极管的光谱特性取决于所用的材料,锗光电二极管光谱范围为 $0.41\sim1.8\mu m$,峰值在 $1.4\sim1.5\mu m$ 之间,硅光电二极管峰值响应波长为 $0.8\sim0.96\mu m$。对于 Ⅱ — Ⅵ 族元素的三元系 HgCdTe、PbSnTe 材料,控制掺杂组分及工作温度,可将光谱响应波长移到 $1\sim3\mu m$ 和 $8\sim14\mu m$。

(2)PIN 光电二极管

采用高阻纯硅材料及离子漂移技术在 PN 结之间形成一个没有杂质的本征层(i 层),这种器件称为 PIN 光电二极管,其结构如图 7-13 所示。在 $SiO_2$ 层表面的透光区镀增透膜,其余区

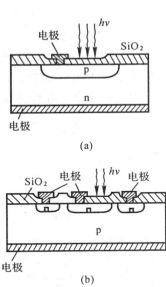

电极 $hv$ SiO$_2$

p

n

电极

(a)

SiO$_2$ 电极 $hv$ 电极

p

电极

(b)

图 7-12 硅光电二极管两种结构

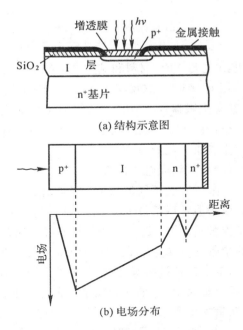

增透膜 $hv$ p$^+$ 金属接触

SiO$_2$ I 层

n$^+$基片

(a) 结构示意图

p$^+$ I n n$^+$

距离

电场

(b) 电场分布

图 7-13 PIN 管结构图及电场分布

为金属接触区。透光区中光线先经 p$^+$ 层,再进入 I 区,最后到 n$^+$ 基片。I 区对提高整个器件的灵敏度和频率起着十分重要的作用。因为 i 区相对于 p 区和 n 区是高阻区,反向偏压主要集中在这一区域,形成高电场区,如图 7-13(b)所示。高电阻使暗电流明显减小;本征层的引入使耗尽层区加大,展宽了光电转换有效工作区域,提高了灵敏度;由于 i 区的存在,而 p 区又非常薄,只能在 i 区中产生的光生载流子在强电场作用下加速运动,所以载流子渡越时间非常短,即使 i 层较厚,对渡越时间影响也不大;另外,耗尽层加宽也明显地减小了结电容 $C_d$,使时间常数 $\tau_c = C_d R_L$ 减小,改善了器件的频率响应。PIN 管的结电容 $C_d$ 是在 pF 量级,合理选择负载电阻是得到高频性能的重要问题。PIN 光电二极管在光通信、光雷达以及其他要求快速光电自动控制系统中得到了非常广泛的应用。

(3)雪崩光电二极管(APD)

在 PN 结 P 区外再做一层掺杂浓度极高的 P$^+$ 层(图 7-14),就构成了 APD。使用时,在 APD 两端加上接近击穿电压值的反向偏压,这样就在以 P 层为中心两侧及其附近形成极强的内部加速电场(达 $10^5$V/cm)。受光照时,$P^+$ 层受光子能量激发跃迁至导带的电子,在内部加速电场作用下,高速通过 $P$ 层,使 $P$ 层发生碰撞电离而产生新的电子-空穴对。而它们又从强电场中获得足够的能量,再次晶格原子碰撞,又产生出新的电子-空穴对。这种过程不断重复,使 PN 结内电流急剧倍增放大(雪崩),形成强大的光电流。

APD 电流增益 $M$ 定义为产生雪崩倍增时的光电流 $I_M$ 与无雪崩倍增时的光电流 $I$ 之比,倍增系数随反向偏压变化关系可用经验公式表示,即

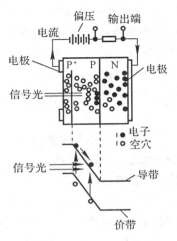

偏压 输出端

电流

电极 P$^+$ P N 电极

信号光

电子 空穴

信号光 导带

价带

图 7-14 APD 结构原理

$$M=I_M/I=\cfrac{1}{1-\left(\cfrac{V}{V_{BR}}\right)^n} \qquad (7.2.17)$$

这里,$n$ 是与 APD 材料和结构有关的常数,对于硅器件,$n=1.5\sim4$,锗器件则 $n=2.5\sim8$。当外加偏压 $V$ 接近 $V_{BR}$(反向击穿电压)时,$M$ 将迅速增大,而 $V=V_{BR}$ 时,$M\to\infty$,此时器件发生击穿,甚至烧毁器件。APD 的光谱响应与普通光电二极管相同,取决于所用的材料。响应时间很短,只有 $0.5\sim1$ns,倍增系数可达到 100。APD 在光纤通信、激光测距及光纤传感等光电变换系统中获得广泛的应用。

(4)异质结光电二极管

将禁带宽度不同的两种半导体材料作成异质 PN 结,即构成异质结光电二极管。异质结光电二极管通常以禁带宽度 $E_g$ 大的材料作光接收面,如图 7-15 所示为 n-GaAs/p-Ge 异质结光电二极管示意图。若入射光投射到异质结禁带宽度较宽的一侧,它的禁带宽度 $E_{g1}$ 比第二种材料的禁带宽度 $E_{g2}$ 大,能量小于 $E_{g1}$ 而大于 $E_{g2}$ 的入射光子可以透过第一种材料而进入第二种材料,被第二种材料所吸收,在耗尽区和距离 PN 结一个扩散长度内产生光生载流子形成光电流,而能量大于 $E_{g1}$ 的光子在第一种材料中吸收,若第一种材料厚度大于光生载流子扩散长度时,能量大于 $E_{g1}$ 的短波光子产生的电子—空穴对将不能到达结区,对光电流没有贡献,相当于把波长 $\lambda\leqslant1.24/E_{g1}$ 的短波成分滤掉,其光谱响应半宽度 $\Delta\lambda$ 很窄,能较好地控制背景噪声。

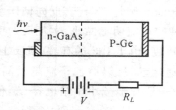

图 7-15　异质结光电二极管示意图

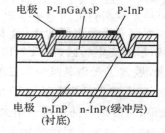

图 7-16　InGaAsP 光电二极管结构示意图

原则上讲,只要构成异质结的两种半导体材料的晶格常数相近,都可以构成异质结。近几年来,利用 Ⅲ—Ⅴ 族化合物半导体如 $In_xGa_{1-x}As$、$In_xGa_{1-x}As_yP_{1-y}$、$GaAl_xAs_{1-x}$—$GaAs$ 等固溶体制作的异质结光电二极管工作于 $1.0\sim1.6\mu m$,是光纤长波区理想的探测器。异质结光电二极管量子效率高,背景噪声低,信号均匀,仅有 1nA 暗电流和 0.1pF 结电容,上升时间可从几个纳秒$(10^{-9}s)$到 60 皮秒$(10^{-12}s)$,是响应速度非常快的器件。图 7-16 是异质结 InGaAsP 光电二极管结构示意图。

(5)肖特基光电二极管

当金属与掺杂浓度较低的半导体(n 型或 p 型)接触时,由于载流子所处能级不同,它们将向低能级方向移动,从而在接触区形成阻挡层(耗尽层),阻挡层内的正电荷与金属接触面的负电荷形成接触势垒,这种现象由肖特基首先发现,故称为肖特基势垒,据此做成了肖特基(金属—半导体)光电二极管。图 7-17 为肖特基光电二极管基本结构及势垒图。由于 n 型半导体费米能级高于金属费米能级,半导体中的电子必定流向金属,从而在半导体接触面形成正电荷层,与金属接触而形成的负电荷层之间形成电场,其方向由半导体指向金属。相应的空间电荷层称为阻挡层,产生接触势垒,阻碍金属和半导体之间进行电子交换。如图所示金属与半导体之间势垒高度为 $E_\phi-E_A$。器件受光照后,阻挡层吸收光子产生电子-空穴对,在内电场作用下电子

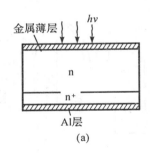
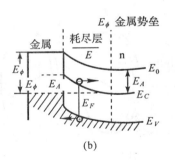

图 7-17　肖特基光电二极管基本结构及势垒

移向半导体,空穴移向金属,形成光生电势。由于金属薄层很薄,光直接在势垒区产生载流子,不像 PN 结那样载流子必须经过扩散才能到达结区,因此减少了扩散时间及复合损失。因此肖特基光电二极管响应时间短,量子效率高,可探测几个纳秒($10^{-9}$s)的光脉冲,光谱响应宽(0.2～1.1μm),器件光敏面可做得很大。另外制作时可直接采用硅集成电路工艺,可做成 CCD 混合焦平面的器件,其集成度高。表 7-2 列出了浜松公司生产的各种典型光伏探测器件的性能参数。

(6)光电三极管

光电三极管是具有二个 PN 结的光伏器件,相当于在基极和集电极之间接有光电二极管的普通晶体三极管,如图 7-18 所示。其中 $e,b,c$ 分别表示光电三极管的发射极,基极和集电极。通常有 npn 和 pnp 型两种结构,常用材料有硅和锗。光电三极管工作时,$c$-$e$ 结加正向电压,基极开路,则 $b$-$c$ 结处于反向偏压。无光照时,由于热激发而产生少数载流子,电子从基极

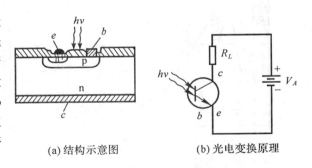

(a)结构示意图　　　(b)光电变换原理

图 7-18　光电三极管结构及工作原理

进入集电极,空穴从集电极移向基极,在外电路中形成暗电流。当光照基区时,在该区产生电子—空穴时,光生电子在内电场作用下漂移到集电极(相当于基极电流 $I_s$),而空穴则留在基区,使基极电位升高,发射极便有大量电子经基极流向集电极。总集电极电流为

$$I_c = I_s + \beta I_s = (1+\beta)I_s \qquad (7.2.18)$$

式中,$\beta$ 为共发射极电流放大倍数。

## 三、光电子发射探测器

在光辐照下,光敏材料中的电子得到足够的能量便会逸出光敏材料表面而进入外界空间(真空或气体),这种现象称为光电子发射效应或称外光电效应。自 1887 年赫芝发现光电效应以来,人们先后研究了纯金属、碱金属、多碱金属等材料的光电效应,制造出不同性能的光电阴极,随着半导体理论的进展,用铯和铯—氧激活Ⅲ—Ⅴ族化合物,得到了一系列负电子亲和力光电阴极。与此同时,人们研制了一系列高性能的光电发射器件,如光电倍增管,变像管和像增强器等,使人类突破了视见灵敏阈限的限制,也使人类的视见光谱范围拓展到 X 射线,紫外和红外范围。

表 7-2　浜松公司生产的典型光状探测器性能参数

| 型号 | 灵敏面积 ($mm^2$) | 光谱响应 $\lambda(nm)$ | 峰值波长 $\lambda_p(nm)$ | 辐射灵敏度 在 $\lambda_p$ (A/W) | NEP 在 $\lambda_p$ ($W/Hz^{\frac{1}{2}}$) | 短路电流 $I_{sc}$ 在 100lx 2856K ($\mu A$) | 暗电流 $I_{Dmax}$ $V_R=10mV$ (pA) | 上升时间 ($\mu s$) | 材料及种类 |
|---|---|---|---|---|---|---|---|---|---|
| S1227 | 10×10 | 190~1000 320~1000 | 720 | 0.42 | $1.3\times10^{-14}$ | 50 | 100 | 7 | Si,PN 结 |
| S2386 | 5.8×5.8 | 320~1100 | 960 | 0.6 | $2.1\times10^{-15}$ | 33 | 50 | 10 | Si,PN 结 |
| S1133 | 2.4×2.8 | 320~730 | 560 | 0.3 | | 0.65 | 10 | 2.5 | Si,PN 结 |
| B1720-02 | $\phi1(mm)$ | 0.8~1.8μm | 1550 | 0.8 | $8\times10^{-13}$ | 1.4 | 0.6μA | 3 | Ge,PN 结 |
| G1115 | 1.3×1.3 | 300~680 | 640 | 0.3 | $1.5\times10^{-15}$ | 0.15 | 10 | 1 | GaAsP,PN 结 |
| G2119 | 10.1×10.1 | 190~680 | 610 | 0.18 | $2.4\times10^{-14}$ | 6 | 1000 | 55 | GaAsP,肖特基 |
| G1746 | 2.3×2.3 | 190~760 | 710 | 0.22 | $6.5\times10^{-15}$ | 0.65 | 100 | 3 | GaAsP,肖特基 |
| G1961 | 1.1×1.1 | 190~550 | 440 | 0.12 | $5.4\times10^{-15}$ | 0.05 | 2.5 | 0.15 | GaP,肖特基 |
| P7163 | $\phi1(mm)$ | 1~3.1μm | 3.0μm | 1 | $2\times10^{-13}$ | (器件温度 -196℃) | | 1 | InAs,PN 结 |
| P5172-100 | $\phi1(mm)$ | 1~5.5μm | 5.3μm | 2 | $6\times10^{-13}$ | (器件温度 -196℃) | | 1 | InSb,PN 结 |
| S5107 | 10×10 | 320~1100 | 960 | 0.72 | $2.5\times10^{-14}$ ($V_R=10V$) | | 10nA | 截止频率 10MHz | Si,PIN |
| G3476-01 | $\phi0.08(mm)$ | 0.9~1.7μm | 1500 | 0.9 | $2\times10^{-15}$ | | 0.8nA | 2GHz | InGaAs,PIN |
| G5853-01 | $\phi1.0(mm)$ | 1.2~2.6μm | 2300 | 1.1 | $2\times10^{-12}$ | | 150μA | 15MHz | InGaAs,PIN |
| S2381 | $\phi0.2(mm)$ | 400~1000 | 800 | $V_{BR}=150V$ | | M=100 | 1nA | 1.2GHz | Si,APD |
| S2385 | $\phi5.0(mm)$ | 400~1000 | 800 | $V_{BR}=150V$ | | M=40 | 30nA | 40μHz | Si,APD |

### 1. 光电子发射

金属中有许多自由电子,但在通常条件下并不能从金属表面挣脱出来。因为在常温下虽然有部分自由电子吸收外界能量后逸出金属表面,但由于逸出表面的电子对金属的感应作用,使金属中电荷重新分布,在表面出现与电子等量的正电荷,逸出电子受到这种正电荷的作用,动能减小,以致不能远离金属,只能存在于靠近金属表面的地方,结果在金属周围形成了偶电层,这个偶电层存在着电位突变,它阻碍电子向外逸出。因而电子欲逸出金属表面必须克服原子核的静电引力和偶电层的势垒作用,电子所需做的这种功,称为逸出功或功函数 $\phi$。图 7-19 示出了金属能级示意。图中:$E_0$ 表示体外自由电荷的最小能量,即真空

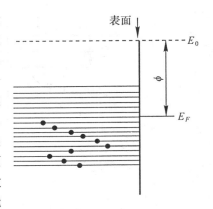

图 7-19　金属能级图

中一个静止电子的能量;$E_F$ 为费米能级,因为金属中自由电子都在费米能级以下,费米能级以上的能级是空的,无电子占据。电子逸出表面必须获得的最小能量为逸出功 $\phi$,即

$$\phi = E_0 - E_F \tag{7.2.19}$$

外光电效应电子能量的转换公式为

$$h\nu = \frac{1}{2}mv_0^2 + \phi \tag{7.2.20}$$

式中,$h\nu$ 为光子能量,$\frac{1}{2}mv_0^2$ 是电子逸出物质表面时的动能。

半导体能带结构与金属不同,它在价带和导带之间还有禁带宽度 $E_g$,如图 7-20 所示。半导体材料表面功函数 $\phi$ 也是体外最低自由能和费米能级之差。但由于不同类型半导体材料的费米能级位置不同,如图 7-20(a)所示,本征半导体的费米能级在禁带中央;$n$ 型半导体费米能级在导带底附近,如图(b)所示;而 p 型半导体的费米能级位于价带顶。因此用表面功函数不能确切表达半导体光电发射的阈值意义,半导体受光照后释放的电子欲逸出表面必须克服禁带宽度 $E_g$ 和半导体的电离能 $E_A$(称为电子亲和势),即

$$h\nu = \frac{1}{2}mv_0^2 + E_g + E_A \tag{7.2.21}$$

这里

$$E_A = E_0 - E_c \tag{7.2.22}$$

如果光子能量 $E_g \leqslant h\nu \leqslant E_g + E_A$,说明电子吸收光能后只能克服禁带能量跃入导带,没有足够的能量克服电子亲和势逸入真空。

与产生光电发射的最小光子能量所对应的波长称为阈值波长($\lambda_{max}$),阈值波长可由下式计算:

$$h\nu = \frac{hc}{\lambda} \geqslant E_g + E_A$$

于是

$$\lambda_{max} \leqslant \frac{hc}{E_g + E_A} = \frac{1.24}{E_g + E_A}$$

或

$$\lambda_{max} \leqslant \frac{hc}{\phi} = \frac{1.24}{\phi} \quad (\mu m) \tag{7.2.23}$$

由以上分析可知,如果设法减小电子亲和势 $E_A$ 甚至降到负值,那么光电发射的阈值波长就得到了延长,材料的量子效率也大为提高。获得负亲和势材料的原理是设法使材料表面出现能带

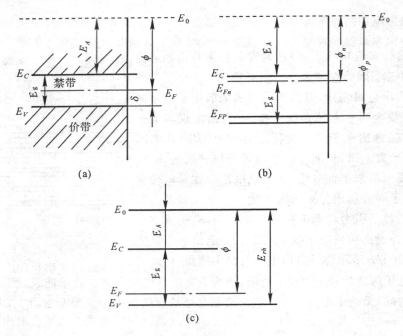

图 7-20　半导体能带结构

弯曲。在 p 型 Si 晶体表面涂一层极薄的 Cs 或 Cs₂O(n 型)，可形成负电子亲和势材料。由于 p

型硅和 n 型 Cs₂O 的功函数不同，费米能级不等，Cs₂O 的费米能级 $E_{F2}$ 比 Si 费米能级 $E_{F1}$ 高，两者结合在一起时产生电荷间相互交换。n 型 Cs₂O 的电子不断流入 Si 区，p 型 Si 的空穴不断流入 Cs₂O 区，因此 $E_{F2}$ 不断下移，$E_{F1}$ 不断上移，直至两者相等，电荷交换的结果使 Cs₂O 表面带正电荷；Si 表面带负电荷，类似于 PN 结情况，形成空间电荷区。

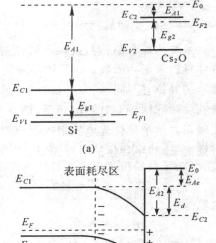

　　由于空间电荷的存在，产生了由 Cs₂O 指向 Si 的内建电场，因而电子在空间电荷区中各点有附加势能，使空间电荷区能带发生弯曲，如图 7-21 分别示出了 Si 和 Cs₂O 两种材料的能带图，图中(b)为两种材料结合后表面能带弯曲图。

　　本来 p 型 Si 的光电发射阈值 $E_{th}=E_{A1}+E_{g1}$，电子受光激发进入导带后需要克服亲和势 $E_A$ 才能逸出表面，现在由于表面存在 n 型薄层使耗尽区的电位下降，表面电位降低 $E_d$，电子很容易达到表面，也就说电子在

图 7-21　负亲和势材料表面能带弯曲

表面附近受到耗尽区（空间电荷区）内建电场作用而漂移到达表面，表面材料的电子亲和势为 $E_{A2}$，它小于 $E_{A1}$。对于 p 型 Si 中的电子来说实际克服的电子亲和势为

$$E_{Ae}=E_0-E_{C1}=E_{A2}-E_d \qquad (7.2.24)$$

如果能带弯曲足以使 $E_d$ 大于 $E_{A2}$，也就是形成了负亲和势的条件 $E_{Ae}<0$。

### 2. 光电阴极

光电阴极的材料应具备三个基本条件:

① 光吸收系数大;

② 光电子在体内传输过程中受到的能量损失小,使逸出深度大;

③ 电子亲和势小,表面势垒低,电子由表面逸出的几率大。

对于金属,上述三项均不优越。它对光的反射强,吸收少;体内自由电子多,电子散射造成较大的能量损失,所需逸出功大,因此金属光电发射的量子效率都很低。同时,金属的光谱响应多在紫外或远紫外区,因此只适用光谱响应只对紫外灵敏的光电器件。

半导体光电阴极材料的光吸收系数比金属大得多,且体内自由电子少,在体内运动过程中电子碰撞机会少,散射能量损失小,因而有较高的量子效率。半导体光电阴极材料分为经典光电阴极材料($E_A>0$)和负电子亲和势材料($E_A<0$)。后者量子效率高,且光发射波长可延伸至近红外波段。

光电阴极材料用 s 为字头进行编号排成序列,有 s-1 到 s-25 共 25 个编号,为国际公认。常用光电阴极材料有

(1)银氧铯(Ag-O-Cs)阴极(编号 s-1)

常用的几种光电阴极材料的光谱响应曲线如图 7-22 所示:由图中可见 s-1 阴极有两个峰值,分别为 350nm 和 800nm。这是在红外波段唯一有用的经典光电发射材料。阈波长达 $1.2\mu m$,但量子效率低,暗电流大。

(2)锑铯(CsSb)阴极

锑铯阴极是最常用的最重要的光电阴极。它的量子效率高,光谱范围从紫外到可见光,在蓝光区峰值量子效率 $\eta$ 高达 30%,比 AgOCs 高 30 倍。但是,锑铯阴极的光谱响应区狭窄,对红光和红外光不灵敏。图 7-22 中 s-4 为石英窗玻璃的侧窗式 CsSb 阴极,s-5 是透紫外窗玻璃 CsSb 阴极,s-11 是石英窗玻璃的端窗式 CsSb 阴极。

(3)铋银氧铯光电阴极

铋银氧铯光电阴极的量子效率仅为 CsSb 阴极的一半,暗电流介于 CsSb 和 AgOCs 之间。图 7-22 中 s-10 为石英窗的 Ag-Bi-O-Cs 阴极的相对光谱响应曲线。

(4)多碱光电阴极

由于碱金属(锂钠钾铯)外层只有一个电子,容易产生光电发射,因此这类金属与锑化物组成多碱光电阴极,有量子效率高、暗电流小的优点。图 7-22 中 s-20 为三碱光电阴极 $Na_2KSb[Cs]$ 的光谱响应曲线。

(5)碲铯(CsTe)和碘铯(Cs-I)阴极

碲铯和碘铯材料对真空紫外和紫外辐射敏感,但对可见光不敏感。因此可做成太阳盲探测器。Cs-Te 光谱响应范围为 115～320nm,峰值波长为 200nm;Cs-I 光谱响应为 115～195nm,峰值波长为 120nm。

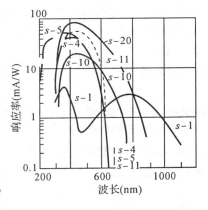

图 7-22 几种光电阴极材料的光谱曲线

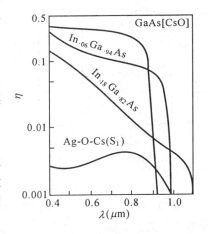

图 7-23 负电子亲和势材料光谱响应曲线

(6)负电子亲和势光电阴极 几种实用的负电子亲和势材料的光谱响应曲线如图 7-23 所示。GaAs(CsO)光电阴极比 s-20 有更宽的光谱响应,而且在 300~850nm 波段有平坦的光谱响应,积分灵敏度高达 2000μA/lm,暗电流亦很低,因而获得了广泛的应用。

### 3. 光电倍增管

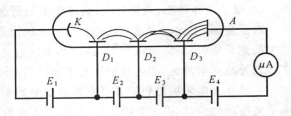

光电倍增管是使用得最多的光电子发射探测器,它的特点是响应速度快,管内光电流有很高的倍增系数。各种光电倍增管组合起来,基本覆盖了从近紫外光到近红外区整个光谱范围。光电倍增管由光电阴极($K$)、倍增极($D_1$,$D_2$,$D_3$,…)和阳极($A$)组成,图 7-24 是光电倍增管原理示意图。光照射在光

图 7-24    光电倍增管工作原理

电阴极上,从阴极激发的光电子在电场加速下打在第一个倍增极 $D_1$ 上,由于光电子能量大,$D_1$ 产生二次电子发射。二次电子又被电场加速并入射到 $D_2$ 上,激发出更多的二次电子。此过程逐级进行,最后,经倍增的光电子被阳极 $A$ 收集而形成光电流。

如果每一个入射电子所产生二次电子的平均数为 $\delta$,光电倍增管有 $n$ 个倍增极,则光电倍增管的增益($M$)为

$$M=(\delta)^n \tag{7.2.25}$$

倍增系数 $\delta$ 不仅与构成倍增极的材料有关,而且与倍增极的极间电压有关,即

$$\delta=bV^{0.7} \tag{7.2.26}$$

式中,$b$ 为材料与结构决定的系数,$V$ 为倍增极间电压。一般 $\delta$ 为 3~5,$n$ 为 5~16,因此光电倍增管的增益高达 $10^7$。

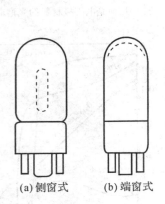

(a) 侧窗式     (b) 端窗式

图 7-25    光电倍增管结构

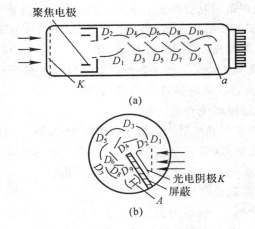

图 7-26    聚焦型倍增极结构

光电倍增管的结构可分为侧窗式和端窗式两种。如图 7-25 所示,其中(a)为侧窗式,(b)为端窗式。侧窗式阴极材料不透明,端窗式用半透明阴极材料。倍增极结构分聚焦型和非聚焦型两种,如图 7-26 所示。图(a)为直列聚焦型结构,依靠倍增极的曲度实现聚焦功能,使前级电子流能射到本级倍增极的中央。图(b)为圆笼型结构,也属于聚焦型,它与不透明光电阴极相配,可以做成小巧紧凑的倍增管,上升时间小于 3ns。非聚焦型倍增极结构如图 7-27 所示。其中图(a)是百叶窗结构,在每一个倍增极间采用了若干小板,这些小板与管轴成 45°角,相邻两个倍

增极的角度成90°。为从相邻两个倍增极引出低能
二次电子,每个倍增极都接有金属栅网。另一种是
盒网式结构(图中(b)),它由1/4圆弧盒组成,前
面也装有金属栅网。非聚焦型倍增极表面电场较
弱,二次电子落在下极的哪一点上,在很大程度上
取决于电子的初始位置和初始速度,因而电子飞
越时间散差大。光电阴极同一时间发射的电子因
散射而不能同时到达阳极。百叶窗结构适合做大
直径的管子,第一倍增极可做得很大,易于收集阴
极发射的电子,故增益大(可达$10^8 \sim 10^9$)且暗电
流小。盒网式适合做小直径管,在大阴极电流时容
易达到饱和,线性范围,增益相对小,大约$10^7$。非
聚焦型结构的光电倍增管的特点是在低极间电压
下,能得到较高的倍增极增益。

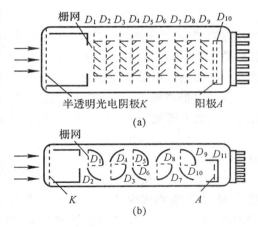

图 7-27　非聚焦型倍增极结构

　　光电倍增管的工作电路如图 7-28 所示。光电倍增管的阳极输出电流 $I_a$ 是外加电压 $V$ 和
入射光功率 $P_s$ 的函数,即

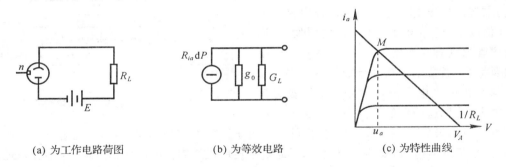

(a) 为工作电路荷图　　　　(b) 为等效电路　　　　(c) 为特性曲线

图 7-28　光电倍增管工作电路及特性曲线

$$I_a = f(V, P_s)$$

微分后得

$$dI_a = \frac{\partial f}{\partial V}dV + \frac{\partial f}{\partial P_s}dP_s$$

式中,$\frac{\partial f}{\partial V}$ 是光电倍增管的暗电导 $g_s$,$\partial f / \partial P_s$ 是光电倍增管的阳极电流响应度 $R_a$,因此

$$dI_a = g_s dV + R_a dP_s \tag{7.2.27}$$

式中,第一项表示光电倍增管的暗电流
$I_d$,第二项表示光电流 $I_s$,因为光电倍增
管内阻很高,可视为恒流元件。其等效电
路如图 7-29 所示。

　　光电倍增管输出电压为

$$u = (g_s dV + R_a dP_s) \cdot R_L$$

如果光电倍增管的供电电压非常稳定,
即 $dV = 0$,那末入射光功率在线性范围内的输出电压为

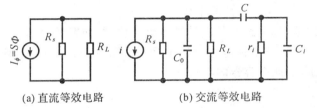

(a) 直流等效电路　　　　(b) 交流等效电路

图 7-29　光电倍增管等效电路

$$u = R_a \Delta P_s R_L = \Delta I_a R_L \tag{7.2.28}$$

这里，$\Delta P_s$ 为入射光功率变化量，$R_L$ 为负载电阻。在光电倍增管等效电路图中，$R_s$ 为光电倍增管等效内阻，因为 $R_s \gg R_L$，计算时可忽略 $R_s$。$C_0$ 为分布电容，一般为几个 pF，$r_i$ 和 $C_i$ 分别为前置放大器的输入电阻和等效输入电容。

在光电倍增管中，由光电阴极发射到 $D_1$ 上的光电流称为阴极电流，表示为 $I_k$，设入射到光电阴极的光通量为 $\Phi_V$，则阴极电流为

$$I_k = R_k \Phi_V \tag{7.2.29}$$

阳极电流

$$I_a = R_a \Phi_V \tag{7.2.30}$$

这里，$R_k$ 为阴极响应度，定义为阴极电流与标准 $A$ 光源入射于光电阴极的光通量之比，单位为 $\mu A/lm$。因此光电倍增管的电流放大系数为

$$M = I_a/I_k = R_a/R_k \tag{7.2.31}$$

在光电倍增管实际工作线路（图 7-30）中，为使输出信号与后面放大电路易于匹配，光电倍增管的阳极通过负载接地，光阴极加负高压。电源电压一般在 $400 \sim 1500V$，有时需加到 $2000V$，使用时根据入射光功率的大小调节电源电压，使光电倍增管工作于线性范围。

光电倍增管的极间电压用电阻链分压获得，要求流过分压电阻的电流比阳极电流至少大 10 倍以上，但如电流过大会使电阻发热，造成倍增管温度升高而增加噪声，所以分流电阻选取要恰当，通常采用线性分压。由于阴极到第一倍增极的光电子聚焦的好坏对阳极电流影响很大，所以这一级的极间电压稍大些。中

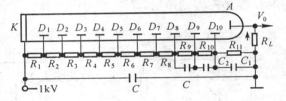

图 7-30    光电倍增管的供电线路

间各极采用均匀分压。末级倍增极发射的二次电子流较大，为有效收集这些电子不致造成空间电荷，使管子过早饱和，线性范围变窄，因此末级倍增极至阳极的电压需升高，但不能超过极间电压的允许值。

大脉冲电流工作时，最后几级倍增极的电流很大，使图 7-30 工作电路中分压电阻 $R_9 \sim R_{11}$ 上的压降变化很大，使末级倍增极至阳极间电场强度梯度降低，电子流不能充分被阳极收集，形成空间电荷区，致使阳极电流饱和，灵敏度下降和线性区缩小。解决的方法是在最后三级倍增极间与分压电阻并联一只去耦电容，电容值的选取应使极间电压波动最小。若极间电压为 $V_D$，波动比 $m = \Delta V_D/V_D$，假设最后一级倍增极发射的电子束全部被阳极收集，则电子束电荷量为

$$Q = \int_0^\tau I(t)\mathrm{d}t = I_{ap}\tau \tag{7.2.32}$$

这里，$I_{ap}$ 是阳极输出脉冲电流峰值，脉冲宽度为 $\tau$。

这一电荷量在电容上平滑以后形成的电压为 $\Delta V_i = Q/C$，$\Delta V_i$ 应小于极间允许的波动电压，因此电容器的容量

$$C \gg \frac{I_{ap}\tau n}{mV} \tag{7.2.33}$$

式中，$V$ 为最小阳极电压，$n$ 为倍增极数目，$m$ 一般取 $0.1\%$。通常并联电容器的数值为 $0.002 \sim 0.05\mu F$。

对式（7.2.25）、式（7.2.26）进行微分，可得到光电倍增管电流放大倍数稳定度与极间电压

稳定度的关系。对于锑-铯倍增极,有

$$\frac{\Delta M}{M} = 0.7n \frac{\Delta V}{V} \tag{7.2.34}$$

例如:$n=10$,$\frac{\Delta V}{V}=1\%$,于是倍增管的电流放大倍数稳定度为 7%。

## 四、固体图像传感器

由于半导体技术发展和信息革命的需求,固体图像传感器获得了飞速的发展。与真空成像器件相比,它具有体积小、功耗低、重量轻、价格低、寿命长等优点。此外,固体成像器件都是平面型的,对应用所提出的要求具有更大的适应性。广播电视摄像机中,CCD 摄像机与真空器件摄像机"平分秋色",但在闭路电视,家用摄像机方面,CCD 摄像机已独霸一方。它在工业,军事和科学研究等领域中的应用,如方位测量、遥感遥测、图像制导、图像识别等方面显示其分辨率好,高准确度,高可靠性等突出优点。由于固体图像传感器建立在 MOS 技术基础上,一般把电荷耦合器件(CCD)、自扫描光电二极管列阵(SSPD)、电荷注入器件(CID)、电荷引动器件(CPD)统称为电荷传输器件或电荷转移器件,其中最重要的是 CCD 和 SSPD。

### 1. 电荷耦合器件(CCD)

(1)结构和工作原理

CCD 是由若干个金属—氧化物—半导体(MOS)结构组成的阵列器件。在 n 型或 p 型单晶硅衬底上生长一个薄二氧化硅(SiO$_2$)层,然后在 SiO$_2$ 上按一定次序沉积多个间距很小的金属电极或多晶硅电极,这种结构就是 CCD,如图 7-31 所示,其中,图(a)为 MOS 结构示意图,图(b)为 CCD 结构示意图。工作时在这些 MOS 结构的金属电极上施加适当的电压,使信号载流子(电子或空穴)存储加压栅极下的半导体势阱内。通过周期地改变电极电压,就可顺序改变势阱的位置,从而使载流子沿特定方向传播。由此可见,它不仅有存储信号的能力而且有传输信号的能力,实现了自扫描功能。CCD 器件可用作移位寄存器、模拟延迟线、存储器、摄像器件以及用于模拟信号处理等方面。

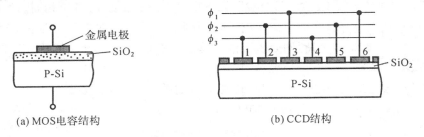

(a) MOS电容结构　　　　　　(b) CCD结构

图 7-31　MOS 及 CCD 结构图

MOS 电容的存储原理可分三种情况进行讨论:

① $V_G<0$ 的多数载流子积累状态

当在金属栅极上加上直流负偏压($V_G<0$)后,电场使 Si 内部可移动空穴集中到 Si-SiO$_2$ 界面,此时表面势为负,在 Si 表面形成多数载流子积累状态,使接近界面的电子能量增大,界面处能带向上弯曲。为了保持 MOS 系统的电中性条件,金属栅极上的负电荷与 Si 累积层的正向电荷中和,但金属与半导体的费米能级不再相等,两者差值正好是 $V_G$ 与电子电荷的乘积。图

7-32 为理想 MOS 系统在外加偏压下的能带变化示意图,其中图 7-32(a) 为 $V_G < 0$ 的情况。

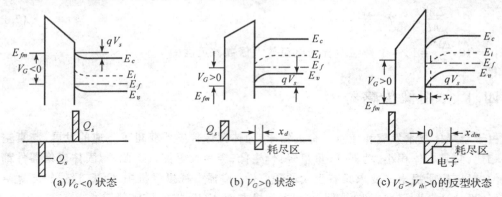

(a) $V_G < 0$ 状态　　　　　(b) $V_G > 0$ 状态　　　　(c) $V_G > V_{th} > 0$ 的反型状态

图 7-32　理想 MOS 在外加偏压下能带变化图

② $V_G > 0$ 的多数载流子耗尽状态

当在栅极上加 $V_G > 0$ 的小电压时,Si 材料中的空穴被从界面处排斥到另一侧,因此在 Si 表面层内留下带负电的受主离子,这种状态称为多数载流子的耗尽状态。此时表面势为正,接近界面处的电子能量减小,界面处能带向下弯曲,如图 7-32(b)所示。

③ $V_G > V_{th} > 0$ 的反型状态

如果金属栅极电压 $V_G$ 进一步增加,表面处能带相对体内进一步向下弯曲(图 7-32(c));当 $V_G$ 超过某一阈值时,将使得表面处禁带中央能级 $E_i$ 降到 $E_F$ 以下,导带底 $E_-$ 离费密能级 $E_F$ 更近一些,这表明表面处电子浓度超过空穴浓度,已由 p 型变为 n 型,这种情况称为反型状态,形成与原来半导体衬底导电类型相反的一层,称为反型层。如果没有外加信号,反型层中电子来源于耗尽层中热激发的电子-空穴对。其中空穴被赶离界面,电子被吸引到 Si 和 SiO₂ 界面处。当足够数目的热电子汇集到表面时,达到了饱和状态(即稳态)。从给栅极加电压的瞬间至达到饱和状态的热弛豫时间取决于 CCD 的结构和工艺条件,通常热弛豫时间可达 1 秒到几秒。

由上面的叙述中可知,随栅极电压 $V_G$ 的增大,耗尽区的宽度 $x_d$ 变宽,同时表面势也变大。若给 MOS 电容的各电极上施加不同电压,则各电极下的表面势 $V_s$ 各不相同。表面势 $V_s$ 大的电极下像一口"阱",可存储少数载流子电子,称为少子势阱。但在饱和状态下不存在有用的势阱,因此 CCD 要存储信号电荷,则必须工作在瞬态条件下,或者说要求信号电荷的存储时间小于热弛豫时间。

表面势 $V_s$ 与金属栅极电压 $V_G$ 和存储电荷 $q_0$ 的关系可用下式表示:

$$V_s = V + V_0 - (V_0^2 + 2VV_0)^{1/2} \qquad (7.2.35)$$

其中

$$V = V_G - V_{FB} - q_0/c_0$$

$$V_0 = \varepsilon_s e N_a / C_0^2$$

式中,$\varepsilon_s$ 为 Si 的介电常数,$N_a$ 为 p 型 Si 的掺杂浓度,$C_0$ 为 MOS 结构氧化层(SiO₂)的电容,$V_{FB}$ 为平带电压(当 $V_G = 0$ 时,加 $V_{FB}$ 后使弯曲的能带变成平带)。

耗尽层宽度 $x_d$ 与表面势 $V_s$ 的关系为

$$x_d = (2\varepsilon_s V_s / e N_a)^{1/2} \qquad (7.2.36)$$

由此可知:表面势 $V_s$ 随栅极电压 $V_G$ 增加而增加,随储存电荷 $q_0$ 增加而减小;耗尽层的宽度 $x_d$

与表面势的平方根成正比,如 $V_s$ 增大,则 $x_d$ 加宽,同时势阱加深。当电极电压均相同时,由于氧化层的厚度或掺杂浓度 $N_a$ 不同,表面势 $V_s$ 即势阱深度也不一样。

(2)CCD 传输原理

CCD 信号电荷的传输是通过控制各像素上的电极电压,使信号电荷包在半导体表面或体内作定向运动,从而实现信号的转移。最常见的是三相和二相传输系统。

图 7-33 所示为三相 CCD 电荷传输原理图。其中三相 CCD 的衬底是 p 型 Si,每个像素有三个电极,$a_1,b_1,c_1$ 构成第一位像素、$a_2,b_2,c_2$ 构成第二位像素,依次类推。每一位像素的三个栅极分别联接到 $\Phi_1$、$\Phi_2$、$\Phi_3$ 三相驱动线上。$\Phi_1\Phi_2\Phi_3$ 的控制电压波形如图 7-33(b)所示。当 $t=t_1$ 时,$\Phi_2$ 和 $\Phi_3$ 处于低电位,只有 $\Phi_1$ 的电位最高,势阱最深。信号电荷被存储在 $\Phi_1$ 电极下的 $a_1$,$a_2,a_3,\cdots$ 下面的势阱中。当 $t=t_2$ 时,$\Phi_1$ 高电平,$\Phi_2$ 高电平,$\Phi_3$ 低电平,此时 $a_i$ 各栅极下势阱和 $b_i$ 各栅极下面的势阱都处在最深,而 $c_i$ 各栅极下面的势阱很浅,由于 $a_i$、$b_i$ 栅极靠得很近,使它们

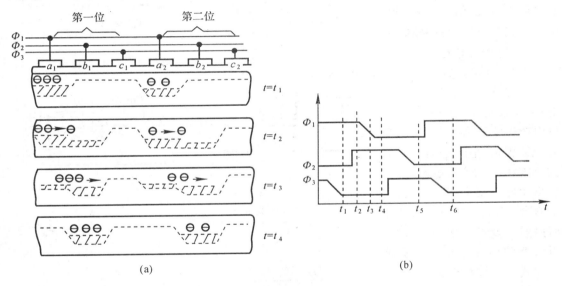

图 7-33 三相 CCD 传输原理图

下面的势阱连在一起。因此原先 $a_i$ 栅极下势阱内的电荷就均匀分布在 $a_i$、$b_i$ 连合势阱内。当 $t=t_3$ 时,$\Phi_1$ 处在较低电平,$\Phi_2$ 为高电平,$\Phi_3$ 为低电平,此时 $a_i$ 各栅极下的势阱变浅,$b_i$ 各栅极下的势阱最深,使 $a_i$ 各栅极下的信号电荷大部分输入 $b_i$ 各栅极下的势阱。由于 $\Phi_3$ 低电平,$c_i$ 各栅极下势阱很浅,可以防止信号电荷倒流。当 $t=t_4$ 时,$\Phi_1$ 低电平,$\Phi_2$ 高电平,$\Phi_3$ 仍然低电平。只有 $b_i$ 各栅极下势阱最深,原先 $a_i$ 栅极下势阱内的信号电荷全部转入 $b_i$ 栅极下的势阱内。重复同样的步骤可把信号从 $\Phi_2$ 电极下转移到 $\Phi_3$ 电极下,再从 $\Phi_3$ 电极下转移到 $\Phi_1$ 电极下,整个三相时钟脉冲电压循环一次,信号电荷包自左至右传送一个像素,依次类推,电荷包沿着这些电极相继传递,直到输出。为使信号向同一方向传递,必须使三相时钟脉冲电压波形不对称,以造成不对称的表面势。三相结构 CCD 器件在工艺上存在一定困难,且驱动电路复杂。相比之下二相 CCD 器件的工艺和驱动电路较简单。

在二相 CCD 的每个电极下分别有不同厚度的 $SiO_2$ 层(如图 7-34(a)所示),氧化层厚的表面势小,势阱浅;氧化层薄的表面势大,势阱深。因此加电压后,在一个电极下有两个不同深度的势阱。如相邻两个电极上施加不同大小的栅压时,$\Phi_2$ 电压大于 $\Phi_1$ 电压,即 $V_2>V_1$,形成了如图 7-34(b)所示的四个不同深度的势阱。信号电荷存储在 $\Phi_2$ 下的深势阱中。当 $V_2=V_1$ 时,每

个电极下形成两个不同深度的势阱,但两个不同电极下的势阱深度分别相同,如图 7-34(c)所示。信号仍存储在 $\Phi_2$ 下的深势阱中。当 $V_1 > V_2$ 时,形成如图 7-34(d)所示的四个不同深度的势阱,信号电荷完全转移到 $\Phi_1$ 下的深势阱中。二相 CCD 的信号电流不会倒流。以 p 型硅为衬底,栅极加正电压,在 p 型硅表面形成少子电子的传输沟道,称为表面 n 型沟道 CCD 器件。若以 n 型硅为衬底,栅极加负电压,在表面形成少子空穴传输沟道,则称为表面 p 型沟道 CCD 器件。上述两种统称为表面沟道 CCD,写为 SCCD。若传输沟道在半导体体内,则称为体沟道 CCD 器件(或埋沟 CCD 器件),写为 BCCD。SCCD 的信号受表面态的影响严重且表面传输电荷的速度较慢,但 BCCD 的信号存储能力小于 SCCD。

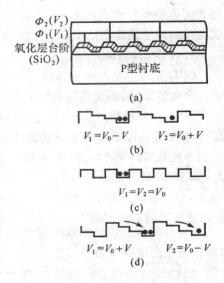

图 7-34 二相 CCD 结构和势阱

（3）信号电荷的注入和输出

在 CCD 中,电荷注入方式可分为光注入和电注入。如果是光注入,当光从一侧照射 CCD 硅片时,在栅极附近的体内产生电子-空穴对,多数载流子被栅极电压排开,少数载流子被相应的势阱收集,然后根据上述传输原理把电荷送至输出。光注入方式可分为正面照射式及背面照射式,CCD 摄像器件的光敏单元为光注入方式。如果是电注入,需在 CCD 一端集成一个 PN 结二极管和一个输入栅极。如图 7-35(a)所示。输入二极管通常保持稍低的反偏电压。当信号电荷输入时,在二极管上加一

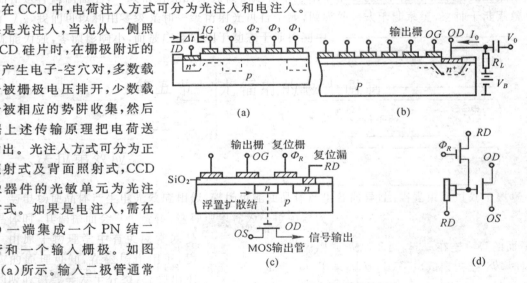

图 7-35 CCD 输入输出电路

个正脉冲,同时在输入控制栅极上施加一定大小的电压 $V_{GS}$,使信号电荷收集到输入栅下的势阱内,然后再把信号转移出去。

CCD 器件的输出端也是一个二极管和一个输出控制栅极。平时在输出端控制栅上加一个比转移电极更大的电压 $V_{GO}$,以造成更深的势阱,把信号电荷全部收齐。在输出二极管上加负载电阻,即可获得输出电压,如图 7-35(b)所示。如果输出信号较小,在输出端可集成一个结型场效应三极管作为放大器,把信号放大后再输出,如图 7-35(c)所示。图中信号电荷通过输出栅 OG 被浮置扩散结收集,所收集的浮置扩散的信号电荷控制 MOS 输出管的输出端获得随信号电荷量变化的信号电压。在准备接收下一个信号电荷包之前,必须将浮置扩散结的电压恢复到初始状态,为此引入 MOS 复位管。在复位栅上加复位脉冲使复位管开启,将浮置扩散结的信号电荷经漏电极 RD 漏掉,达到复位目的。图 7-35(d)是 CCD 的 MOS 放大输出级电原理图,

其中 $OD$ 为输出管漏极，$OS$ 为输出管源极。当信号电荷到来时，复位管截止，由浮置扩散结收集的信号电荷控制 MOS 放大管的栅极电压，于是在输出端获得放大了的信号电压。这种输出结构，由于所有单元是做在同一衬底上的，因此抗噪声性能比电流输出好。

（4）CCD 成像原理

三相 $n$ 沟道 CCD 成像原理如图 7-36 所示，其中图（a）是它的基本结构，图（b）是时钟驱动脉冲波形。CCD 的像素可从几百到几千，当一幅光学图像经光学系统聚焦在 CCD 摄像器件表面时，器件按图（b）所示的驱动脉冲时序工作。在积分周期内，$\Phi_1$ 为高电

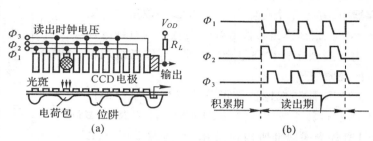

图 7-36 CCD 成像原理

平，$\Phi_2$、$\Phi_3$ 为低电平，只有 $\Phi_1$ 下有深势阱，其它势阱是浅的。于是在 $\Phi_1$ 下的耗尽区内，由于光子的本征激发产生电子-空穴对，少子电子被收集在 $\Phi_1$ 势阱中。光束是通过透明电极或电极之间进入半导体的，所激发出来的光电子数与光强有关，也与积分时间长短有关。于是光强分布图就变成 CCD 势阱中光电子电荷分布图。积分完毕后，电极上的电压变成三相重叠的快速脉冲，把电荷包依次从输出端读出，在输出端得到随时间变化的电信号。然后，CCD 又进入积分期，循环反复进行。

如此结构的 CCD 器件在信号读出周期中，光仍然照射在 CCD 器件上，在电荷包转移的过程中继续采集信号，不断有新的光生电子加入势阱中，造成信号失真，图像模糊。因此需把 CCD 成像区和读出区分开。实际 CCD 成像器件可分成面阵 CCD 及线阵 CCD 两种。

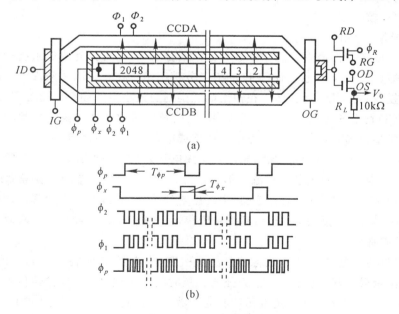

图 7-37 双读出移位寄存器摄像 CCD

线阵 CCD 的基本结构示于图 7-37（a），驱动脉冲波形示于图 7-37（b）。实际的线阵 CCD 器件由起光电变换及暂存区作用的光敏区和读出移位寄存器 $A$ 和 $B$ 组成。中间光敏区的奇数

像素与 $A$ 读出移位寄存器相连接,偶数像素与 $B$ 读出移位寄存器相连接。当光学图像聚焦在光敏区时,在各电极下的势阱中建立起一个与图像明暗成比例的电荷图像。积分周期结束后,

在控制栅极作用下,奇数位像数的信号转移到 $A$ 读出寄存器,偶数位像素的信号转移到 $B$ 读出寄存器中。在下一个存储周期中CCD摄取第二幅图像,同时 $A$、$B$ 读出移位寄存器在各自的时钟脉冲作用下按顺序转移到组合寄存器中,重新组成相应的视频信号。

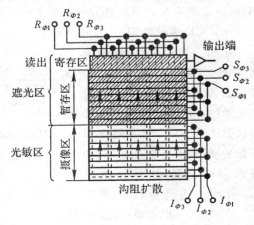

图 7-38　帧转移面阵 CCD 结构原理图

　　CCD 面阵成像器件可分成帧转移成像器件(FT)和行转移成像器件(LT)两种。图 7-38 为面阵 CCD(帧转移)结构原理图,它可分成三个区域,即成像区、存贮区和读出移位寄存区。在存贮区及读出移位寄存区上面均由铝层覆盖,以实现光屏蔽。在成像区纵方向作成几十行到几百行电荷耦合器(如线阵一样),行与行之间不沟通。成像区和存贮区 CCD 的列数和位数均相同,而且每一列是相互衔接的。成像区和存贮区的三相电极垂直分布,电荷传输方向垂直向上。而读出移位寄存器的三相电极沿水平方向安置,电荷包沿水平方向传递。成像时,三相电极中的某一相处于合适电位,光生载流子产生的电荷就存贮于这相电极之下的势阱中,在光积分期终止时刻,在三相驱动脉冲作用下,把成像区的电荷包传送(垂直往上)到存贮区暂存。然后由存贮区逐行转移到读出寄存区。读出寄存器在三相脉冲作用下将像素的信号逐个输出。每读出一行后,存储区再转移一行,如此重复直到全部像素电荷被输出。在存贮区信号逐行输出的同时,成像区中另一电极正处于合适电压,再次对光强进行积分,如此一帧一帧地进行下去。

　　(5)CCD 成像器件的主要特性

　　① 分辨率。成像器件最重要的一个参数是空间分辨率,与可见光成像系统一样,可以用输出调制传递函数(MTF)来评价。而 CCD 的极限分辨率是指在一定测试条件下,具有一定性质的鉴别率图案投射到 CCD 光敏面时,在输出端观察到的最小空间频率。通常用 $l_p$/mm(线对/毫米)表示。CCD 的分辨率与像素(元)数的多少、以及像素的尺寸和像素之间的间距有关,像素数愈多则分辨率愈高。也与传输过程中一些造成电荷损失的原因有关。

　　② 暗电流。CCD 成像器件在既无光注人又无电注人情况下的输出信号称暗信号,即暗电流。暗电流主要由耗尽区的热激发载流子形成以及 Si 和 $SiO_2$ 界面态的复合等原因造成。暗电流使势阱慢慢地被填满,减小了动态范围,主要影响到 CCD 的最低工作频率。同时,暗电流也与光信号电荷一样在光敏元中积分,引起图像噪声,使一幅清晰完整的图像,有时受到某些"亮条"或"亮点"的破坏。

　　③ 灵敏度与动态范围。CCD 成像器件的灵敏度(响应度)表示在一定光谱范围内单位曝光量产生的输出信号电压。曝光量是指光强与光照时间的乘积。CCD 成像器件的灵敏度(响应度)是个综合参数,它不仅是反映光敏元性能的参数,而且与光敏元大小、占空因子、CCD 转移效率和输出级性能等因素有关。

　　CCD 成像器件在小照度照射时的光电特性是线性的,动态范围是指对于光照度有较大变化时仍能保持线性响应的程度,它的上限由电荷最大存贮容量决定,下限由噪声所限制。

④ 光谱响应。CCD 成像器件的光谱响应范围由光敏面的材料决定。但相对光谱响应曲线的形状受多方面的影响，如光敏面的结构、各层介质的折射率和消光系数，各层介质的厚度、入射光的入射角等，都可影响相对光谱响应曲线的形状。CCD 成像器件光敏面有两种，即 MOS 型和 PN 结型。对于 MOS 型光敏面，由于它必须采用既透明又导电的多晶硅作为光栅电极材料，光敏面类似多层膜结构，如图 7-39 所示，因多层膜的反射干涉，使光谱响应曲线出现很多峰谷。对于 PN 结光敏元结构（即 CCPD 成像器件），由于光敏面上只有一层 $SiO_2$ 保护层，因此光谱响应比较光滑，不会出现峰谷。其光谱特性与普通硅光敏器件的相对光谱响应相同。

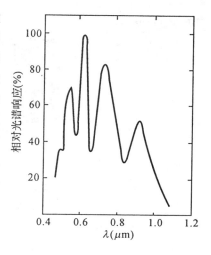

图 7-39　MOS 光敏元结构的光谱响应

## 2. 自扫描光电二极管列阵(SSPD)

使用光敏二极管作为固体图像传感器的光敏元，采用寻址读出方法读出信号，就构成了自扫描光电二极管列阵。它比 CCD 有更好的灵敏度和光谱响应；此外，信号电荷无须转移，因此没有 CCD 的转移损失引起的图像失真和转移噪声；它适宜于满足大光敏元尺寸，大信息容量的要求，而 CCD 由于受转移沟道不宜过长，势阱容量不宜过大的限制，CCD 图像传感器的光敏元尺寸、信息容量均受到一定限制。

（1）SSPD 结构

由于读出方法不同，SSPD 可分为两种类型，即电流输出型和电压输出型。电流输出型工作在电流积分模式时有优良的线性，可用于高精度低光强场合；采用电流—电压变换模式（即电压输出型）时可获得高速读出，电压输出型线性精度略低于电流输出型，它有外电路简单的优点。由于篇幅的关系，以下只介绍电流输出型。

SSPD 由光敏二极管列阵构成的光敏区，从光敏二极管读出信号的开关区和对这些开关进行寻址的移位寄存器组成。还有用于消除开关尖峰噪声的"哑"（遮光）光敏二极管列阵和抗晕光开关列阵也都集成在一块芯片上。图 7-40 显示了电流输出型 SSPD 的等效电路图。

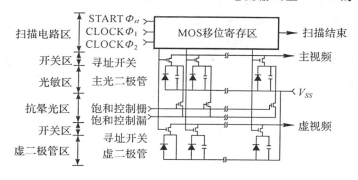

图 7-40　SSPD 等效电路图

① 光敏区　光敏区由在 P 型硅衬底上扩散 N 型层形成的光敏二极管列阵构成。光敏元把光信号变换成电信号，并把获得的信号电荷实时存贮起来。图 7-41 为滨松公司的 SSPD 光敏区结构示意图。图中 A、B、C 为光敏元尺寸，$A=25\mu m$ 或 $50\mu m$，$B=20\mu m$ 或 $45\mu m$，$C=0.5$

mm 或 2.5mm。

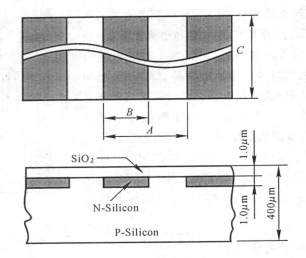

图 7-41　传感器结构

② 移位寄存器　移位寄存器由 N 沟道 MOS 晶体管组成,当外部起始脉冲 $\phi_{st}$ 和二相时钟脉冲加到移位寄存器输入端时,移位寄存器产生一串寻址脉冲,从第一个通道(光敏元)开始顺序接通寻址开关,当所有像素扫描结束,最后一个光敏元信号读出后,立即输出一个扫描结束脉冲(EOS)。

③ 哑光敏二极管　这是一些与光敏元完全一样的光敏二极管,用铝膜盖住,使其与光屏蔽。它产生一种尖峰噪声,用于电流—电压变换读出方法,读出时抵消开关噪声。

④ 读出开关。读出开关区由 N 沟道 MOS 晶体管构成的寻址开关列阵组成,每个 MOS 晶体管的源极与光敏二极管及哑光敏二极管的负极相连。而漏极和栅极分别连接到视频线和寻址脉冲输入端,每个光敏元都通过各自的寻址开关连接到视频线。当移位寄存器送出一个寻址脉冲,相应有二个寻址开关同时接通,在视频线上输出包括尖峰噪声的输出信号而"哑"视频线输出尖峰噪声。当 SSPD 工作在电流—电压变换模式时,通过两个信号相减,可获得较低的噪声特性。

⑤ 抗晕光开关　它是由 N 沟道 MOS 晶体管构成的一个开关阵列,每个 MOS 晶体管的源极连接到光敏二极管的负极,而漏极和栅极分别连接到饱和控制漏极 $V_{scd}$ 和饱和控制栅 $V_{scg}$。当落在光敏二极管的曝光量超过饱和曝光量时,由于光敏二极管不能存贮超过饱和电荷的那部分电荷,如果没有饱和控制,这将使超过的信号电荷溢出并且扩散到邻近的光敏二极管和视频线,结果就使信号纯度恶化,产生所谓的晕光。抗晕光开关可使每个光敏二极管将超过的电荷泄放掉。

(2)SSPD 工作原理

图 7-42 示出了由一个光敏二极管及一个读出开关组成的单个像素等效电路。光敏二极管正极连接到地线,视频线经负载 $R_L$ 后接正电压 $V_b$。当来自移位寄存器的一个寻址脉冲输入到读出开关栅极时,开关接通,光敏二极管处于反向偏置,光电二极管结电容 $C_j$ 受到电源充电,有

$$Q_j = C_j \times V_b \tag{7.2.37}$$

式中,$Q_j$ 为光敏二极管结电容充电电荷。

当读出开关关闭(开路)时,存贮在光敏二极管结电容中的电荷就通过光电流放电,放电量

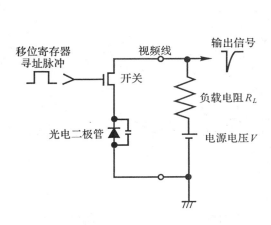

图 7-42　单个像素等效电路

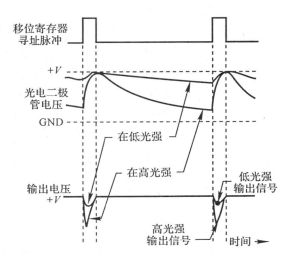

图 7-43　单像素工作波形图

与入射光能量成正比。图 7-43 为单像素工作波形图。光敏二极管两端电位变化的斜率是入射光能量的函数，但是最大放电量受到初始存贮电荷量的限制。

　　如果再次接通读出开关，一个相当于在积分时间里放电的电荷就从电流通过负载电阻 $R_L$ 向光敏二极管结电容充电。在负载 $R_L$ 上输出一个负极性的微分波形。这种信号读出方法叫电流—电压变换法。

　　(3)读出电路

　　实用上常采用负反馈的运算放大器来实现电流—电压变换。图 7-44 为使用运算放大器的电流—电压变换等效电路图，图 7-45 为厂商推荐的电流—电压变换读出电路图。这种读出方法优点是可以高速读出，

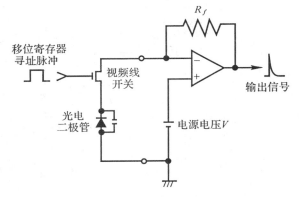

图 7-44　运放电流-电压变换等效电路图

读出电路简单，但是由于输出是一个微分脉冲信号，且微分输出波形的峰值是作为输出信号读出的，给后续的信号处理带来困难。因此它不适合高精度、低亮度探测场合使用。

　　另一种读出方法是电流积分法，图 7-46 显示一个使用电荷放大器的电流积分读出等效电路图。图 7-47 为厂商推荐的电流积分读出电路，在这个电路中，电荷放大器的反馈电容 $C_f$ 在读出开关接通前由外加复位脉冲放电。读出开关接通时，相当于在积分时间内（两个起始脉冲之间的时间）放电的电荷又由电流向光敏二极管结电容充电。同时，反馈电容 $C_f$ 也由同一个电流充电，这样就在积分电路输出端得到一个正极性输出信号电压

$$V_0 = Q/C_f \tag{7.2.38}$$

式中，$Q$ 为充电电荷。

　　输出信号是一个箱形方波(Boxcar)。电流积分读出法的优点是：后续信号处理比较容易；可以通过加大光积分时间达到探测低光强信号的目的。但是，由于输出波形响应是由反馈电容 $C_f$ 的放电时间常数决定，因此最大读出频率要降低。图 7-48 显示电流输出型 SSPD 输入输出脉冲时序图。图中二相脉冲 $\Phi_1$、$\Phi_2$ 既可以互补关系，也可无关。为使移位寄存器稳定工作，$\Phi_1$、

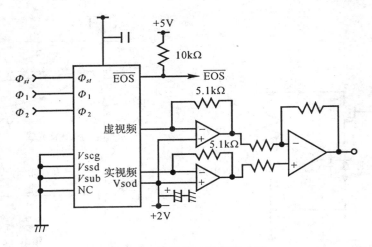

图 7-45　推荐的 $I/V$ 读出电路

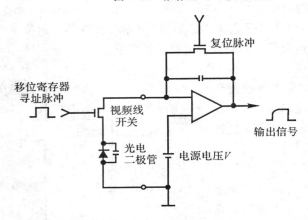

图 7-46　电流积分读出等效电路

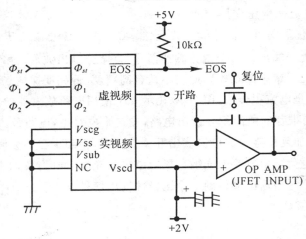

图 7-47　推荐的电流积分读出电路

$\Phi_2$、$\Phi_{st}$ 的脉冲宽度要大于等于 200ns。$\Phi_1$ 和 $\Phi_2$，$\Phi_2$ 和 $\Phi_{st}$ 在它们的半极大值宽度内必须有重叠，$\Phi_2$ 和 $\Phi_{st}$ 重叠的时间要大于 200ns。由于视频信号是 $\Phi_2$ 同时刻获得的，因此时钟频率要与读出频率相匹配。移位寄存器在 $\Phi_{st}$ 高电平时开始工作，因此 $\Phi_{st}$ 间隔决定了光信号积分时间。由于

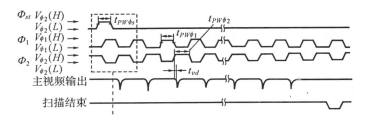

图 7-48 电流输出型脉冲序列

$\Phi_1$ 仅用于扫描工作,可允许 $\Phi_2$ 的宽度大于 $\Phi_1$,然而如工作在大于 1MHz 或更高的高速读出模式时,$\Phi_1$、$\Phi_2$ 占空比应设置为 $1:1$。在使用外电路电流积分读出模式时,需要一个附加的积分电容复位控制脉冲序列,如图 7-49 所示,采用 $\Phi_1$ 来控制积分电位的复位。为维持稳定的光敏二极管复位电位,复位脉冲 $\Phi_{reset}$ 高电平与 $\Phi_2$ 高电平至少有 50ns 的间隔。但复位脉冲宽度不能太窄,否则积分电容不能完全复位,相反会产生延时。

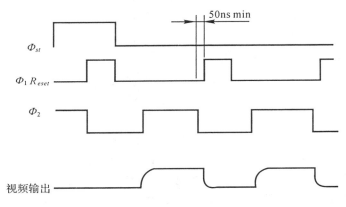

图 7-49 电流积分型脉冲序列

(4)SSPD 基本特性参数(电流输出型)

① 输入输出特性。辐照在图像传感器光敏面上的光能量与输出电信号的关系叫输入输出特性。由工作原理可知,当读出开关接通时对光敏二极管结电容充电,充电电荷 $Q_j = C_j \times V_b$,结电容充电到电源电压 $V_b$。读出开关关闭时,结电容通过光电流放电,由于放电而降低的电压为

$$V = \frac{I_p \cdot T}{C_j}$$

式中,$I_p$ 为放电电流,$C_j$ 为结电容;$T$ 为放电时间。

当读出开关再次接通对结电容充电时,结电容充电到电流电压 $V_b$,在负载上输出的电压即为放电而降低的电压,因此输出电压($I/V$ 输出型)

$$V_0 = \frac{I_p \cdot T}{C_j} \tag{7.2.39}$$

对于电流积分型

$$V_0 = \frac{I_p \cdot T}{C_f} \tag{7.2.40}$$

这里,$C_f$ 为外电路积分电容。按照光探测器响应度(灵敏度)的概念,$S = I_p/E_e$,则有

$$V_0 = \frac{E_e \cdot S \cdot T}{C_j} = \frac{H_e \cdot S}{C_j} \tag{7.2.41}$$

式中,$E_e$ 为照射在光敏元上的辐照度,$H_e$ 为辐曝光量,它表示辐射照度和辐照时间的乘积。

有时也用光照度来表示曝光量。光探测器的积分灵敏度也可把辐照在 SSPD 上的辐射曝光量和产生的电荷量联系起来,即

$$S = \frac{I_p}{E_e} = \frac{I_p \cdot T}{E_e \cdot T} = \frac{Q}{H_e} \tag{7.2.42}$$

这个公式表达了 SSPD 输入输出特性。滨松公司生产的 SSPD 产品的典型输入输出特性曲线

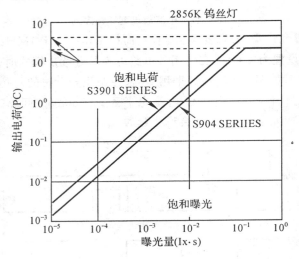

图 7-50　SSPD 输入输出特性

显示在图 7-50 中,横坐标为用光照度定义的曝光量,它是用工作在 2856K 色温的钨丝灯(标准 A 光源)测量得到的。由图可见,在相当宽的范围内输入输出是线性关系,曲线斜率近似为 1。实际上总有些偏差,即存在线性误差。图中曲线的纵坐标为器件输出电荷,输出电荷的上限由结电容的存贮容量确定,称为饱和电荷,它所对应的输入曝光量称为饱和曝光量。在电流输出型 SSPD 图像传感器中,只要输出在饱和电荷的 95% 以内,采用外电路电流积分模式,就可满足各种高精度的应用。

② 暗电流。如其它光探测器一样,SSPD 在无光照时亦会有输出,叫做暗输出。暗输出表达为暗电流和积分时间的乘积,即

$$Q_d = I_d \times T \tag{7.2.43}$$

暗输出电压

$$V_d = Q_d / C_f = \frac{I_d \cdot T}{C_f} \tag{7.2.44}$$

这里 $C_f$ 为电流积分读出电路中的积分电容,$T$ 为积分时间。在室温时,通常暗电流小于 1pA,可忽略。但如器件温度增高,积分时间较长,暗电流的作用就十分显著。暗电流增加就减小了器件的动态工作范围。通常温度每增高 5℃,暗电流就增加 1 倍,有如下经验公式:

$$I_d = (1.15)^{\Delta T} \tag{7.2.45}$$

$\Delta T$ 为温度增量。对于不同温度环境,可以通过调节积分时间使暗输出不超过所要求的范围。

**例**　SSPD 图像传感器工作在 20℃,器件饱和电荷已知为 20pC,暗电流为 0.1pA,若允许暗输出为 1% 的饱和电荷,那么如何选择积分时间呢?

**解**　列出计算式

$$Q_s \times 1\% = I_d \cdot T$$

积分时间 $T=2(s)$,通过计算可知,允许选择的最大积分时间为 2s。

虽然减少积分时间可以减小暗输出数值,但光积分时间不能小于扫描所有像素所要求的读出时间。因此最小积分时间就由读出频率和像素数决定。

**例** 某器件有 1024 像素,读出频率 50kHz,求读出时间。

**解** 读出时间

$$t_R = 1024 \times \frac{1}{50 \times 10^3} = 20.48 (\text{ms})。$$

③ 光谱响应特性。SSPD 光谱响应取决于光敏二极管的材料,通常采用硅材料,因此它有类似硅光电二极管的相对光谱响应曲线。图 7-51 为滨松公司 SSPD 图像传感器的光谱响应曲线。滨松公司采用独特的技术使器件的紫外光谱灵敏度增强。而且为减小红外光对空间分辨率的有害影响,压缩长波灵敏度,减小长波、短波灵敏比,因此它的峰值波长在 600nm 附近。器件的光谱响应会随器件温度的变化而改变,主要原因是吸收系数随温度上升而增高。波长越大,灵敏度变化亦越大。

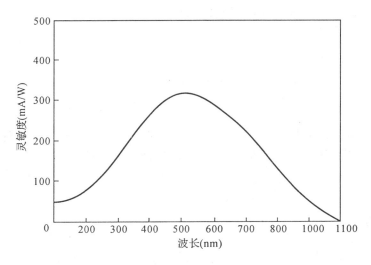

图 7-51 SSPD 光谱响应曲线(Hamamatsu)

## 第三节 光辐射的探测

光辐射的探测是将光波中的信息提取出来的过程。这里光是信息的载体,把信号加载于光波的方法有多种,如强度调制、幅度调制、频率调制、相位调制和偏振调制。从原理上来说,强度调制、幅度调制和偏振调制(可以很容易地转化为强度调制)可以直接由光探测器解调,因而称为直接探测方式。然而,频率和相位调制则必须采用光外差(相干)探测的方法。直接探测是一种简单又实用的方法,然而它只能探测光辐射的强度及其变化,会丢失光辐射的频率和相位的信息。外差探测利用光场的相干性实现对光辐射的振幅、强度、位相和频率的测量。

## 一、直接探测

在直接探测方式中,光波直接辐照在光探测器光敏面上,光探测器响应于光辐射强度而输出相应的电流或电压,然后送入信号处理系统,就可以再现原信息。

**1. 光探测器平方律特性**

假定入射信号光场为 $E_s(t)=A\cos\omega t$,这里 $A$ 是信号光场振幅,$\omega$ 是信号光频率。则平均光功率

$$P=\overline{E_s^2(t)}=A^2/2$$

光探测器输出光电流为

$$I_p=\beta \cdot P=\frac{e\eta}{h\nu}\overline{E_s^2(t)}=\frac{e\eta A^2}{h\nu} \tag{7.3.1}$$

式中,$\overline{E_s^2(t)}$ 表示时间平均,$\beta$ 为光电变换系数,即

$$\beta=\frac{e\eta}{h\nu}$$

这里,$\eta$ 为量子效率。

若光探测器负载为 $R_L$,则光探测器输出电功率

$$S_p=I_p^2 R_L=\left(\frac{e\eta}{h\nu}\right)^2 P^2 R_L \tag{7.3.2}$$

此式表明:光探测器的平方律特性包含两个方面,一是光电流正比于光场振幅的平方,二是光探测器电输出功率正比于入射光功率的平方。如果入射光是调幅波,即

$$E_s(t)=A[1+d(t)]\cos\omega t$$

这里 $d(t)$ 为调制信号,则探测器输出光电流为

$$\begin{aligned} i_p(t)&=\frac{1}{2}\beta A^2+\frac{1}{2}\beta A^2 d(t)\\ &=\frac{e\eta}{h\nu}P[1+d(t)] \end{aligned} \tag{7.3.3}$$

(7.3.3)式表明光电流表达式中第一项代表直流项,第二项为信号的包络波形。

**2. 直接探测系统的信噪比**

设入射到光探测器的信号光功率为 $P_s$,噪声功率为 $P_n$,光探测器输出信号电功率为 $S_p$,输出噪声功率为 $N_p$。由光探测器平方律特性可知

$$\begin{aligned} S_p+N_p&=(e\eta/h\nu)^2 R_L(P_s+P_n)^2\\ &=(e\eta/h\nu)^2 R_L(P_s^2+2P_sP_n+P_n^2) \end{aligned} \tag{7.3.4}$$

考虑到信号和噪声的独立性,其中

$$S_p=(e\eta/h\nu)^2 R_L P_s^2$$

$$N_p=(e\eta/h\nu)^2 R_L(2P_sP_n+P_n^2)$$

光探测器输出功率信噪比为

$$\begin{aligned} (S/N)&=S_p/N_p=\frac{P_s^2}{2P_sP_n+P_n^2}\\ &=\frac{(P_s/P_n)^2}{1+2(P_s/P_n)} \end{aligned} \tag{7.3.5}$$

由此可见：

① 若 $P_s/P_n \ll 1$，则有

$$\left(\frac{S}{N}\right) \approx (P_s/P_n)^2 \qquad\qquad (7.3.6)$$

这表明输出信噪比近似于输入信噪比的平方。由此可见，直接探测系统不适于输入信噪比小于 1 或者微弱光的探测。

② 若 $P_s/P_n \gg 1$，则

$$\left(\frac{S}{N}\right) = \frac{1}{2}\frac{P_s}{P_n} \qquad\qquad (7.3.7)$$

这表明输出信噪比等于输入信噪比的一半。由此可见，直接探测方法不能改善输入信噪比，它适合对不十分微弱的光信号探测，这种方法比较简单，易于实现，可靠性高，成本低，所以得到广泛的应用。

## 二、光外差探测

光外差探测原理与微波及无线电外差探测原理相似，它在激光通信、雷达、测距、测速、测振、激光外差光谱学、激光陀螺及红外物理等许多方面都得到了应用。光外差探测与光直接探测相比较，其测量精度要高 $10^7 \sim 10^8$ 数量级，其灵敏度已达到量子噪声限，可探测单个光子并进行光子计数。但是光外差探测要求相干性极好的光波—激光才能进行测量。由于激光受大气湍流效应影响严重，破坏了激光的相干性，因而在大气中远距离探测应用受到限制。

### 1. 光外差探测原理

外差探测原理，如图 7-52 所示。假定探测器同时垂直接收到两束偏振方向相同、传播方向平行且重合光波，其中一束是频率为 $\nu_L$ 的本振光波，另一束是频率为 $\nu_s$ 的信号光波。这两束相干光经过分光镜和可变光栏入射在探测器表面进行混频，形成相干光场。探测器输出信号中包含了 $\nu_c = \nu_s - \nu_L$ 的差频信号，故又称为相干探测。下面用经典理论来分析两光束外差结果。

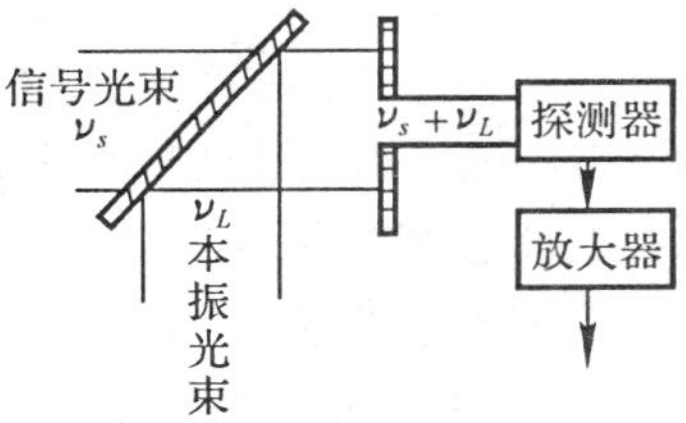

设入射到探测器上的信号光场和本振光场分别为

$$E_s(t) = A_s\cos(\omega_s t + \phi_s) \qquad\qquad (7.3.8)$$

图 7-52　外差探测原理示意图

$$E_L(t) = A_L\cos(\omega_L t + \phi_L) \qquad\qquad (7.3.9)$$

式中，$A_s$，$A_L$ 分别是信号光场和本振光场的振幅，$\omega_s$ 和 $\omega_L$ 分别是信号光和本振光的角频率，$\phi_s$ 和 $\phi_L$ 分别是信号光和本振光的初相位。

入射在探测器上的总光场

$$E(t) = A_s\cos(\omega_s t + \phi_s) + A_L\cos(\omega_L t + \phi_L) \qquad\qquad (7.3.9)$$

由于光探测器的响应与光电场的平方成正比，故探测器输出的光电流为

$$i_p(t) = \beta\,\overline{E^2(t)} = \beta\,\overline{[E_s(t) + E_L(t)]^2} \qquad\qquad (7.3.10)$$

式中，横线表示在几个光频周期上的平均，$\beta$ 为比例系数，且 $\beta = e\eta/h\nu$，$\eta$ 为量子效率，$e$ 为电荷电量。

将式 (7.3.10) 展开，则有

$$i_p(t) = \beta\{A_s^2\,\overline{\cos^2(\omega_s t + \phi_s)} + A_L^2\,\overline{\cos^2(\omega_L t + \phi_L)}$$

$$+A_sA_L\overline{\cos[(\omega_L+\omega_s)t+(\phi_L+\phi_s)]}$$
$$+A_sA_L\overline{\cos[(\omega_L-\omega_s)t+(\phi_L-\phi_s)]}\}} \tag{7.3.11}$$

式中,第一、二项的平均值,即余弦函数平方的平均值等于 $1/2$,第三项"和频相"(余弦函数)的平均值为零,而第四项"差频项"相对光频来说要缓慢得多。

当差频 $(\omega_L-\omega_s)/2\pi=\omega_c/2\pi$ 低于光探测器的截止频率时,光探测器就有频率为 $\omega_c/2\pi$ 的光电流输出。如果光探测器输出信号经滤波器滤去直流信号,则信号电流中仅包含差频交流项。即

$$i_p(t)=\beta A_sA_L\cos[(\omega_L-\omega_s)t+(\phi_L-\phi_s)] \tag{7.3.12}$$

由此式可见:光探测器输出电流不仅与光波振幅成正比,而且输出电流的频率与相位也和合成光振动频率和相位相等。因此外差探测不仅可探测振幅和强度调制的光信号,还可探测频率调制及相位调制的光信号,这是直接探测所不可能实现的。

若 $\omega_L=\omega_s$,即信号频率 $\omega_L$ 与本振频率 $\omega_s$ 相等,则上式输出电流为

$$i_p(t)=\beta A_sA_L\cos(\phi_L-\phi_s) \tag{7.3.13}$$

这是光外差探测的一种特殊形式,称之为零差探测。差频信号是由具有恒定频率和恒定相位的相干光混频得到的,如果频率、相位不恒定,就无法得到确定的差频光。这是为什么只有激光才能实现外差探测的原因。

在外差探测系统中光探测器输出信号功率为

$$P=i_p^2(t)R_L=2\beta^2P_sP_LR_L \tag{7.3.14}$$

式中,$P_s$、$P_L$ 分别为信号光和本振光的平均功率,且 $P_s=A_s^2/2$;$P_L=A_L^2/2$,$R_L$ 为负载。

在直接探测系统中,输出信号功率

$$P_d=\beta^2P_s^2R_L \tag{7.3.15}$$

定义外差转换增益为

$$G=P/P_d=\frac{2\beta^2P_sP_LR_L}{\beta^2P_s^2R_L}=\frac{2P_L}{P_s} \tag{7.3.16}$$

由于在外差探测系统中,本机振荡光功率 $P_L$ 可比信号光功率大几个数量级,因此外差探测灵敏度比直接探测灵敏度高几个数量级。例如,$P_s=10^{-10}\text{W}$,$P_L=1\text{mW}$,则转换增益 $G=2\times10^7$。

在光外差探测系统中,杂散背景光不会在原来信号光和本振光所产生的相干项上产生附加的相干项,杂散背景光的影响可以忽略,即光外差探测方法具有良好的滤波性能。

### 2. 影响光外差探测系统的因素

虽然光外差探测系统有良好的性能,但它需要恒定的激光频率,信号和本振光束需要精确的准直等,研究影响光外差探测系统的因素,有助于我们正确地使用这种方法。具体讲有以下三点:

① 信号光和本振光垂直入射到光探测器表面上产生混频,由于光波长比光探测器光敏面积小得多,因此实质上混频作用是在一个个小面积元上产生的,探测器总输出是每个微分面积元作用之和。只有每个微分面积元的输出电流保持恒定的相位关系时,总的电流才会达到最大值。这就要求信号光和本振光的波前必须重合,即必须保持信号光和本振光在空间上的角准直。如果信号光波前和本振光波前有失配角 $\theta$,就会使输出电流比 $\theta=0$ 时降低 $10\%$,而整个系统能满足要求,则可以求得

$$\theta\leqslant\lambda_s/4d \tag{7.3.17}$$

式中，$\lambda_s$ 为信号光波长，$d$ 为探测器尺寸。

由此可见，光外差探测的空间准直要求十分严格。波长愈短，空间准直要求愈苛刻。所以在红外波段光外差比可见波段有利得多。正是由于这一严格要求，使得光外差探测有很好的空间滤波性能。

② 光外差探测系统还要求信号光和本振光具有高度的单色性和频率稳定度。从原理上来看，光外差探测是两束光波叠加后产生干涉的结果。显然这种干涉取决于信号光和本振光的单色性。另外，如果信号光和本振光的频率漂移不能限制在一定范围内，则外差系统性能将变坏。因为频率漂移使差频信号带宽加大，使光探测器之后的信号处理电路无法工作，必须需要采取措施稳定信号光和本振光的频率。

③ 光束在大气中传播时，受到大气湍流效应干扰。湍流效应是一种随机现象，这种随机性既反映在时间变量上，也反映在空间变量上。它使光束在空间各点上的光波相位随机变化，破坏了外差探测的空间相位条件，使相干面积大大减小，外差接收功率低，信噪比下降。

# 参考书目

1. 周炳琨，高以智，陈家骅等. 激光原理. 北京：国防工业出版社，1995

2. 陈钰清，王静环. 激光原理. 杭州：浙江大学出版社，1992

3. 马养武，陈钰清. 激光器件. 杭州：浙江大学出版社，1994

4. 徐淦卿. 光电子学. 无锡：东南大学出版社，1990

5. Bahaa E. A. Saleh，M. C. Teich. Fundamentals of Photonics. John Wiley & Sons，Inc. 1991，New Yerk

6. 徐荣甫，刘敬海. 激光器件与技术教程. 北京：北京工学院出版社，1986

7. 《光学手册》编写组. 光学手册. 陕西：陕西科学技术出版社，1986

8. 雷仕湛. 激光技术手册. 北京：科学出版社，1992

9. Yariv Aa. Quantum Electronics (3rd ed). Johm Wiley & Sons，Inc. 1989，New Yerk

10. 蒋民华. 晶体物理. 济南：山东科学技术出版社，1980

11. 梁铨庭. 物理光学. 北京：机械工业出版社，1987

12. 范琦康，吴存恺，毛少卿. 非线性光学. 南京：江苏科学技术出版社，北京：电子工业出版社，1989

13. 姚建铨. 非线性光学频率变换及激光调谐技术. 北京：科学出版社，1995

14. A. Yariv. Optical Electrinics (3rd ed). Johm Wiley & Sons，Inc. 1985，New Yerk

15. A. Yariv P. Yeh. Optical Waves in Crystals. John wiley & Sons，Inc，1984，New Yerk

16. 卢春生. 光电探测技术及应用. 北京：机械工业出版社，1992

17. 刘振玉. 光电技术. 北京：北京理工大学出版社，1990

18. 王清正，胡渝. 光电探测技术. 北京：电子工业出版社，1989

19. 邹异松，刘玉凤，白廷柱. 光电成像原理. 北京：北京理工大学出版社，1997

20. 汤定元，糜正瑜. 光电器件概论. 上海：上海科学技术文献出版社，1989

21. W. Budde. Physical Detectors of Optical Radiation. Academic Press，1983，U.S.A.

22. ［日］高桥清，小长井诚. 传感器电子学. 北京：宇航出版社，1987

## 内容简介

本书较系统和全面阐述了光电子学的理论基础、基本原理、基本概念以及主要的光电子技术和器件。全书内容共分七章,分别讲授了光放大与振荡原理、激光振荡器的工作和输出特性、激光与光电子器件、光辐射在光波导中的传播、光辐射的调制、非线性光学频率变换以及光辐射的探测等。

本书可作为光电子技术、光电信息工程、近代光学、激光技术、信息电子、应用物理等相关专业的本科生和研究生教材,也可供从事相关专业的研究人员和工程技术人员参考。

**图书在版编目(CIP)数据**

光电子学 / 马养武等编著. —2 版. —杭州:浙江大
学出版社,2002.7(2021.2 重印)
ISBN 978-7-308-02232-3

Ⅰ.光… Ⅱ.马… Ⅲ.光电子学—高等学校—教
材 Ⅳ.TN201

中国版本图书馆 CIP 数据核字(2002)第 068114 号

**光电子学**

马养武 王静环 包成芳 鲍 超 编著

| | | |
|---|---|---|
| **责任编辑** | 王元新 | |
| **出版发行** | 浙江大学出版社 | |
| | (杭州市天目山路 148 号 邮政编码 310007) | |
| | (网址:http://www.zjupress.com) | |
| **排 版** | 杭州中大图文设计有限公司 | |
| **印 刷** | 杭州良诸印刷有限公司 | |
| **开 本** | 787mm×1092mm 1/16 | |
| **印 张** | 20 | |
| **字 数** | 512 千 | |
| **版 印 次** | 2003 年 3 月第 2 版 2021 年 2 月第 9 次印刷 | |
| **书 号** | ISBN 978-7-308-02232-3 | |
| **定 价** | 40.00 元 | |